结构力学学习指导

胡晓光　田　伟　主　编
段文峰　李　妍　蔡　斌　宋　平　副主编

北京邮电大学出版社
·北京·

内容提要

本书依据高等学校土木工程类专业的培养目标和结构力学教材及高等学校土木类工科本科“结构力学课程教学基本要求”编写而成。全书共分12章，内容包括绪论、平面体系的几何组成分析、静定结构的内力计算、静定结构的位移计算及虚功原理、力法、影响线、位移法、力矩分配法、矩阵位移法、结构动力计算、结构的极限荷载和结构的稳定计算。每章都对所涉及的基本概念、基本原理、分析计算方法进行了归纳整理，特别是对重点和难点内容作出了深入的阐述和讨论，并以典型题目为例，说明解题的思路、方法和技巧。每章都提供了一定数量的习题，并逐题给出了较为详细的分析解答，以帮助读者掌握结构力学的基本原理和方法，提高分析能力和计算能力。

本书可作为土木工程专业本科学生学习结构力学的教材和考研的辅助读物，本书还可供相关专业的成人教育和自学考试学生使用。

图书在版编目(CIP)数据

结构力学学习指导/胡晓光，田伟主编. —北京：北京邮电大学出版社，2012.8(2020.8重印)
ISBN 978-7-5635-3164-6

Ⅰ.①结…　Ⅱ.①胡…②田…　Ⅲ.①结构力学—高等学校—教学参考资料　Ⅳ.①O342

中国版本图书馆CIP数据核字(2012)第174137号

书　　名：结构力学学习指导
主　　编：胡晓光　田伟
责任编辑：付兆华
出版发行：北京邮电大学出版社
社　　址：北京市海淀区西土城路10号(邮编：100876)
发 行 部：电话：010-62282185　**传真**：010-62283578
E-mail：publish@bupt.edu.cn
经　　销：各地新华书店
印　　刷：保定市中画美凯印刷有限公司
开　　本：787 mm×1 092 mm　1/16
印　　张：15.75
字　　数：386千字
版　　次：2012年8月第1版　2020年8月第5次印刷

ISBN 978-7-5635-3164-6　　　　定　价：35.00元

· 如有印装质量问题，请与北京邮电大学出版社发行部联系 ·

前　言

结构力学是土木工程专业重要的专业基础课，具有较强的理论性、系统性和实用性。掌握结构力学的基本概念、基本原理和分析计算方法，对于后续课程的学习以及解决工程中的实际问题都是十分重要的。

本书的目的是帮助学生深入理解结构力学的基本概念和基本原理，弄懂难点，掌握结构力学的分析计算方法，明确解题思路，了解课程内容之间的内在联系，以使学生能够全面、深入地掌握结构力学这一课程的各知识点，提高分析问题与解题计算的能力。本书依据原国家教委颁发的高等学校工科"结构力学课程教学基本要求(多学时)"和高等学校力学教学指导委员会对土木工程类专业结构力学的基本要求，以编者多年来从事结构力学课程的教学实践和教学研究为基础编写而成。根据对21世纪人才进行全面素质教育和创新意识培养以及适当放宽对深度和难度的要求，全书分为绪论、平面体系的几何组成分析、静定结构的内力计算、静定结构位移计算及虚功原理、力法、影响线、位移法、力矩分配法、矩阵位移法、结构动力计算、结构的极限荷载和结构的稳定计算，共12章。每章都对所涉及的基本概念、基本原理和分析计算方法进行了归纳整理，特别是对重点和难点内容作出了比一般教材更为详细、更为深入的阐述和讨论，并以典型题目为例，说明解题的思路、方法和技巧。每章都提供了大量的习题，题型包括是非判断题、填空题、选择题、分析计算题等。习题都是精心设计和挑选的，具有灵活性和典型性，主要从基本概念、基本原理和基本方法的灵活应用方面对学生进行全面训练，而解题的数值计算工作量尽可能减小，以便使学生可以花较少的时间，取得较大的收获。习题的难度适中，少部分习题的难度达到了重点院校硕士研究生入学考试试题的水平要求。所有习题在书中均给出了较为详细的分析解答，对填空题、选择题、是非判断题，不仅给出了答案，还对其中的解题思路大都作了扼要解释或分析提示。这些内容有利于学生加深理解、巩固所学知识以及开阔思路，有利于培养学生的分析能力，提高解题技巧。

本书在编写过程中，广泛吸取了国内优秀结构力学教材和教学学习辅导书籍的优点，引用了部分观点、例题和习题，编者在此谨向这些文献的作者们致以衷心的感谢。

在本书的编写和出版过程中，得到了吉林建筑工程学院土木工程学院领导的大力支持，还得到了力学教研室全体教师们的帮助。本书第5章、第7章、第10章由胡晓光编写；第1章、第9章由田伟编写；第2章、第6章由段文峰编写；第11章、第12章由李妍编写；第3章由崔亚平编写；第4章由蔡斌编写；第8章由浙江建设职业技术学院宋平编写。全书由胡晓光负责统稿和定稿。在此向他们一并致谢。

由于作者水平有限，书中难免会有缺点或不足之处，敬请各位同行与读者批评指正。

作　者

目　　录

第1章 绪 论

1.1 课程特点和学习方法

结构力学是土木工程专业一门重要的专业基础课。在学习结构力学的过程中，经常要用到像“高等数学”、“理论力学”和“材料力学”等先修课程的知识，应当根据情况进行必要的复习，但这也不是绝对的，在学习过程中遇到时再做必要的复习也可以。结构力学又为工程结构设计、施工等专业提供分析计算方法。在工程结构设计和施工中，需要应用结构力学原理和方法对结构的受力特性和变形特点进行分析，对各种工程问题作出判断和处理，全面系统地掌握结构力学课程的知识，是一名土木工程师必须具备的重要条件。

结构力学是一门实用性很强的应用学科，在结构力学中学习的原理和方法都将应用于实际工程结构的设计和施工中。但在结构力学教材中出现的并不是实际的工程结构，而是经过简化的、抽象的计算简图。在学习过程中要注意理论联系实际，对从实际结构到计算简图及由计算简图得到的计算结果又应用于实际结构的全过程应给以充分注意，逐步提高分析和解决实际问题的能力。

结构力学是一门系统性很强的课程，内容的安排由浅入深、由易到难。读者应循序渐进、步步为营、扎实推进、全面掌握。一本内容比较完整的结构力学教材可以划分为这样几个大的部分，即结构的几何组成分析；静定结构的内力计算；静定结构的位移计算；超静定结构的计算(力法、位移法、渐近法)和几个专题(影响线问题、动力问题、稳定问题及结构的极限荷载问题)，而且这几个部分的内容在各版本教材中的排列顺序也是相同的。这是因为前面的内容是后面内容的基础，相互间的关系非常密切。比如，只有在掌握了静定结构内力分析的基础上，才能进行静定结构的位移计算；而静定结构的位移计算又是计算超静定结构的必备条件；在位移法中要使用力法的结论，而位移法又是渐近法的理论基础；结构的静力分析是结构动力分析和稳定计算的基础。因此，必须切实掌握前面的基础知识，才能更好地学习后面的内容。

听课是学习结构力学的重要环节。听课时不应只是被动地听老师讲和抄写笔记，而应在听课时进行积极的思考，体会教师分析问题的思路和重点，从中找到规律性的内容。例如，当教师讲授一种新的计算方法时，学生应当注意新方法的出发点是什么，它与旧方法相比有什么特点，其计算步骤和计算公式包含了哪些新的物理概念，在推导建立这一方法时遇到了什么困难或问题，是怎样解决或处理的……如果教师连续讲了几个例题，就应当思考体会这些例题反映了哪些共同性的规律，每一个例题又有什么特殊性，等等。这样，不仅能够较好地理解所学的内容，而且能够逐渐提高自己分析问题和解决问题的能力。

每一门课程的内容都有主次之分、基本内容和非基本内容之分及重点和非重点之分，学习时对不同的内容也有不同的要求。课程的重点在讲课中会体现出来，复习时要进一步明确每章每节内容的重点是什么。如果在整个学习过程中抓不住重点，忽略了基本的东西，即使花费很大的工夫也是学不好的。

结构力学中的计算原理和方法大多都有明确的物理概念,学习时,要注意从物理概念上去理解,这样才能抓住问题的实质。对计算过程中的每个步骤、每个公式都应了解其物理含义,只是记住解题的步骤和具体公式的做法,显然是一种错误的学习方法。课程中要将这些计算方法用于分析各种不同类型的结构,这时,应当在理解方法实质的基础上,注意它在不同情况下应用时的特点。这样,既容易学会对各种结构的分析,又能通过这些应用来加深对方法的理解。

学习结构力学的另一个重要环节是多做习题。在学习过程中必须要做相当数量的习题。做习题可以加深对原理和方法的理解。做题时,应当在复习的基础上回顾原理和基本概念,按照其思路对习题进行分析,弄清楚这些概念在习题中是怎样应用的。如果碰到了困难,发生了错误,要自己试着用原理、概念来分析,以求解决问题。做习题的过程中学生的分析能力、表达能力、运算能力都可以得到训练和提高,因此,学习过程中应当充分重视这一环节。

结构力学中的各种计算方法之间大多互有联系,学习时应该注意对其进行对比。对多种结构形式进行对比,例如静定结构中的梁、刚架、拱、桁架、组合结构的组成、内力等方面的共同点和区别;静定结构和超静定结构在不同外因(荷载、支座位移、温度变化)作用下的内力、变形、计算方法等方面的异同。对两种方法进行对比,例如力法和位移法、静力法和机动法的对比。对两类问题进行对比,例如静力分析问题和动力分析问题。对比可以帮助我们理解问题的特点和本质,加深对事物的认识。

电子计算机的广泛使用,使结构分析进入了一个崭新的时代。过去靠“手算”无法解决的许多大型、复杂结构的计算问题,现在已经成为“电算”中的常规问题。但是,“电算”并不排斥结构力学的基本理论,而是需要更加重视。首先,在工程的初步设计阶段,构思和选择结构总体方案时,结构工程师必须清楚各种基本结构体系的力学概念,定性准确,并借助简单快捷的概念近似计算,才能很快选择出受力明确、性能良好的方案。同时,这也是在施工图设计阶段用以判断计算机计算结果是否可靠的主要依据。即使所使用的结构分析程序是完全正确的,但由于使用者对该程序的假设前提及规定的了解和对结构边界条件理解的出入,或输入数据的粗心错误等原因,都有可能造成输出结果的不正确。有的明显错误凭概念直觉就能发现,但有的错误需要用概念近似手算来校核才能发现。计算机固然先进,但对其计算结果必须慎重校核,否则可能酿成大错,后果不堪设想。因此在结构力学课程中,我们一方面要学习与“电算”有关的知识,另一方面又要更加重视基本概念、基本理论和基本方法的学习,绝不能降低这方面的要求。

结构力学并不是一门很难学的课程,只要抱着认真学习的态度,对自己严格要求,以顽强的毅力克服学习中遇到的困难,不断总结和不断改进学习方法,一定能够学好它。

1.2 结构的分类

结构是建筑物中能对承受荷载、传递荷载起到骨架作用的部分。如房屋建筑中的梁、板、柱等都是结构的一部分。

结构的类型很多,可以从不同的角度进行分类。按照其几何特征,一般可分为杆件结构、薄壁结构和实体结构。

当构件的长度远大于其截面尺寸时称为杆件。由杆件组成的结构称为杆件结构或称杆系结构系。

结构力学的研究对象是杆件结构。杆件结构按其受力特性的不同又可分为以下几种。

(1) 梁

梁是一种受弯杆件，其轴线通常为直线。常见的有单跨梁和多跨梁，如图 1-1 所示。

图 1-1

(2) 刚架

刚架是由梁和柱组成的结构，其结点以刚结点为主，也可有铰结点，如图 1-2 所示。

(3) 拱

拱是轴线为曲线且在竖向荷载作用下在支座处产生水平反力的结构，如图 1-3 所示。

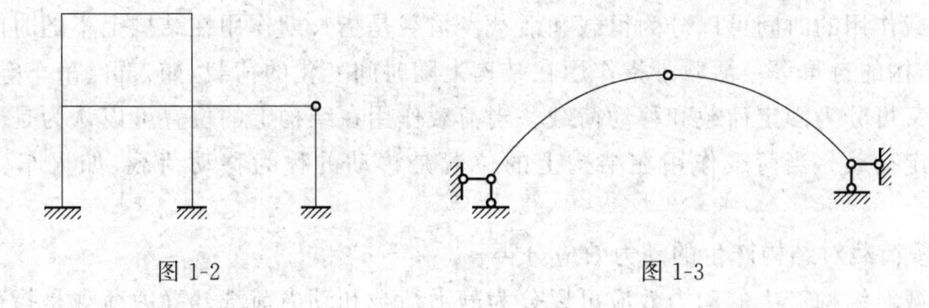

图 1-2　　图 1-3

(4) 桁架

桁架是由若干直杆在两端用铰连结而成的结构，如图 1-4 所示。

(5) 组合结构

组合结构是桁架和梁或桁架和刚架组合在一起的结构，如图 1-5 所示。

(6) 悬索结构

悬索结构是承重构件为悬挂于塔或柱上的缆索，如图 1-6 所示。

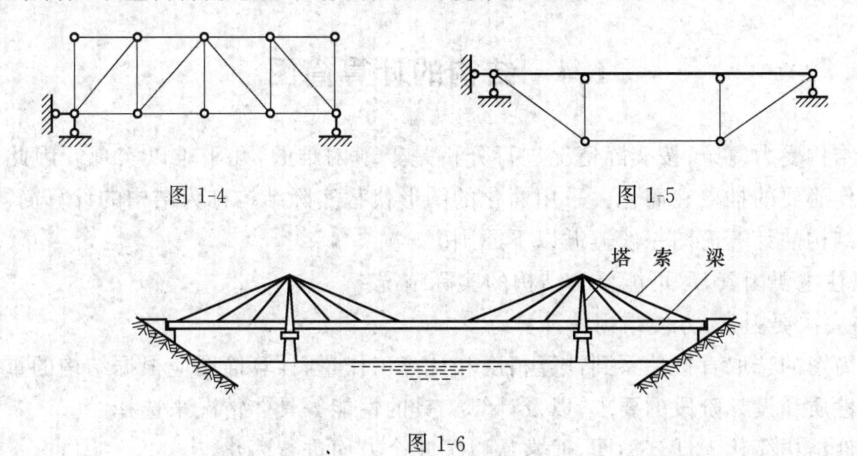

图 1-4　　图 1-5

图 1-6

按照杆件轴线和外力作用的空间位置,结构可分为平面结构和空间结构。当杆件轴线和作用力均在同一平面内时为平面结构,否则是空间结构。虽然实际工程中多为空间结构,但很多情况下可以简化为平面结构来计算。

1.3　荷载的分类

荷载是作用在结构上的外力中的主动力。荷载有如下几种不同的分类方法。

(1) 按荷载作用的状况分类

按荷载作用的状况可以分为集中荷载和分布荷载。当作用在结构上的荷载的分布面积远小于结构的尺寸时,可认为荷载是作用在结构上的一个点上,将该荷载视为集中荷载,如火车和汽车的轮压、次梁传给主梁的荷载等。当作用在结构上的荷载的分布面积不是远小于结构的尺寸时,则为分布荷载,如静水压力、土压力、人群给楼板作用的荷载等。分布荷载的大小用单位面积或长度上的作用力——荷载集度来表示。当分布荷载的集度为定值时,称为均布荷载。

(2) 按荷载作用的时间分类

按荷载作用的时间可以分为恒载和活载。恒载是指长期作用在结构上不随时间变化的荷载,如结构的自重等。活载是指作用在结构上随时间变化的荷载,如人群、吊车等荷载。

活载又可分为固定荷载和移动荷载。当荷载作用在结构上的位置可以认为是不变动的时称为固定荷载。当荷载作用在结构上的位置是移动的称为移动荷载,如火车、汽车、吊车等。

(3) 按荷载对结构产生的动力效应分类

按荷载对结构产生的动力效应可以分为静力荷载和动力荷载。静力荷载是指荷载的大小、方向和作用位置不随时间变化或虽有变化但较缓慢不会使结构产生明显的加速度,因而可以略去惯性力影响的荷载。一般风荷载、雪荷载等多数活荷载都可视为静力荷载计算。动力荷载是指当荷载作用在结构上使结构产生明显的加速度,因而惯性力不容忽视的荷载,如地震、机械振动荷载等。

结构主要是由荷载作用而产生内力、变形、位移。除荷载外还有一些因素也可使结构产生内力和位移,如温度变化、支座沉陷、材料松弛、形变等。

1.4　结构的计算简图

实际结构受力复杂,按实际情况进行分析是繁琐困难的,几乎难以实现。因此,必须将实际结构作必要的抽象和简化。采用简化的图形代替实际结构称为结构的计算简图。

选取结构的计算简图一般遵循以下原则。

① 抓住主要因素,尽可能反映结构的实际情况。

② 略去次要因素,方便结构的计算。

计算简图的选取直接关系到计算精度和计算工作量,计算简图应根据结构的重要性、计算问题的性质和设计阶段的要求,以及计算工具的性能等具体情况来选择。

将杆件结构简化为计算简图,通常从以下几个方面进行简化。

1. 杆件的简化

在计算简图中,用杆件轴线来代替杆件。

2. 结点的简化

杆件与杆件的连接区用杆件轴线的交点表示,称为结点。

结点可分为以下两种。

(1) 刚结点

刚结点的特征是汇交于结点的各杆端既不能相对移动,也不能相对转动。如图 1-7(a)所示为一钢筋混凝土框架的结点,该结点可传递力和力矩。其计算简图如图 1-7(b)所示。

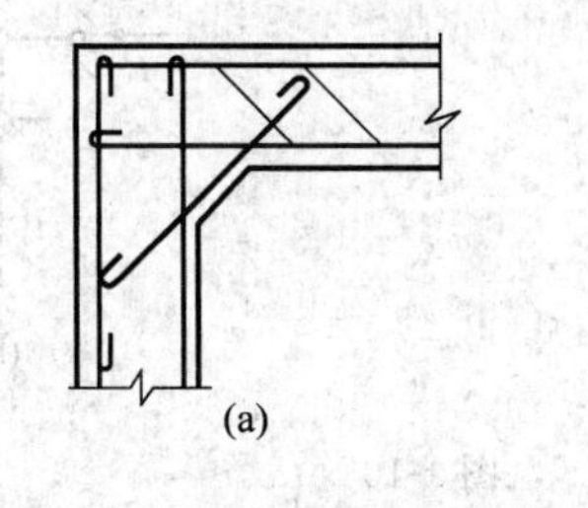

(a) (b)

图 1-7

(2) 铰结点

铰结点的特征是汇交于结点的各杆端不能相对移动,但可以绕结点自由转动。一般钢桁架的结点如图 1-8(a)所示,根据结点的构造和受力特点简化为铰结点。铰结点能传递力,不能传递力矩。其计算简图如图 1-8(b)所示。

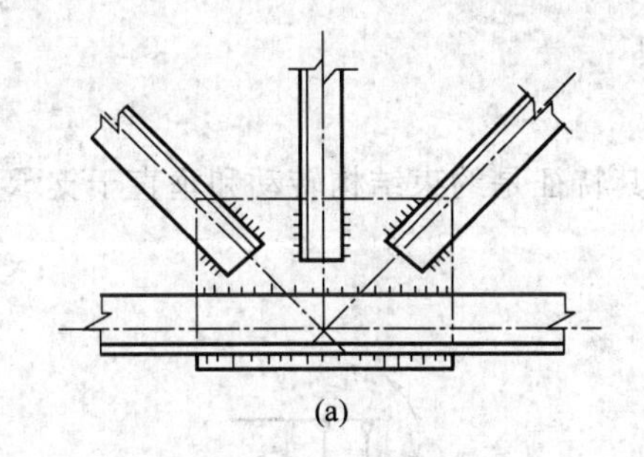

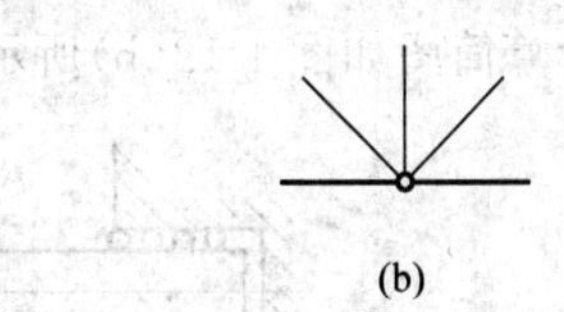

(a) (b)

图 1-8

3. 支座的简化

支座是支承结构或构件的各种装置。常见的平面结构支座有以下 4 种。

(1) 可动铰支座

可动铰支座也称滚轴支座,如图 1-9(a)所示,其特征是支座只约束结构的竖向移动,不约束其水平移动和转动。其计算简图如图 1-9(b)所示。

(2) 固定铰支座

固定铰支座如图 1-10(a)所示,其特征是支座约束结构的移动,不约束其转动。其计算简图如图 1-10(b)所示。

(3) 固定支座

固定支座如图 1-11(a)所示,其特征是即约束结构的移动也约束转动。其计算简图如图 1-11(b)所示。

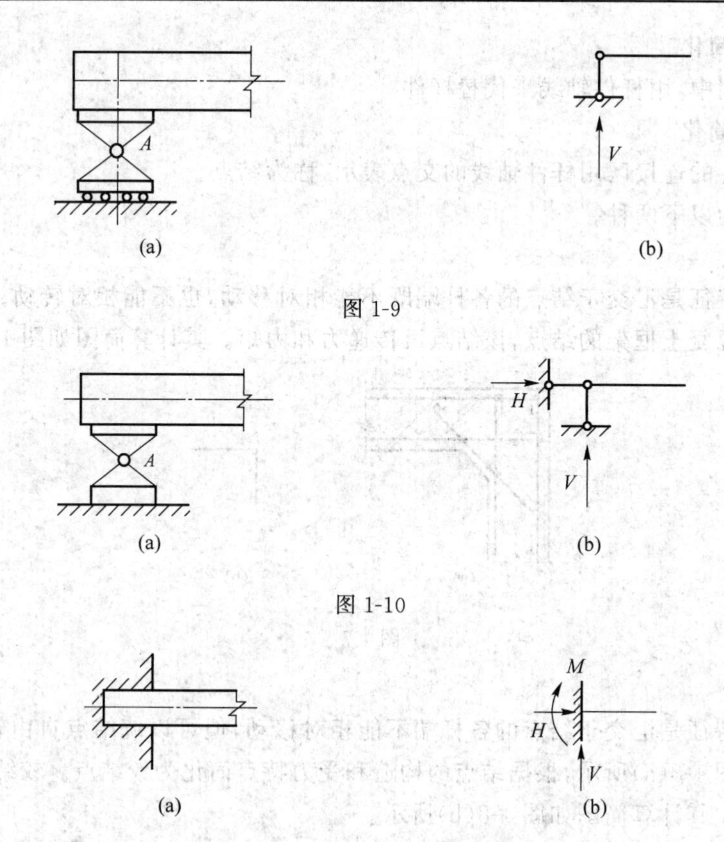

图 1-9

图 1-10

图 1-11

(4) 定向支座

定向支座也称滑动支座，如图 1-12(a)所示其特征是约束结构转动和垂直于支承面的移动。其计算简图如图 1-12(b)所示。

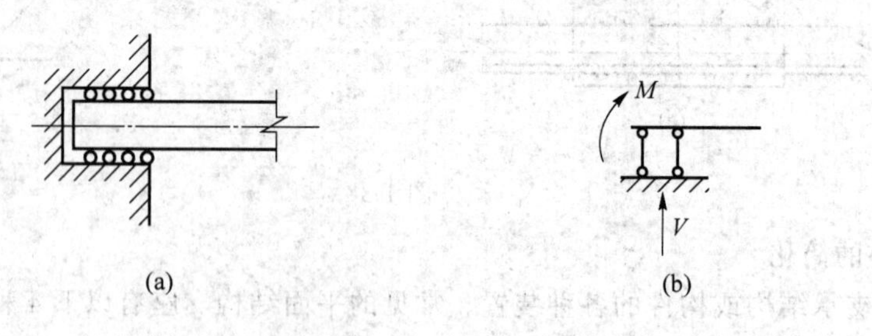

图 1-12

1.5　结构力学的研究对象和任务

为使结构能安全、正常地工作，又能符合经济的要求，需对其进行科学合理的设计。设计时需确定结构的最不利内力并以此作为设计的依据来选用材料、确定截面尺寸等。也就是说，结构设计中非常重要的内容是对结构进行力学分析，而结构力学就是研究结构受力分析的学问。

结构力学与理论力学、材料力学、弹性力学有着密切的联系。理论力学是研究质点和刚体运动的学科，且不考虑研究对象自身的变形。它是材料力学、结构力学、弹性力学的基础。结构力学、材料力学、弹性力学的任务基本上是类同的，只是研究对象和侧重点有所不同。材料力学只研究单根杆件的内力和位移，解决单根杆件的强度、刚度和稳定性问题；结构力学是研究杆系的上述问题和动力响应等问题；弹性力学是以实体结构和板壳结构为主要研究对象。

结构力学的研究对象是由两个以上的杆件组成的杆系系统，如桁架、框架等。研究的具体内容和任务如下。

① 讨论结构的组成规则和合理形式，抽象出结构的计算简图。

② 讨论系杆结构内力和位移的计算。

③ 讨论结构的稳定性、极限荷载以及动力荷载作用下结构的动力反应。

第2章　平面体系的几何组成分析

2.1　基本内容及学习指导

2.1.1　几何组成分析的假定

体系的机动性是指在任意荷载作用下，体系本身发生刚体运动的可能性。因此，体系的机动性分析，也叫几何组成分析采用下述两条假定。

① 不考虑材料的变形。

② 不以某种特定荷载作用进行分析判断。

2.1.2　基本概念

（1）几何不变体系和几何可变体系

当不考虑材料的变形时，在任意荷载作用下，位置和几何形状均能保持不变的体系称为几何不变体系，否则是几何可变体系。如果几何可变体系发生微小位移后即成为几何不变体系，则称其为几何瞬变体系。只有几何不变体系才能用做结构。

（2）刚片

在体系的几何组成分析中，由于不考虑材料的变形，因此把一根杆件或已知是几何不变的部分称为刚片。

（3）自由度

用来确定物体位置所需的独立坐标数目称为自由度。平面上的一个点有两个自由度，平面上的一个刚片有3个自由度。

（4）联系（或约束）

减少体系自由度的装置称为联系（或约束）。联系的类型有链杆、单铰、复铰等。

链杆为两端有铰的刚性杆（可以是直杆、曲杆或折杆），它的作用相当于一个联系；连接两个刚片的铰称为单铰，如图2-1(a)所示，它相当于两个联系；同时连接两个以上刚片的铰称为复铰，如图2-1(b)所示，一个连接 n 个刚片的复铰相当于 $n-1$ 个单铰。

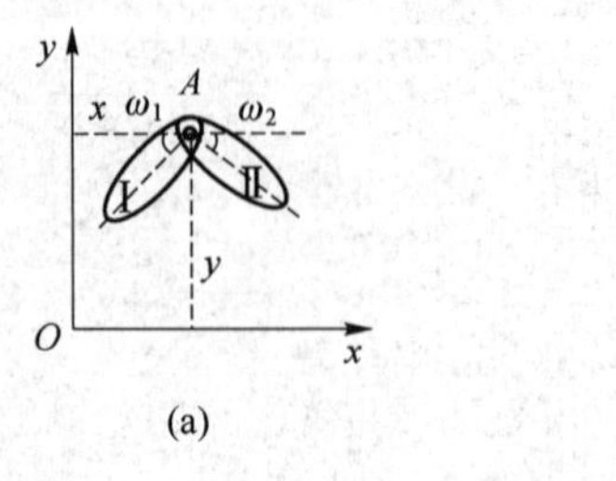

(a)

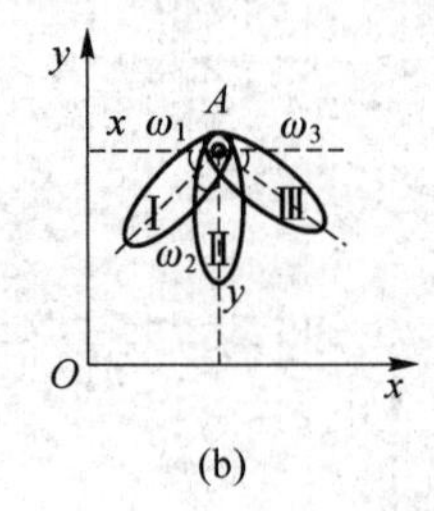

(b)

图2-1

(5) 虚铰

连接两个刚片的两根链杆延长线的交点称为虚铰。虚铰的位置是随着链杆的转动而改变的，如图 2-2 所示，若图中两杆平行相当于交于无穷远处虚铰。

(6) 单刚结点和复刚结点

连接两个刚片的刚性结点称为单刚结点，如图 2-3(a)所示，它的约束作用是使两个刚片之间不发生相对的移动和转动，一个单刚结点相当于 3 个约束。

连接两个以上刚片的刚性结点称为复刚结点，如图 2-3(b)所示，连接 n 个刚片的复刚结点相当于 $n-1$ 个单刚结点。

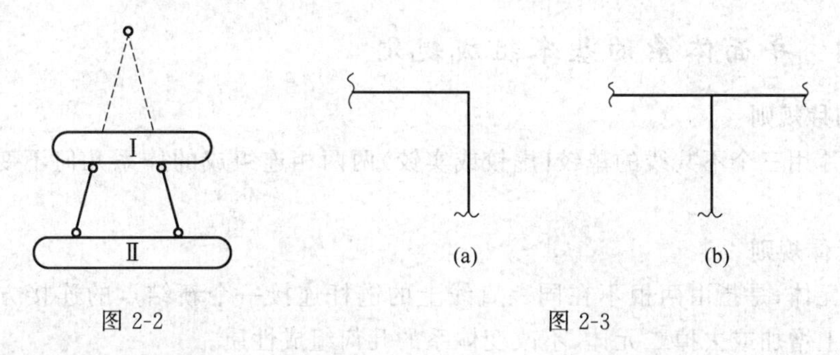

图 2-2　图 2-3

(7) 必要联系和多余联系

根据联系是否减少体系的实际自由度，可将它区分为必要联系和多余联系。

影响体系实际自由度数目增减的联系称为必要联系。必要联系具有布置合理的特点，用以组成几何不变体系的最少联系都是必要联系。

不改变体系实际自由度的联系称为多余联系。

2.1.3　平面体系自由度 W 的计算

用计算方法求得的体系自由度，称为计算自由度 W。计算自由度 W 不一定能够反映体系的实际自由度。这是因为自由度公式是通过假设每个联系都使体系减少一个自由度而导出的。所以，只有当体系上无多余联系时，计算自由度与实际自由度才一致。计算自由度可按以下两种方法求得。

方法一：

$$W=3m-2h-r \tag{2.1}$$

式(2.1)中，m 为刚片数，h 为单铰数；r 为支座链杆数。

这种方法是以刚片作为组成体系的基本构件来进行计算的，用于平面刚片体系。

方法二：

$$W=2j-b-r \tag{2.2}$$

式(2.2)中，j 为体系铰结点数；b 为杆件数；r 为支座链杆数。

这种方法是以铰结点作为体系的基本构件进行计算的，用于平面铰结链杆体系。

计算自由度 W、体系的机动性、实际自由度 w 三者之间的对应关系如表 2-1 所示。

表 2-1

计算自由度	联系情况	体系性质	实际自由度
$W=0$	具有足够的必要联系，无多余联系	几何不变(静定结构)	$w=0$
	缺少足够的必要联系，有多余联系	几何可变	$w>0$
$W<0$	具有足够的必要联系，同时具有多余联系	几何不变(超静定结构)	$w=0$
	缺少足够的必要联系，同时具有多余联系	几何可变	$w>0$
$W>0$	缺少足够的必要约束	几何可变	$w>0$

2.1.4 平面体系的基本组成规则

1. 三刚片规则

三个刚片用三个不共线的单铰(虚铰或实铰)两两相连组成的体系几何不变，且无多余联系。

2. 二元体规则

所谓二元体，是指由两根不在同一直线上的链杆连接一个新结点的连接方式或装置。在一个体系上增加或去掉二元体，不改变体系的几何组成性质。

3. 两刚片规则

两个刚片用一个铰和一根不通过此铰的链杆相连，或者用不相交于一点又不完全平行的三根链杆连接而成的体系几何不变。

注意上述 3 个规则的限制条件，规则(1)的三个铰不共线；规则(2)的两杆不共线；规则(3)的三链杆不共点且不完全平行。当这些条件不满足时，一般为瞬变体系(有时也可为常变体系)。

2.1.5 解题技巧

解题技巧如下。

① 尽量撤去可以拆除的二元体，使体系简化。

② 将体系归并成三刚片或两刚片的结合，以便对照规则(1)、(3)进行分析。为此，应尽量在体系内部寻找几何不变的子体系作为一个刚片。

③ 如果上部体系与大地之间为 3 个支杆稳固联系，可以去掉 3 个支杆，只分析上部体系本身是不是一个几何不变的刚片。如与大地的联系多于 3 个支杆，则不能去掉任何一根支杆，而是将大地也看作一个刚片。

④ 遇到虚铰在无穷远处情况时，我们利用射影几何学的“平面上所有无穷远点位于一条直线上，而一切有限远点均不在此直线上”的结论进行分析。

⑤ 大多数几何构造体系，可用几何不变体系的基本规则进行分析，对于复杂的体系，有时需要用其他方法，例如零载法，但切忌，零载法只适用于自由度 $W=0$ 的体系。

⑥ 对于不能直接利用规则进行分析的体系，可先作等效变换，把体系中某个内部无多余约束的几何不变部分用另一个无多余约束的几何不变部分替换，并按原来的状况保持与其余部分的联系，然后再作分析。

⑦ 通常选择刚片时可以将三角形或扩大的三角形看做一个刚片，但有时需要将组成的

三角形的三根杆看成链杆分析。

2.2　典型例题分析

例 2-1　试对例图 2-1 所示体系作几何组成分析。

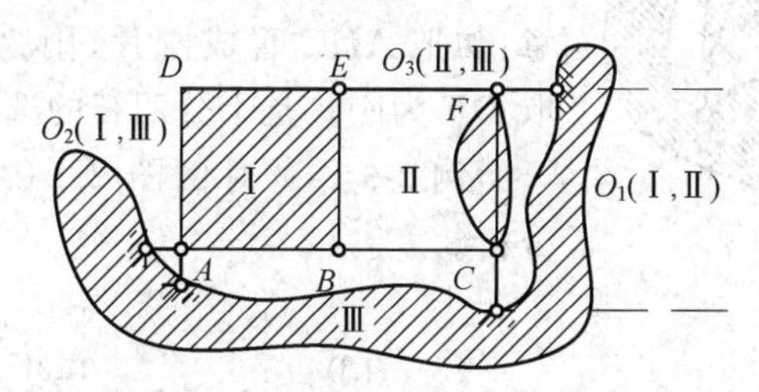

例图 2-1

解：　把 $ABED$、CF 杆和基础分别看作刚片Ⅰ、Ⅱ、Ⅲ，三刚片分别由铰 O_1、O_2、O_3 两两相连，三铰不共线，该体系几何不变没有多余联系。

解此题的要点是用扩大刚片法，将 $ABED$ 视为一个刚片。

例 2-2　试对例图 2-2(a)所示体系作几何组成分析。

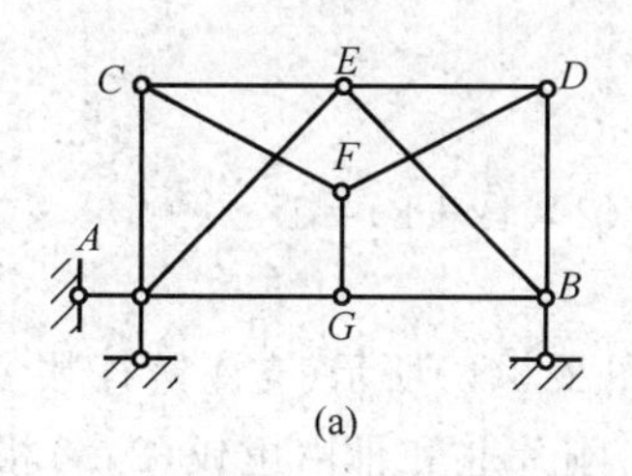

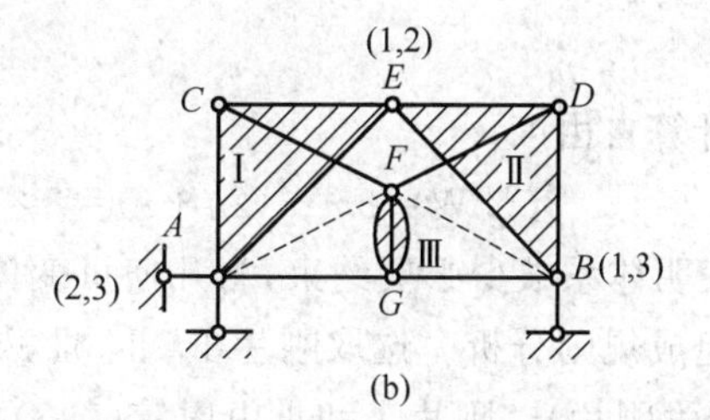

例图 2-2

解：　拆去支座链杆，分析上部体系。取铰结三角形 ACE、BDE、杆件 GF 为刚片Ⅰ、Ⅱ、Ⅲ。3 个刚片由不在一条直线上的 3 个铰两两相连，符合三刚片规则，如例图 2-3(b)所示，该体系为无多余联系的几何不变体系。

例 2-3　试对例图 2-3(a)所示体系作几何组成分析。

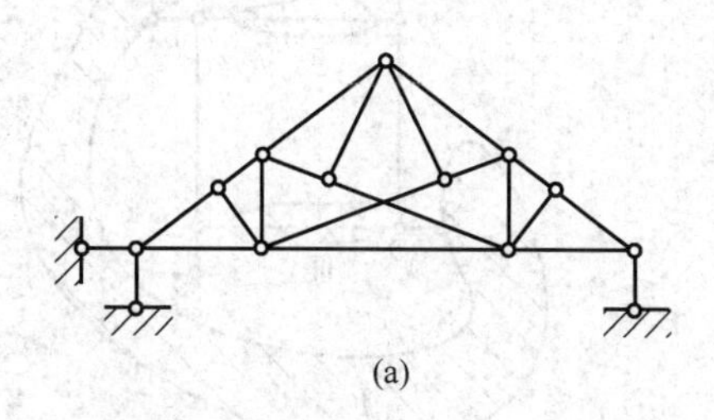

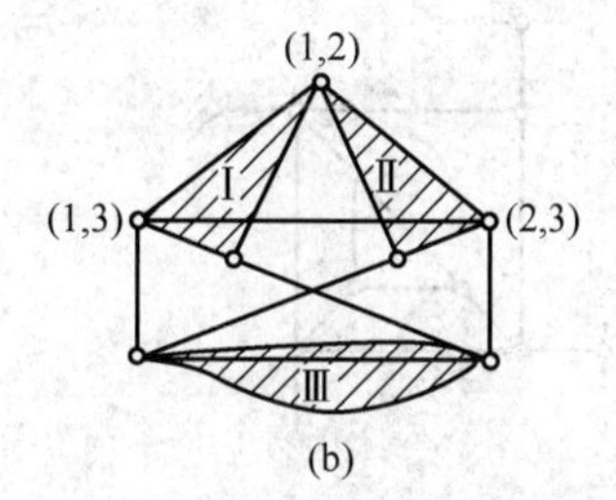

例图 2-3

解：拆去支座链杆，分析上部体系。在上部体系中拆去二元片，选取刚片Ⅰ、Ⅱ、Ⅲ，如例图 2-3(b)所示。3 个刚片之间的连接符合三刚片规则。该体系为无多余联系的几何不变体系。

例 2-4　试对例图 2-4 所示体系作几何组成分析。

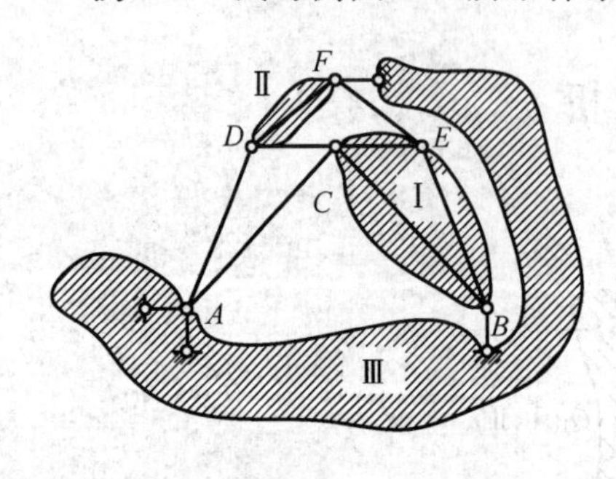

例图 2-4

解： 把 BCE、DF 和基础分别看做刚片Ⅰ、Ⅱ、Ⅲ。其余的杆件包括 B 支座及 F 支座的支承链杆均看做链杆，共有 6 根，形成 3 个不共线的虚铰，将刚片Ⅰ、Ⅱ、Ⅲ两两相连。该体系为无多余联系的几何不变体系。注意：勿把 ADC 看成刚片，因为那样将无法继续分析。取 DF 为刚片是十分明智的选择。

例 2-5　试对例图 2-5(a)所示体系作几何组成分析。

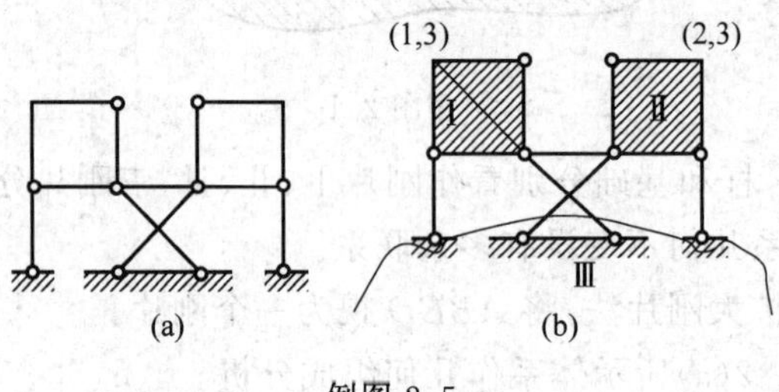

例图 2-5

解：

① 求计算自由度。

$$W=3m-(2h+r)=3\times11-(2\times12+8)=1$$

即 $W>0$，表明体系缺少必要约束，为几何可变体系。

② 按组成规则分析。选取刚片Ⅰ、Ⅱ、Ⅲ，如例图 2-6(b)所示（支座链杆数多于 3 根时，基础必须选为刚片）。刚片Ⅰ和Ⅲ由虚铰(1,3)相联；刚片Ⅱ和Ⅲ由虚铰(2,3)相联；刚片Ⅰ和Ⅱ之间仅由链杆 1 相联，缺少一个联系。刚片Ⅰ、Ⅱ、Ⅲ之间的连接不符合三刚片规则。因此该体系几何可变。说明 $W>0$ 是体系几何可变的充要条件。

例 2-6　试对例图 2-6(a)所示体系作几何组成分析。

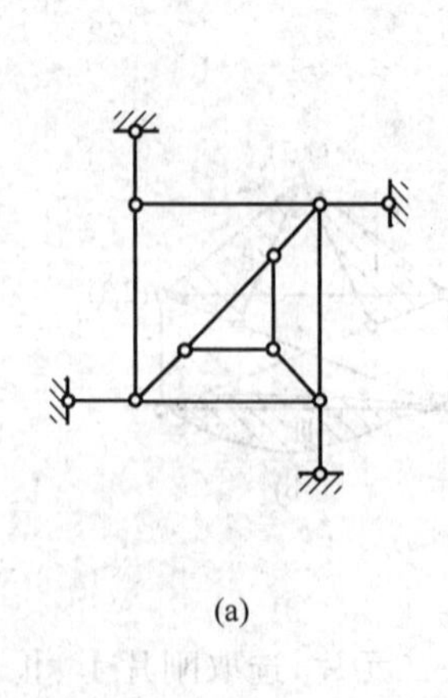

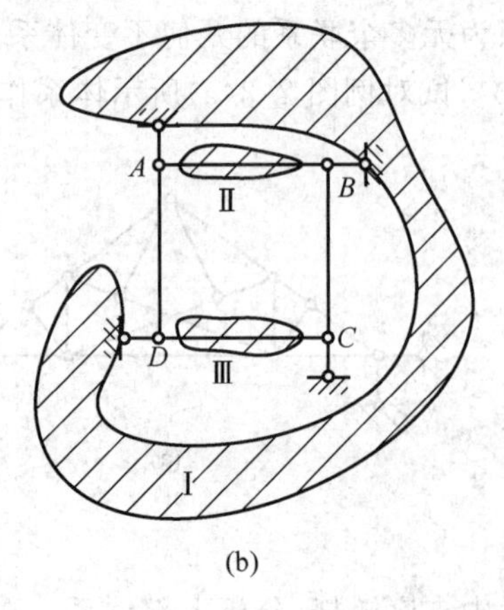

例图 2-6

解：

① 求计算自由度。

$$W=2j-b-r=2\times7-10-4=0$$

即 $W=0$,表明体系具备几何不变的必要条件。

② 先分析如例图 2-6(b)所示结构,根据三刚片规则,片 $ABCD$ 连接支链杆同大地组成几何不变且无多余联系体系,到如例图 2-6 中(a)可把它看成刚片Ⅰ,再把内部 EFG 看成刚片Ⅱ,刚片Ⅰ和Ⅱ用 3 根链杆 ED、FC、BG 相连,3 根链杆交于一点,不符合二刚片规则。体系为瞬变。

例 2-7 试对例图 2-7 所示体系作几何组成分析。

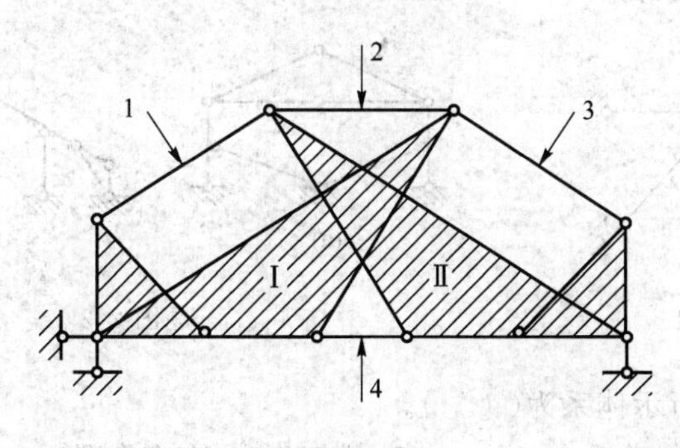

例图 2-7

解:

可去掉 3 个支座约束链杆,仅对体系内部进行分析。由扩大刚片法,在体系内部找出两个刚片Ⅰ、Ⅱ,由 4 根链杆 1、2、3、4 相连,因此该体系几何不变,且有一个多余联系。解此题的关键是找到刚片Ⅰ、刚片Ⅱ。

例 2-8 试对例图 2-8 所示体系作几何组成分析。

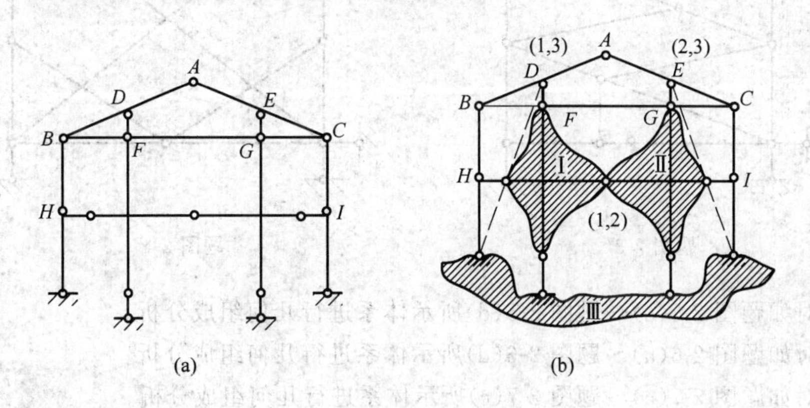

例图 2-8

解:

① 求计算自由度。

$$W=3m-2h-r=3\times13-2\times18-6=-3$$

② 找刚片和相应联系。选取刚片Ⅰ、Ⅱ、Ⅲ,如例图 2-8(b)所示。虚铰(1,3)、(2,3)和实铰(1,2)两两连接 3 个刚片,满足三刚片规则,合成为新的刚片。在新刚片上依次增加二元片 BH-BF、CG-CI、DB-DF、EG-EC,得到扩大的刚片。因此体系几何不变,具有 3 个多余联系(杆件 FG 和铰 A)。

2.3　习题及其解答

1. 练习题

2-1　如题图 2-1 所示体系中的复铰相当于(　　)个单铰。

2-2　如题图 2-2(a)所示体系中可拆除的二元片数目为(　　)，如题图 2-2(b)所示体系中可拆除的二元片数目为(　　)。

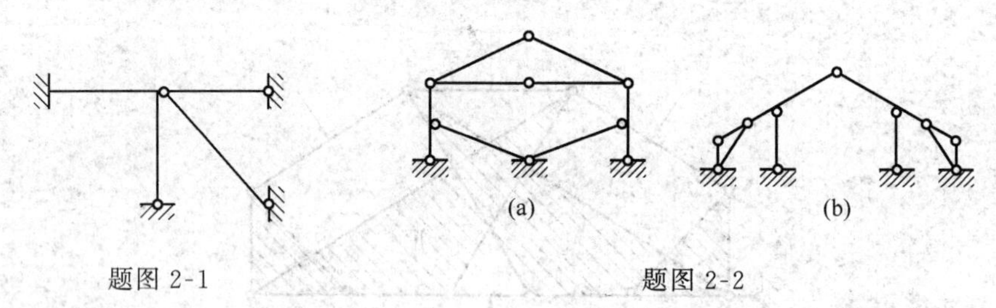

题图 2-1　　　　题图 2-2

2-3　如题图 2-3 所示体系为(　　)。

A. 几何不变，无多余联系　　　　B. 几何不变，有多余联系

C. 常变　　　　D. 瞬变

2-4　如题图 2-4 所示体系的计算自由度为(　　)。

A. −1　　B. −2　　C. 1　　D. 2

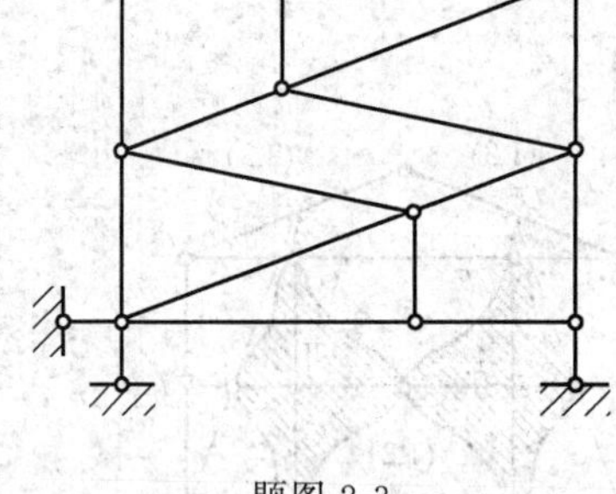
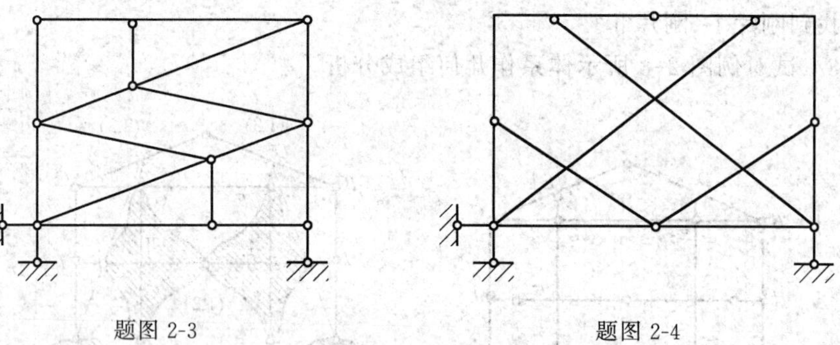

题图 2-3　　　　题图 2-4

2-5　对如题图 2-5(a)～题图 2-5(d)所示体系进行几何组成分析。

2-6　对如题图 2-6(a)～题图 2-6(d)所示体系进行几何组成分析。

2-7　对如题图 2-7(a)～题图 2-7(c)所示体系进行几何组成分析。

2-8　对如题图 2-8(a)～题图 2-8(f)所示体系进行几何组成分析。

2. 习题答案

2-1　2

2-2　1,2

2-3　A

2-4　A

2-5　(a)几何不变，无多余约束　　(b)几何不变，无多余约束

(c)几何不变，无多余约束　　(d)几何不变，无多余约束

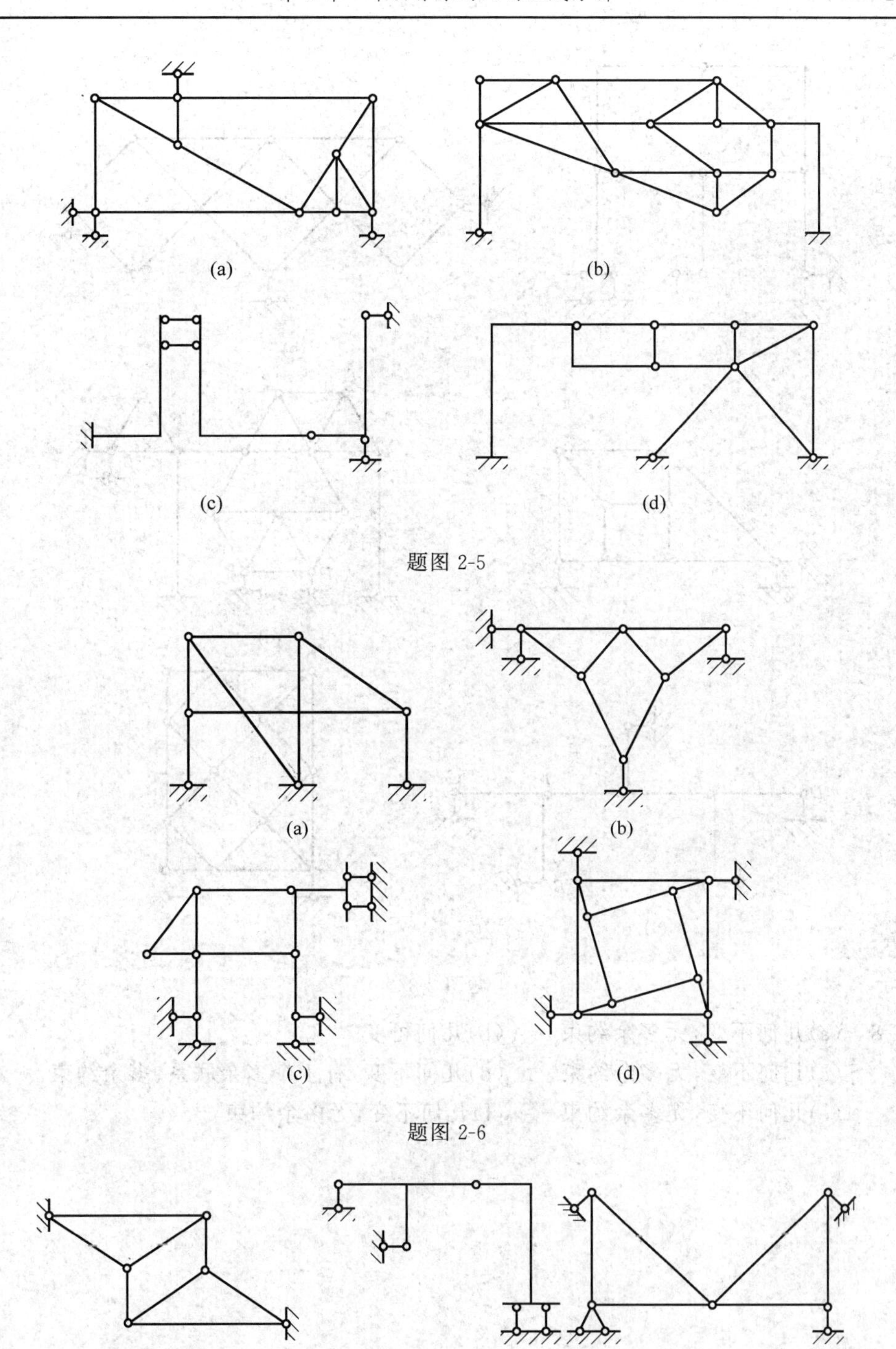

题图 2-5

题图 2-6

题图 2-7

2-6　(a)几何不变,无多余约束　　(b)几何不变,无多余约束

(c)几何不变,无多余约束　　(d)几何不变,无多余约束

2-7　(a)几何不变,无多余约束　　(b)几何不变,无多余约束

(c)几何不变,有一个多余约束

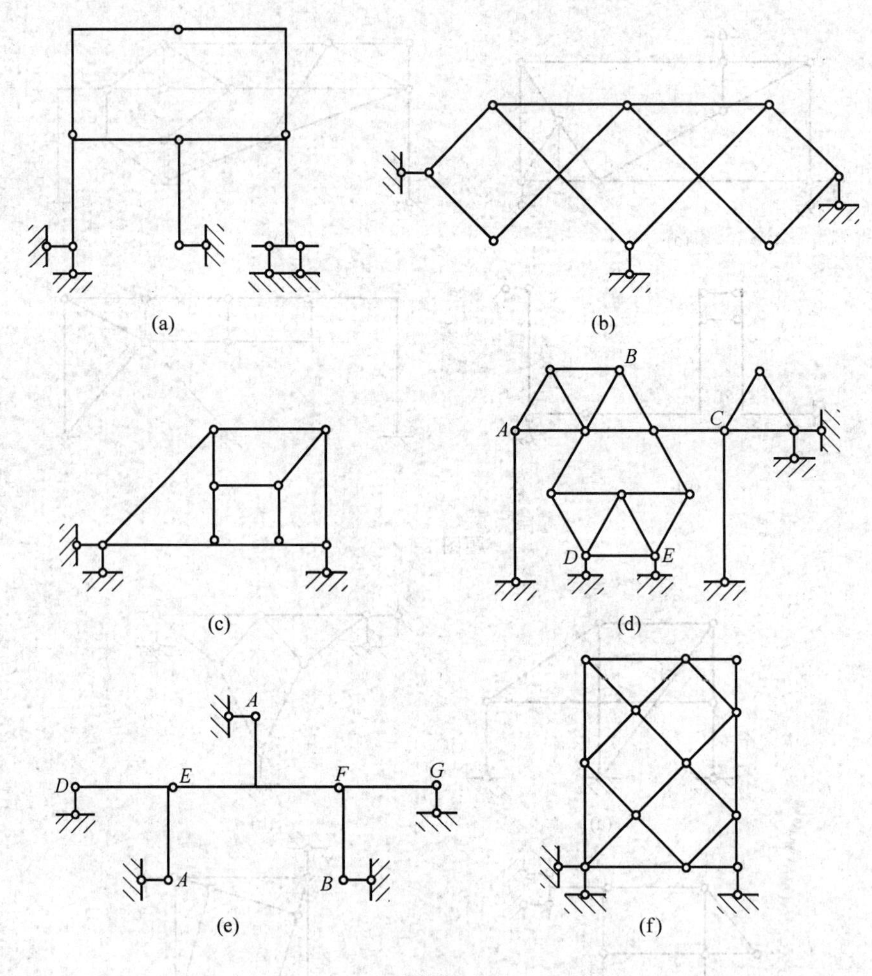

题图 2-8

2-8　(a)几何不变,无多余约束　　(b)几何可变

(c)几何不变,无多余约束　　(d)几何不变,有 1 个多余联系、多余约束

(e)几何不变,无多余约束　　(f)几何不变,无多余约束

第3章　静定结构的内力计算

静定结构是没有多余约束的几何不变体系，它的受力分析是结构位移计算和超静定结构内力计算的基础。因此，掌握静定结构的计算方法是结构力学的基本任务之一。

静定结构受力分析的基本方法是用截面法取隔离体、画受力图，然后通过平衡条件计算约束反力和杆件内力。

3.1　静定梁和静定平面刚架

1. 杆件的内力分析

在平面杆件的任一截面上，通常存在3种内力，即弯矩、剪力和轴力。在对杆件作内力分析时，一般的做法是先求出结构的支座反力，然后再求杆件中任一截面的内力。

(1) 支座反力的计算

在求支座反力时，根据支座的类型确定反力性质和个数，并假定反力方向，用平衡方程求解。

如图3-1(a)所示为承受外力 P 的单跨梁，取梁整体为隔离体，根据支座 A、B 的类型，确定反力、假定方向。列平衡方程，得

$$F_x=0,\quad F_{Ax}=0$$
$$F_y=0,\quad F_{By}-P=0,\quad F_{By}=P$$
$$M_B=0,\quad M_A+3Pa=0, M_A=-3Pa$$

M_A 为负号，表示实际方向与假设相反，为顺时针方向。

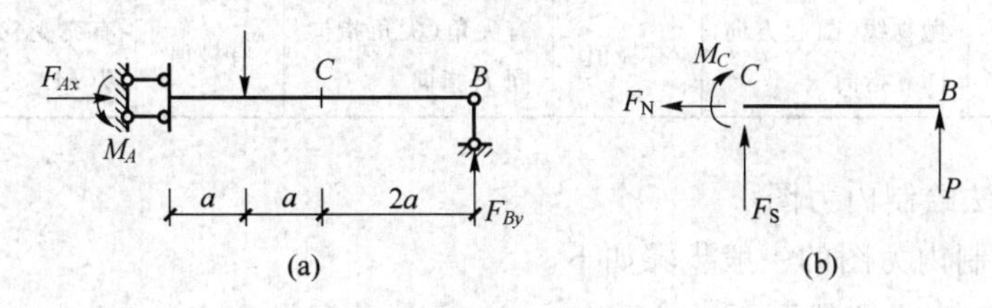

图3-1

(2) 截面内力的计算

在计算内力之前，应先熟练掌握内力的符号规定：轴力以拉力为正；剪力以绕隔离体顺时针方向转动为正；弯矩一般不作正负规定，在水平杆件中，也可规定下侧纤维受拉者为正。在如图3-1(a)所示的梁中，当需要求截面 C 的内力时，沿该截面切开，取出右(或左)段为隔离体，如图3-1(b)所示，求得 C 截面内力为

$$F_N=0,\quad F_S=-P(\text{负剪力}),\quad M_C=2Pa$$

由截面法的运算可以得到如下结论。

① 轴力的数值等于截面一侧所有外力(包括荷载和反力)沿截面法线方向的投影代

数和。

② 剪力的数值等于截面一侧所有外力沿截面方向的投影代数和。

③ 弯矩的数值等于截面一侧所有外力对截面方向的力矩代数和。

在求截面内力时，选取隔离体应注意以下两点。

① 选取外力较少的部分为隔离体，不能遗漏外力和约束力。

② 隔离体上的已知力按实际方向示出，未知力设为正号方向。计算结果为正时，表明实际内力与假设方向相同；计算结果为负时，表明实际内力与假设方向相反。

2. 利用微分关系作内力图

在直梁中，荷载 $q(x)$、剪力 F_S、弯矩 M 三者之间具有如下微分关系。

$$\begin{aligned}\frac{dF_S}{dx}&=-q(x)\\ \frac{dM}{dx}&=F_S\\ \frac{d^2M}{dx^2}&=-q(x)\end{aligned} \tag{3.1}$$

这些式子的几何意义是：剪力图上某点处切线斜率等于该点处的横向荷载集度，但符号相反；弯矩图上某点处切线斜率等于该点处的剪力。据此，可以推知荷载情况与内力图形状之间的对应关系，掌握内力图的形状特征，对于正确、迅速地绘制内力图很有帮助。如表 3-1 所示为直梁内力图的形状特征。

表 3-1

梁上情况	无外力区段	均布力 q 作用区段		集中力 P 作用处		集中力偶 M 作用处	铰处
剪力图	水平线	斜直线	为零处	有突变（突变值为 P	如变号	无变化	无影响
弯矩图	一般为斜直线	抛物线（凸起方向同 q 指向）	有极值	有尖角（尖角指向同 P 指向	有极值	有突变（突变值为 M）	为零

（1）用简捷法绘制内力图

用简捷法绘制内力图的一般步骤如下。

① 求支座反力（悬臂梁可不必求反力）。

② 分段。凡外力不连续处均应作为分段点。

③ 定点。根据各段梁的内力图形状，选定所需的控制截面，用截面法求出这些截面的内力值，并将它们在内力图的基线上用竖标绘出。这样就定出了内力图上的各控制点。

④ 连线。根据各段梁内力图的形状，分别用直线或曲线将各控制点依次相连，即得所求内力图。

（2）用叠加法作弯矩图

用叠加法作弯矩图是指在已知结构中某直杆段端部弯矩和杆上荷载的情况下，应用叠加原理按下述步骤作出该直杆的弯矩图。

① 在杆轴上绘出两个杆端弯矩的纵标。

② 取两端弯矩纵标顶点的连线为基线，在此基线上绘出相应杆端的简支梁在杆上荷载作用下的弯矩图。

③ 取最后图线与杆轴之间所包含的图形，得实际弯矩图。

从结构中取出某段杆 AB，其受力情况如图 3-2(a)所示，它等价于如图 3-2(b)及图 3-2(c)所示的简支梁，采用分段叠加法，就可以作出弯矩图，如图 3-2(d)所示。

应该注意的是：弯矩图的叠加是指各个截面对应的弯矩纵标的代数和，而不是弯矩图的简单拼合，纵标应垂直于杆轴，凸向与荷载指向一致。

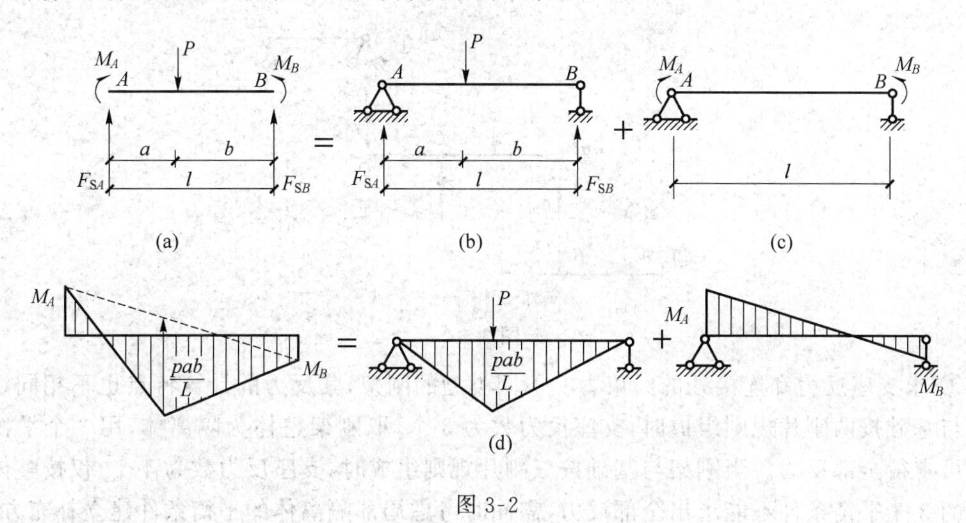

图 3-2

3. 多跨静定梁的内力分析

多跨静定梁是由几根单跨梁连接而成的主从结构。它的组成具有如下两个特点。

① 由若干根梁用铰相连，由若干支座与基础连接成静定结构。

② 由基本部分和附属部分组成。基本部分是指与基础组成几何不变的静定结构，可以独立地承受荷载而保持平衡；附属部分则为依靠基本部分保持其几何不变性和承受荷载的梁段。

如图 3-3 所示为多跨静定梁的层叠图，它清晰地表示出基本部分与附属部分之间的关系。需要注意的是，作用在基本部分上的荷载等因素对附属部分的反力、内力、变形没有影响，而作用在附属部分上的荷载等因素对基本部分有影响。按照多跨静定梁的传力方式可知，计算顺序应为先附属部分，后基本部分。

4. 刚架的内力分析

(1) 刚架的计算基础

刚架是由直杆组成的结构，因此，它的计算基础是单杆的内力分析。把刚架拆成若干个杆件，计算杆端内力后分别绘出内力图，将杆件内力图合在一起即可得到刚架的内力图。

(2) 刚架的内力及表示

刚架中的杆件一般产生 3 种内力，即弯矩、剪力和轴力。内力符号后面引用两个角标：第 1 个角标表示内力所在的截面；第 2 个角标表示该截面所属杆件的另一端。

(3) 刚架的计算步骤

刚架的计算步骤如下。

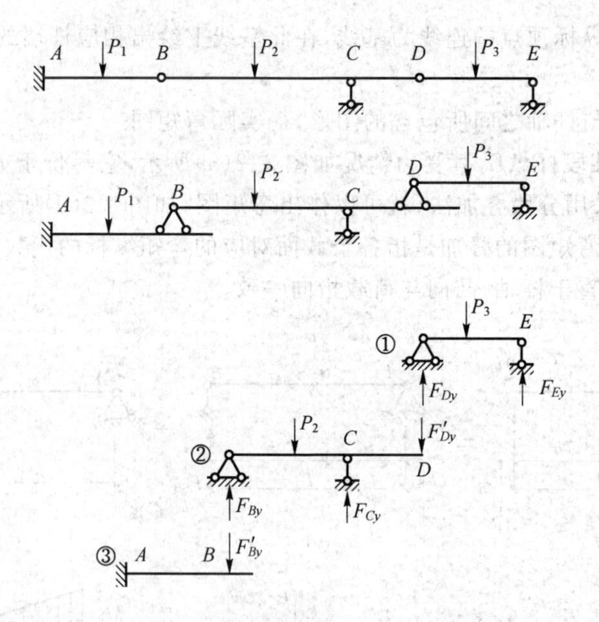

图 3-3

① 求支座反力和连接处的约束力。不同类型的刚架，其反力的计算特点也不相同。当刚架与基础按两刚片规则组成时，支座反力数为 3 个，取刚架整体为隔离体，用 3 个平衡方程即可求得全部反力。当刚架与基础按三刚片规则组成时，支座反力数为 4 个，仅按整体隔离体的 3 个平衡条件不能求出全部反力，需同时考虑局部隔离体的平衡条件建立补充方程，才能求得全部反力。如果刚架为主从结构，则其计算原则与多跨静定梁完全相同。

② 求各杆件的杆端内力。

③ 作内力图。

• 弯矩图。弯矩图绘于受拉的一侧，不需注明正、负号。当两杆结点上无外力矩作用时，结点处两杆弯矩的纵标在同侧且数值相等。铰支端和悬臂端无外力偶矩作用时，弯矩为零；作用外力偶矩时，该端的弯矩等于该外力偶矩。

• 剪力图。根据杆端剪力，按剪力图形状特征可作出剪力图。剪力图绘于杆件的任一侧，需注明正、负号。

• 轴力图。根据杆端轴力作出杆件的轴力图。轴力图可绘于杆件的任一侧，需注明正、负号。

(4) 内力图的校核

校核内力图的方法通常有如下两种。

① 截取结点，利用力矩平衡条件 $M_B=0$ 检查 M 图。

② 截取刚架的任何部分，利用 $F_x=0$ 和 $F_y=0$ 检查剪力图和轴力图。

(5) 对称性利用

静定结构的对称性是指结构的几何形状和支座形式均对称于某一几何轴线(对称轴)。对称结构在对称荷载作用下，结构的内力呈对称分布；在反对称荷载作用下，结构的内力呈反对称分布。利用对称性，能使内力分析得到简化。

3.2　三铰拱

1. 拱的形式和受力特点

拱的轴线是曲线，在竖向荷载作用下支座产生水平反力(推力)。由于存在水平推力，三铰拱的截面弯矩小于相同跨度、相同荷载作用下简支梁对应截面的弯矩，主要承受轴向压力。

拱的基本形式有三铰拱、两铰拱和无铰拱。两铰拱和无铰拱为超静定结构，三铰拱为静定结构。如图 3-4(a)～图 3-4(c)所示的三铰拱分别称为平拱、斜拱和拉杆拱；如图 3-4(d)和图 3-4(e)所示的超静定拱为两铰拱和无铰拱。

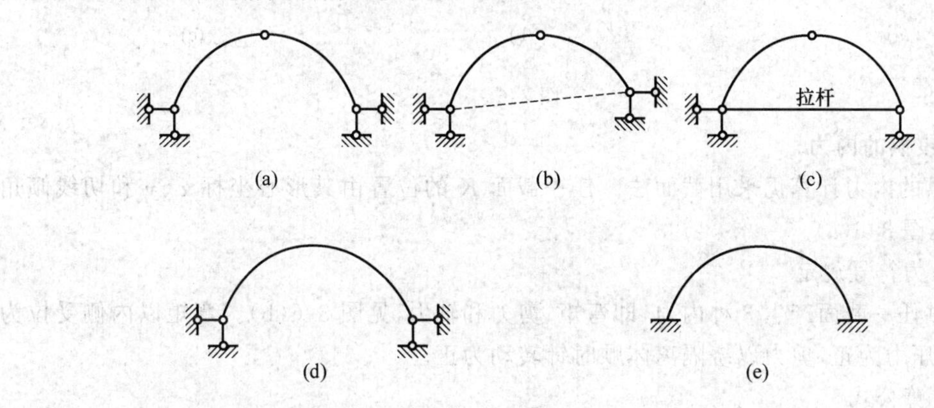

图 3-4

2. 三铰拱的反力

三铰拱共有 4 个支座反力，通常选取全拱为隔离体建立 3 个平衡方程式，取左半拱或右半拱为隔离体，利用顶铰弯矩为零的条件建立补充方程式，可求出全部反力。

平拱承受竖向荷载时，将它与相同跨度、相同荷载的简支梁对比分析，如图 3-5 所示，其反力计算公式为

$$\left.\begin{aligned} F_{Ay} &= F_{Ay}^0 \\ F_{By} &= F_{By}^0 \\ F_{\mathrm{H}} &= \frac{M_C^0}{f} \end{aligned}\right\} \tag{3.2}$$

式(3.2)中，M_C^0 为相应简支梁对应顶铰 C 的截面弯矩，f 为矢高。

三铰拱的反力只与荷载及 3 个铰的位置有关，与拱轴线的形状无关；式(3.2)仅用于竖向荷载作用下的三铰平拱。

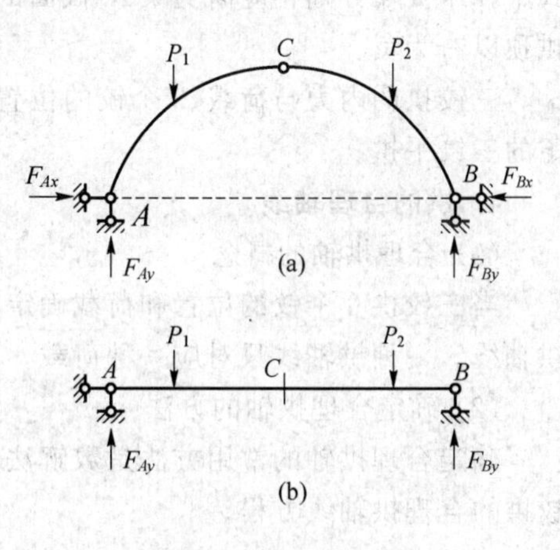

图 3-5

斜拱的计算方法与平拱相同，反力公式为

$$
\left.\begin{aligned}
F_{Ay}&=F_{Ay}^{0}+F_{\mathrm{H}}\tan\alpha\\
F_{By}&=F_{By}^{0}-F_{\mathrm{H}}\tan\alpha\\
F_{\mathrm{H}}&=\frac{M_{C}^{0}}{f}
\end{aligned}\right\}\qquad(3.3)
$$

式中，α 为起拱线与水平线之间的夹角，f 为 C 铰至起拱线的竖向距离，如图 3-6 所示。

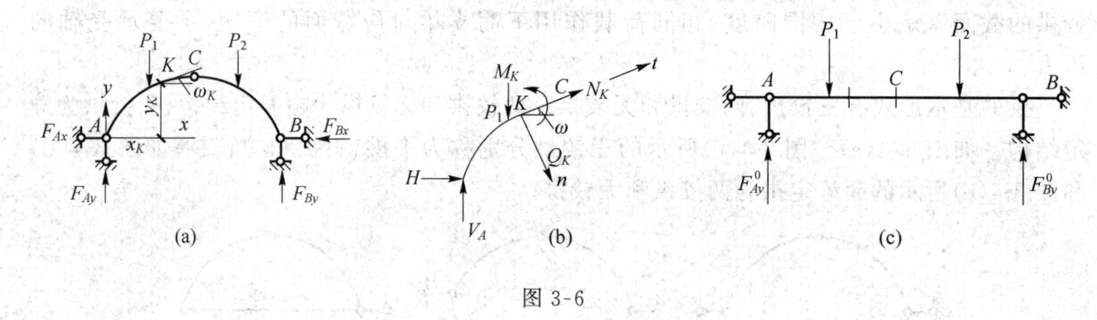

图 3-6

3. 三铰拱的内力

三铰拱的内力计算仍采用截面法。任一截面 K 的位置由其形心坐标 x、y 和切线倾角 φ_K 确定，见图 3-6(a)。

(1) 内力符号规定

三铰拱任一截面产生 3 种内力，即弯矩、剪力和轴力，见图 3-6(b)。弯矩以内侧受拉为正，轴力以压力为正，剪力以绕隔离体顺时针转动为正。

(2) 计算公式

$$
\left.\begin{aligned}
M&=M^{0}-F_{\mathrm{H}}y_{K}\\
F_{\mathrm{S}K}&=F_{\mathrm{S}K}^{0}\cos\varphi_{K}-F_{\mathrm{H}}\sin\varphi_{K}\\
F_{\mathrm{N}K}&=F_{\mathrm{S}K}^{0}\sin\varphi_{K}+F_{\mathrm{H}}\cos\varphi_{K}
\end{aligned}\right\}\qquad(3.4)
$$

式中，M_K^0、$F_{\mathrm{S}K}^0$ 分别相应简支梁 K 截面的弯矩和剪力；φ_K 在图示坐标系中以拱顶以左为正，拱顶以右为负。

三铰拱的内力与荷载、3 个铰的位置及拱轴形状有关；式(3.4)只适用于竖向荷载作用下的三铰平拱。

4. 拱的合理轴线

(1) 合理拱轴的概念

当三铰拱 3 个铰的位置和荷载确定时，若拱处于无弯矩状态，则称这样的拱轴线为合理拱轴线。一种拱轴线只对应一种荷载。

(2) 确定合理拱轴的方法

确定合理拱轴的常用方法是数解法，即通过建立平衡方程，按照合理拱轴的定义求得三铰拱的合理拱轴线方程。

3.3　静定平面桁架与组合结构

1. 桁架的特点和分类

根据对实际桁架作出的基本假设可知，理想桁架的杆件都是二力直杆，杆件只有轴力，没有弯矩和剪力。实际桁架并不完全符合基本假设,在一般情况下,产生的附加内力较小,通常忽略不计。桁架可以按不同特征进行分类,桁架按几何组成可分为如下几种。

① 简单桁架。由一个基本铰结三角形或基础,依次增加二元体形成简单桁架。

② 联合桁架。由几个简单桁架按几何不变体系的简单规则形成联合桁架。

③ 复杂桁架。不按以上两种方式组成的桁架即为复杂桁架。

2. 桁架的内力分析

(1) 符号规定

杆件轴力以拉力为正、压力为负。正号轴力背离杆件截面和结点,负号轴力指向杆件截面和结点。在求某杆轴力时,假设其为拉力进行计算。若计算结果为正,表示假设正确;若计算结果为负,则表示与假设相反。

(2) 计算方法

① 结点法。依次(未知力不超过两个)截取结点为隔离体,应用平面汇交力系的平衡方程求杆件内力。结点法宜用于求解简单桁架。

② 截面法。用适当的截面截取桁架的一部分(至少含有两个结点)为隔离体,应用平面一般力系的平衡方程求杆的内力。截面法宜于求解联合桁架或求解指定杆的内力。

③ 联合法。结点法和截面法的联合应用。

3. 解题技巧

(1) 零内力杆的判别

① 不共线二杆结点,若不受荷载作用,则二杆内力为零,如图 3-7(a)所示。

② 不共线二杆结点,若外力作用线与其中一杆轴线重合,则另一杆内力为零,如图 3-7(b)所示。

③ 三杆结点,其中二杆共线,若不受荷载作用,则另一杆内力为零,共线二杆内力相同,如图 3-7(c)所示。

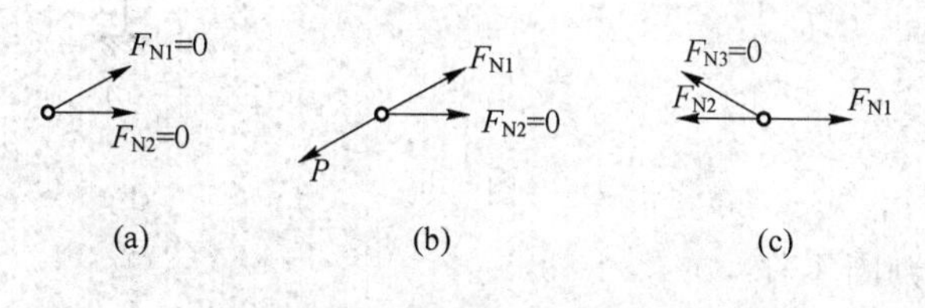

图 3-7

(2) 特殊形状结点的应用

① 四杆交于一点,四杆两两在一直线上。结点上无荷载时,在同一直线上的两杆内力同号、等值,如图 3-8(a)所示。

② 四杆交于一点,成对称 K 形。结点上无荷载时,两斜杆内力异号、等值,如图 3-8(b)所示。

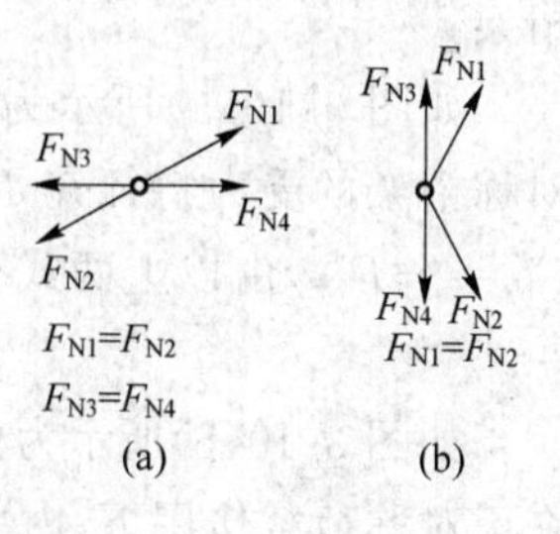

图 3-8

(3) 斜杆内力一般分解为 X、Y 两个方向的分力计算比较方便。利用投影的比例关系,可以避免解三角函数。

(4) 适当的选取矩心和投影轴,尽量使一个方程只含一个未知量。

(5) 对于联合桁架,应先用截面法求出联系杆的内力。

4. 对称性利用

(1) 对称桁架的受力特征

① 当对称桁架承受对称荷载作用时,轴力呈对称分布,即位置对称的杆件轴力同号、等值。

② 当对称桁架承受反对称荷载作用时,轴力呈反对称分布,即位置对称的杆件轴力异号、等值。

(2) 利用对称性的方法

计算对称桁架时,应先考虑是否能够利用对称条件减少未知力的数目。若去掉一些支杆以后,可将原桁架化为对称桁架,则在通常情况下宜去掉支杆,代以支座反力,并将反力与外力一起分解为对称荷载与反对称荷载组,只需计算半个桁架的内力。

如图 3-9(a)所示的桁架为三刚片结构,杆件内力的求解较为复杂。若拆除水平支杆代之以反力 $2P$,并将其视为外荷载,则原桁架化为对称桁架,如图 3-9(b)所示。将荷载分解为对称与反对称两组,如图 3-9(c)和图 3-9(d)所示,分别求得各杆内力后叠加即得原桁架的杆件内力。

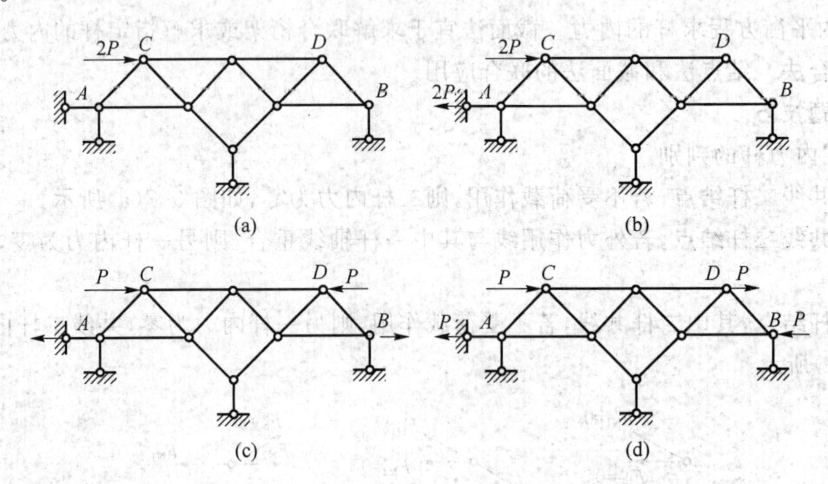

图 3-9

(3) 利用对称性判断零杆

如图 3-10(a)和图 3-10(b)所示为外荷载作用下水平反力为零的同一桁架,可视为对称桁架。

如图 3-10(a)所示为桁架承受对称荷载,分析对称结点 C 上的两杆内力 F_{N1} 和 F_{N2}:由对称桁架的受力特征知 $F_{N1}=F_{N2}$,由结点 C(如图 3-10(c)所示)的平衡条件 $\sum F_y=0$,得 $F_{N1}=-F_{N2}$,由以上两式得

$$F_{N1}=F_{N2}=0$$

如图 3-10(b)所示为桁架承受反对称荷载,分析垂直于对称轴的水平杆件内力 F_{N3}:由于在反对称荷载作用下,内力为反对称分布,所以,杆件 3 两端的作用力指向相同,一端为压力,另一端为拉力,如图 3-10(d)和图 3-10(e)所示,由杆 3 的平衡条件 $\sum F_x=0$,得 $F_{N3}+F_{N3}=0$,即 $F_{N3}=0$。

对于能够利用对称特征判断零杆的桁架,均应作类似分析,以简化计算。

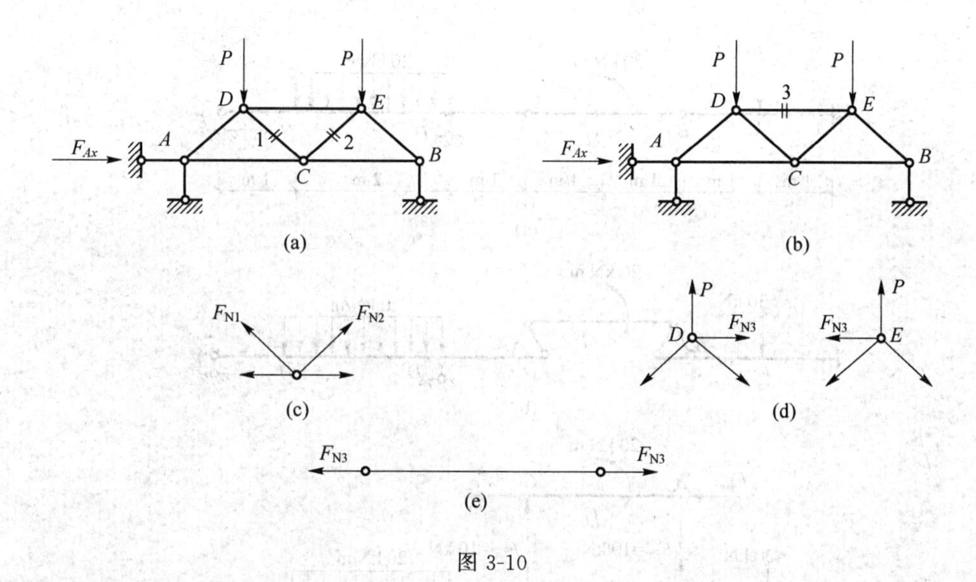

图 3-10

5. 组合结构的构造特点和受力分析

组合结构既有只受轴力的二力杆,又有受弯的梁式杆。计算组合结构的关键问题是区分两类杆件。组合结构的受力分析特点是先求出轴力杆内力,再将其力作用于梁式杆计算梁式杆内力。

3.4　典型例题分析

例 3-1　试作如例图 3-1(a)所示多跨静定梁的内力图。

解:

梁 AB 为基本部分,梁 CE 虽然只以两支座链杆与基础相连,但是,在竖向荷载作用下能独立地保持平衡,所以,在竖向荷载作用下也为基本部分,梁 BC 为附属部分。其层次图如例图 3-1(b)所示。按 3 个单跨梁进行分析。

① 由整体平衡条件求得 $F_{Ax}=0,F_{Bx}=F_{Cx}=0$,全梁不产生轴力。

② 取梁 AB、BC、CE 为隔离体如例图 3-1(c)所示。先计算附属部分 BC 梁的反力,求得 F_{By} 和 F_{Cy} 并反向传至基本部分 AB 和 CE,求出 A、D、E 支座的反力。

③ 分别绘梁 BC、AB、CE 的弯矩图。其中,梁 BC、AB 的弯矩图分别按简支梁和悬臂梁的规律作出。梁 CE 的弯矩图可按叠加法绘制。

④ 求各段杆端剪力,按剪力图的形状特征作各梁的剪力图。

绘全梁的 M 图和 F_S 图,如例图 3-1(d)和例图 3-1(e)所示。

例 3-2　试作如例图 3-2(a)所示刚架的内力图。

解:

(1) 求支座反力

① 先取 CB 为隔离体。

由 $M_C=0,6F_{By}-20\times3=0$ 得

$$F_{By}=10\ \text{kN}$$

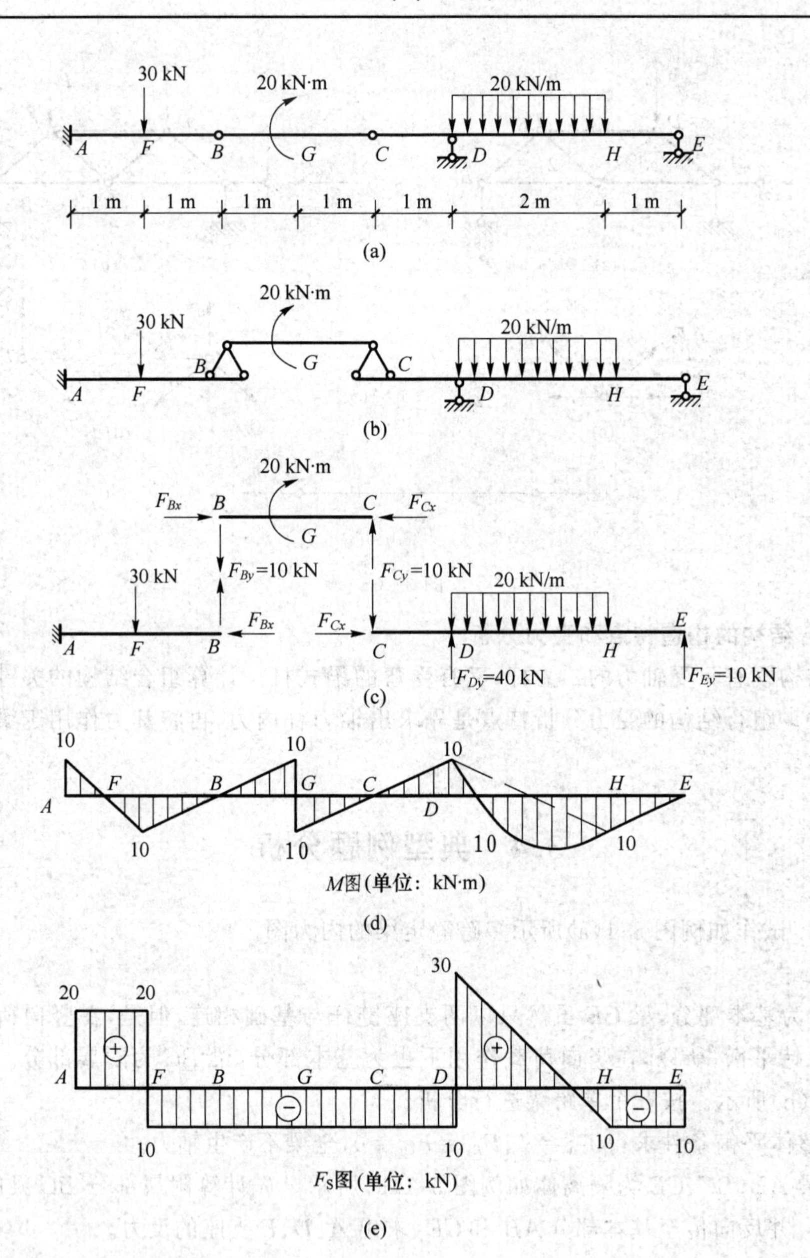

例图 3-1

② 再以整体为研究对象。

由 $M_A=0, 3F_{Bx}+9F_{By}-20\times6-15=0$

得

$$F_{Bx}=15\ \text{kN}$$

由 $F_y=0,\quad F_{Ay}+F_{By}-20=0$

得

$$F_{Ay}=10\ \text{kN}$$

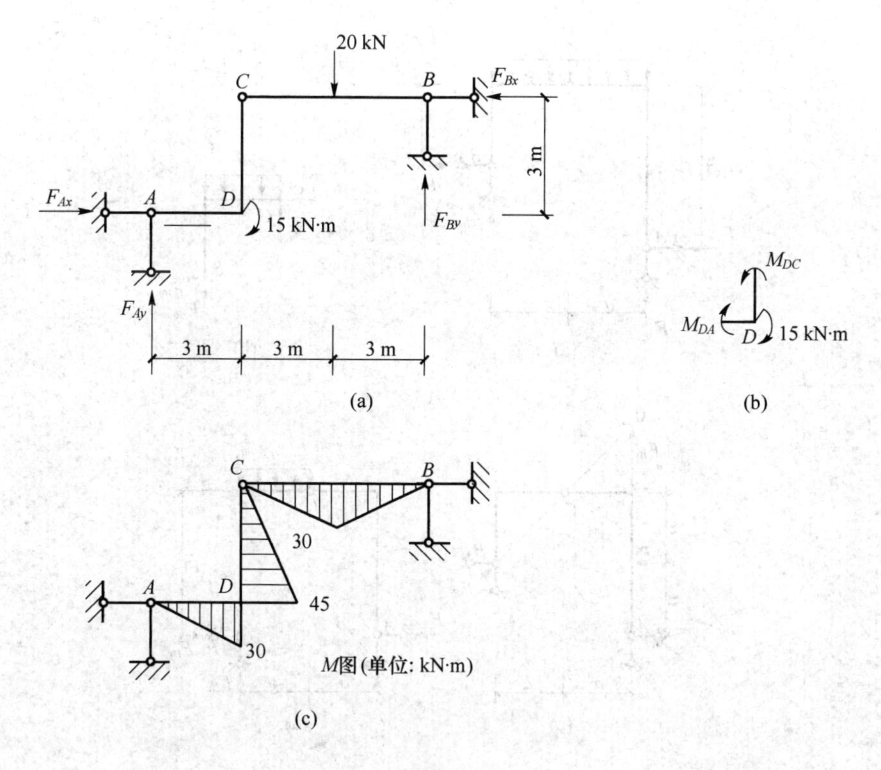

例图 3-2

由 $F_x=0$，　$F_{Ax}-F_{Bx}=0$

得

$$F_{Ax}=15\ \text{kN}$$

(2) 作弯矩图

CB 杆的弯矩图与相应简支梁的弯矩图相同，控制弯矩 $M_E=\dfrac{PL}{4}=30\ \text{kN}\cdot\text{m}$。在折杆 ADC 中，先求 M_{DA}（或 M_{DC}），然后再由结点 D 的力矩平衡条件求 M_{DC}（或 M_{DA}），结点 D 的隔离体如例图 3-2(b)所示。

由隔离体 AD 的平衡条件 $M_D=0$，得

$$M_{DA}=3F_{Ay}=3\times10=30\ \text{kN}\cdot\text{m}$$

作 M 图，如例图 3-2(c)所示。

注意：在集中外力矩作用的两杆结点 D 上，$M_{DA}\neq M_{DC}$。

例 3-3　试求如例图 3-3(a)所示刚架的支座反力。

解：

本例为支座不等高的三铰刚架，是按三刚片规则组成的结构。取刚架整体为分离体，可建立 3 个平衡方程，不能求出 4 个支座反力。利用中间铰 C 处弯矩为零的条件建立一个补充方程，可求得全部反力。

(1) 建立平衡方程

① 取整体为研究对象，如例图 3-3(a)所示，建立

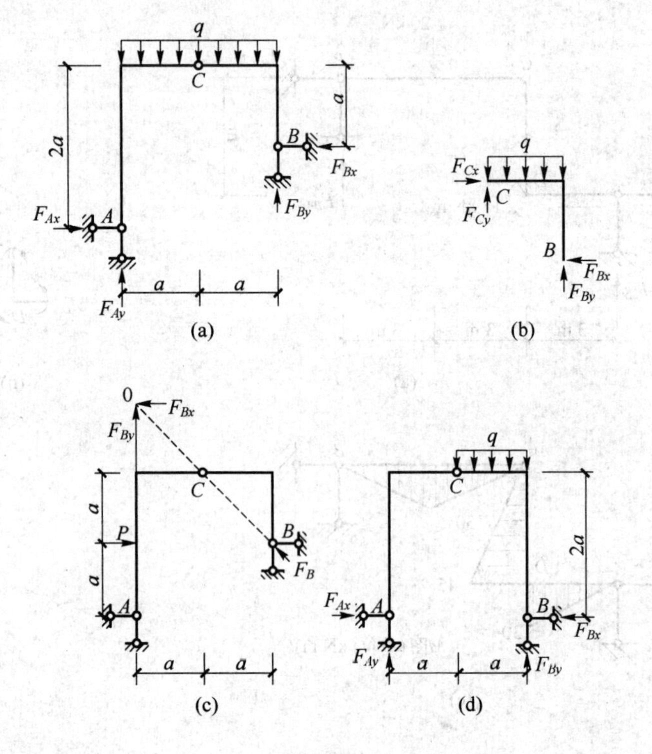

例图 3-3

$$\sum F_x = 0, \qquad F_{Ax} - F_{Bx} = 0 \tag{3.5}$$

$$\sum F_y = 0, \qquad F_{Ay} + F_{By} - 2qa = 0 \tag{3.6}$$

$$\sum M_A = 0, \qquad F_{Bx} \cdot a + F_{By} \cdot 2a - q \cdot 2a \cdot a = 0$$

得

$$F_{Bx} + 2F_{By} - 2qa = 0 \tag{3.7}$$

② 取 CB 为研究对象,如例图 3-3(b)所示,建立

$$\sum M_C = 0, \qquad F_{Bx} \cdot a - F_{By} \cdot a + qa \cdot \frac{a}{2} = 0$$

得

$$F_{Bx} - F_{By} + \frac{qa}{2} = 0 \tag{3.8}$$

(2) 求解支座反力

联立求解式(3.7)和式(3.8),得

$$F_{Bx} = \frac{qa}{3}, \quad F_{By} = \frac{5qa}{6}$$

由式(3.5),得

$$F_{Ax} = F_{Bx} = \frac{qa}{3}$$

由式(3.6),得

$$F_{Ay} = 2qa - F_{By} = \frac{7qa}{6}$$

注意：

① 不等高三铰刚架在特殊荷载作用下，可采用简化方法计算支座反力。例如，外荷载情况如例图3-3(c)所示时，由于CB部分为二力构件，故可知B支座上反力的合力F_B一定通过B、C连线。将F_B平移至O点，并沿水平和竖直方向分解为F_{Bx}和F_{By}，由$\sum M_A=0$，求得F_{Bx}。当F_{Bx}为已知时，则不难求得其他反力。

② 当任意荷载作用于等高三铰刚架时如例图3-3(d)所示，去整体和局部分离体，可建立独立的平衡方程求竖向和水平反力。等高三铰刚架与不等高三铰刚架的区别在于，前者由独立的平衡方程即可求出全部反力，而后者需求解联立方程得到全部反力。

③ 当对称荷载作用于对称刚架时，例如，如例图3-3(d)所示刚架横梁布满均布荷载q，可直接利用对称性得$F_{Ay}=F_{By}=\dfrac{1}{2}(q\cdot 2a)=qa$；$F_{Ax}=F_{Bx}=F_x$待求，反对称约束$F_{Cy}=0$。

例3-4　已知如例图3-4(a)所示结构的弯矩图，试逆算其荷载。

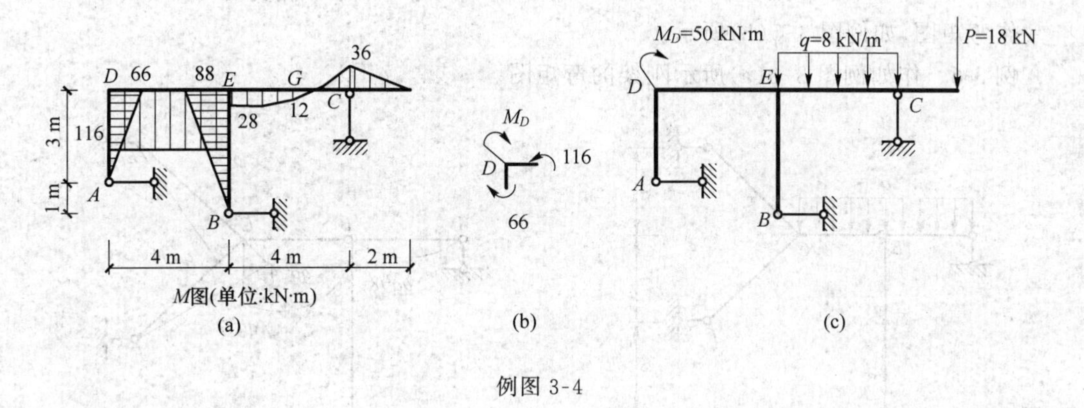

例图3-4

解：

首先，根据结点D的力矩平衡条件求外力矩M_D。

由$M_D+66-116=0$得

$$M_D=50\ \text{kN}\cdot\text{m}$$

再根据弯矩图的形状特点求集中力P和均布荷载q。

由$M_{CF}=2P=36$得

$$P=18\ \text{kN}$$

由$M_{GE}=\dfrac{q\times 4^2}{8}-\left(\dfrac{28+36}{2}-28\right)=2q-(32-28)=12$得

$$q=8\ \text{kN/m}$$

例3-5　作如例图3-5(a)所示结构的弯矩图。

解：

BD杆是二力杆，因A无竖向反力，由结构整体平衡，可确定：

BD轴向力的竖向分量为

$$F_{NBDy}=6\times 4+12=36\ \text{kN}$$

BC截面弯矩为

$$M_{BC}=-12\times 1=-12\ \text{kN}\cdot\text{m}(\text{上侧受拉})$$

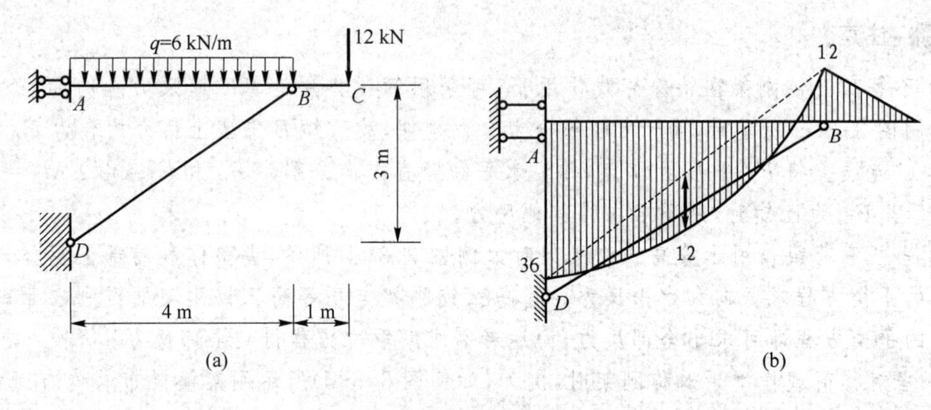

例图 3-5

AB 截面弯矩为

$$M_{AB}=-6\times4\times2-12\times5+36\times4=36\ \text{kN}\cdot\text{m}(\text{下侧受拉})$$

作弯矩图,如例图 3-5(b)所示。

例 3-6　作如例图 3-6(a)所示刚架的弯矩图。

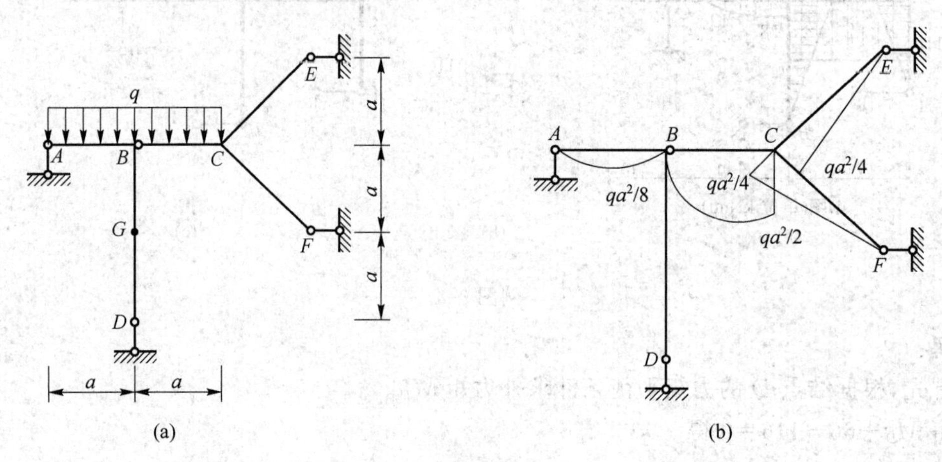

例图 3-6

解:

此结构是三铰刚架。

(1) 计算支反力

取整体水平、竖向合力平衡及 G 点合力矩平衡,再取 AB 部分对 B 点合力矩平衡,由

$$F_{Ex}+F_{Fy}=0$$

$$F_{Ay}+F_{Dy}-2qa=0$$

$$F_{Ay}\cdot a-F_{Ex}\cdot 2a=0$$

$$F_{Ay}\cdot a-\frac{1}{2}qa^2=0$$

得

$$F_{Ay}=\frac{1}{2}qa(\text{向上}),\qquad F_{Ex}=\frac{1}{4}qa(\text{向左})$$

$$F_{Dy}=\frac{3}{2}qa(\text{向上}),\qquad F_{Fx}=-\frac{1}{4}qa(\text{向右})$$

(2) 分段作弯矩图如例图 3-6(b)所示

例 3-7　试求如例图 3-7(a)所示三铰拱 D 截面的内力 M_D、F_{SD} 和 F_{ND}。设拱轴方程为 $y=\frac{4f}{l^2}x(l-x)$。

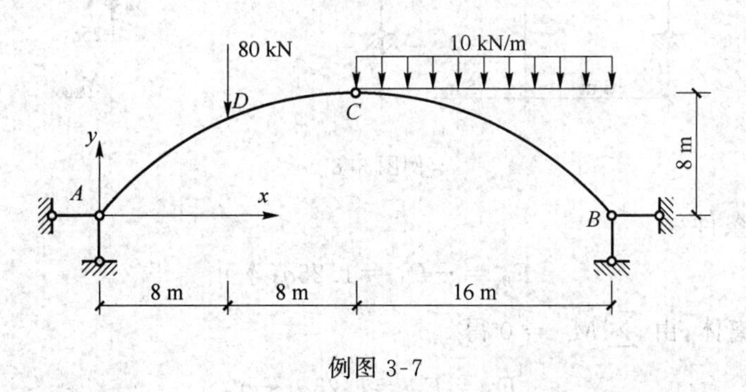

例图 3-7

解：

(1) 求支座反力

按式(3.6)得

$$F_{Ay}=F_{Ay}^0=100\ \text{kN},\quad F_{By}=F_{By}^0=140\ \text{kN},\quad F_{\text{H}}=\frac{M_C^0}{f}=120\ \text{kN}$$

(2) 求内力 M_D、F_{SD} 和 F_{ND}

截面 D 的几何参数为

$$x_D=8\ \text{m},y_D=\frac{4f}{l^2}x(l-x)=\frac{4\times8}{32\times32}\times8\times(32-8)=6\ \text{m}$$

$$\tan\varphi_D=\left.\frac{\mathrm{d}y}{\mathrm{d}x}\right|_{x=x_D}=\frac{4f}{l^2}(l-2x_D)=\frac{4\times8}{32\times32}(32-2\times8)=0.5$$

$$\varphi_D=26°34',\quad \sin\varphi_D=0.447\,2,\quad \cos\varphi_D=0.894\,4$$

将几何和参数代入式(3.8)得

$$M_D=M_D^0-F_{\text{H}}y_D=100\times8-120\times6=80\ \text{kN}\cdot\text{m}$$

$$F_{SD}^{左}=F_{SD}^{0左}\cos\varphi_D-F_{\text{H}}\sin\varphi_D=100\times0.894\,4-120\times0.447\,2=35.78\ \text{kN}$$

$$F_{SD}^{右}=F_{SD}^{0右}\cos\varphi_D-F_{\text{H}}\sin\varphi_D=20\times0.894\,4-120\times0.447\,2=-35.78\ \text{kN}$$

$$F_{ND}^{左}=F_{SD}^{左}\sin\varphi_D+F_{\text{H}}\cos\varphi_D=100\times0.447\,2+120\times0.894\,4=152.048\ \text{kN}$$

$$F_{ND}^{右}=F_{SD}^{右}\sin\varphi_D+F_{\text{H}}\cos\varphi_D=20\times0.447\,2+120\times0.894\,4=116.272\ \text{kN}$$

注意：D 截面作用集中荷载，剪力和轴力值有突变，应分别计算 D 左截面和 D 右截面的内力。

例 3-8　试求如例图 3-8(a)所示圆弧三铰拱截面 K 的内力。

解：

本例三铰拱承受水平外荷载，不能按计算公式求解，应取隔离体求支座反力和内力。

(1) 求支座反力

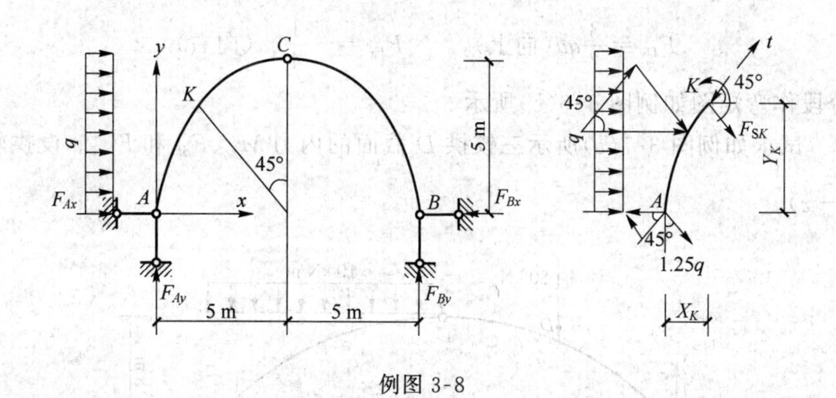

例图 3-8

由整体平衡条件得

$$F_{By}=-F_{Ay}=1.25q(\uparrow)$$

取 BC 为隔离体，由 $\sum M_C=0$ 得

$$F_{Bx}=F_{By}=1.25q(\leftarrow)$$

由整体平衡条件 $\sum F_x=0$ 得

$$F_{Ax}=F_{Bx}-5q=-3.75q(\leftarrow)$$

(2) 求内力

根据几何关系得

$$x_K=5(1-\sin 45^\circ)=1.46\ \text{m}$$

$$y_K=5\cos 45^\circ=3.54\ \text{m}$$

由隔离体 AK（如例图 3-8(b)所示）的平衡得

$$\sum M_K=0,\quad M_K=3.75qy_K-1.25qx_K-\frac{q}{2}y_K^2$$

$$=3.75q\times3.54-1.25q\times1.46-\frac{q}{2}\times3.54^2=5.18q(\text{下侧受拉})$$

$$\sum F_n=0,\quad F_{SK}=3.75q\sin 45^\circ-1.25q\cos 45^\circ-qy_K\sin 45^\circ$$

$$=(3.75q-1.25q-3.54q)\times\frac{\sqrt{2}}{2}=-0.735q(\text{负剪力})$$

$$\sum F_t=0,\quad F_{NK}=-3.75q\cos 45^\circ-1.25q\sin 45^\circ+qy_K\cos 45^\circ$$

$$=(-3.75q-1.25q+3.54q)\times\frac{\sqrt{2}}{2}=-1.03q(\text{拉力})$$

例 3-9　试确定如例图 3-9 所示三铰拱在三角形分布荷载作用下的合理拱轴线方程。

解：

(1) 求水平推力和弯矩方程 $M^0(x)$

由比例关系求得任意截面 x 处和顶角 C 处的荷载值为

$$q_x=\frac{3q}{l}(l-x),\quad q_C=\frac{3}{2}q$$

简支梁竖向反力 F_{Ay}^0 和 C 截面弯矩 M_C^0 为

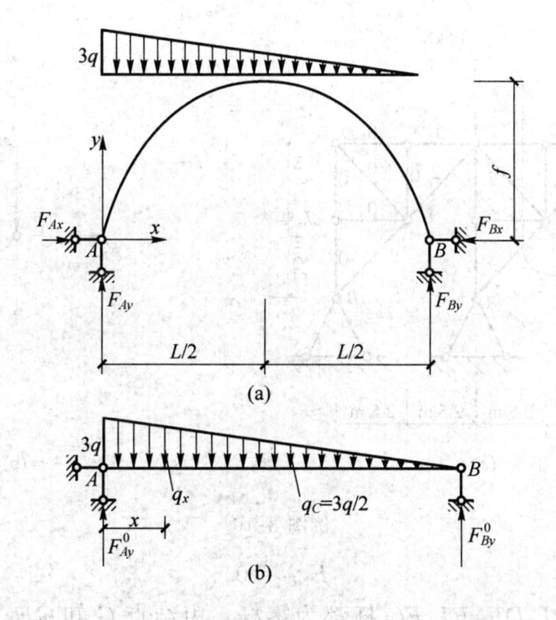

例图 3-9

$$F^0_{Ay}=\frac{1}{l}\left(\frac{1}{2}l\times 3q\times\frac{2}{3}l\right)=ql,\qquad F^0_{By}=\frac{al}{2}$$

$$M^0_C=F^0_{Ay}\times\frac{l}{2}-\frac{3}{2}q\times\frac{l}{2}\times\frac{l}{4}-\frac{1}{2}\times\frac{3}{2}q\times\frac{l}{2}\times\frac{l}{3}=\frac{3}{16}ql^2$$

三铰拱的水平推力为

$$F_{\mathrm{H}}=\frac{M^0_C}{f}=\frac{3ql^2}{16f}$$

简支梁任意截面 x 处的弯矩方程 $M^0(x)$ 为

$$M^0(x)=F^0_{By}(l-x)-\frac{q_x(l-x)}{2}\times\frac{l-x}{3}=\frac{ql}{2}(l-x)-\frac{q}{2l}(l-x)^3$$

(2) 求合理拱轴线

根据合理拱轴线的定义，令三铰拱任一截面 x 处弯矩 $M(x)$ 为零，得

$$M(x)=M^0(x)-F_{\mathrm{H}}y(x)=0$$

合理拱轴方程为

$$y(x)=\frac{M^0(x)}{F_{\mathrm{H}}}=\frac{8f}{3l}\left[l(l-x)-\frac{(l-x)^3}{l}\right]$$

例 3-10　试求如例图 3-10(a)所示桁架指定杆件 1、2、3 的轴力。

解：

(1) 求支座反力

由整体平衡条件得

$$F_{By}=120\ \mathrm{kN}(\downarrow)\qquad F_{Bx}=120\ \mathrm{kN}(\rightarrow)$$

$$F_{Ay}=240\ \mathrm{kN}(\uparrow)\qquad F_{Ax}=80\ \mathrm{kN}(\leftarrow)$$

(2) 判断零杆(用 0 标在杆上)

由结点 B 的平衡得

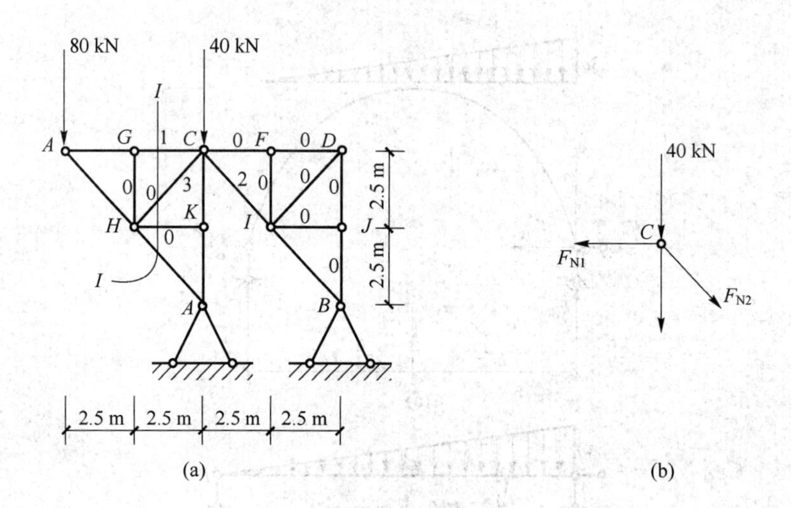

例图 3-10

$$F_{NBJ}=0$$

于是得 JI、JD、DI、DF、FI、FC 杆都为零杆。由结点 G 知 GH 为零杆，由结点 K 知 KH 为零杆，于是由结点 H 知 3 杆为零杆。

(3) 求 F_{N1} 和 F_{N2}

用Ⅰ-Ⅰ截面截开桁架，取截面以左分析。

由 $\sum M_H=0$ 得

$$F_{N1}\times2.5-80\times2.5-40\times2.5=0$$

$$F_{N1}=120\ \text{kN}(拉)$$

取 C 结点为隔离体，如例图 3-10(b)所示。

由 $\sum F_x=0$ 得

$$F_{N2}=120\sqrt{2}\ \text{kN}(拉)$$

例 3-11　试求如例图 3-11(a)所示桁架指定杆件内力。

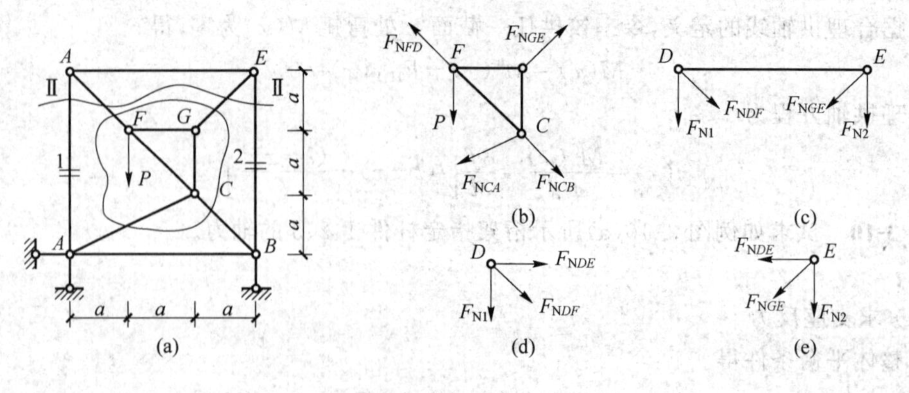

例图 3-11

解：

本例为联合桁架，为三刚片结构。如用结点法求内力，则任取一个结点都包含 3 个未知力；若用截面法，则任作一般截面都截到 4 根杆件，无法直接求得 F_{N1} 和 F_{N2}。现作闭合截面Ⅰ-Ⅰ，则所截 4 根杆件中，除 F_{NGE} 之外，其余 3 杆均交于结点 C，如例图 3-11(b)所示。

$$\sum M_C = 0,\quad F_{GEx} = \frac{a}{h}P$$

Ⅱ-Ⅱ以上，如例图 3-11(c)所示，有

$$\sum F_x = 0,\quad F_{DFx} = F_{GEx} = \frac{a}{h}P$$

结点 D，如例图 3-11(d)所示，有

$$\sum F_y = 0,\quad F_{N1} = -F_{DFy} = -\frac{h}{a}F_{DFx} = -P$$

结点 E，如例图 3-11(e)所示，有

$$\sum F_y = 0,\quad F_{N2} = -F_{GEy} = -\frac{h}{a}F_{GEx} = -P$$

讨论：本例通过选取闭合截面Ⅰ-Ⅰ先求得辅助杆 GE 的内力分量 F_{GEx}，然后据此求得指定杆件的内力。在有些情况下，选取闭合截面可直接求得指定杆件内力。

例 3-12　试求如例图 3-12(a)所示桁架指定杆件的内力。

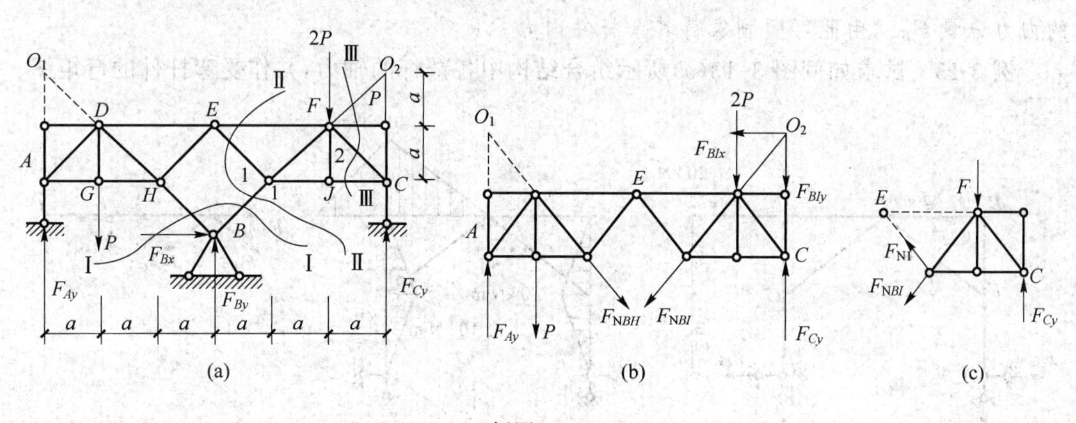

例图 3-12

解：

本例为联合桁架，由铰 E、虚铰 O_1 和 O_2 联结基础和两个简单桁架形成，属于三刚片结构。

(1) 求反力 F_{Cy} 及 F_{BIy}

取截面Ⅰ-Ⅰ以上，如例图 3-12(b)所示，将轴力 F_{NBI} 平移至 O_2。

由 $\sum M_{O_1}=0$ 得

$$6F_{BIy} - 6F_{Cy} + 7P = 0 \tag{3.9}$$

取截面Ⅱ-Ⅱ以右，如例图 3-12(c)所示，将轴力 F_{NBI} 平移至 F。

由 $\sum M_E=0$ 得

$$2F_{BIy} - 3F_{Cy} + 2P = 0 \tag{3.10}$$

联立式(3.9)和式(3.10)得

$$F_{Cy} = -\frac{1}{3}P \qquad F_{BIy} = -\frac{3}{2}P$$

(2) 求轴力

取截面Ⅱ-Ⅱ以右，由 $\sum F_y=0$ 得

$$F_{1y}+F_{Cy}-P-F_{BIy}=0$$

$$F_{1y}=P-F_{Cy}+F_{BIy}=-\frac{P}{6}$$

由比例关系得

$$F_{N1}=\sqrt{2}F_{1y}=-\frac{\sqrt{2}}{6}P(\text{压力})$$

取截面Ⅲ-Ⅲ以右(图略)，由 $\sum F_y=0$ 得

$$F_{2y}=-F_{Cy}=\frac{P}{3}$$

由比例关系得

$$F_{N2}=\sqrt{2}F_{2y}=\frac{\sqrt{2}}{3}P$$

讨论：计算本例的关键问题是先求出反力 F_{Cy} 和在刚片之间起约束作用的杆件 BI 的内力分量 F_{BIy}，由此可顺利求得其余杆件内力。

例 3-13 试求如例图 3-13(a)所示组合结构中各链杆的轴力，并作受弯杆件的弯矩图。

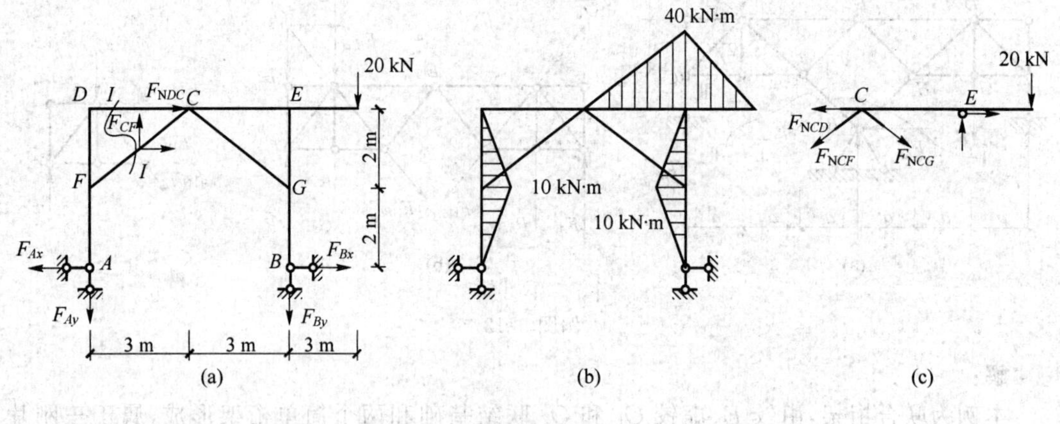

例图 3-13

解：

(1) 求支座反力

由整体平衡条件 $\sum M_B=0$， $6F_{Ay}-20\times2=0$ 得

$$F_{Ay}=\frac{20}{3}\text{ kN}(\downarrow)$$

由整体平衡条件 $\sum F_y=0$， $F_{By}-F_{Ay}-20\times2=0$ 得

$$F_{By}=\frac{80}{3}\text{ kN}(\uparrow)$$

沿 C 铰切开，取左半部分为研究对象。

由 $\sum M_C=0, F_{Ax}\times4-F_{Ay}\times3=0$ 得

$$F_{Ax}=5\ \text{kN}(\leftarrow)$$

由此得

$$F_{Bx}=5\ \text{kN}(\rightarrow)$$

作弯矩图,如例图 3-13(b)所示。

(2) 求各链杆轴力

取截面Ⅰ-Ⅰ以左(图略)。由$\sum M_F=0$得

$$F_{NCD}=-5\ \text{kN}(压)$$

由$\sum F_y=0$得

$$F_{CFy}=\frac{20}{3}\ \text{kN}$$

由比例关系得

$$F_{NCF}=\frac{\sqrt{13}}{2}F_{CFy}=\frac{20\sqrt{13}}{6}\ \text{kN}(拉)$$

以 CE 杆为研究对象,如例图 3-13(c)所示,求 CG 杆的轴力。

由 $\sum M_E=0, F_{CFy}\times 3+F_{CGy}-20\times 2=0$ 得

$$F_{CGy}=\frac{20}{3}\ \text{kN}$$

由比例关系得

$$F_{NCG}=\frac{\sqrt{13}}{2}F_{CGy}=\frac{10\sqrt{13}}{3}\ \text{kN}$$

例 3-14 试求如例图 3-14(a)所示组合结构的支座反力及轴力杆 ED、DF 的内力。

解:

本例组合结构为三刚片结构,可按不同途径求解。

(1) 先求 F_{By} 和 F_{NDF}

取整体平衡如例图 3-14(a)所示。

由 $\sum F_x=0$ 得

$$F_{Dx}=0$$

取截面Ⅰ-Ⅰ以上,如例图 3-14(b)所示。

由 $\sum M_{O_1}=0$ 得

$$F_{DFy}-F_{By}+10=0 \tag{3.11}$$

取截面 CHB,如例图 3-14(c)所示。

由 $\sum M_C=0$ 得

$$7F_{DFx}-4F_{By}=0 \tag{3.12}$$

将 $F_{DFx}=\frac{3}{4}F_{DFy}$ 代入式(3.12)得

$$\frac{21}{4}F_{DFy}-4F_{By}=0 \tag{3.13}$$

联立式(3.11)和式(3.13)得

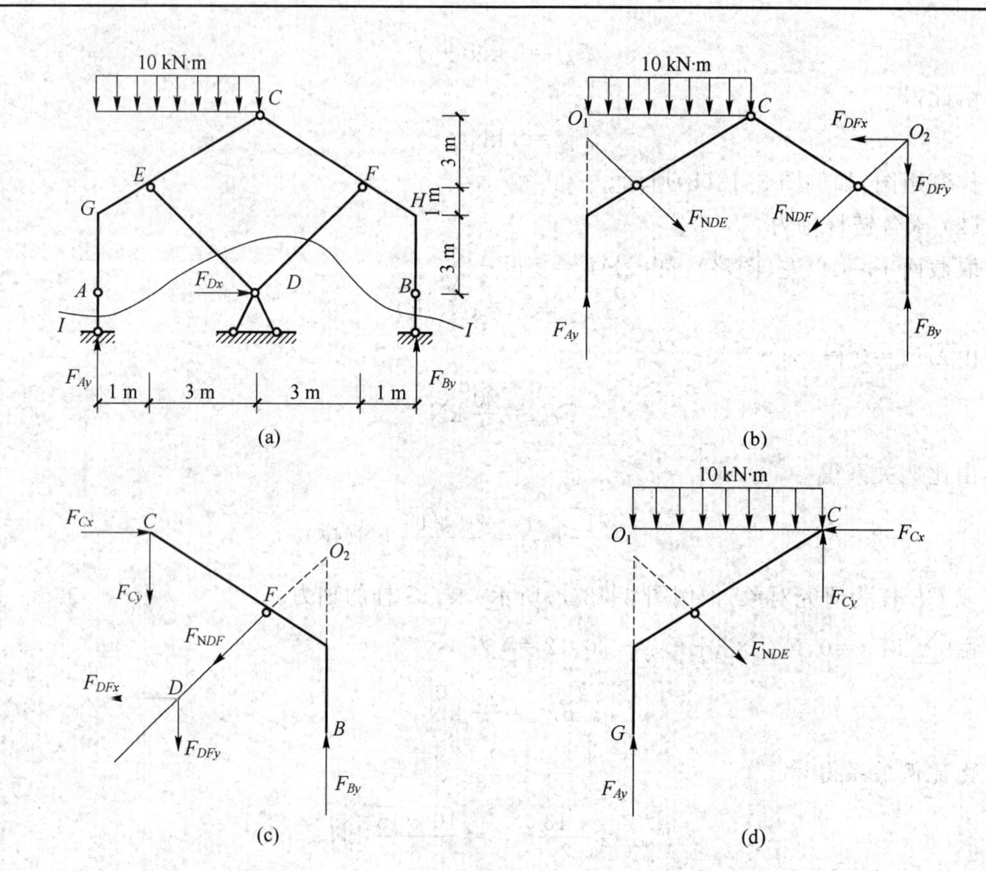

例图 3-14

$$F_{By}=42\ \text{kN}$$

$$F_{DFy}=32\ \text{kN}$$

$$F_{NDF}=\frac{5}{4}F_{DFy}=40\ \text{kN}$$

$$\sum F_x=0,\quad F_{Cx}=F_{DFx}=\frac{3}{4}F_{DFy}=24\ \text{kN}$$

$$\sum F_y=0,\quad F_{Cy}=F_{By}-F_{DFy}=10\ \text{kN}$$

取结点 D 平衡，由 $\sum F_x=0$ 得

$$F_{DEx}=F_{DFx}$$

得

$$F_{NDE}=F_{NDF}=40\ \text{kN}$$

由 $\sum F_y=0$ 得

$$F_{Dy}=-2F_{DFy}=-64\ \text{kN}(\downarrow)$$

取整体平衡，如例图 3-14(a)所示。

由 $\sum F_y=0$ 得

$$F_{Ay}=10\times4-F_{By}-F_{Dy}=62\ \text{kN}$$

(2) 先求 F_{Cx} 和 F_{Cy}

取整体平衡,如例图 3-14(a)所示。

由 $\sum F_x = 0$ 得

$$F_{Dx} = 0$$

取截面 CHB,如例图 3-14(c)所示。

由 $\sum M_{O2} = 0$ 得

$$4F_{Cy} - \frac{5}{3}F_{Cx} = 0 \tag{3.14}$$

取截面 CGA,如例图 3-14(d)所示。

由 $\sum M_{O1} = 0$ 得

$$4F_{Cy} + \frac{5}{3}F_{Cx} - 80 = 0 \tag{3.15}$$

联立式(3.14)和式(3.15)得

$$F_{Cx} = 24\ \text{kN}, \qquad F_{Cy} = 10\ \text{kN}$$

取截面 CHB,如例图 3-14(c)所示。

由 $\sum M_D = 0$ 得

$$7F_{Cx} - 4F_{By} = 0$$

$$F_{By} = \frac{7}{4}F_{Cx} = 42\ \text{kN}$$

由 $\sum F_x = 0$ 得

$$F_{DFx} - F_{Cx} = 0$$

$$F_{DFx} = F_{Cx} = 24\ \text{kN}$$

$$F_{NDF} = \frac{5}{3}F_{DFx} = 40\ \text{kN}$$

取整体平衡,如例图 3-14(a)所示。

由 $\sum M_D = 0$ 得

$$F_{Ay} = \frac{1}{4}(4F_{By} + 80) = 62\ \text{kN}$$

由 $\sum F_y = 0$ 得

$$F_{Dy} = 40 - F_{By} - F_{Ay} = -64\ \text{kN}(\downarrow)$$

取结点 D 平衡。

由 $\sum F_x = 0$ 得

$$F_{DEx} = F_{DFx}$$

故

$$F_{NDE} = F_{NDF} = 40\ \text{kN}$$

讨论:本例的两种计算途径具有的共同特点是:根据计算目标,选取相应的隔离体,建立只包含两个未知力的联立方程和只含一个未知力的独立方程,计算较为简捷。

例 3-15 作如例图 3-15(a)所示结构受弯杆件的弯矩图和剪力图。

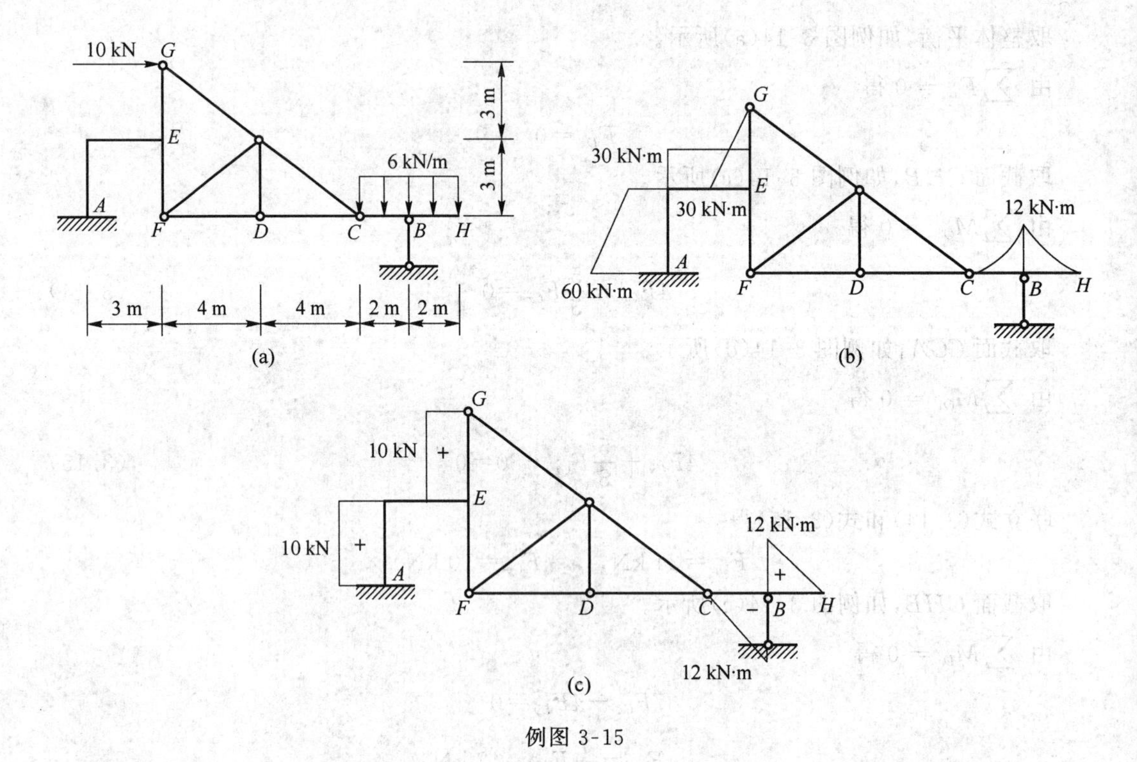

例图 3-15

解：

这是一个有附属部分的组合结构，刚架 $AEFG$ 是基本部分，桁架 $CDFI$ 是附属部分，梁 CBH 是更高层附属部分。应先计算梁 CBH，再计算桁架杆内力，最后计算刚架 $AEFG$，由 CBH 梁可确定桁架杆无内力，所以可简单得到受弯杆件弯矩图和剪力图，如例图 3-15(b) 和 3-15(c)所示。

3.5 习题及其解答

1. 练习题

3-1 如题图 3-1 所示梁 K 截面弯矩(下侧受拉为正)为(　　)。

A. 0　　B. M　　C. $2M$　　D. $-M$

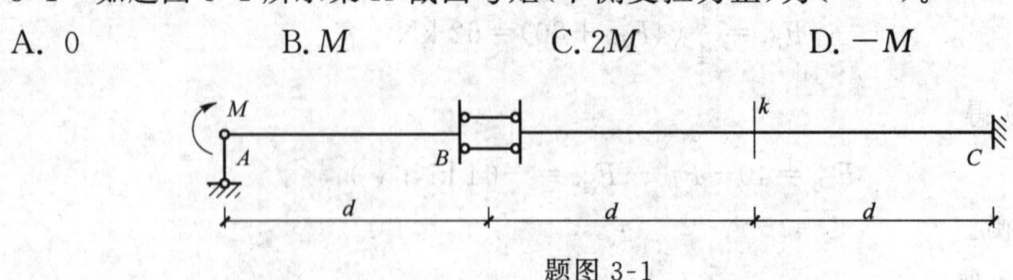

题图 3-1

3-2 如题图 3-2 所示各弯矩图形正确的为(　　)。

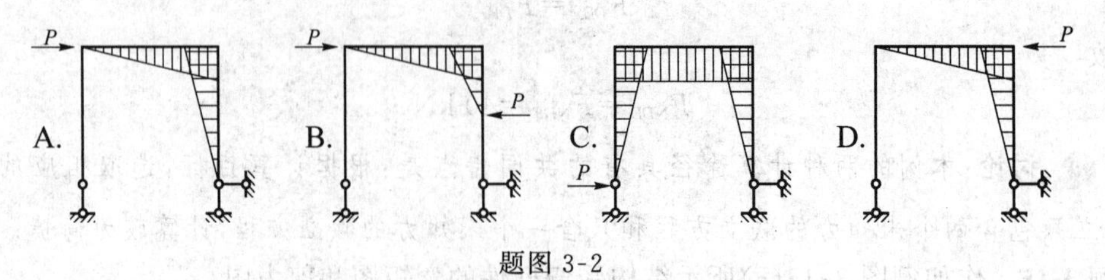

题图 3-2

3-3　如题图 3-3 所示刚架 EB 杆件 E 端弯矩 M_{EB} 等于(　　)。

A. Pa(左侧受拉)　　B. Pa(右侧受拉)

C. $\frac{Pa}{2}$(左侧受拉)　　D. $\frac{Pa}{2}$(右侧受拉)

3-4　如题图 3-4 所示刚架及荷载，弯矩 M_{BC} 为(　　)。

A. $\frac{ql^2}{2}$(右侧受拉)　　B. $\frac{3ql^2}{2}$(右侧受拉)

C. $\frac{3ql^2}{2}$(左侧受拉)　　D. $\frac{ql^2}{2}$(左侧受拉)

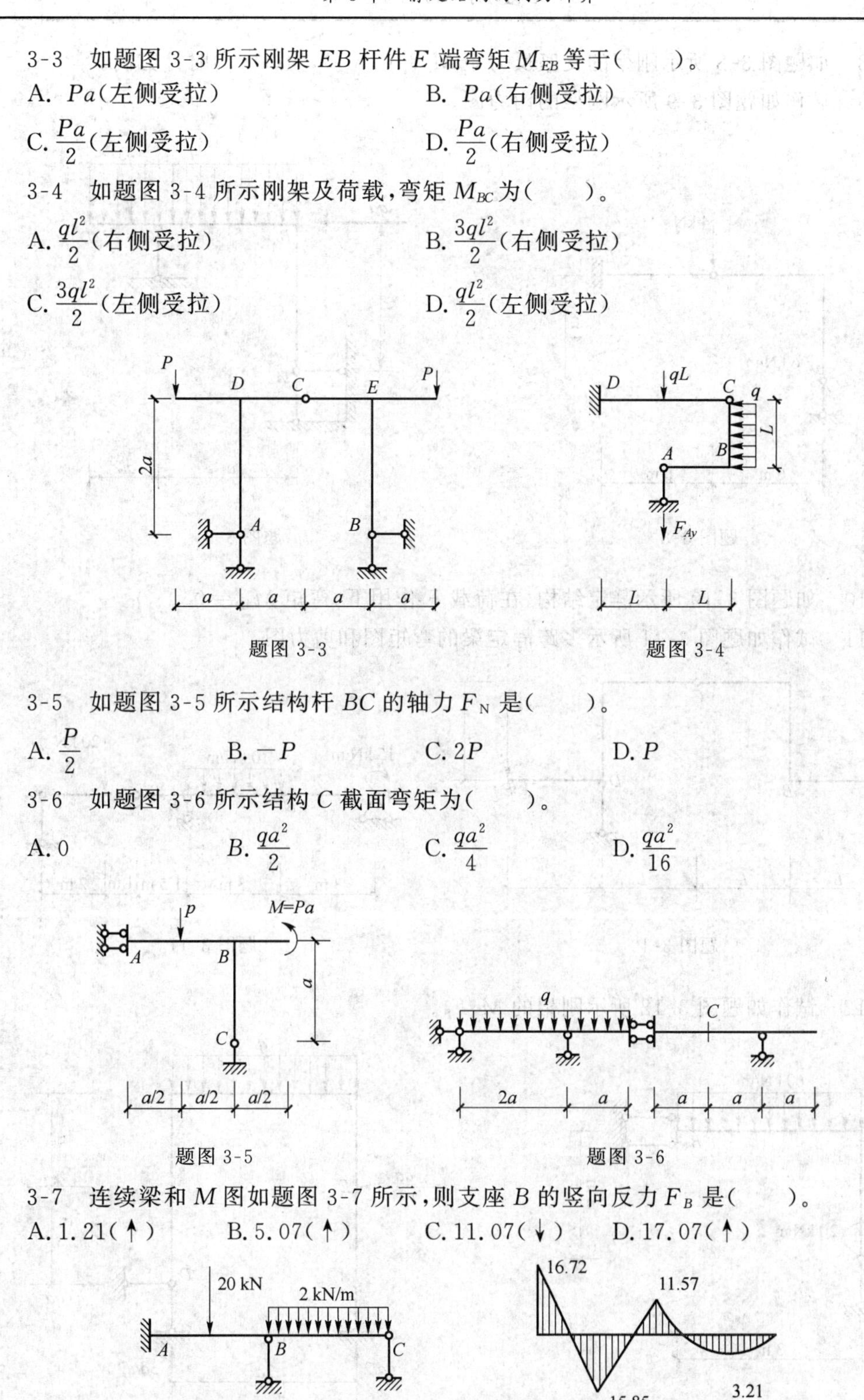

题图 3-3

题图 3-4

3-5　如题图 3-5 所示结构杆 BC 的轴力 F_N 是(　　)。

A. $\frac{P}{2}$　　B. $-P$　　C. $2P$　　D. P

3-6　如题图 3-6 所示结构 C 截面弯矩为(　　)。

A. 0　　B. $\frac{qa^2}{2}$　　C. $\frac{qa^2}{4}$　　D. $\frac{qa^2}{16}$

题图 3-5

题图 3-6

3-7　连续梁和 M 图如题图 3-7 所示，则支座 B 的竖向反力 F_B 是(　　)。

A. 1.21(↑)　　B. 5.07(↑)　　C. 11.07(↓)　　D. 17.07(↑)

题图 3-7

3-8　如题图 3-8 所示刚架的支座反力矩 M_A＝(　　)，为(　　)时针方向。

3-9　试作如题图 3-9 所示刚架的内力图。

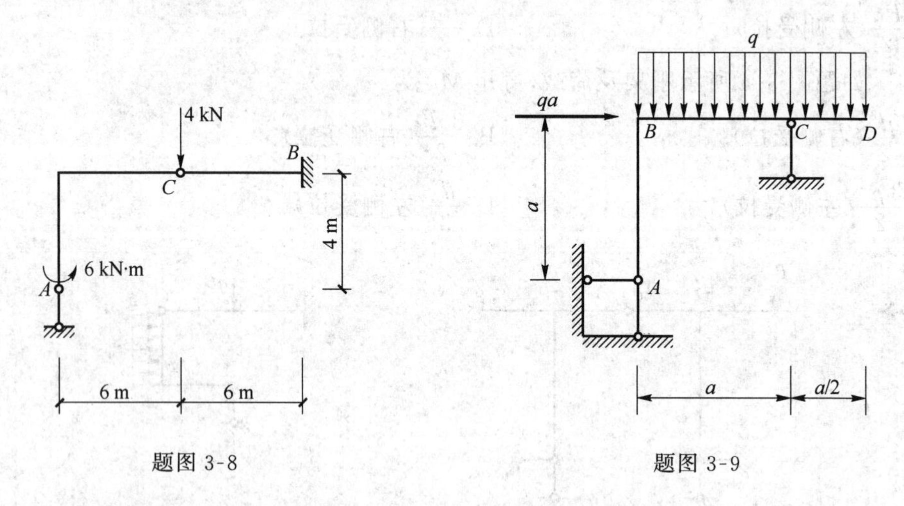

题图 3-8　　　　题图 3-9

3-10　如题图 3-10 所示静定结构，在荷载 F 作用下，弯矩 M_{AB}＝(　　)。

3-11　试作如题图 3-11 所示多跨静定梁的弯矩图和剪力图。

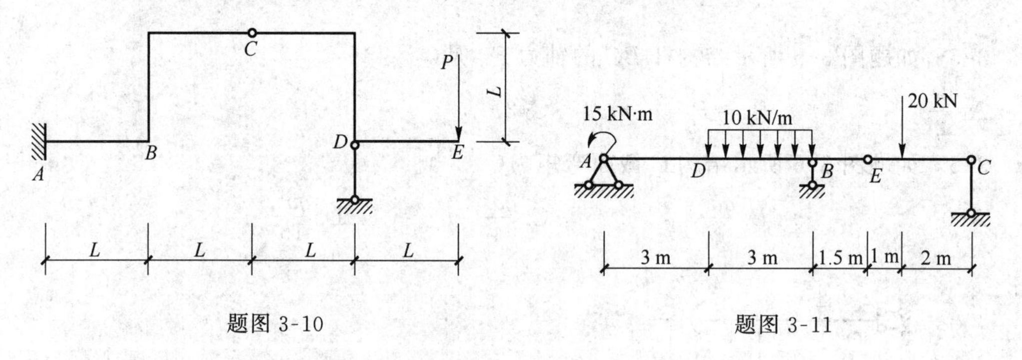

题图 3-10　　　　题图 3-11

3-12　试作如题图 3-12 所示刚架的 M、F_S。

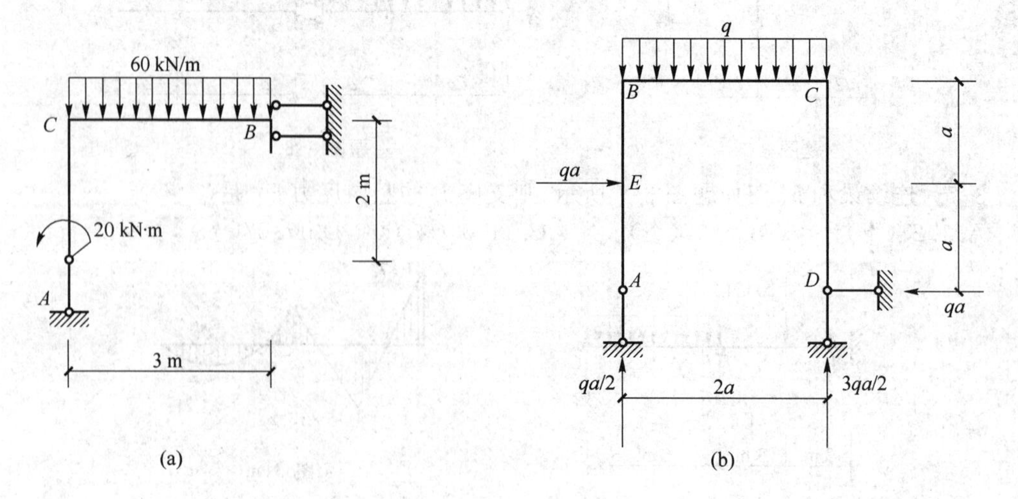

题图 3-12

3-13　如题图 3-13 所示三铰拱的水平推力为(　　)。

A. $F_{Ax}=\frac{P}{2},F_{Bx}=-\frac{P}{2}$　　B. $F_{Ax}=0,F_{Bx}=-P$

C. $F_{Ax}=-\frac{P}{2},F_{Bx}=\frac{P}{2}$　　D. $F_{Ax}=P,F_{Bx}=0$

3-14　如题图 3-14 所示三铰拱 K 截面的弯矩为(　　)。

A. $\frac{3}{8}ql^2$　　B. 0　　C. $\frac{1}{2}ql^2$　　D. $\frac{1}{8}ql^2$

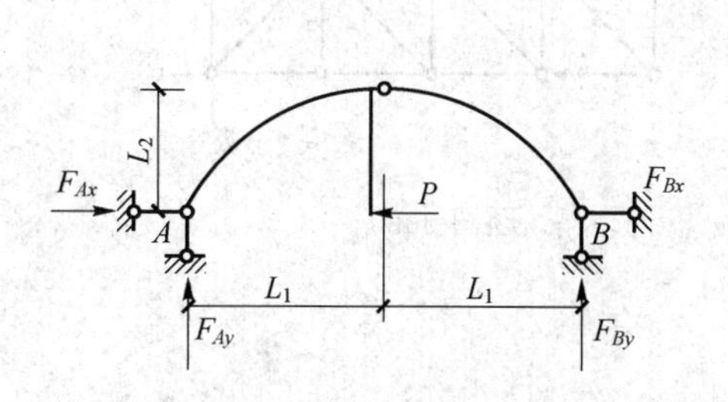

题图 3-13

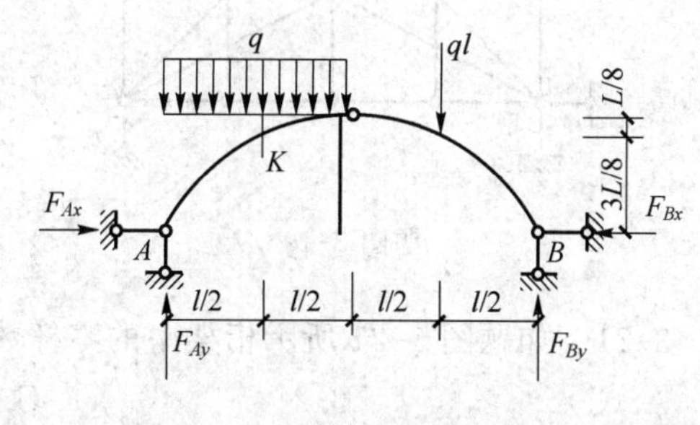

题图 3-14

3-15　如题图 3-15 所示对称抛物线三铰拱。铰 C 右侧截面 C' 的轴力(受压为正)为(　　)。

A. 64 kN　　B. 32 kN　　C. 24 kN　　D. 16 kN

3-16　如题图 3-16 所示三铰拱的拱轴方程为 $y=\frac{4f}{l^2}x(l-x)$。$M_K^{左}$ 等于(　　)。

A. 50 kN · m(外侧受拉)　　B. 50 kN · m(内侧受拉)

C. 10 kN · m(外侧受拉)　　D. 10 kN · m(内侧受拉)

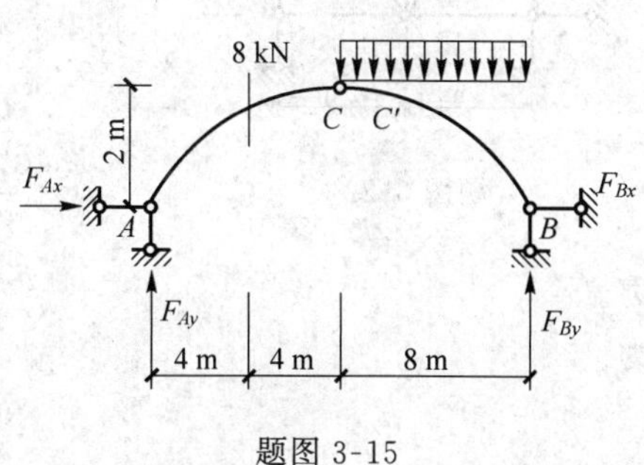

题图 3-15

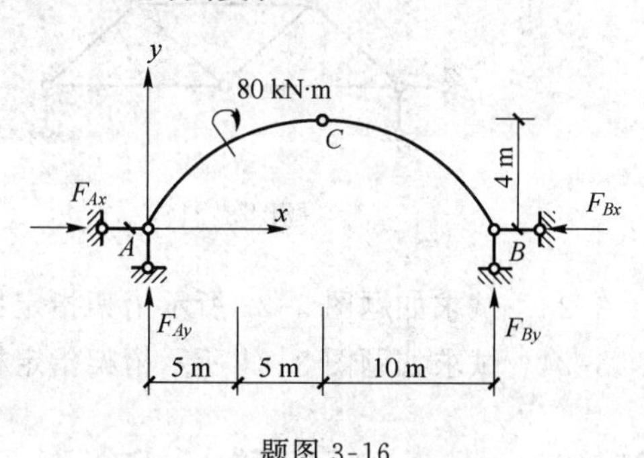

题图 3-16

3-17　如题图 3-17 所示三铰拱的水推力等于(　　)。

3-18　如题图 3-18 所示三铰拱 D 截面的弯矩等于(　　)。

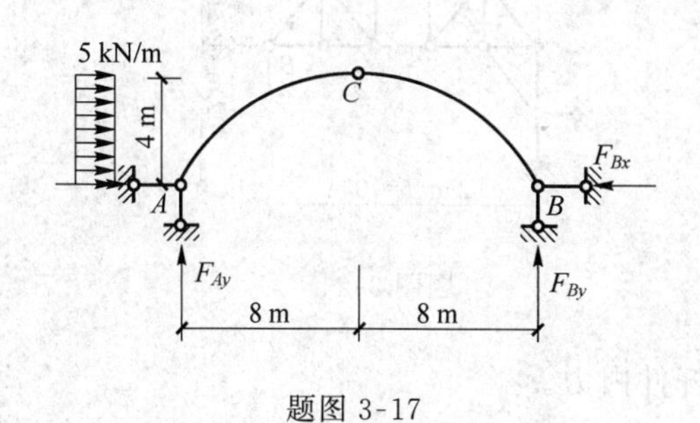

题图 3-17

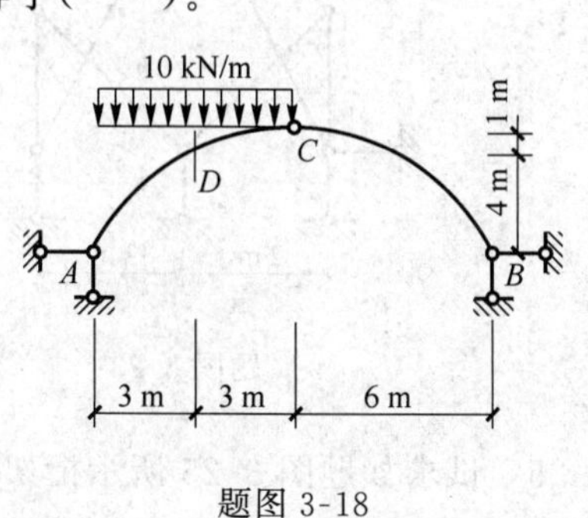

题图 3-18

3-19　如题图 3-19 所示桁架中的零杆数为(　　)。

A. 4　　B. 6　　C. 9　　D. 10

3-20　如题图 3-20 所示桁架中的零杆数为(　　)。

A. 1　　B. 6　　C. 7　　D. 9

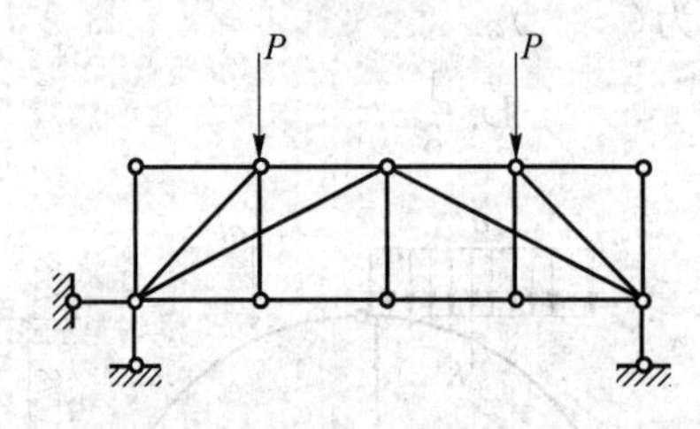

题图 3-19

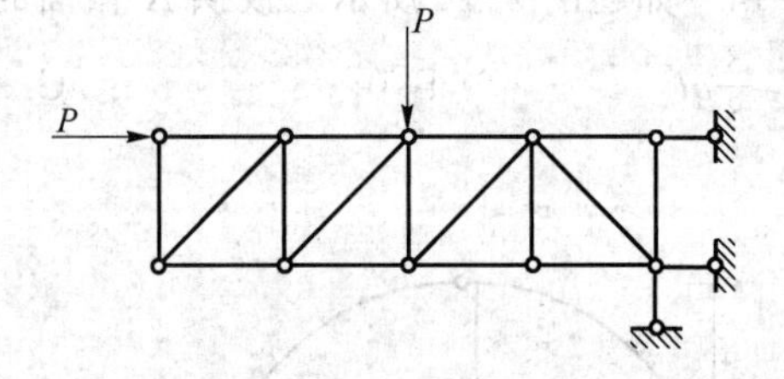

题图 3-20

3-21　如题图 3-21 所示桁架中的零杆数为(　　)。

A. 0　　B. 2　　C. 3　　D. 4

3-22　如题图 3-22 所示桁架杆件 1,2 的内力为(　　)。

A. $F_{N1}=11.18$ kN, $F_{N2}=10$ kN　　B. $F_{N1}=-11.18$ kN, $F_{N2}=-10$ kN

C. $F_{N1}=-7.07$ kN, $F_{N2}=-10$ kN　　D. $F_{N1}=7.07$ kN, $F_{N2}=10$ kN

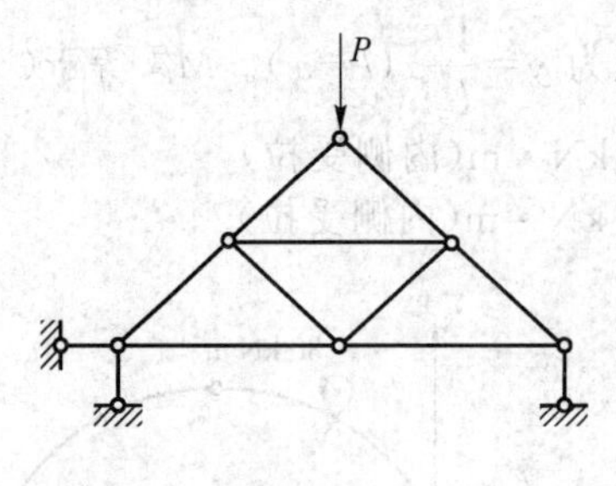

题图 3-21

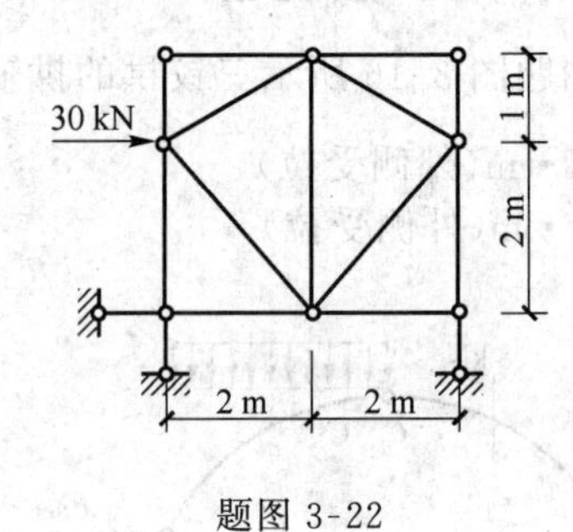

题图 3-22

3-23　试求如题图 3-23 所示桁架指定杆件内力。

3-24　试求如题图 3-24 所示桁架指定杆件内力。

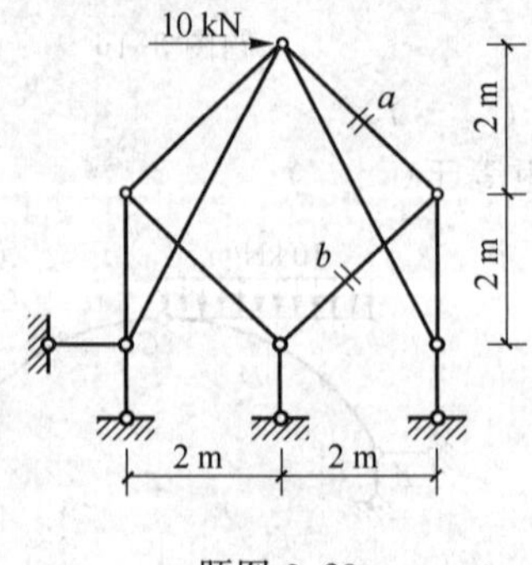

题图 3-23

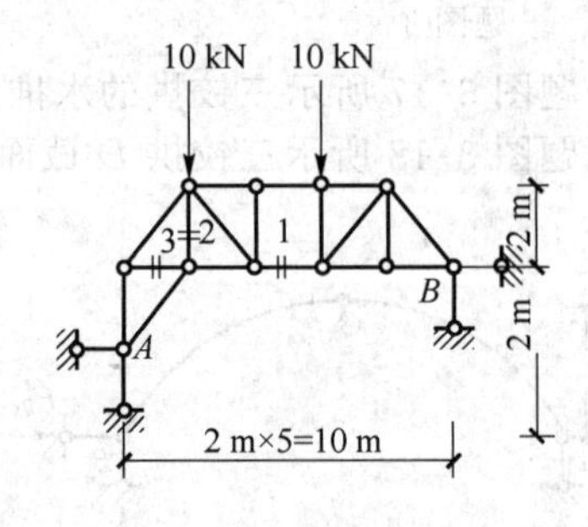

题图 3-24

3-25　试求如题图 3-25 所示桁架指定杆件内力。

3-26　在如题图 3-26 所示组合结构中,(　　)。

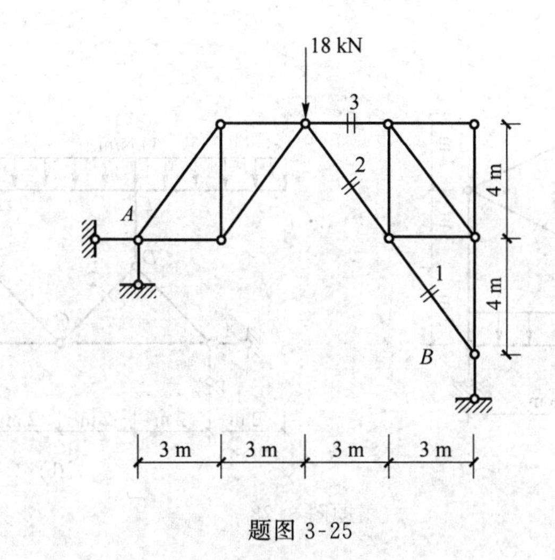

题图 3-25

A. $F_{NCD}=-\dfrac{3\sqrt{2}}{2}P$，　$M_C=\dfrac{Pa}{2}$（上侧受拉）

B. $F_{NCD}=\dfrac{3\sqrt{2}}{2}P$，　$M_C=\dfrac{Pa}{2}$（上侧受拉）

C. $F_{NCD}=-\dfrac{\sqrt{2}}{2}P$，　$M_C=\dfrac{3}{2}Pa$（上侧受拉）

D. $F_{NCD}=\dfrac{\sqrt{2}}{2}P$，　$M_C=\dfrac{3}{2}Pa$（下侧受拉）

3-27　在如题图 3-27 所示组合结构中，(　　)。

A. $F_{NEC}=\dfrac{\sqrt{2}}{2}P$，　$M_{CA}=\dfrac{3}{2}Pa$（上侧受拉）

B. $F_{NEC}=-\dfrac{\sqrt{2}}{2}P$，　$M_{CA}=\dfrac{1}{2}Pa$（上侧受拉）

C. $F_{NEC}=\sqrt{2}P$，　$M_{CA}=Pa$（下侧受拉）

D. $F_{NEC}=-\sqrt{2}P$，　$M_{CA}=Pa$（上侧受拉）

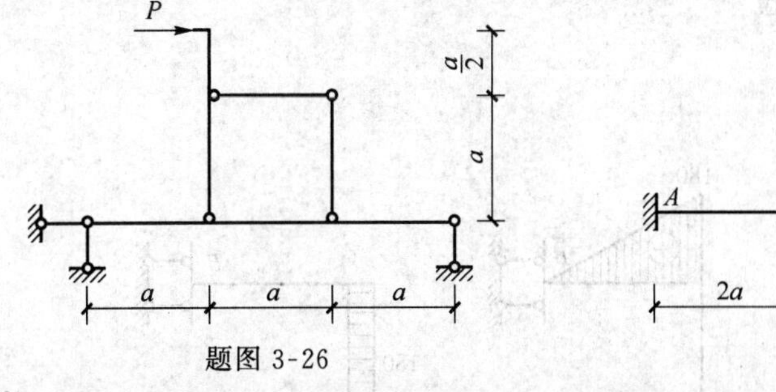

题图 3-26　　题图 3-27

3-28　试作如题图 3-28 所示组合结构的弯矩图，求轴力杆内。

2. 习题答案

3-1　B

3-2　D

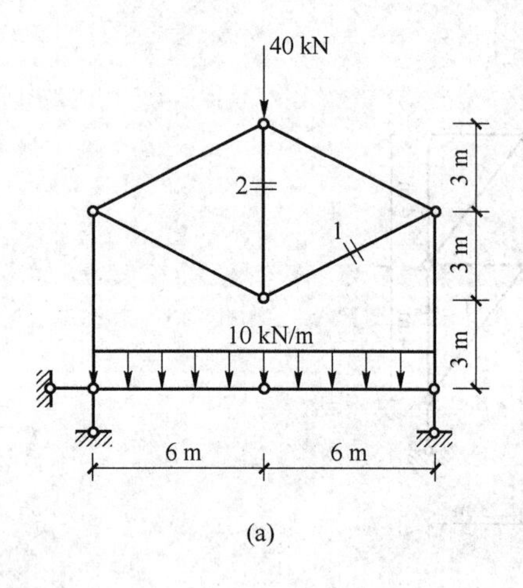

(a)

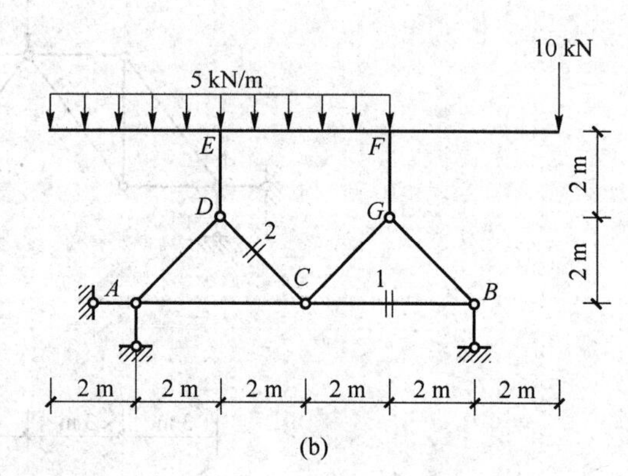

(b)

题图 3-28

3-3　A

3-4　D

3-5　B

3-6　A

3-7　D

3-8　$M_A = 18$ kN·m,顺时针方向。

3-9

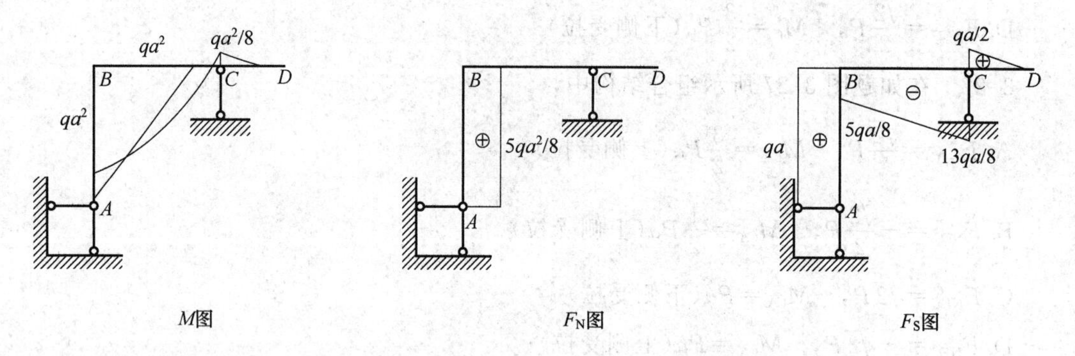

3-10　$M_{AB} = 2Fl$,下侧受拉

3-11　$M_D = 5$ kN·m

3-12　(a)

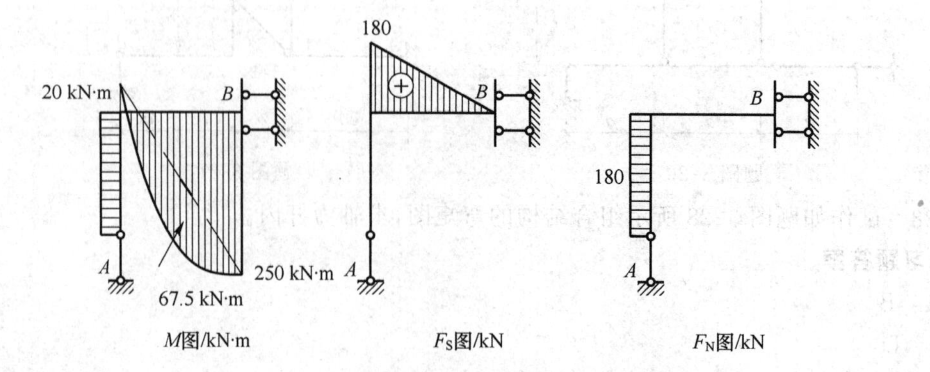

（b）

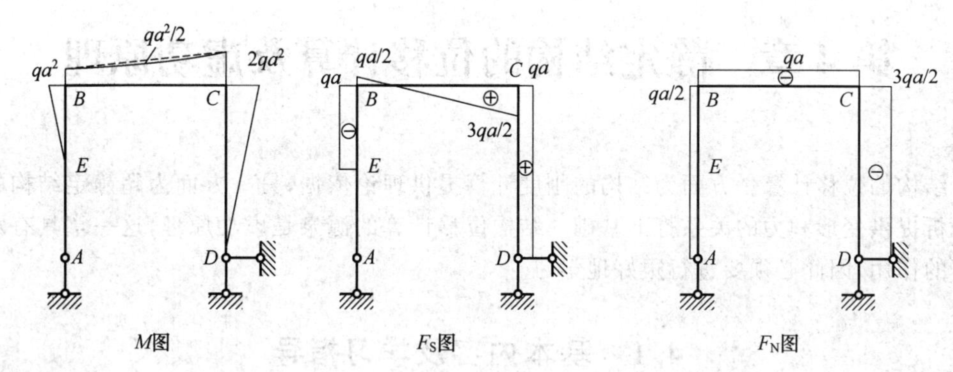

3-13　D

3-14　B

3-15　C

3-16　A

3-17　5 kN

3-18　18 kN · m

3-19　C

3-20　C

3-21　C

3-22　A

3-23　$F_{Na}=-10\sqrt{2}$ kN，$F_{Nb}=10\sqrt{2}$ kN。

3-24　$F_{N1}=30$ kN，$F_{N2}=10$ kN，$F_{N3}=20$ kN

3-25　(a)$F_{N1}=-15$ kN，$F_{N2}=-15$ kN，$F_{N3}=0$

(b)$F_{Na}=F_{Ne}=0$，$F_{Nb}=-30$ kN，$F_{Nc}=18.028$ kN，$F_{Nd}=42.42$ kN

3-26　B

3-27　B

3-28　(a)$F_{N1}=2.5\sqrt{5}$ kN，$F_{N2}=-5$ kN，$M_{BC}=180$ kN · m。

(b)$F_{N1}=22.5$ kN，$F_{N2}=2.5\sqrt{2}$ kN，$M_{ED}=50$ kN · m(右拉)

$M_{FE}=70$ kN · m(上拉)

第4章　静定结构的位移计算及虚功原理

结构的位移计算一方面为结构的刚度计算提供理论依据，另一方面为超静定结构的内力分析提供变形和力的关系打下基础。结构位移计算的源泉是虚功原理，这一章具有承上启下的作用，因此必须要进行很好地学习。

4.1　基本内容及学习指导

4.1.1　基本概念

① 虚功：是指力在其他因素引起的位移上所作的功。强调的是此时位移与力无关。

② 虚位移：是指在变形体内部位移协调，在边界上满足位移边界条件的微小位移。

③ 广义力：是集中力、分布力、力偶等力的总称。

④ 广义位移：是线位移、角位移的总称。

4.1.2　虚功原理

(1) 变形体虚功原理

变形体所受外力在虚位移上所作的总虚功等于变形体内力在相应变形上所作的虚功。即

$$W_{外力}=W_{内力}$$

有以下两种表达形式。

① 虚位移原理：虚设约束允许的可能位移与实际结构中的力作虚功，求结构中的实际产生的力（支座反力、内力等）。

② 虚力原理：虚设力，且满足平衡条件，与实际结构中产生的位移作虚功，求结构实际产生的位移。

(2) 杆件结构的虚功方程

如图 4-1 所示。

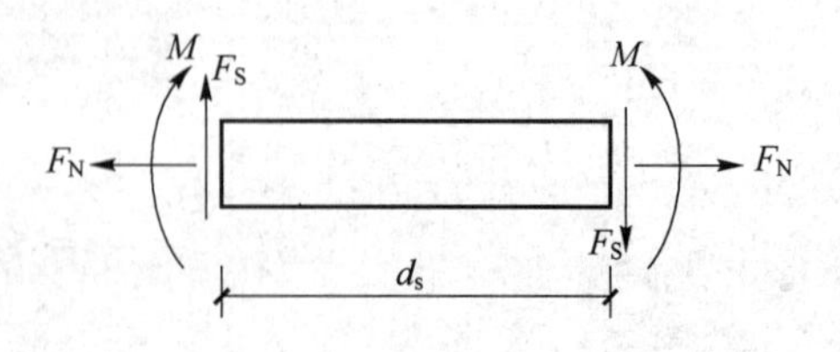

图 4-1

$$W_{外力}=W_{内力}=\sum\int F_N\mathrm{d}u+\sum\int F_S\gamma\mathrm{d}s+\sum\int M\mathrm{d}\varphi$$

4.1.3 位移计算及解题步骤

(1) 单位荷载法

单位荷载法是变形体虚力原理的应用,即在实际结构中沿广义位移的方向上虚设一个与广义位移相对应的广义力,即 $F_P=1$,虚设力状态与实际位移状态应用虚功方程,得计算位移的一般公式为

$$\Delta=\sum\int(\overline{F}_{\mathrm{N}}\delta_{\varepsilon}+\overline{F}_{Q}\delta_{\gamma}+\overline{M}\delta_{\kappa})\,\mathrm{d}s-\sum\overline{F}_{Ri}C_i+\sum\alpha t\omega+\sum\frac{\alpha\Delta t}{h}\omega_{\overline{M}}$$

式中,$\overline{F}_{\mathrm{N}}$、$\overline{F}_{Q}$、$M$、$\overline{F}_{Ri}$ 分别为虚设单位力状态下的轴力、剪力、弯矩、支座反力;δ_{ε}、δ_{γ}、δ_{κ} 分别为实际位移状态下的轴向变形、剪切角、曲率;C_i 为实际荷载下支座位移;后两项有温度引起的位移。

(2) 各种因素下的位移计算公式

① 荷载作用下的位移为

$$\Delta=\sum\int\left(\frac{\overline{F}_{\mathrm{N}}\overline{F}_{\mathrm{N}P}}{EA}+\frac{\overline{F}_{\mathrm{S}}\overline{F}_{\mathrm{S}P}}{GA}+\frac{\overline{M}M_P}{EI}\right)\mathrm{d}s$$

上述公式具有一般性,对具体结构分为以下两种情况。

ⓐ 平面结构

① 梁和刚架 $\Delta=\sum\int\frac{\overline{M}M_P}{EI}\mathrm{d}s$

② 桁架 $\Delta=\sum\int\frac{\overline{F}_{\mathrm{N}}\overline{F}_{\mathrm{N}P}}{EA}l$

③ 组合结构 $\Delta=\sum\int\frac{\overline{M}M_P}{EI}\mathrm{d}s+\sum\int\frac{\overline{F}_{\mathrm{N}}\overline{F}_{\mathrm{N}P}}{EA}l$

④ 拱 $\Delta=\sum\int\frac{\overline{M}M_P}{EI}\mathrm{d}s+\sum\int\frac{\overline{F}_{\mathrm{N}}\overline{F}_{\mathrm{N}P}}{EA}\mathrm{d}s$

ⓑ 空间结构

$$\Delta=\sum\int\frac{\overline{M}_yM_{yP}}{EI_y}\mathrm{d}s+\sum\int\frac{\overline{M}_zM_{zP}}{EI_z}\mathrm{d}s+\sum\int\frac{k_y\overline{F}_{Sy}F_{SyP}}{GA}\mathrm{d}s+\sum\int\frac{k_z\overline{F}_{Sz}F_{QzP}}{GA}\mathrm{d}s+\sum\int\frac{\overline{F}_{\mathrm{N}}F_{\mathrm{N}P}}{EA}\mathrm{d}s$$

式中,y、z 为截面的两个主轴。

② 支座移动引起的位移

$$\Delta=-\sum\overline{F}_{Ri}C_i$$

③ 温度变化引起的位移

$$\Delta=\sum\alpha t\omega_{\overline{N}}+\sum\frac{\alpha\Delta t}{h}\omega_{\overline{M}}$$

使用上述公式时应注意以下几点。

① 公式适用条件必须是线弹性结构。

② 公式对直杆是精确的,对曲率较小的曲杆是近似的。

③ 计算结果是正值表明虚设力与实际位移相同,反之为负。

④ 公式中的虚设力引起的内力不能与实际受力混淆。

(3) 位移计算的解题步骤

① 根据所求的位移虚设单位力状态,并作单位荷载引起的相应内力图。

② 作实际荷载引起的内力图。

③ 若静定结构仅由支座移动或温度变化引起的位移，只需作单位荷载引起的内力图，由支座移动引起的位移计算时公式前面的“－”不要丢掉。

④ 代入公式计算所要求的位移。

4.1.4 图乘法

此法一般用于梁和刚架结构，因为这样的结构的变形主要以弯矩为主，同时可以简化计算过程。公式为

$$\Delta=\sum\int\frac{\overline{M}M_P}{EI}\mathrm{d}s=\sum\frac{1}{EI}\omega y_0$$

使用上述公式时的适用范围应注意以下几点。

① 杆件必须是直杆。

② $\overline{M}$、M_P 图中必有一个是直线，若图形存在不连续应分段。

③ ω 为弯矩图的面积，y_0 为 ω 图形心对应在另一个直线弯矩图位置的竖标值。

④ $\overline{M}$、M_P 在杆件的同一侧时位移 $\Delta>0$，反之为负。

⑤ 拱、曲杆不能进行图乘。

使用图乘法时必须牢记的图形如图 4-2 所示。

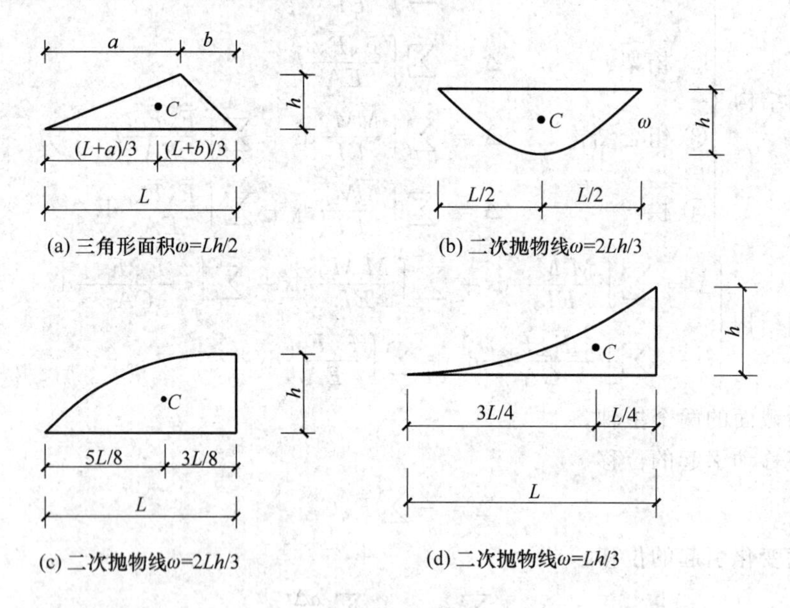

图 4-2

4.1.5 互等定理

(1) 功的互等定理

处于平衡的 1、2 两个状态，1 状态外力在 2 状态外力所产生的位移上所作的虚功等于 2 状态外力在 1 状态外力所产生的位移上所作的虚功。即

$$W_{12}=W_{21}$$

此定理是互等定理中的基本定理，其他 3 个定理均由它推导出的。

(2) 位移互等定理

由广义力 F_1 引起的与广义力 F_2 的相应的广义位移影响系数 δ_{12} 等于由广义力 F_2 引起的与广义力 F_1 的相应的广义位移影响系数 δ_{21}。即

$$\delta_{12}=\delta_{21}$$

(3) 反力互等定理

由广义位移 C_1 引起的与广义位移 C_2 的相应的反力影响系数 r_{21} 等于由广义位移 C_2 引起的与广义位移 C_1 的相应的反力影响系数 r_{12}。即

$$r_{12}=r_{21}$$

(4) 位移与反力互等定理

由广义位移 C_1 引起的与广义力 F_2 的相应的广义位移影响系数 δ_{21}，在绝对值上等于由广义力 F_1 引起的与广义位移 C_2 的相应的反力影响系数 r_{12}，只是两者差一个负号。即

$$\delta_{21}=-r_{21}$$

注意：上述 4 个定理仅适合线性弹性体。

4.2　典型例题分析

例 4-1　外伸梁受力及尺寸如例图 4-1 所示，EI = 常数，求外伸端的竖向位移 Δ_C。

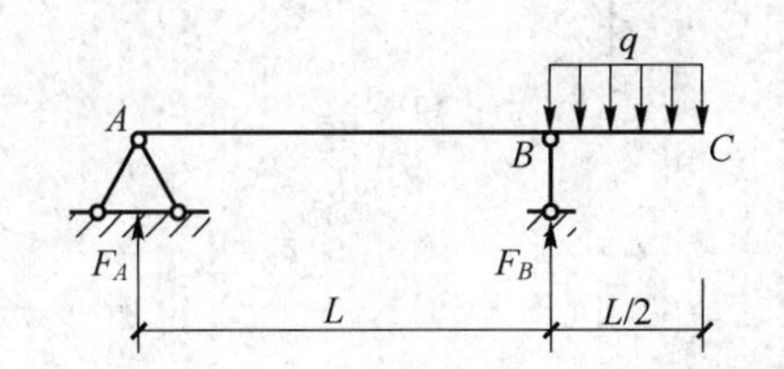

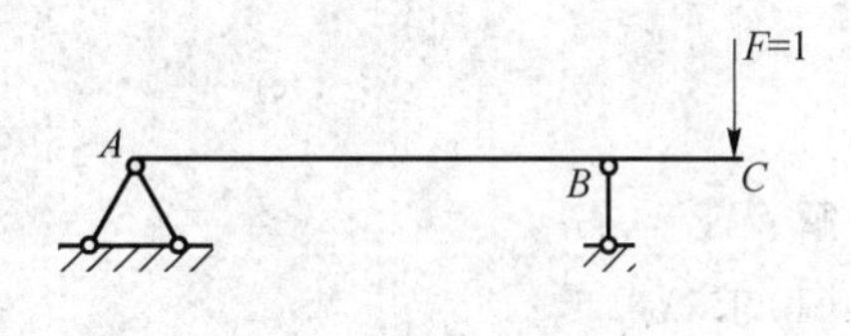

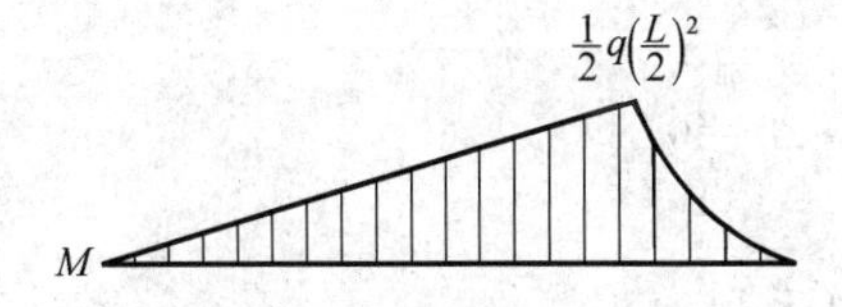

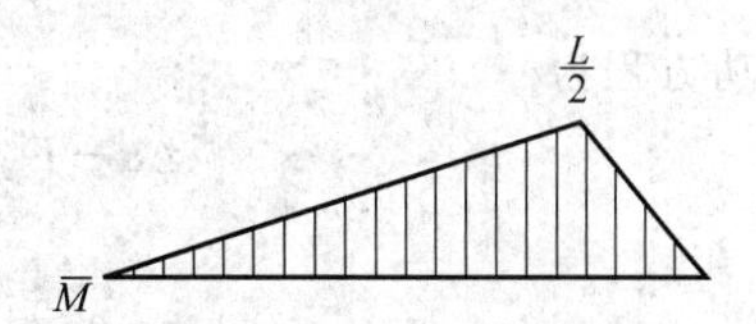

例图 4-1

解：

支座反力：$F_A - -\frac{ql}{8}$；$F_B=\frac{5ql}{8}$，$\overline{F}_A=-\frac{1}{2}$；$\overline{F}_B=\frac{3}{2}$

(1) 用积分法求解

由 AB 杆段：$M_1=F_Ax=-\frac{ql}{8}x$；$\overline{M}_1=-\frac{1}{2}x$

BC 杆段：$M_2=F_Bx=-\frac{q}{2}x^2$；$\overline{M}_2=-x$

得

$$\Delta_C=\sum\int\frac{M_P\overline{M}_1}{EI}\mathrm{d}x=\frac{1}{EI}\left[\int_0^l\left(-\frac{ql}{8}x\right)\left(-\frac{1}{2}x\right)\mathrm{d}x+\int_0^{\frac{l}{2}}\left(\frac{1}{2}qx^3\right)\mathrm{d}x\quad\right]=\frac{11ql^4}{384EI}(\downarrow)$$

(2) 用图乘法求解

$$\Delta_C = \sum \frac{1}{EI}\omega y_0 = \frac{1}{EI}\left(\frac{1}{2}\cdot\frac{1}{8}ql^2\cdot\frac{2}{3}\cdot\frac{l}{2}+\frac{1}{3}\cdot\frac{1}{8}ql^2\cdot\frac{l}{2}\cdot\frac{3}{4}\cdot\frac{l}{2}\right)=\frac{11ql^4}{384EI}(\downarrow)$$

注意:计算时应分段。

例 4-2 设如例图 4-2(a)所示支座 A 有给定位移 Δ_x、Δ_y、Δ_φ,试求 K 点竖向位移 Δ_V、水平位移 Δ_H 和转角 θ。

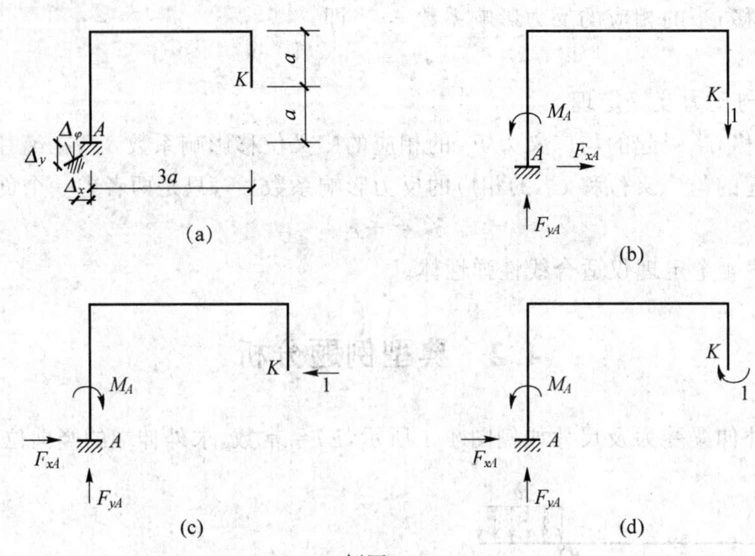

例图 4-2

解:

(1)求 Δ_V

设置单位荷载,如例图 4-2(b)所示,相应地有

$$F_{yA}=1, F_{xA}=0, M_A=3a$$

虚功方程为

$$\Delta_V - F_{yA}\cdot\Delta_y + M_A\cdot\Delta_\varphi = 0$$

即

$$\Delta_V = \Delta_y - 3a\cdot\Delta_\varphi(\downarrow)$$

(2) 求 Δ_H

设置单位荷载,如例图 4-2(c)所示,相应地有

$$F_{xA}=1, F_{yA}=0, M_A=a$$

虚功方程为

$$\Delta_H - F_A\cdot\Delta_x - M_A\cdot\Delta_\varphi = 0$$

即

$$\Delta_H = \Delta_x + a\cdot\Delta\varphi(\leftarrow)$$

(3) 求转角 θ

设置单位荷载,如例图 4-2(d)所示,相应地有

$$F_{xA}=F_{yA}=0, M_A=1$$

虚功方程为

$$\theta + M_A\cdot\Delta_\varphi = 0$$

即

$$\theta = -\Delta_{\varphi}(\uparrow)$$

例 4-3　试求如例图 4-3(a)所示结点 C 的竖向位移 Δ_C，设各杆 EA 相等。

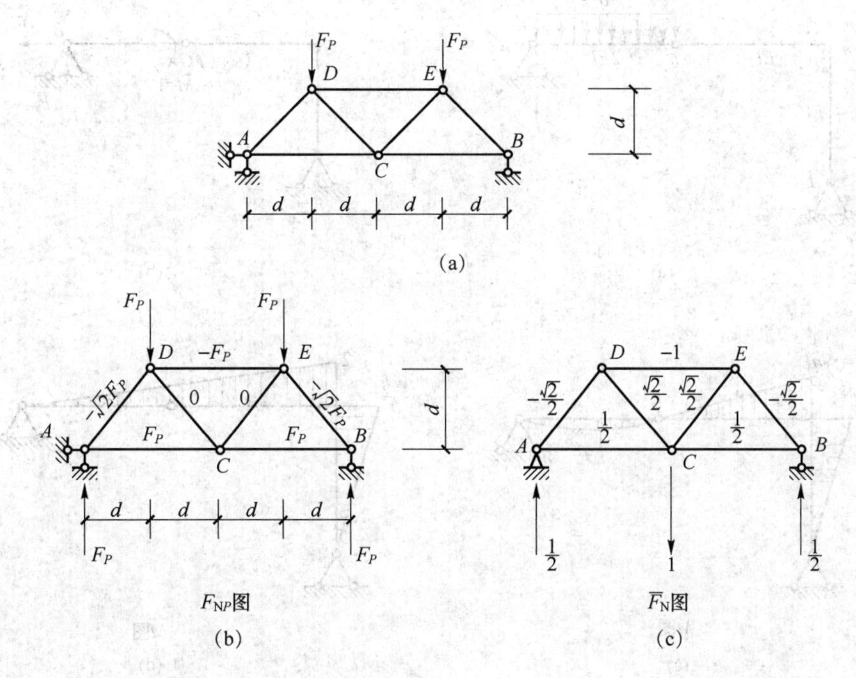

例图 4-3

解：

(1)F_{NP} 如例图 4-3(b)所示。

(2)设置单位竖向荷载，相应地，$\overline{F}_N$ 如例图 4-3(c)所示。

(3)将上述数据汇总得如例表 4-1 所示数据，并根据桁架位移公式计算。即

$$\Delta_c = \sum \frac{\overline{F}_N \cdot F_{NP} \cdot l}{EA}$$

得

$$\Delta_c = (\sqrt{2}d \cdot F_P \times 2 + 4d \cdot F_P)/EA = \frac{(2\sqrt{2}+4)d \cdot F_P}{EA} = \frac{6.828 \cdot F_P \cdot d}{EA}(\downarrow)$$

例表 4-1

	l	F_{NP}	$\overline{F}_N$	$\overline{F}_{NP} \cdot F_{NP} \cdot l$
AD	$\sqrt{2}d$	$-\sqrt{2}F_P$	$-\frac{\sqrt{2}}{2}$	$\sqrt{2} \cdot d \cdot F_P$
DC	$\sqrt{2}d$	0	$\frac{\sqrt{2}}{2}$	0
CE	$\sqrt{2}d$	0	$\frac{\sqrt{2}}{2}$	0
EB	$\sqrt{2}d$	$-\sqrt{2}F_P$	$-\frac{\sqrt{2}}{2}$	$\sqrt{2} \cdot d \cdot F_P$
DE	$2d$	$-F_P$	-1	$2 \cdot d \cdot F_P$
AC	$2d$	F_P	$\frac{1}{2}$	$d \cdot F_P$
CB	$2d$	F_P	$\frac{1}{2}$	$d \cdot F_P$

例 4-4　如例图 4-4(a)所示刚架结构 EI＝常数,各杆长度均为 L,求铰节点 C 的相对转角。

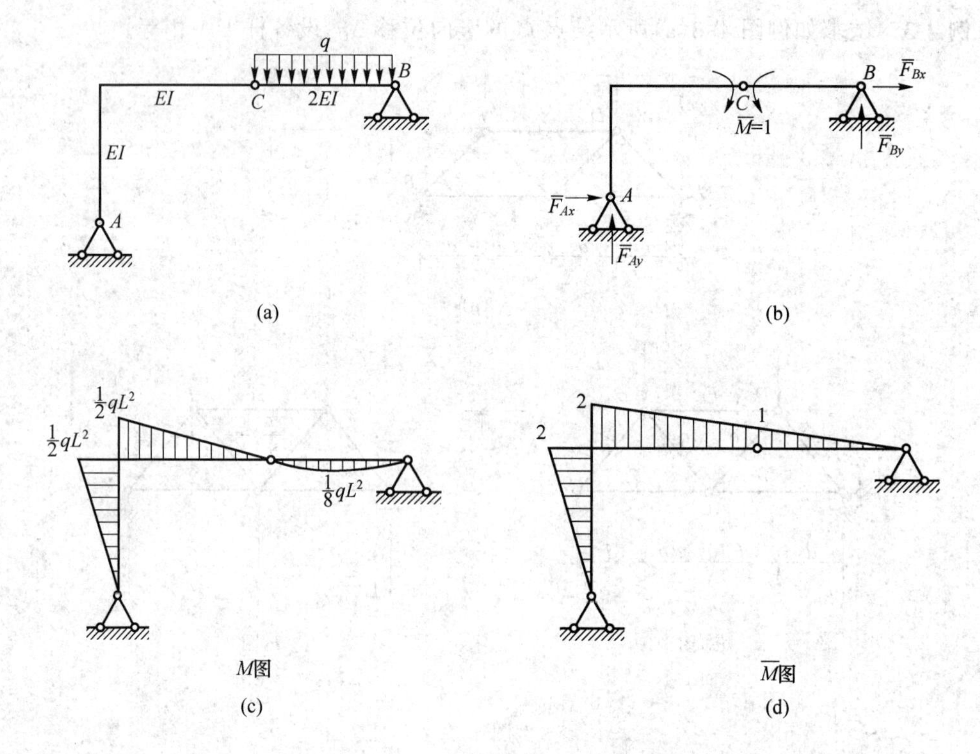

例图 4-4

解:

支座反力:

$$F_{Ax}=\frac{ql}{2},F_{Ay}=\frac{ql}{2},F_{Bx}=-\frac{ql}{2},F_{By}=\frac{ql}{2},$$

$$\overline{F}_{Ax}=\frac{2}{l},\overline{F}_{Ay}=\frac{1}{l};\overline{F}_{Bx}=-\frac{2}{l},\overline{F}_{By}=-\frac{1}{l}$$

(1) 用积分法求解

由

AD 杆段:$M=F_{Ax}x=\frac{ql}{2}x;\overline{M}=\overline{F}_{Ax}x=\frac{2}{l}x$

DC 杆段:$M=F_{Ax}l-F_{Ay}x=\frac{ql}{2}l-\frac{ql}{2}x;\overline{M}=\overline{F}_{Ax}l-F_{Ay}x=2-\frac{1}{l}x$

BC 杆段:$M=-F_{By}x+\frac{1}{2}qx^2=-\frac{ql}{2}x+\frac{1}{2}qx^2;\overline{M}=-\overline{F}_{By}x=\frac{1}{l}x$　　$(0\leqslant x\leqslant l)$

得

$$\theta_C=\sum\int\frac{M_P\overline{M}_1}{EI}\mathrm{d}x=\frac{1}{EI}\left[\int_0^l(\frac{ql}{2}x\cdot\frac{2x}{l})\mathrm{d}x+\int_0^l(\frac{1}{2}ql^2-\frac{ql}{2}x)(2-\frac{x}{l})\mathrm{d}x\right]+$$

$$\frac{1}{2EI}\int_0^l(-\frac{ql}{2}x+\frac{1}{2}qx^2)(\frac{x}{l})\mathrm{d}x=\frac{35ql^3}{48EI}$$

如例图 4-4(b)～例图 4-4(d)所示。

(2) 用图乘法求解

$$\theta_C = \frac{1}{2EI}\left(-\frac{2}{3}l \cdot \frac{1}{8}ql^2 \cdot \frac{1}{2}\right) +$$

$$\frac{1}{EI}\left(\frac{1}{2}l \cdot 1 \cdot \frac{2}{3} \cdot \frac{1}{2}ql^2 + l \cdot 1 \cdot \frac{1}{2} \cdot \frac{1}{2}ql^2 + \frac{1}{2} \cdot \frac{1}{2}ql^2 \cdot l \cdot \frac{2}{3} \cdot 2\right)$$

$$= \frac{35ql^3}{48EI}$$

例 4-5　求桁架 1 节点的竖向位移,受力及尺寸如例图 4-5 所示。

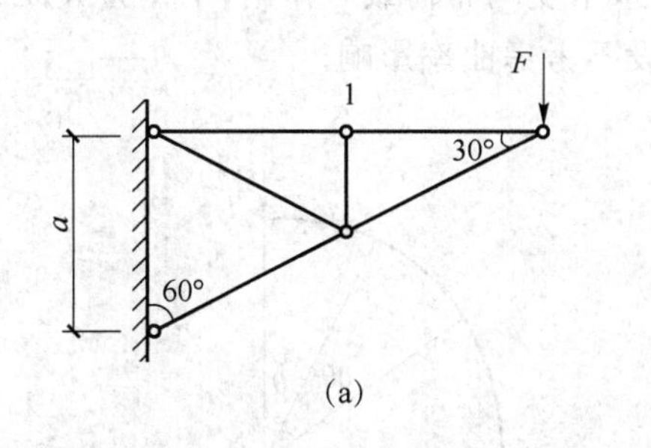

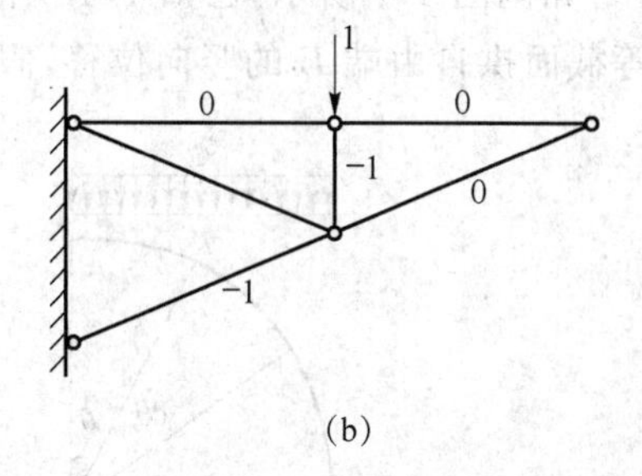

例图 4-5

解:

$$\Delta_1 = \sum_{1}^{6} \frac{F_{Ni}\overline{F}_{Ni}}{E_iA_i}l_i = \frac{F \cdot 1 \cdot a}{EA} + \frac{(-2F)(-1)a}{2EA} = \frac{5Fa}{2EA}$$

例 4-6　求例图 4-6(a)所示等截面圆弧曲杆 A 点的竖向位移 Δ_V 和水平位移 Δ_H。设圆弧 AB 为 1/4 个圆周,半径为 R,EI 为常数。

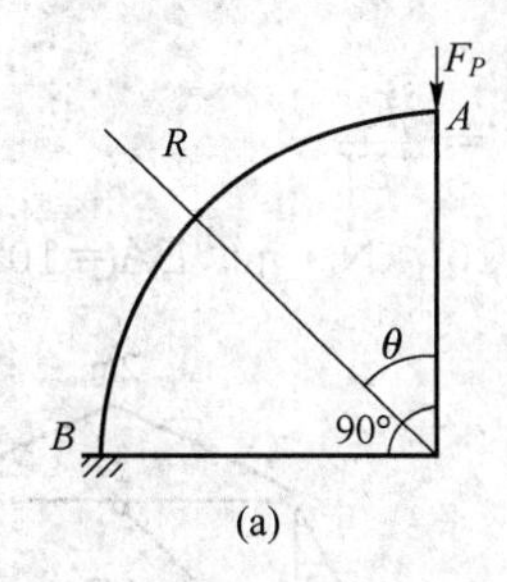

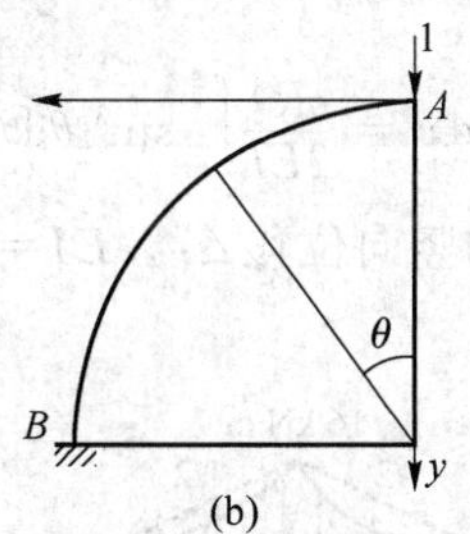

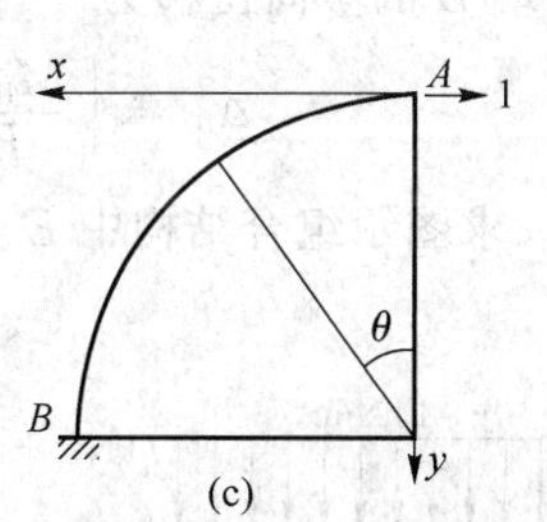

例图 4-6

解:

(1)求竖向位移 Δ_V。

由如例图 4-6(b)所示得

$$M_P = F_P x \qquad \overline{M_1} = x$$

而由

$$x = R\sin\theta, \mathrm{d}s = R\mathrm{d}\theta$$

$$\Delta_V = \frac{1}{EI}\int_0^{\frac{\pi}{2}} F_P R^2 \sin^2\theta \cdot R\mathrm{d}\theta$$

得

$$= \frac{F_P R^3}{EI}\int_0^{\frac{\pi}{2}} \frac{1-\cos 2\theta}{2}\mathrm{d}\theta = \frac{\pi}{4}\frac{F_P R^3}{EI}(\downarrow)$$

(2) 求水平位移 Δ_H。

由如例图 3-6(c)所示得

$$\overline{M}_2 = y = R(1-\cos\theta)$$

$$\Delta_H = \frac{1}{EI}\int_0^{\frac{\pi}{2}} F_P x y \, ds = \frac{1}{EI}\int_0^{\frac{\pi}{2}} F_P R\sin\theta \cdot R(1-\cos\theta)R d\theta$$

$$= \frac{F_P R^3}{EI}\int_0^{\frac{\pi}{2}}(\sin\theta - \sin\theta\cos\theta)d\theta = \frac{1}{2}\frac{F_P R^3}{EI}(\rightarrow)$$

例 4-7 如例图 4-7 所示，已知 1/4 拱沿水平受均布荷载 q 作用，半径为 R，EI 为常数，试求图示等截面拱自由端 B 的竖向位移，假设不考虑曲率影响。

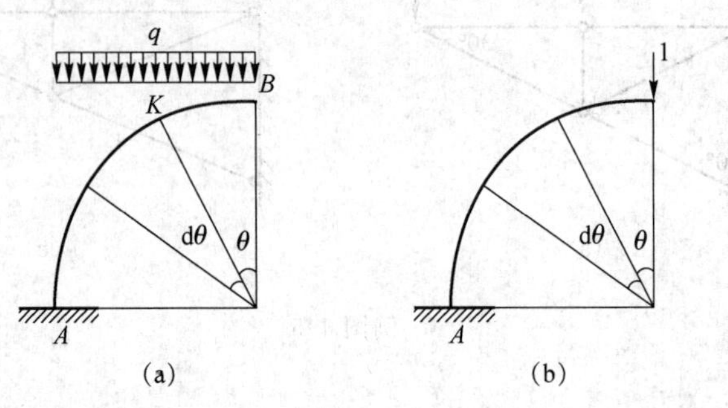

例图 4-7

解：

以极坐标 θ 表示截面位置，K 截面的弯矩为

$$M_P = -\frac{qR^2}{2}\sin^2\theta, \overline{M} = -R\sin\theta; x = R\sin\theta$$

拱自由端 B 的竖向位移为

$$\Delta_B = \int \frac{M_P\overline{M}_1}{EI}dx = \frac{qR^4}{2EI}\int_0^{\frac{\pi}{2}}\sin^3\theta d\theta = \frac{qR^4}{3EI}$$

例 4-8 求图示组合结构中 E 点的竖向位移 Δ_E。$EI=10^5\ kN\cdot m^2$，$EA=10^6\ kN$。

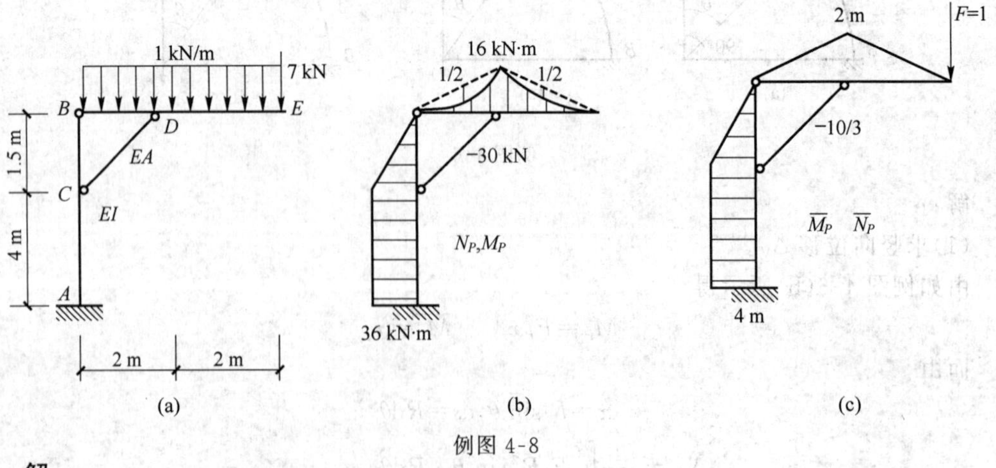

例图 4-8

解：

(1) 作 M_P、N_P 图，如例图 4-8(b)所示。

注意：在组合结构的位移计算中，梁式杆只考虑弯矩的影响，桁架只考虑轴力的影响。

(2) 作 $\overline{M}_P$、$\overline{N}_P$ 图，如例图 4-8(c)所示。

(3) 用图乘法求位移。

$$\Delta_E = \sum\int\frac{\overline{M}M_P}{EI}ds + \sum\frac{\overline{N}N_P}{EA}l$$

$$= \frac{1}{EI}[4\times36\times4+\frac{1}{2}\times1.5\times36\times\frac{2}{3}\times4+2(\frac{1}{2}\times2\times16\times\frac{2}{3}\times2$$

$$-\frac{2}{3}\times2\times\frac{1}{2}\times1]+\frac{1}{EA}(-\frac{10}{3})\times(-30)\times2.5$$

$$= \frac{2\ 068}{3EI}+\frac{250}{EA} = \frac{2\ 068}{3\times10^5}+\frac{250}{10^6} = 914.3\times10^{-5}\,\text{m} = 9.14\text{mm}(\downarrow)$$

例 4-9　求如例图 4-9(a)所示刚架因温度变化而产生的 C 点的水平位移。

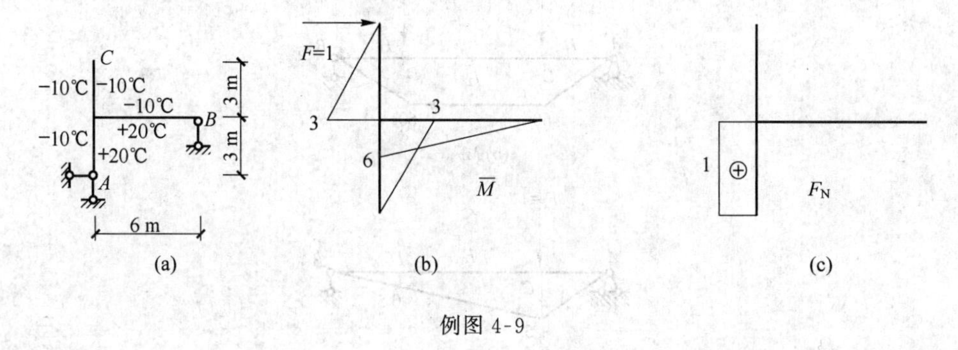

例图 4-9

解：

(1) 在 C 点加水平的单位 $F_P=1$，绘制 $\overline{M}$、$\overline{N}$ 图，分别如例图 4-8(b)和例图 4-8(c)所示。

(2) 分段计算

$$CD:\Delta t = t_2 - t_1 = 0, t_0 = \frac{t_1+t_2}{2} = 10$$

$$\omega_{\overline{F}_N} = 0, \omega_{\overline{M}} = \frac{1}{2}\times3\times3 = 4.5$$

$$\Delta_{CD} = \sum\alpha t\omega_{\overline{N}} + \sum\frac{\alpha\Delta t}{h}\omega_{\overline{M}} = 0$$

$$BD:\Delta t = t_2 - t_1 = 20-10 = 10, t_0 = \frac{t_1+t_2}{2} = \frac{10+20}{2} = 15$$

$$\omega_{\overline{F}_N} = 0, \omega_{\overline{M}} = \frac{1}{2}\times6\times6 = 18$$

$$\Delta_{BD} = \sum\alpha t\omega_{\overline{N}} + \sum\frac{\alpha\Delta t}{h}\omega_{\overline{M}} = 0+10^{-5}\times\frac{10}{0.18}\times18 = 10\times10^{-3}\text{ m}$$

$$AD:\Delta t = t_2 - t_1 = 20-(-10) = 30, t_0 = \frac{t_1+t_2}{2} = \frac{-10+20}{2} = 5$$

$$\omega_{\overline{F}_N} = 3\times1 = 3, \omega_{\overline{M}} = \frac{1}{2}\times3\times3 = 4.5$$

$$\Delta_{AD} = \sum\alpha t\omega_{\overline{N}} + \sum\frac{\alpha\Delta t}{h}\omega_{\overline{M}} = 10^{-5}\times5\times3+10^{-5}\times\frac{30}{0.18}\times4.5 = 7.65\times10^{-3}\text{ m}$$

(3) 求 C 点的水平位移

$\Delta=\Delta_{CD}+\Delta_{BD}+\Delta_{AD}=0+10\times10^{-3}+7.65\times10^{-3}=17.65\times10^{-3}\ \mathrm{m}=17.65\ \mathrm{mm}(\rightarrow)$

例 4-10　试求如例图 4-10(a)所示梁在截面 C 和 E 的挠度。已知 $E=2.0\times15^{5}$ MPa，$I_1=6\ 560\ \mathrm{cm}^4$，$I_2=12\ 430\ \mathrm{cm}^4$。

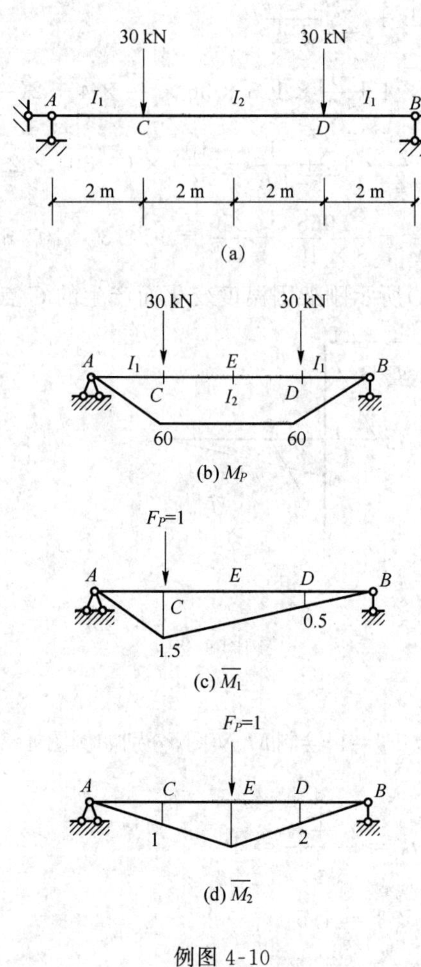

例图 4-10

解：

由如例图 4-10(b)和例图 4-10(c)图乘得

$$\Delta_C=\frac{1}{EI_1}\times\frac{1}{2}\times2\times60\times\frac{2}{3}\times1.5+\frac{1}{EI_2}\times\frac{1}{2}\times(1.5+0.5)\times4\times60+$$

$$\frac{1}{EI_1}\times\frac{1}{2}\times2\times0.5\times\frac{2}{3}\times60=\frac{80}{EI_1}+\frac{240}{EI_2}$$

$$=\frac{80\times10^3}{2\times10^{11}\times6.56\times10^{-5}}+\frac{240\times10^3}{2\times10^{11}\times1.243\times10^{-4}}$$

$$=15.752\ \mathrm{mm}=1.58\ \mathrm{cm}(\downarrow)$$

由如例图 4-10(b)和例图 4-10(d)图乘得

$$\Delta_E = 2\times\left[\frac{1}{EI_1}\times\frac{1}{2}\times 2\times 1\times\frac{2}{3}\times 60+\frac{1}{EI_2}\times\frac{1}{2}\times(1+2)\times 2\times 60\right]=\frac{80}{EI_1}+\frac{360}{EI_2}$$

$$=\frac{80\times 10^3}{2\times 10^{11}\times 6.56\times 10^{-5}}+\frac{360\times 10^3}{2\times 10^{11}\times 1.243\times 10^{-4}}=20.579\ \text{mm}=2.06\ \text{cm}(\downarrow)$$

例 4-11　试求如例图 4-11(a)所示梁 C 点挠度。已知 $EI=2.0\times 10^8\ \text{kN}\cdot\text{cm}^2$。

解：

荷载作用下的弯矩图 M_P 和单位力作用下的 $\overline{M}$ 如例图 4-11(b)所示，则根据图乘法得

$$\Delta_C=\frac{1}{EI}\times\left[\frac{1}{2}\times 4\times 40\times\frac{1}{3}\times 1-\frac{1}{2}\times 2\times 80\times\frac{2}{3}\times 1-\frac{2}{3}\times 4\times 40\times\frac{1}{2}\times 1\right]+$$
$$\frac{1}{EI}\times\left[\frac{1}{2}\times 4\times 120\times\left(\frac{1}{3}\times 1+\frac{2}{3}\times 2\right)-\frac{1}{2}\times 4\times 80\times\left(\frac{2}{3}\times 1+\frac{1}{3}\times 2\right)\right]+$$
$$\frac{1}{EI}\left[\frac{1}{2}\times 2\times 120\times\frac{2}{3}\times 2-\frac{2}{3}\times 2\times 10\times\frac{1}{2}\times 2\right]$$

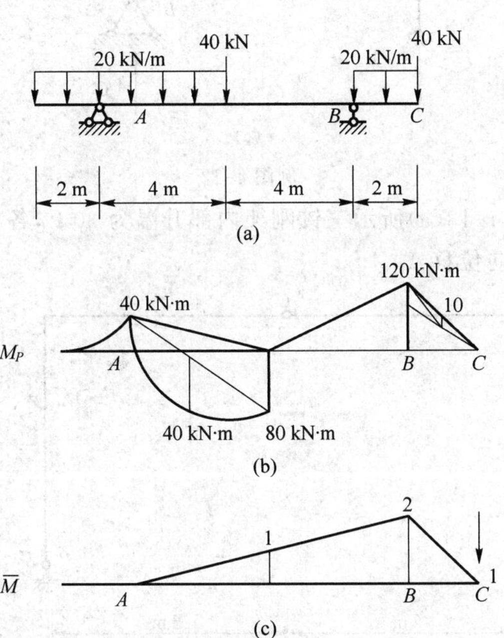

例图 4-11

所以

$$\Delta_C=\frac{200}{EI}=\frac{200\times 10^3}{2\times 10^8\times 10^3\times 10^{-4}}=0.01\ \text{m}=1.00\ \text{cm}(\downarrow)$$

例 4-12　由于结构支座 B 的移动，如例图 4-12(a)所示求 C 点的水平位移和 C 截面的转角。

解：

在 C 点加之相应的单位力，并求其支座反力，如例图 4-12(b)所示。

$$\Delta_{CH}=-\sum\overline{F}_{Ri}C_i$$
$$=-\left(-1\times 0.01-\frac{1}{2}\times 0.02\right)=0.02\ \text{m}=20\ \text{mm}$$

$$\varphi_C=-\sum\overline{F}_{Ri}C_i=-\left(-\frac{1}{6}\times 0.02\right)=\frac{0.01}{3}\ 弧度$$

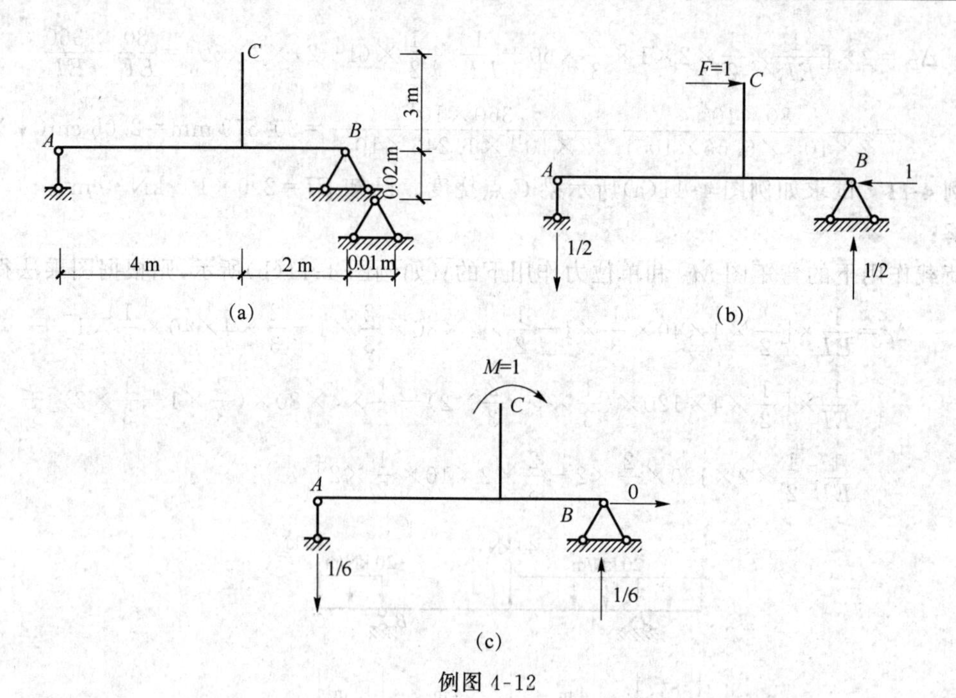

例图 4-12

例 4-13 设如例图 4-13(a)所示三铰刚架内部升温为 30°C,各杆截面为矩形,截面高度 h 相同。试求 C 点的竖向位移 Δ_C。

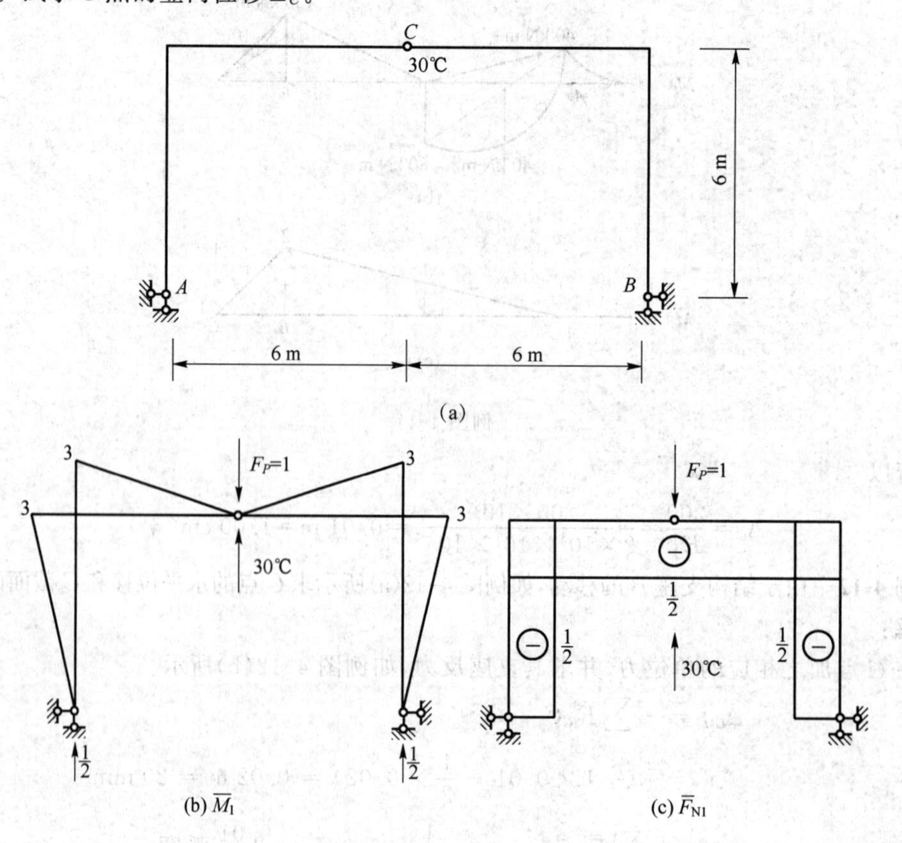

例图 4-13

解:

如例图 4-13(b)、(c)所示。

$$\Delta_C = \sum a t_0 \int \overline{F}_N \mathrm{d}s + \sum \frac{a\Delta t}{h}\int \overline{M}\mathrm{d}s$$

$$= 15a \times (4 \times 6 \times \frac{1}{2}) - \frac{a \times 30}{h} \times 4 \times \frac{1}{2} \times 6 \times 3$$

$$= -180a - \frac{1\,080a}{h}(\downarrow)$$

$$= 180a + \frac{1\,080a}{h}(\uparrow)$$

例 4-14　如例图 4-14(a)所示桁架由于制造的偏差,下弦各杆均缩短 0.6 cm,求结点 A 的竖向位移。

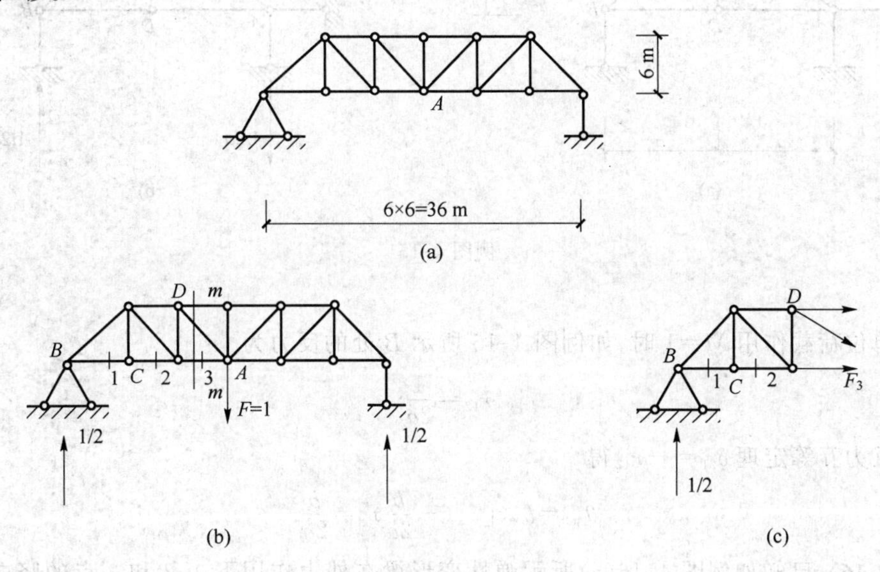

例图 4-14

解:

分析:此题利用反力互等定理求解更为方便。

(1) 在下弦杆 A 处加单位力 $P=1$ 并求下弦杆的内力,如例图 4-14(b)所示利用对称性只需研究结构一侧,如例图 4-14(c)所示。

B 结点:

$$\sum F_x = 0, F_1 + F_1' \cos 45^\circ = 0$$

$$\sum F_y = 0, F_1' \sin 45^\circ + 0.5 = 0$$

得

$$F_1' = -\frac{\sqrt{2}}{2}, F_1 = 0.5$$

C 结点:

$$F_1 = F_2 = 0.5$$

用 mm 截面将三杆断开由 $\sum M_D=0$，$-0.5\times12+F_3\times6=0$ 得

$$F_3=1$$

(2) 求位移

由反力互等定理得

$$\Delta_{AV}=-0.6\times(0.5+0.5+1)\times2=-2.4\ \text{cm}(\uparrow)$$

注意：负号说明 $P=1$ 的方向与实际位移方向相反。

例 4-15 如例图 4-15(a)所示桁架，其支座 B 有竖向沉陷 b，求杆 AC 的转角。

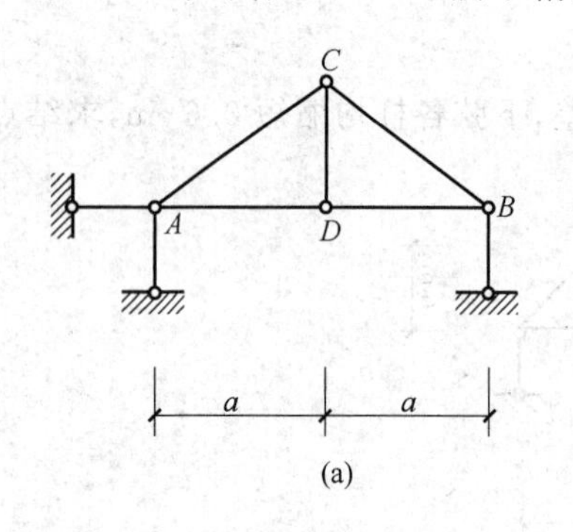

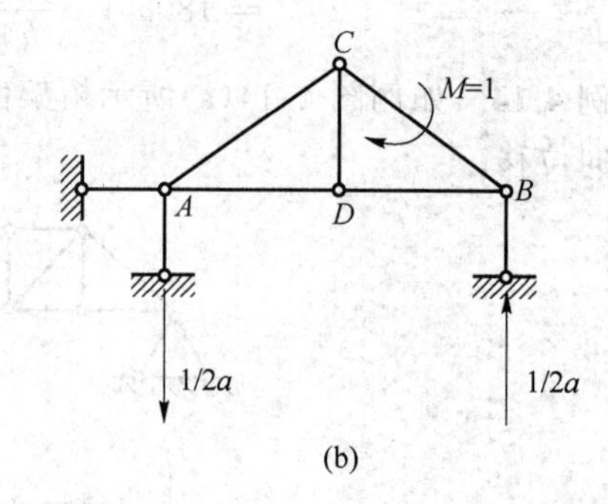

例图 4-15

解：

在单位荷载作用 $M=1$ 时，如例图 4-15 所示 B 处的反力为

$$r_{12}=\frac{1}{2a}$$

由反力互等定理 $\delta_{21}=-r_{12}'$ 得

$$\theta_{AC}=b\times[-(-\frac{b}{2a})]=\frac{b}{2a}$$

例 4-16 已知如例图 4-16(a)所示弹性变形梁在外力作用下 1、2 和 3 点的竖向位移，求在如例图 4-16(b)所示荷载作用下截面 3 的竖向位移。

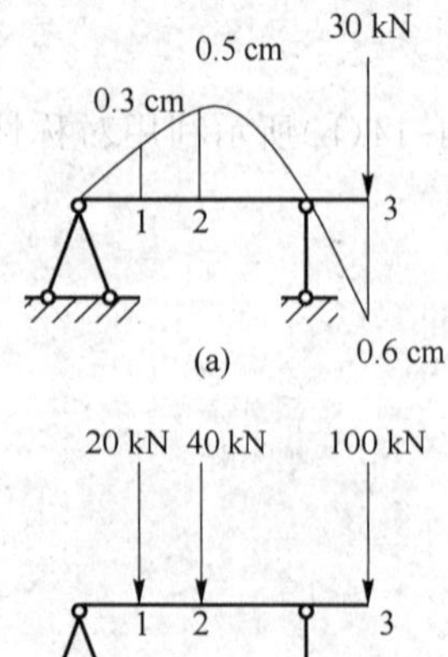

例图 4-16

解：

利用位移互等定理得

$$\delta_{31}=\frac{0.3}{30},\delta_{32}=\frac{0.5}{30},\delta_{33}=\frac{0.6}{30}$$

由位移互等定理 $\delta_{ij}=\delta_{ji}$ 得

$$\Delta_3=-20\times\frac{0.3}{30}-40\times\frac{0.5}{30}+100\times\frac{0.6}{30}$$

$$=1.13\ \text{cm}(\downarrow)$$

例 4-17 在简支梁两端作用一对力偶 M，同时梁上边温度升高 t_1，下边温度下降 t_1。试求端点的转角 θ。如果 $\theta=0$，问力偶 M 应该是多少？设梁为矩形截面，截面尺寸为 $b\cdot h$。如例图 4-17(a)所示。

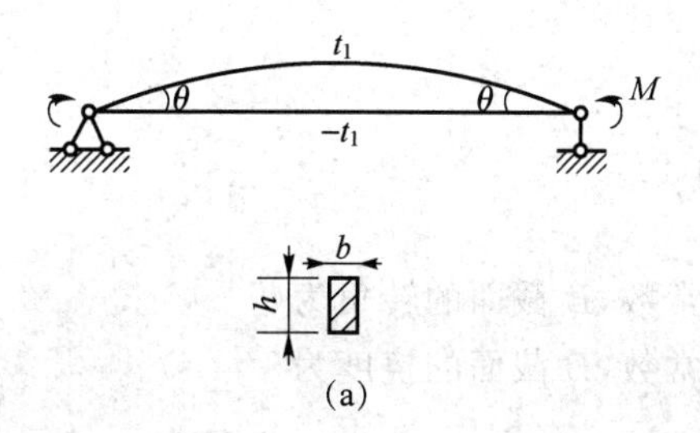

(a)

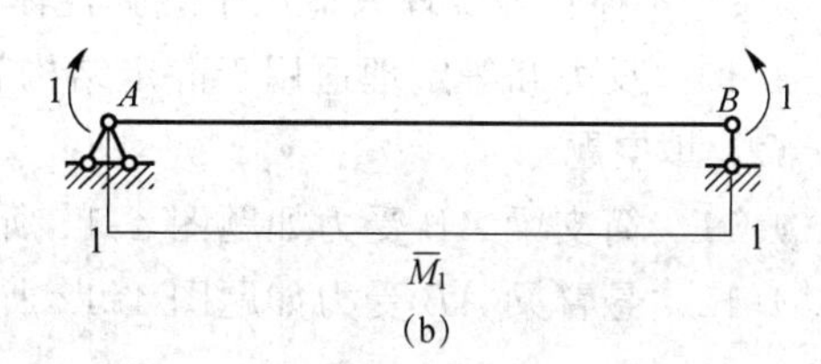

(b)

例图 4-17

解：

如例图 4-17(b)所示，得

$$2\theta=\frac{l\times M\times 1}{EI}-\frac{a(t_1+t_2)}{h}\times l\times 1=\frac{Ml}{EI}-\frac{2at_1 l}{h}$$

即

$$\theta=\frac{Ml}{2EI}-\frac{at_1 l}{h}(\uparrow)$$

由 $\theta=0$ 得

$$M=\frac{2EIat_1}{h}$$

4.2　习题及其解答

1. 练习题

(1) 是非判断题

4-1　在位移计算中位移和荷载呈线性关系。(　　)

4-2　虚功原理只适用于线性结构。(　　)

4-3　虚功原理中，与力对应的称为广义力。(　　)

4-4　如题图 4-4 所示结构为虚拟状态，与广义力对应的是相对线位移。(　　)

4-5　如题图 4-5 所示结构为虚拟状态，与广义力对应的是相对角线位移。(　　)

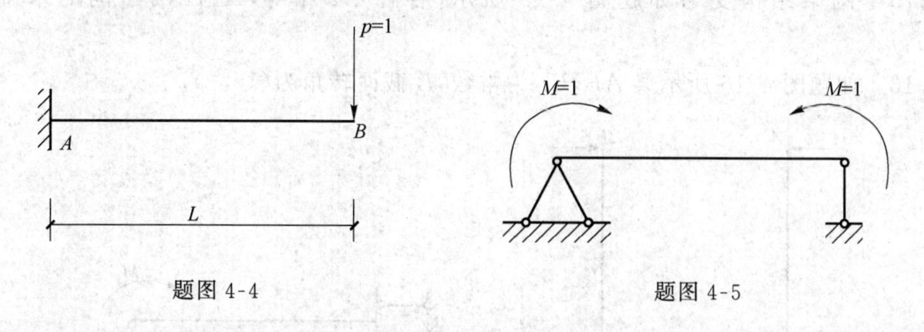

题图 4-4　　题图 4-5

4-6　图乘法中 M_P、$\overline{M}$ 至少有一个呈线性关系。(　　)

4-7　计算静定结构由于温度改变引起的位移时，弯矩、剪力和轴力对位移都有影响。(　　)

4-8　计算静定结构由于支座改变引起的位移时，结构内力及支座反力对位移都有影

响。(　　)

4-9　4种互等定理只适用于线弹性体。(　　)

4-10　反力互等定理适用于静定结构和超静定结构。(　　)

(2) 填空题

4-11　简支梁 AB 受力如题图 4-11 所示,EI 为常数,B 截面的转角为(　　)。

4-12　悬臂梁 AB 受力如题图 4-12 所示,EI 为常数,B 截面的挠度为(　　)。

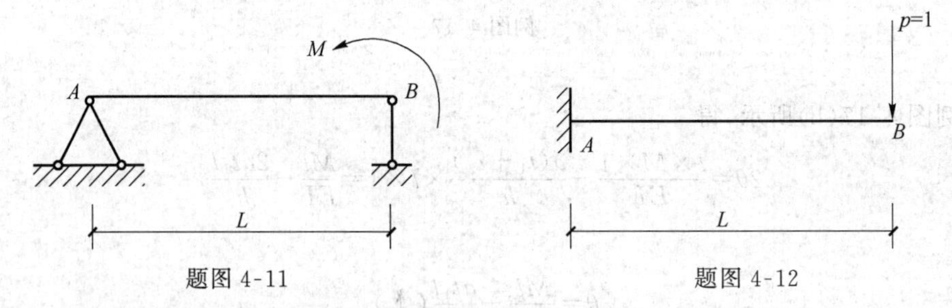

题图 4-11　　题图 4-12

4-13　刚架结构受力如题图 4-13 所示,各杆 EI 相等,B 点水平位移为(　　)。

4-14　如题图 4-14 所示结构,EI 为常数,A 点的转角为(　　)。

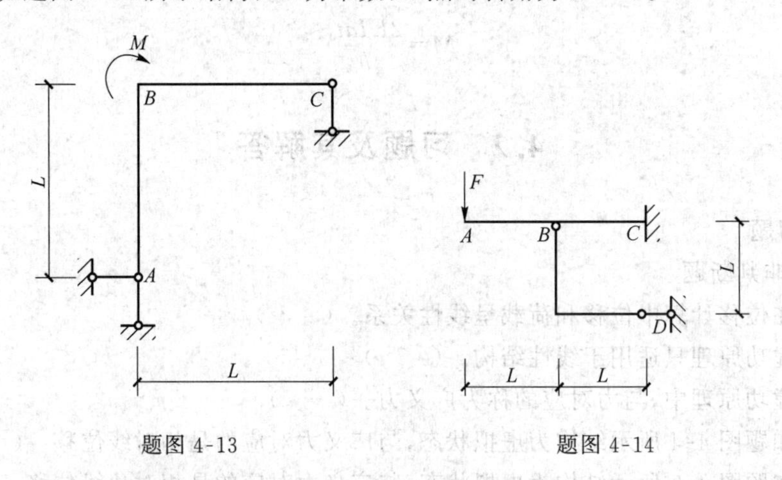

题图 4-13　　题图 4-14

4-15　刚架结构受力如题图 4-15 所示,各杆 EI 相等,A、B 两点间的水平位移为(　　)。

4-16　如题图 4-16 所示梁 AB,EI 为常数,B 截面转角为(　　)。

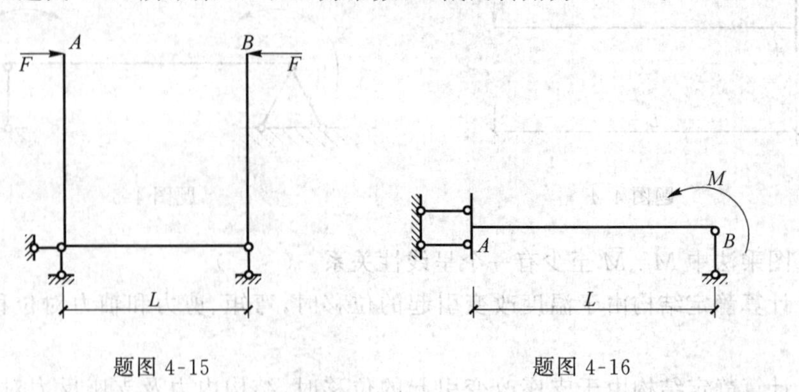

题图 4-15　　题图 4-16

4-17　如题图 4-17 所示桁架结构，EA 为常数，D 结点水平位移为(　　)。

4-18　如题图 4-18 所示结构支座沉陷，A 支座的竖向位移为(　　)。

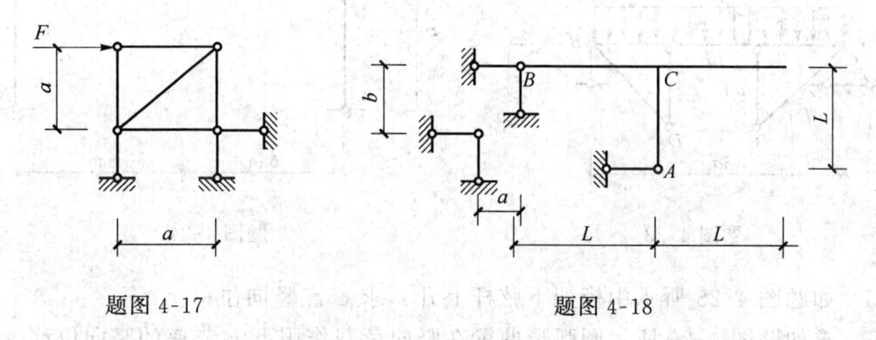

题图 4-17　　题图 4-18

4-19　如题图 4-19 所示 AB 悬臂梁，截面为矩形，高为 h，下侧升温 10℃，上侧无变化，材料膨胀系数为 α，B 截面的角位移为(　　)。

4-20　如题图 4-20 所示刚架结构，各杆均为矩形截面，高度为 h，材料膨胀系数为 α，各杆温度变 C 截面的竖向位移为(　　)。

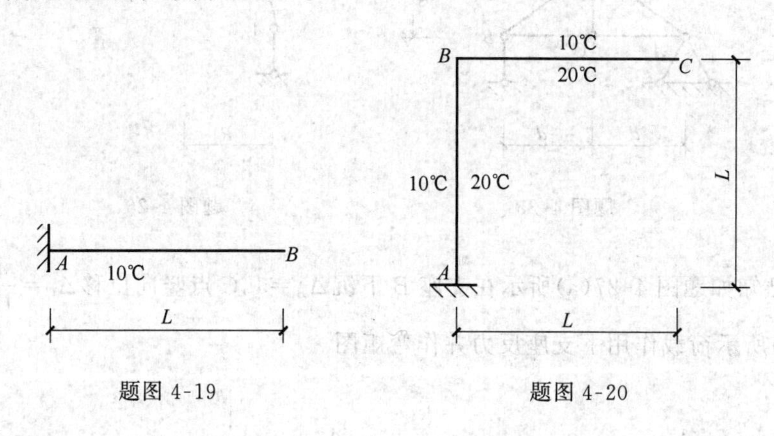

题图 4-19　　题图 4-20

(3) 计算题

4-21　如题图 4-21 所示，求 B 点竖向位移，EI 为常数。

4-22　如题图 4-22 所示，求梁 C 点竖向位移。已知 EI 为常数。

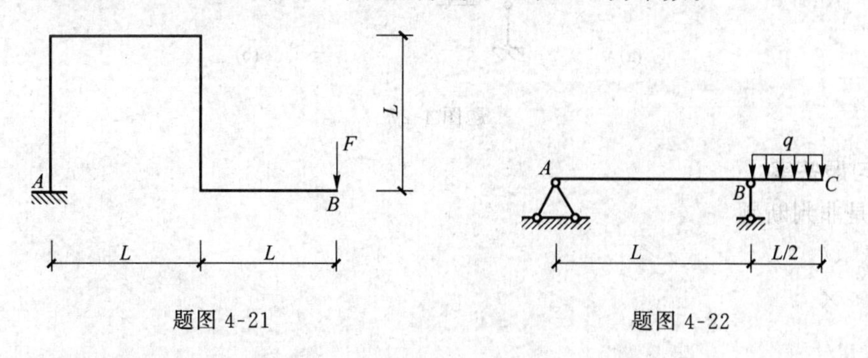

题图 4-21　　题图 4-22

4-23　求如题图 4-23 所示，C、D 两点距离的改变。

4-24　如题图 4-24 所示，设三铰刚架内部升温 30℃，外部温度不变，各截面为矩形，截面高度 h 相同，求 C 点竖向位移。

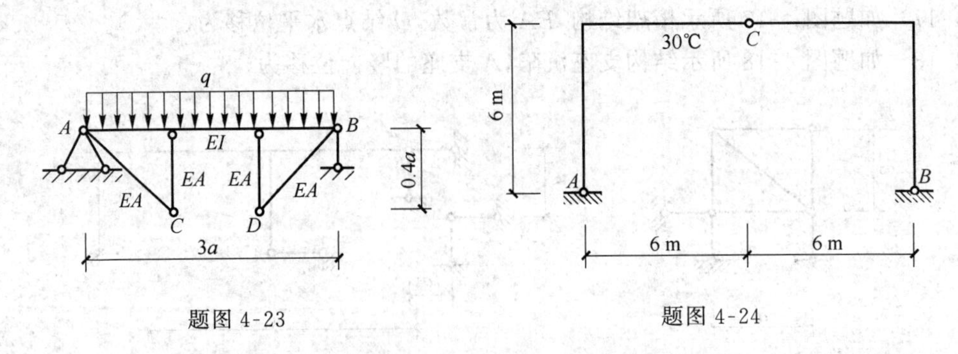

题图 4-23　　　　题图 4-24

4-25　如题图 4-25 所示中桁架下弦杆上升 t，求 C 点竖向位移。

4-26　求如题图 4-26 所示圆弧形曲梁在竖向荷载作用下 B 支座的竖向位移。

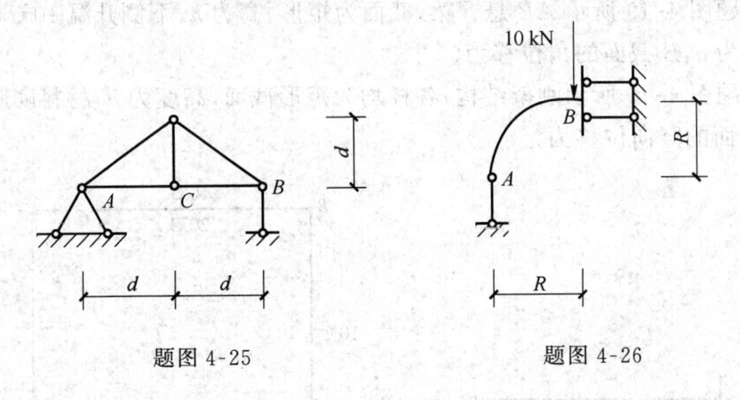

题图 4-25　　　　题图 4-26

4-27　已知如题图 4-27(a)所示在支座 B 下沉 $\Delta_B=1$，C 点竖向位移 $\Delta_C=\dfrac{4}{15}$，试求在如题图 4-27(b)所示荷载作用下支座反力并作弯矩图。

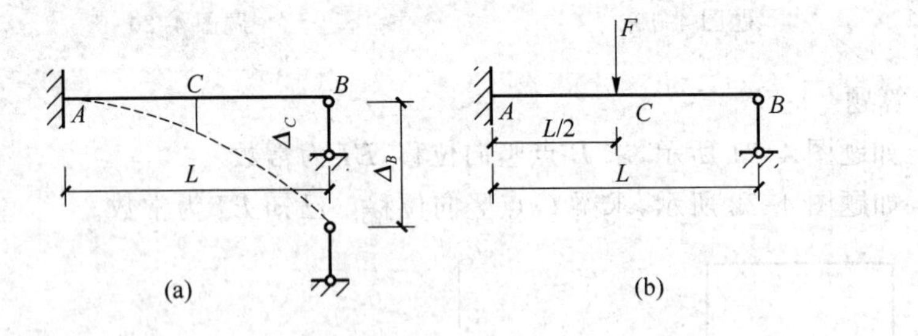

题图 4-27

2. 习题答案

(1)是非判断题

4-1　√

4-2　×

4-3　√

4-4　×

4-5　√

4-6　√

4-7　×

4-8　×

4-9　√

4-10　×

(2) 填空题

4-11　$-\frac{Ml}{3EI}$(↖)

4-12　$\frac{Pl^3}{3EI}$(↓)

4-13　$\frac{Ml^2}{3EI}$(→)

4-14　$\frac{Fl^2}{EI}$(↙)

4-15　$\frac{Fl^3}{3EI}$(→ ←)

4-16　$\frac{Ml}{EI}$(↖)

4-17　$\frac{4Fa}{EA}$(→)

4-18　$b-a$(↓)

4-19　$\frac{10\alpha l}{h}$(↙)

(3) 计算题

4-20　$15\alpha l+\frac{15\alpha l^2}{h}$(↑)

4-21　$\frac{23Fl^3}{3EI}$(↓)

4-22　$\frac{11ql^4}{384EI}$(↑)

4-23　$0.733\frac{qa^4}{EI}$(← →)

4-24　$180\alpha+\frac{1\,080\alpha}{h}$(↑)

4-25　$t\alpha d$(↓)

4-26　$\frac{2.7R^3}{EI}$(↓)

4-27　$F_B=\frac{4}{15}F$(↑)，$M_A=\frac{7}{30}Fl$(↖)

第5章　力　法

5.1　基本内容及学习指导

5.1.1　超静定结构概述

1. 超静定结构与静定结构的比较

超静定结构与静定结构相比较，有如下特点。

① 超静定结构由于有多余约束的存在，仅用静力平衡方程不能求出其全部约束反力和内力，还需要考虑结构的变形条件。

② 在荷载的作用下，超静定结构的内力分布与各杆刚度的相对值有关，而与其绝对值无关。如果改变各杆刚度的比值(相对关系)，就会改变结构内力的重新分布。

③ 超静定结构受到支座移动、温度变化等因素作用时，一般会产生内力，且内力的大小与结构各杆刚度的绝对值成正比。

④ 超静定结构由于有多余约束的存在，要比相应的静定结构刚度大些，内力分布也均匀，因此被广泛使用。

超静定的约束可分为必要约束(联系)和多余约束(联系)两类。必要约束(联系)是保证结构不发生整体运动的约束，单独去掉它时，体系即为几何可变体系，其约束反力仅用平衡方程就可求得。如图5-1所示中的水平支杆和如图5-2所示中的两根竖向支杆都是必要的约束。多余约束的约束反力仅用平衡方程不能求解，还需考虑结构的变形条件。多余约束中的约束力称为约束力或为约束反力，用 X_1、X_2……表示。要注意的是，所谓多余约束并不是多余无用的约束，只是对保证结构几何不变的要求来说，它才是多余的，但对于结构的受力和变形来说，一般情况下它可以减小内力、减小位移，所以并不是真的多余。

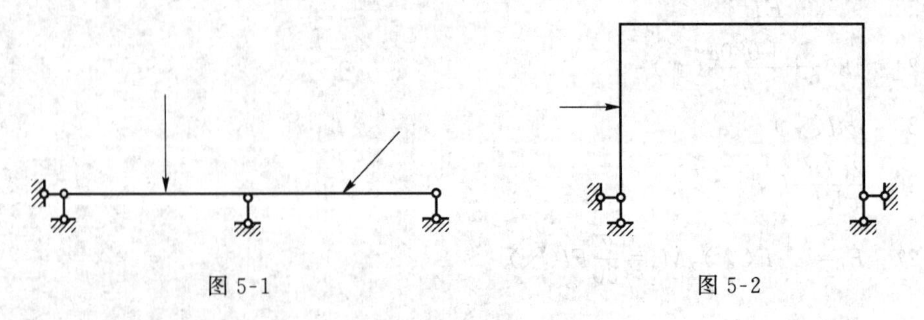

图5-1　　　　图5-2

2. 超静定次数的联定

超静定结构多余约束的数目，称为超静定次数。确定超静定次数的方法是去掉多余约束，使原超静定结构成为静定结构，所去掉的多余约束的个数即为超静定次数。去掉多余约束的方式可归纳出以下几种。

① 切断一根链杆或去掉根支杆，相当于去掉一个约束。

② 拆开一个单绞或去掉一个铰支座，相当于去掉两个约束；拆开一个连接 n 根杆件的复铰，相当于去掉 $n-1$ 个单铰。

③ 切断一根梁式杆或去掉一个固定支座，相当于去掉3个约束。

④ 将梁式杆的某一截面改成铰，相当于去掉一个约束。

对于一个给定的超静定结构，可以有多种去掉多余约束的方案，从而得到不同形式的静定结构，但所得超静定次数是相同的。应该注意的是，即便是把超静定结构的多余约束全部去掉，也不能使其变成几何可变体系或几何瞬变体系。

5.1.2　力法的基本概念和典型方程

1. 力法的基本概念

用力法求解超静定结构，是根据基本结构在多余约束处与原结构位移相同的条件建立力法方程，首先求出多余约束力，然后就可用平衡方程计算各截面内力。力法的3个基本概念如下。

① 基本结构：超静定结构去掉多余约束后所得到的静定结构。

② 基本未知量：多余约束力。

③ 基本方程（典型方程的物理意义）：根据基本结构在多余约束力和荷载共同作用下，多余约束力作用处沿多余约束力方向的位移应与原结构相应处的位移相同建立的位移方程。因此，力法方程是表示位移条件，它表明基本结构与原结构具有相同的受力状况和变形形态。

对于如图5-3(a)所示均布荷载作用下的一次超静定梁（原结构）。当取如图5-3(b)所示的基本结构时，其力法方程为

$$\delta_{11}X_1+\Delta_{1P}=0 \tag{5.1}$$

其中，系数 δ_{11} 和自由项 Δ_{1P} 分别表示如图5-3(b)所示基本结构的 B 点在沿 X_1 方向由 X_1 方向的单位力作用产生的位移和荷载 q 单独作用下所产生的位移。整个方程则表示如图5-3(b)所示基本结构在 X_1 和荷载 q 共同作用下，B 点沿 X_1 方向的位移与原结构相应处的位移（$\Delta_{BV}=0$）相同。

若取如图5-3(e)所示简支梁为基本结构，其力法方程的形式仍为

$$\delta_{11}X_1+\Delta_{1P}=0 \tag{5.2}$$

式(5.2)虽然与式(5.1)在形式上完全相同，但它表示如图5-3(e)所示基本结构在 X_1（A 端反力矩）和荷载 q 共同作用下，A 端沿 X 方向的位移（简支梁在 A 端的转角）应与原结构在 A 端的转角（$\varphi_A=0$）相同。式(5.2)中的 δ_{11} 和 Δ_{1P} 则分别表示如图5-3(e)所示基本结构（简支梁）在单位反力矩 $X_1=1$ 和荷载 q 单独作用下所引起的 A 端转角。

由此可见，对于荷载作用下的某一超静定结构，无论选取何种基本结构，它们的力法方程在形式上是相同的，但其中的系数、自由项及方程的具体物理意义大不一样。当然，所得的最后内力图必定是相同的，因为在满足静力平衡条件和变形协调条件的情况下，超静定结构的解答是唯一的。

对于如图5-4(a)所示支座移动问题（已知支座 A 顺时针转动 θ，支座 B 下沉 Δ），当取如图5-4(b)所示基本结构时，力法方程为

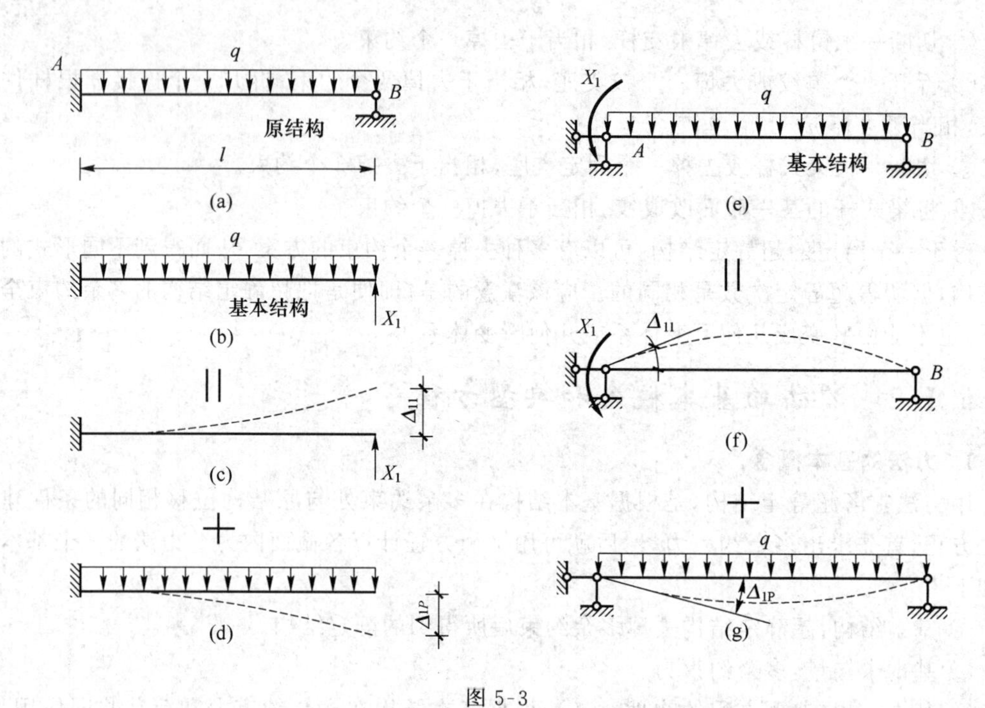

图 5-3

$$\delta_{11}X_1+\Delta_{1C}=-\Delta \tag{5.3}$$

式(5.3)中,δ_{11}和Δ_{1C}分别为$X_1=1$和支座移动单独作用下基本结构的B点沿X_1方向的位移。

式(5.3)表示如图5-4(b)所示基本结构在X_1和支座移动(支座A的转角θ)共同作用下,B点沿X_1方向的位移与原结构在B点的位移相同。由于原结构B点的已知位移Δ是向下的,而如图5-4(b)所示中所设多余力X_1是向上的(即基本结构中B点的位移是假设向上为正),两者的方向相反,故应取$-\Delta$。

若取如图5-4(c)所示基本结构,则力法方程为

$$\delta_{11}X_1+\Delta_{1C}=-\theta \tag{5.4}$$

它表示如图5-4(c)所示基本结构在X_1和支座移动(B支座下沉)共同作用下,截面A沿X_1方向的转角与原结构截面A的转角(θ)方向相反。

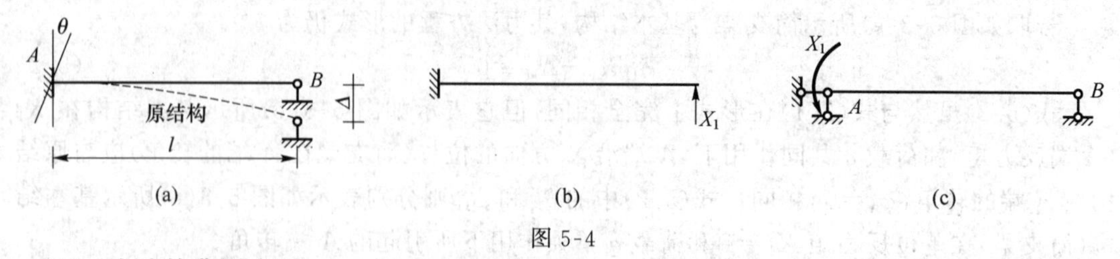

图 5-4

2. 力法的典型方程

对于n次超静定结构,其力法方程的一般形式为

$$\begin{gathered}\delta_{11}X_1+\delta_{12}X_2+\cdots+\delta_{1n}+\Delta_{1K}=\Delta_1\\ \delta_{21}X_1+\delta_{22}X_2+\cdots+\delta_{2n}+\Delta_{2K}=\Delta_2\\ \vdots\\ \delta_{n1}X_1+\delta_{n2}X_2+\cdots+\delta_{nn}+\Delta_{nK}=\Delta_n\end{gathered}$$

方程左边为基本结构在多余约束力 X_i 作用点和其方向的位移，右边为原结构的相对应的位移。式中主系数 δ_{ii} 为基本结构在 $X_i=1$ 单独作用下，引起其作用点沿 X_i 方向的位移，恒为正值；副系数 $\delta_{ij}(i\neq j)$ 为基本结构在 $X_j=1$ 单独作用下，引起 X_j 作用点沿 X_j 方向的位移，可能为正值、负值或零，由位移互等定理可知，$\delta_{ij}=\delta_{ji}$；自由项 Δi_K（Δ_{iP}、Δ_{iC}、Δ_{it}）为基本结构在外因（荷载、支座移动、温度变化）单独作用下，引起 X_i 的作用点沿 X_i 方向的位移，可能为正值、负值或零；右端项 Δ_i 为原结构在 X_i 的作用点和方向的已知位移，对于荷载或温度变化问题，Δ_i 通常都为零（特殊情况，如弹性支承处的位移则不等于零）；对于支座移动问题，若取没有支座位移的约束作为多余约束，Δ_i 为零，若取有支座位移的约束作为多余约束，Δ_i 为已知的支座位移。

力法典型方程的物理意义为：基本结构在全部多余约束力和外因共同作用下，在多余约束力的作用点和方向的位移等于原结构相应的位移（与原结构相同）。

力法典型方程中的系数和自由项，都是静定的基本结构上的位移，可用前面章节中求静定结构位移的方法计算。例如，对于平面刚架，系数和自由项的计算公式为

$$\delta_{ii}=\sum\int\frac{\overline{M_i^2}}{EI}\mathrm{d}s$$

$$\delta_{ij}=\delta_{ji}=\sum\int\frac{\overline{M_i M_j}}{EI}\mathrm{d}s$$

$$\Delta_{iP}=\sum\int\frac{\overline{M_i M_P}}{EI}\mathrm{d}s$$

$$\Delta_{iC}=-\sum\overline{R_i}c_i$$

$$\Delta_{it}=\sum\frac{\alpha\Delta_t}{h}\omega_{\overline{M}}+\sum\alpha t_0\omega_{\overline{N}}$$

5.1.3　力法基本结构的合理选择

基本结构的正确和合理选择，是力法计算的关键一步。力法的基本结构一般为静定结构，它是原超静定结构去掉多余约束得到的无多余约束的几何不变体系。而几何可变或瞬变体系不能选作力法的基本结构，因为它们在多余未知力或外荷载单独作用下不能维持平衡。因此，只能从原结构中去掉多余约束，不能去掉必要约束，也不能添加新的约束。

力法的基本结构选定后，基本未知量也就确定了，因为在去掉多余约束的同时，应在结构上加上与该多余约束的性质相应的多余约束力。若去掉的多余约束是结构外部的，则多余约束力为单个的支座反力；若去掉的多余约束是结构内部的，则多余约束力是成对的内力。例如，若切断一根链杆，即去掉杆中某两相邻截面间抵抗轴向拉压的约束，则相应的约束力为该杆的轴力如图 5-7(a)所示。若切断一根受弯杆件，也就是去掉某两相邻截面间抵抗轴向拉压、横向错动和相对转动的约束，它们相应的约束力分别为截面两侧相互作用的一对轴力、一对剪力和一对弯矩，如图 5-6(b)和图 5-6(c)所示。

对于某一超静定结构，可以选取多种不同的基本结构进行力法计算，所得内力图相同，但计算过程的繁简程度会有所不同，甚至差别很大。合理的基本结构应使力法方程中的系数和自由项的计算比较方便，并使尽可能多的副系数和自由项等于零。下面是能达到这一目的的一些途径。

1. 基本结构应尽可能有较多的基本部分

例如如图 5-5(a)所示连续梁，宜取如图 5-5(b)所示多跨简支梁为基本结构，绘制 M_i、M_P 图及计算系数和自由项都比较简单，而且有部分副系数和自由项等于零。如果取如图 5-5(c)所示单跨简支梁为基本结构，则 M_i、M_P 图都分布在全梁上，系数和自由项计算要复杂得多，且没有一个副系数和自由项等于零。

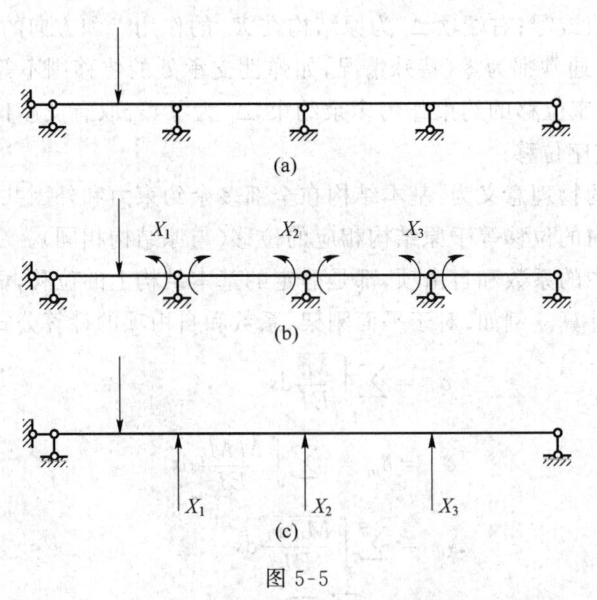

图 5-5

又如图 5-6(a)所示刚架，通常切断横梁作为基本结构如图 5-6(b)所示。或将切口移至靠近竖杆处，如图 5-6(c)所示，则未知剪力与竖杆重合而不产生弯矩，可使计算进一步简化。

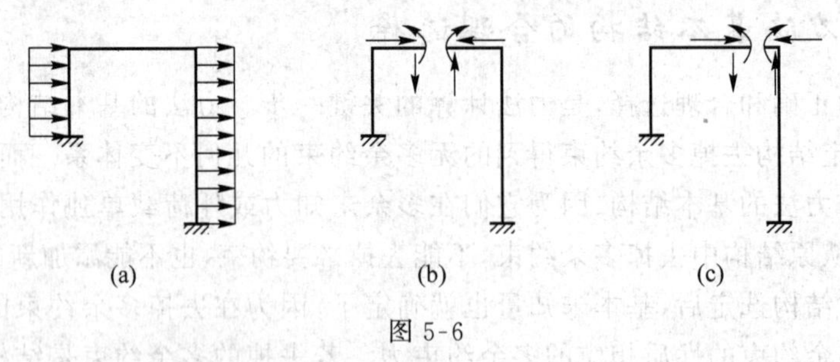

图 5-6

对于排架，也是切断横梁作为基本结构如图 5-7(a)所示，所绘制的 M_1、M_2 及 M_P 图均

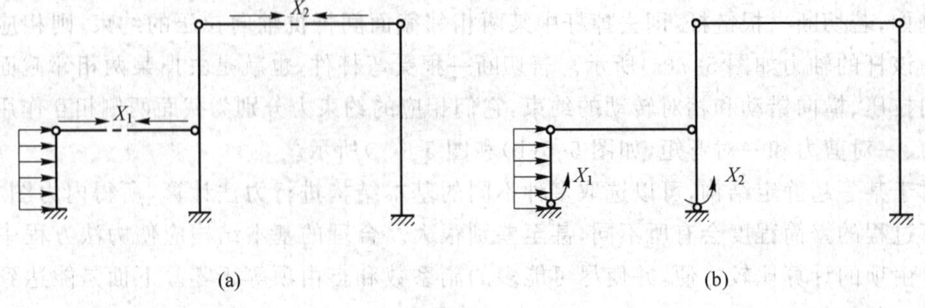

图 5-7

限于某一局部，系数和自由项的计算较为简便。而若取如图 5-7(b)所示的基本结构，则只有右柱是基本部分，作 M_1、M_2 及 M_P 图及计算系数和自由项都较如图 5-7(a)所示要麻烦得多。

2. 对称结构宜选取对称的基本结构

例如，如图 5-8(a)所示在一般荷载作用下的对称刚架，宜选取如图 5-8(b)所示的对称基本结构，按它作出的 M_1、M_2 图是对称的，而 M_3 图是反对称的，用图乘法可得副系数 $\delta_{13}=\delta_{31}=\delta_{23}=\delta_{32}=0$，从而简化了计算系数和求解方程组的工作。

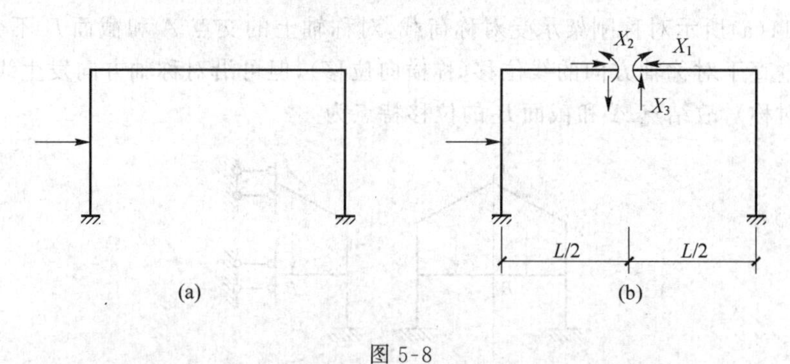

图 5-8

如果对称荷载，其内力和位移都是对称的。选取对称的基本结构计算，则反对称未知力等于零，只需求解对称未知力。

如果反对称荷载作用在对称结构上，其内力和位移都是反对称的。选取对称的基本结构计算，则对称未知力等于零，只需求解反对称未知力。

显然，只有按照下列两种方式去掉多余约束，才能获得对称的基本结构。

① 在对称轴上去掉约束(所去约束个数可为单数或双数)，例如如图 5-8(b)所示。

② 在对称的位置上同时去掉约束(所去约束个数必为双数)。例如，如图 5-9(a)所示。六次超静定结构(EI=常数)，考虑到荷载对竖向轴是对称的，对水平轴是反对称的，可取基本结构如图 5-9(b)所示(两边竖杆切口处剪力对称，均为 X_1，弯矩和轴力为零)。

在一般情况下，凭直观即可选出对称的基本结构。但有时也会遇到困难，例如如图 5-10所示对称刚架，要选取对称的基本结构就不容易。这时可取半个结构计算(对称荷载或反对称荷载时)，既利用了结构的对称性，又避免了选取对称基本结构的困难(半结构法见本章第 5 节)。

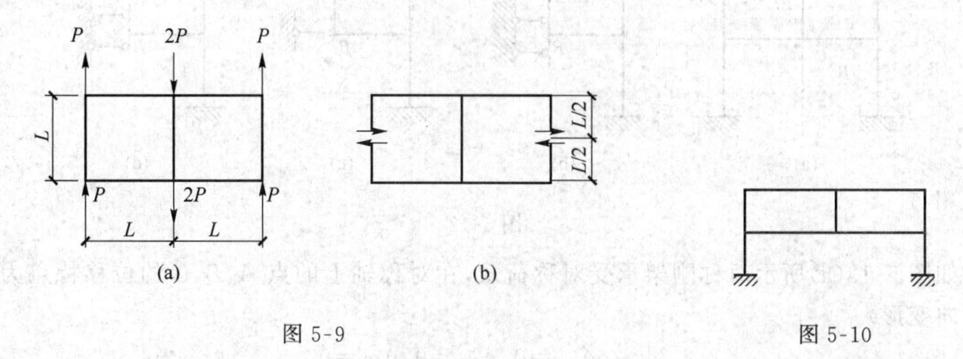

图 5-9　　图 5-10

5.1.4 取半结构法

对称结构在对称或反对称荷载(支座移动、温度变化等外因)作用下,产生对称或反对称的变形。根据这个特点,当对称结构承受对称或反对称荷载时,可以沿对称轴切开,取结构的一半进行计算。为了使所取的该半边结构与原结构半边的受力及变形状态相同,应在切口处按原结构的位移条件设置相应的支承。

1. 对称结构承受对称荷载

如图 5-11(a)所示对称刚架承受对称荷载,对称轴上的交点 A 和截面 B 不会发生反对称的转动和垂直于对称轴方向的线位移(称横向位移),但可沿对称轴方向发生线位移(符合结构的变形对称),故结点 A 和截面 B 的位移特点为

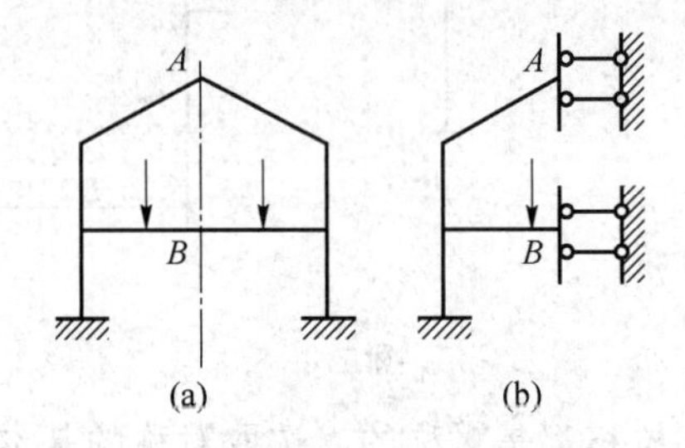

图 5-11

$$\varphi_A=0,\Delta_{BH}=0,\Delta_{AV}\neq 0$$

$$\varphi_B=0,\Delta_{BH}=0,\Delta_{BV}\neq 0$$

取半结构时,在 A、B 处加定向支座就能满足于上述条件。

类似的,如图 5-12(a)所示对称结构可取如图 5-12(b)所示的半边结构,或简化为如图 5-12(c)所示,其中可令竖杆 AB 的 $EI=\infty$ 这是为了保证 $\varphi_A=\varphi_B=0$,且原结构中竖杆 AB 不会发生弯曲变形(否则,结构的变形不对称);A、B 处的水平支杆是保证 $\Delta_{AH}=\Delta_{BH}=0$。如图 5-12(d)所示半结构是错误的,因为原结构点 A、B 的竖向线位移相等(忽略轴向变形),而如图 5-12(d)所示不满足 $\Delta_{AV}=\Delta_{BV}$。

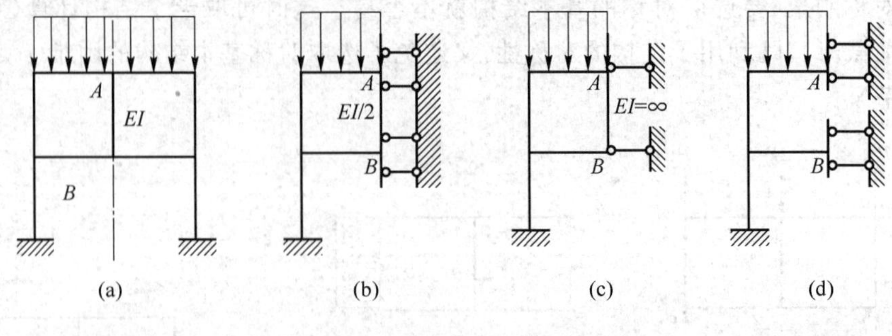

图 5-12

如图 5-13(a)所示对称刚架承受对称荷载,在对称轴上的点 A、B、C 的位移特点为(忽略轴向变形)

$$\Delta_{AH}=0,\Delta_{BH}=0,\Delta_{BV}=0$$

$$\Delta_{CH}=0,\ \Delta_{CV}=0,\varphi_C=0$$

于是在半结构如图 5-13(b)所示的 A、B、C 处分别设置水平支杆、水平和竖向支杆、固定支座，就可满足上述位移条件。位于对称轴上的中柱内力只有轴力，其大小可利用梁端剪力由平衡条件求得。

2. 对称结构承受反对称荷载

如图 5-14(a)所示对称结构在反对称荷载作用下，对称轴上的结点 A 和截面 B 会发生反对称的转角和横向线位移，而不会发生沿对称轴方向的线位移(称竖向位移)，即

$$\Delta_{AV}=\Delta_{BV}=0$$

故在半结构的 A、B 处均设置竖向支杆，如图 5-14(b)所示。

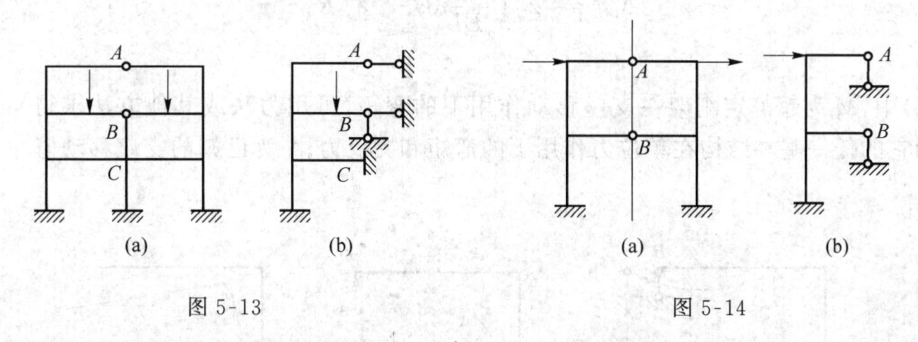

图 5-13　　图 5-14

若对称轴上有中柱支承在地基上且不是链杆，如图 5-15(a)所示。取半结构时须将中柱的刚度 EI 减半，如图 5-15(b)所示。

若中柱不支承在地基上如图 5-16(a)所示，取半结构时除了取中柱刚度之半外，还应在对称轴上一结点处加竖向支杆，如图 5-16(b)所示，以保证对称轴上的结点竖向位移为零。

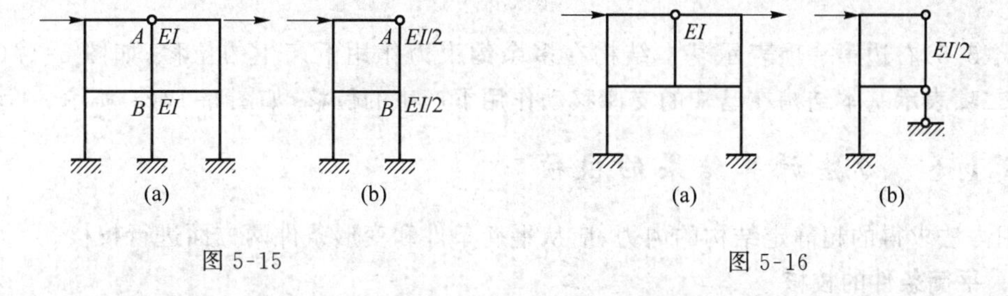

图 5-15　　图 5-16

应注意，如图 5-15(a)所示和如图 5-16(a)所示结构的中柱发生的侧移挠曲变形属反对称变形，在取半结构时不能将中柱去掉，且按如图 5-15(b)所示和如图 5-16(b)所示求得的中柱的弯矩和剪力值应乘以 2，才是原结构中柱的弯矩和剪力值。

取半结构计算的意义不只是在计算过程中少画一半图。取半结构时沿对称轴切开处已经按对称、反对称的位移特点进行了处理，用相应的支承代替了原有约束，在对称轴两边的多余约束只取了一半出来，半结构的超静定次数已自动降低，从而避免了选取对称基本结构及判断对称、反对称时各存在哪些未知力等手续。这是半结构法的优势之处。

5.1.5　超静定结构的位移计算

与静定结构一样，计算超静定结构的位移也是采用单位荷载法。

1. 荷载作用下的位移计算

由力法原理可知，超静定结构的内力与位移，等于它的任一种基本结构在已知荷载和多

余约束力共同作用下的内力与位移。因此,求超静定结构的位移,可以转化为它的基本结构在已知荷载和多余约束力共同作用下的位移计算,即把已求出的多余约束力当作基本结构的外荷载,则虚拟状态的单位力可以加在原结构的任一种基本结构上。

2. 支座移动作用下的位移计算

求超静定结构在支座移动作用下的位移,可以转化为求它的任一种基本结构在多余约束力(看作外荷载)和支座移动共同作用下的位移。例如如图 5-17(a)所示刚架,已知支座 A 顺时针转动 φ,若求由此引起 B 点的水平位移 Δ_{BH},则

$$\Delta_{BH} = \sum\int \frac{\overline{M}M}{EI}\mathrm{d}s - \sum \overline{R}_{i}c_{i} \tag{5.5}$$

式(5.5)中,M 为超静定刚架在支座移动作用下的弯矩(可用力法或其他方法求得);$\overline{M}$、$\overline{R_i}$ 分别为它的任一基本结构在单位力作用下的弯矩和支反力;c_i 为已知的支座移动值。

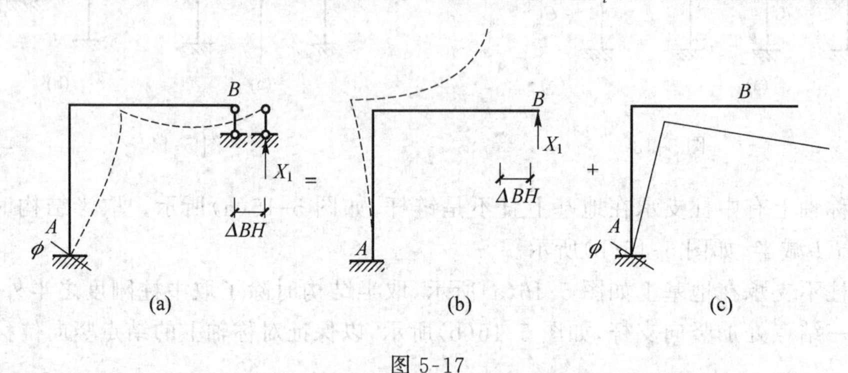

图 5-17

式(5.5)右边第一项表示基本结构在多余约束力作用下产生的位移,如图 5-17(b)所示,第二项表示基本结构在已知的支座移动作用下产生的位移,如图 5-17(c)所示。

5.1.6　力法计算结果的校核

用力法求得的超静定结构的内力,应从平衡条件和变形条件两方面进行校核。

1. 平衡条件的校核

取整个结构或截取结构中的结点、杆件或某一部分为隔离体,校核其是否满足平衡条件。如果计算结果满足平衡条件,也不能肯定计算结果是正确的。例如多次超静定刚架,最后弯矩图的叠加公式为

$$M=\overline{M_1}X_1+\overline{M_2}X_2+\cdots+\overline{M_n}X_n+M_P$$

如果多余约束力 X_1、X_2、…、X_n 有错,只有 $\overline{M_i}$ 图和 M_P 图均满足平衡条件,则叠加后得到的 M 图也能满足平衡条件。

多余约束力的计算是否正确,要用变形条件进行校核。

2. 变形条件的校核

变形条件的校核就是根据所求得的最后内力图,按 5.1.5 节所述方法,求原超静定结构沿任一多余约束方向的位移,看其是否与实际位移相符。例如超静定刚架,求其支座处沿某一多余约束方向的位移,应等于零或已知的给定值;或求刚架杆件任一点两侧截面的相对线位移或相对角位移应等于零。

从理论上讲，一个 n 次超静定结构用力法求解使用了 n 个位移条件。所以需要用 n 个多余约束处的已知位移条件，逐个进行校核。为了使校核计算简单，通常只校核一两个位移条件即可。但需注意，所校核的计算结果都要用到，才能判断计算结果是否正确。

对于超静定梁和刚架，如果最后弯矩图经校核是正确的，说明多余约束力是正确的。而一旦多余约束力求得后，利用平衡条件就可作出剪力图和轴力图，因此剪力图和轴力图只需进行平衡条件的校核即可。

5.2　典型例题分析

例 5-1　如例图 5-1(a)所示结构在荷载作用下，支座 B 下沉 2 cm，试用力法求解结构的弯矩图。已知各杆 $EI=2400\ \mathrm{kN\cdot m^2}$。

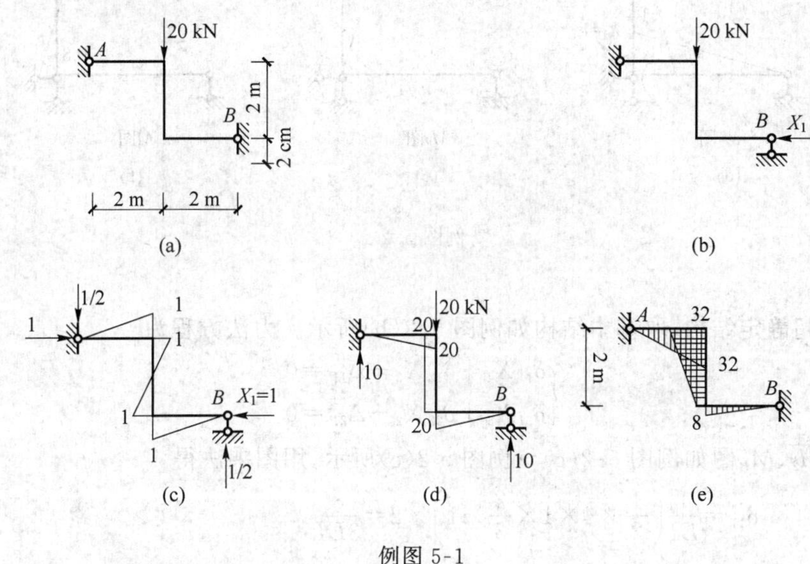

例图 5-1

解：

为一次超静定结构，选取基本结构如例图 5-1(b)所示。力法方程为

$$\delta_{11}X_1+\Delta_{1P}+\Delta_{1C}=0 \tag{5.6}$$

M_1、R_1 及 M_P 图如例图 5-1(c)和图 5-1(d)所示，得

$$\delta_{11}=\frac{1}{EI}\left(\frac{1}{2}\times2\times1\times\frac{2}{3}\times1\times2+\frac{1}{2}\times1\times1\times\frac{2}{3}\times1\times2\right)=\frac{2}{EI}$$

$$\Delta_{1P}=0$$

$$\Delta_{1C}=-\sum\overline{R_1}c=-(-0.5\times0.02)=0.01$$

代入式(5.6)得

$$X_1=-\frac{\Delta_{1C}}{\delta_{11}}=-12\ \mathrm{kN}$$

按 $M=\overline{M_1}+M_P$ 作结构的最后弯矩图，如例图 5-1(e)所示。

例 5-2　用力法计算如例图 5-2(a)所示结构，作弯矩图。各杆 $EI=$常数。

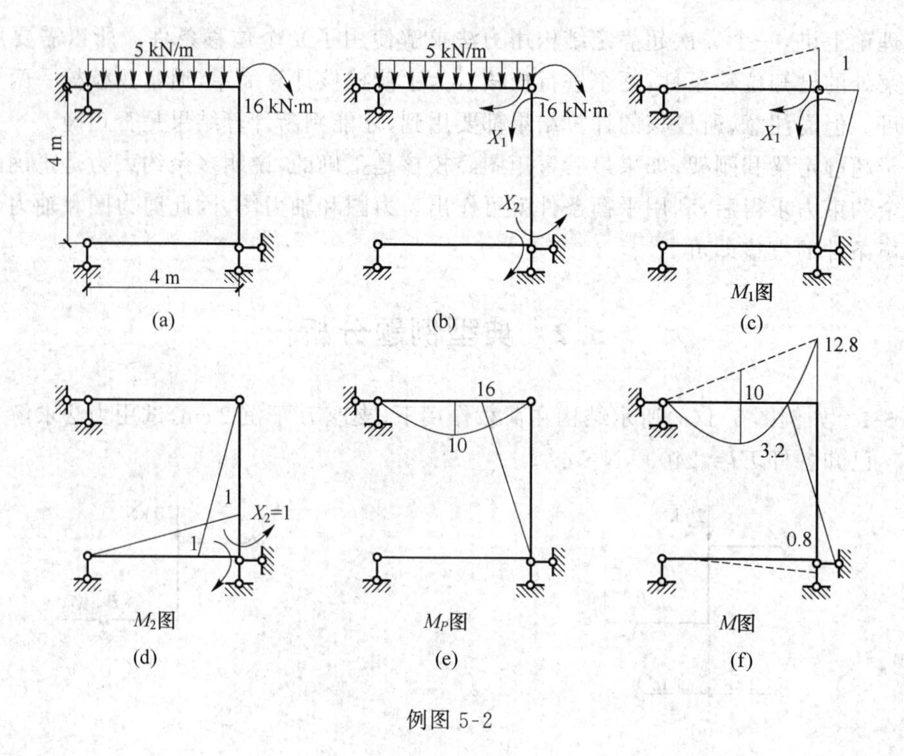

例图 5-2

解：

为二次超静定结构，取基本结构如例图 5-2(b)所示。力法方程为

$$\begin{cases}\delta_{11}X_1+\delta_{12}X_2+\Delta_{1P}=0\\ \delta_{21}X_1+\delta_{22}X_2+\Delta_{2P}=0\end{cases} \tag{5.7}$$

作$\overline{M_1}$、$\overline{M_2}$、M_P图如例图 5-2(c)～例图 5-2(e)所示，用图乘法得

$$\delta_{11}=\frac{1}{EI}\left(\frac{1}{2}\times4\times1\times\frac{2}{3}\times1\right)\times2=\frac{8}{3EI}$$

$$\delta_{22}=\frac{8}{3EI}$$

$$\delta_{12}=\delta_{21}=\frac{1}{EI}\left(-\frac{1}{2}\times4\times1\times\frac{1}{3}\times1\right)=-\frac{2}{3EI}$$

$$\Delta_{1P}=\frac{1}{EI}\left(-\frac{2}{3}\times4\times10\times\frac{1}{2}\times1-\frac{1}{2}\times4\times16\times\frac{2}{3}\times1\right)=-\frac{104}{3EI}$$

$$\Delta_{2P}=\frac{1}{EI}\left(\frac{1}{2}\times4\times16\times\frac{1}{3}\times1\right)=\frac{32}{3EI}$$

代入式(5.7)后得

$$X_1=12.8$$

$$X_2=-0.8$$

按 $M=\overline{M_1}X_1+\overline{M_2}X_2+M_P$ 作弯矩图，如例图 5-2(f)所示。

例 5-3 用力法计算如例图 5-3(a)所示结构，作弯矩图，并求链杆轴力。已知 $EI=$常数，$EA=\frac{3EI}{4}$。

解：

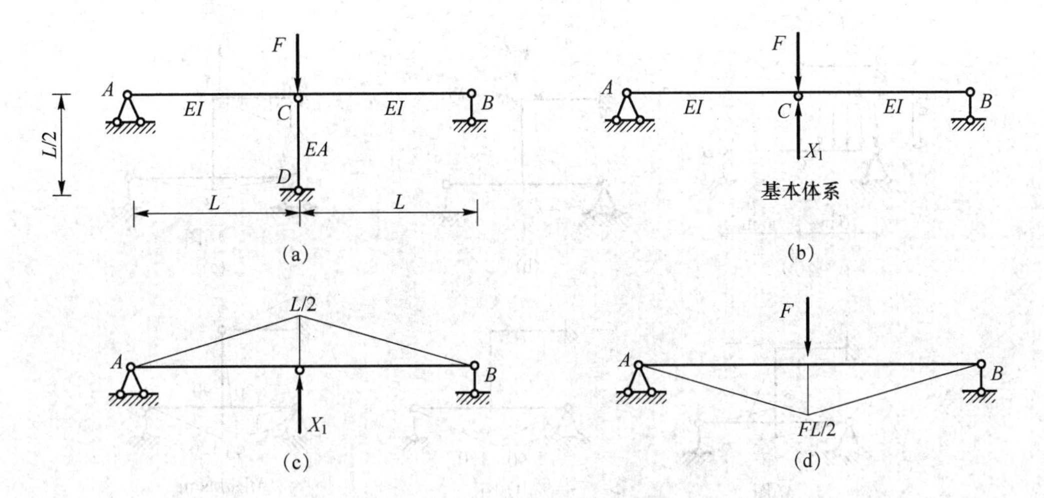

例图 5-3

为一次超静定结构，取基本结构如例图 5-3(b)所示。力法方程为

$$\delta_{11}+\Delta_{1P}=-\frac{X_1\times\dfrac{L}{2}}{EA} \tag{5.8}$$

求出$\overline{M_1}$、M_P，如例图 5-3(c)和例图 5-3(d)所示。

$$\delta_{11}=\frac{2}{EI}\times\frac{1}{2}\times L\times\frac{L}{2}\times\frac{2}{3}\times\frac{L}{2}=\frac{L^3}{6EI}$$

$$\Delta_{1P}=\frac{-2}{EI}\times\frac{1}{2}\times L\times\frac{FL}{2}\times\frac{2}{3}\times\frac{L}{2}=-\frac{FL^3}{6EI}$$

代入式(5.8)得

$$X_1=FL\left(\frac{L}{L^2+4}\right)$$

X_1 就是链杆轴力，请按 $M=\overline{M_1}X_1+M_P$ 自行作出弯矩图。

例 5-4　用力法计算如例图 5-4(a)所示结构，作弯矩图。各杆 EI=常数。

解：

为二次超静定结构，取基本结构如例图 5-4(b)所示。力法方程为

$$\begin{cases}\delta_{11}X_1+\delta_{12}X_2+\Delta_{1P}=0\\ \delta_{21}X_1+\delta_{22}X_2+\Delta_{2P}=-\varphi\end{cases} \tag{5.9}$$

作$\overline{M_1}$、$\overline{M_2}$、M_P图，如例图 5-4(c)～例图 5-4(e)所示，得

$$\delta_{11}=\frac{1}{EI}\left(\frac{1}{2}\times6\times6\times\frac{2}{3}\times6+\frac{1}{2}\times6\times3\times\frac{2}{3}\times3\times2\right)=\frac{108}{EI}$$

$$\delta_{22}=\frac{108}{EI}$$

$$\delta_{12}=\delta_{21}=0$$

$$\Delta_{1P}=\frac{1}{EI}\left(\frac{1}{2}\times6\times180\times\frac{2}{3}\times3\times2+\frac{2}{3}\times6\times90\times\frac{1}{2}\times3\right)=\frac{2\,700}{EI}$$

$$\Delta_{2P}=\frac{1}{EI}\left(\frac{2}{3}\times6\times90\times\frac{1}{2}\times3\right)=\frac{540}{EI}$$

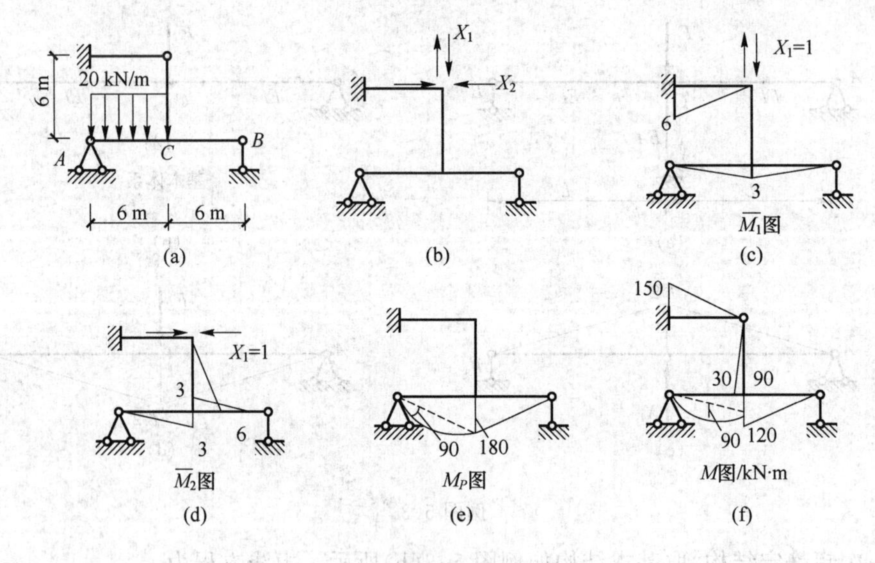

例图 5-4

代入式(5.9)得

$$X_1 = -25$$
$$X_2 = -5$$

按 $M=\overline{M}_1 X_1+\overline{M}_2 X_2+M_P$ 作弯矩图，如例图 5-4(f)所示。

例 5-5 试作如例图 5-5(a)所示结构的弯矩图。$EA=6EI/l^2$。

解：

① 取基本结构如例图 5-5(b)所示，原结构超静定次数为 2。

② 建立力法方程，即

$$\delta_{11}X_1+\delta_{12}X_2+\Delta_{1P}=-\frac{X_1\times\frac{l}{2}}{EA}$$
$$\delta_{21}X_1+\delta_{22}X_2+\Delta_{2P}=0 \tag{5.10}$$

③ 作$\overline{M}_1$、$\overline{M}_2$、M_P 图，如例图 5-5(c)～例图 5-5(e)所示。计算系数和自由项得

$$\delta_{11}=\frac{1}{EI}\left(\frac{1}{2}l\times l\times\frac{2}{3}l\right)=\frac{l^3}{3EI}$$

$$\delta_{12}=\delta_{21}=\frac{l}{6EI}(2\times l\times 2+l\times 1)=\frac{5l^2}{6EI}$$

$$\delta_{22}=\frac{1}{EI}\left(\frac{1}{2}\times 2\times l\times 2\times\frac{2}{3}\times 2\right)=\frac{8l}{3EI}$$

$$\Delta_{1P}=-\frac{l/2}{6EI}\left(2\times l\times\frac{Pl}{2}+\frac{l}{2}\times\frac{Pl}{2}\right)=-\frac{5Pl}{48EI}$$

$$\Delta_{2P}=-\frac{l/2}{6EI}\left(2\times\frac{Pl}{2}\times 2+\frac{3}{2}\times\frac{Pl}{2}\right)=-\frac{11Pl}{48EI}$$

④ 代入式(5.10)求多余未知力得

$$16lX_1+40X_2-5Pl=-4lX_1$$
$$40lX_1 128X_2-11Pl=0$$

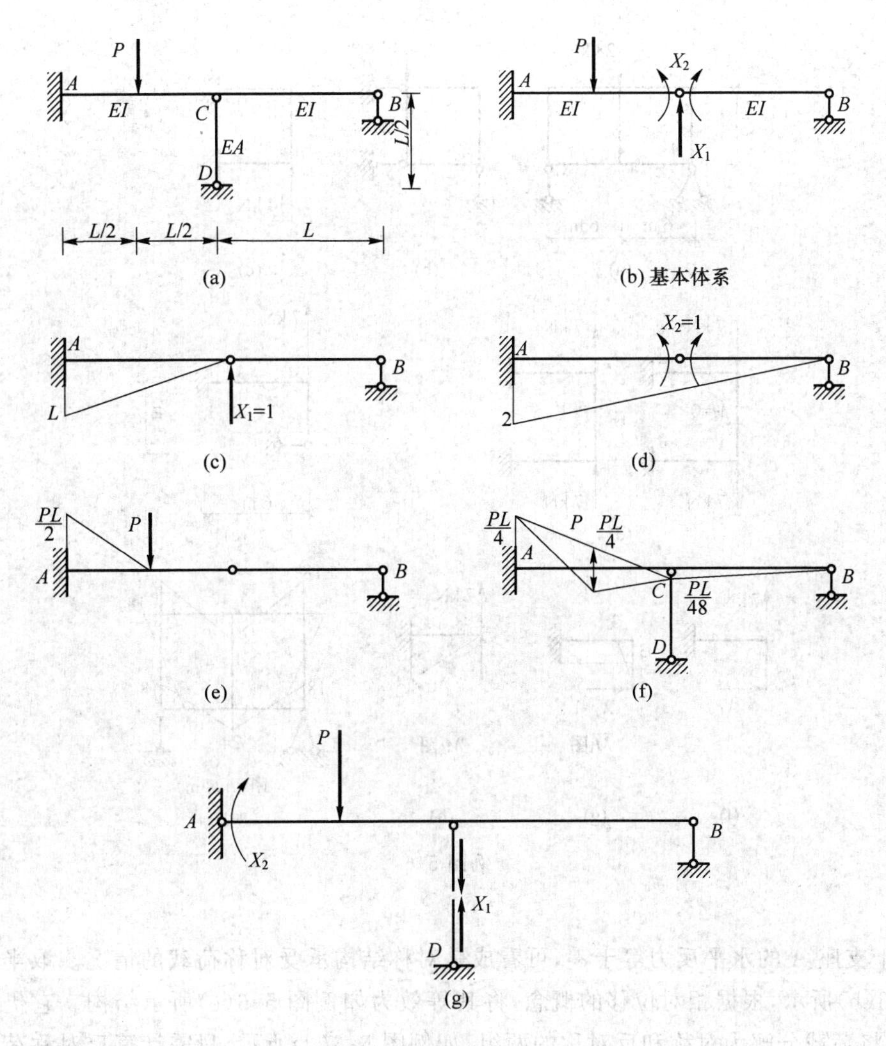

例图 5-5

由此得

$$X_1=\frac{5P}{24},X_2=\frac{Pl}{48}$$

⑤ 按叠加公式 $M=\overline{M}_1X_1+\overline{M}_2X_2+M_P$ 作弯矩图，如例图 5-5(f)所示。

讨论　力法方程的等号右侧项不一定都是零，应根据实际结构的位移条件写出。式(5.7)中第一个方程式等号右边项就表示杆 CD 受压的缩短量正是 C 点的位移，它可以用胡克定律表示。负号表示 C 点的位移方向与 X_1 的方向相反。

我们也可以取如例图 5-5(g)所示的基本结构求解，此时，力法方程可以写成

$$\delta_{11}X_1+\delta_{12}X_2+\Delta_{1P}=0$$
$$\delta_{21}X_1+\delta_{22}X_2+\Delta_{2P}=0$$

这时，方程中各项的物理含义和前边的基本结构比较都发生了变化。请读者自悟。

例 5-6　求作如例图 5-6(a)所示结构的弯矩图。各杆 EI＝常数。

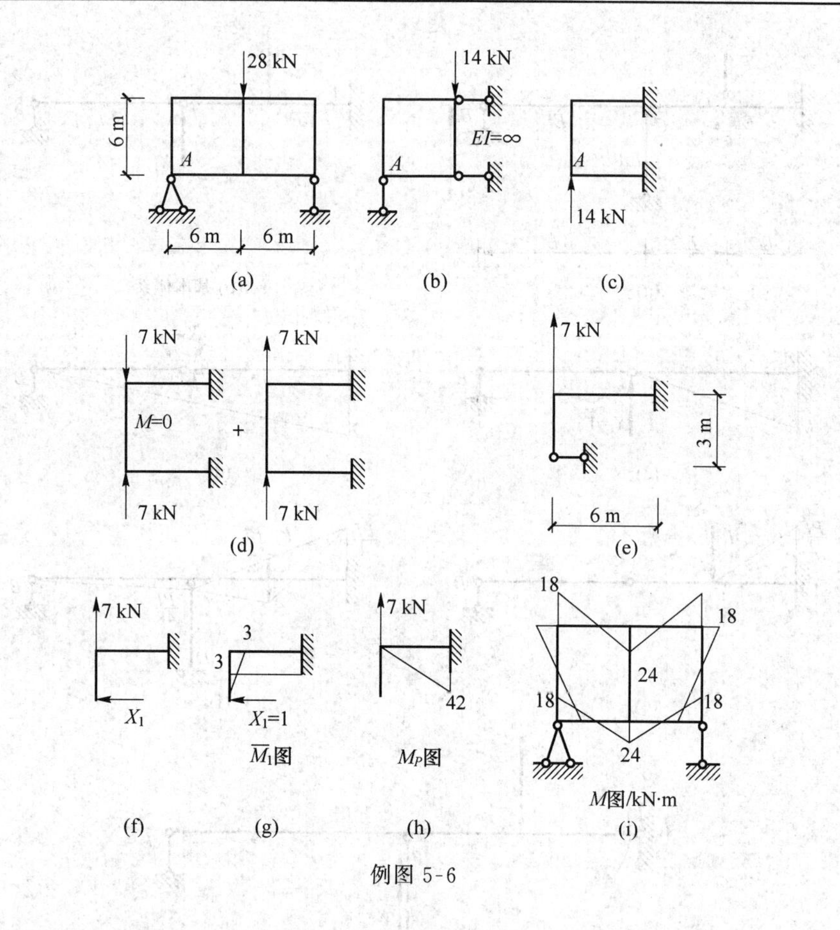

例图 5-6

解:

由于支座 A 的水平反力等于零,可看成是对称结构承受对称荷载的情况。取半结构如例图 5-6(b)所示,根据相对位移的概念,将其等效为如例图 5-6(c)所示结构。它仍为一对称结构,将荷载分解为对称和反对称的两组,如例图 5-6(d)所示,只需计算反对称荷载作用的情况,并再次取半结构如例图 5-6(e)所示,为一次超静定结构。取基本结构如例图 5-6(f)所示,力法方程为

$$\delta_{11}X_1+\Delta_{1P}=0 \tag{5.11}$$

作出$\overline{M}_1$和 M_P图,如例图 5-6(g)和例图 5-6(h)所示,得

$$\delta_{11}=\frac{1}{EI}\left(\frac{1}{2}\times3\times3\times\frac{2}{3}\times3+6\times3\times3\right)=\frac{63}{EI}$$

$$\Delta_{1P}=\frac{1}{EI}\left(\frac{1}{2}\times6\times42\times3\right)=\frac{378}{EI}$$

代入式(5.11)得

$$X_1=-6$$

根据对称性,作原结构的弯矩图,如例图 5-6(i)所示。

例 5-7 求如例图 5-4(a)所示中例题 5-4 中所示刚架 C 结点的竖向位移 Δ_{CV}。

解:

在例题 5-4 中已求得刚架的弯矩图,如例图 5-7(a)所示。现选取一种$\overline{M}$图较简单的基

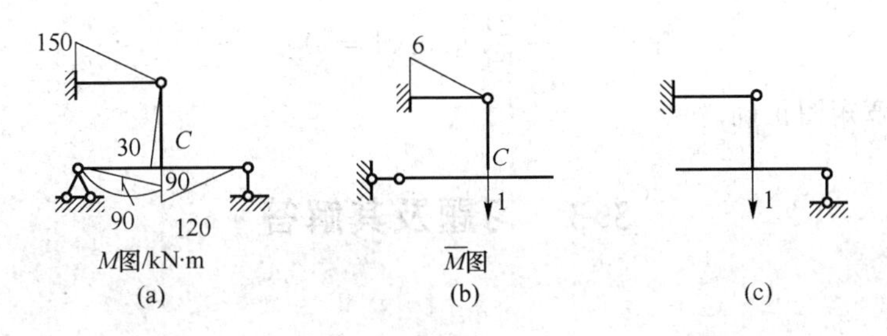

例图 5-7

本结构来建立虚拟状态，如例图 5-7(b)所示，则

$$\Delta_{CV}=\sum\int\frac{\overline{M}M}{EI}\mathrm{d}s=\frac{1}{EI}\left(\frac{1}{2}\times 6\times 150\times\frac{2}{3}\times 6\right)=\frac{1\ 800}{EI}\ \mathrm{m}(\downarrow)$$

如果取如例图 5-7(c)所示的虚拟状态，会得到相同的结果，但计算较复杂。

例 5-8　用变形条件校核例题 5-1 求得的最后弯矩图。

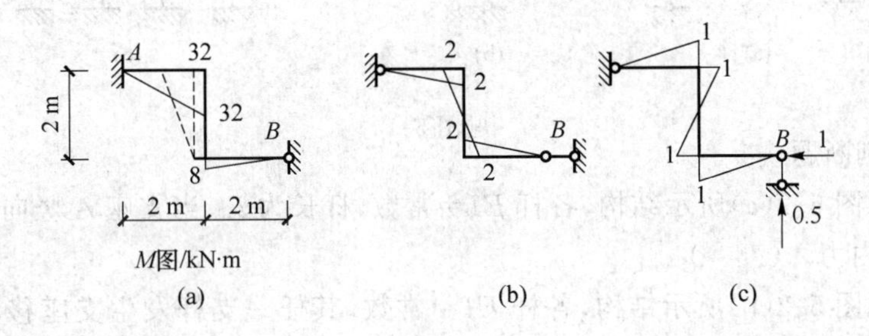

例图 5-8

解：

选取如例图 5-8(b)所示基本结构作为虚拟状态，校核原结构支座 B 的竖向位移是否等于已知值，即 0.02 m。

$$\begin{aligned}\Delta_{BV}&=\sum\int\frac{\overline{M}M}{EI}\mathrm{d}s-\sum\overline{R}_{i}c_{i}\\&=\frac{1}{EI}\left[\frac{1}{2}\times 2\times 32\times\frac{2}{3}\times 2+\frac{1}{2}\times 2\times 24\times\left(\frac{2}{3}\times 2-\frac{1}{3}\times 2\right)\right.\\&\quad\left.-\frac{1}{2}\times 2\times 8\times\frac{2}{3}\times 2\right]-0\\&=\frac{48}{EI}=0.02\downarrow\end{aligned}$$

计算结果表明，最后弯矩图是正确的。

如果选取如例图 5-8(c)所示的基本结构作为虚拟状态，则是校核原结构支座 B 的水平位移是否等于零。

$$\begin{aligned}\Delta_{BH}&=\sum\int\frac{\overline{M}M}{EI}\mathrm{d}s-\sum\overline{R}_{i}c_{i}\\&=\frac{1}{EI}\left[-\frac{1}{2}\times 2\times 32\times\frac{2}{3}\times 1-\frac{1}{2}\times 2\times 24\times\left(\frac{2}{3}\times 1-\frac{1}{3}\times 1\right)\right.\\&\quad\left.+\frac{1}{2}\times 2\times 8\times\frac{2}{3}\times 1\right]-(-0.5\times 0.02)\end{aligned}$$

$$=-\frac{24}{EI}+0.01=0$$

同样可也判断弯矩图正确。

5.3 习题及其解答

1. 练习题

(1) 计算题

5-1 确定如题图 5-1 所示结构的超静定次数。

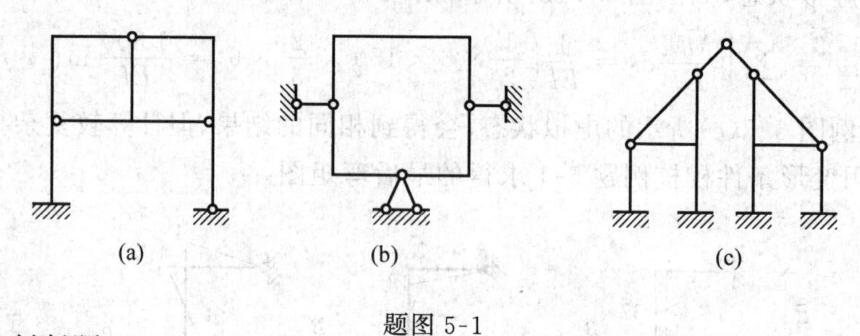

题图 5-1

(2) 是非判断题

5-2 如题图 5-2(a)所示结构，各杆 EI=常数，杆长为 l。当支座 A 竖向下沉 2 cm 时，各杆均不产生内力。(　　)

5-3 如题图 5-2(b)所示结构，各杆 EI=常数，其任一支杆发生支座移动都会使结构产生内力。(　　)

5-4 如题图 5-2(c)所示，受温度变化的结构，如果 $t_2>t_1$，则结构内侧受拉。(　　)

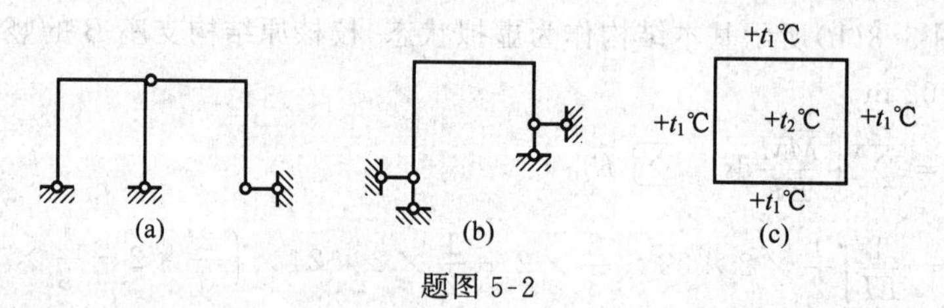

题图 5-2

5-5 如题图 5-3(a)所示，结构当支座 A 发生位移时，结构中的各杆都会产生内力。(　　)

5-6 如题图 5-3(b)所示，桁架中的任一杆有制造误差时，桁架都会产生内力。(　　)

5-7 如题图 5-3(c)所示，等截面梁在竖向荷载作用下，若考虑轴向变形，则该梁的轴力不等于零。(　　)

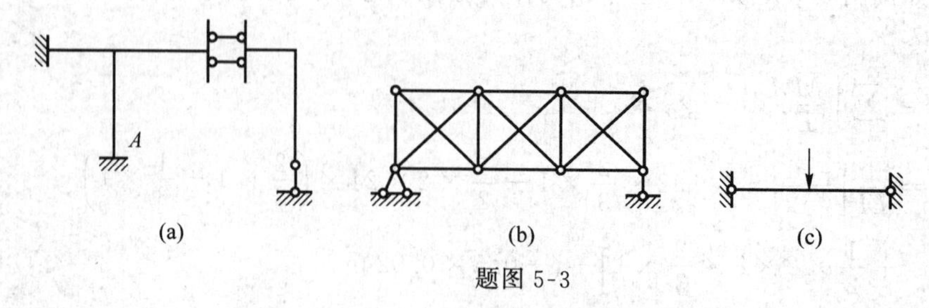

题图 5-3

5-8 如题图 5-4(a)、(b)所示，两个刚架的内力相同，变形也相同。(　　)

5-9 如题图 5-4(c)、(d)两个所示，刚架的内力相同。(　　)

5-10 如题图 5-4(e)、(f)所示两个结构，若 $A_1>A_2$，则 $|M_{BA}|<|M_{DC}|$。(　　)

5-11 如题图 5-4(g)、(h)所示两个刚架，若 $I_1>I_2$，则 $|M_{BA}|>|M_{DC}|$。(　　)

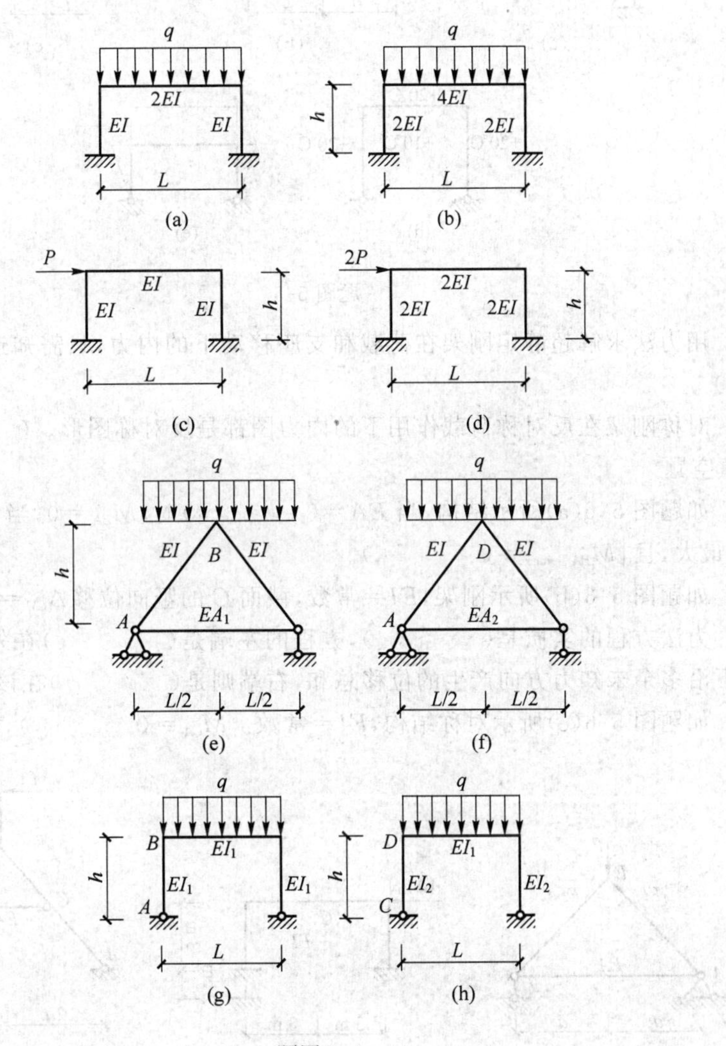

题图 5-4

5-12 如题图 5-5(a)所示结构弯矩图的形状是正确的。(　　)

5-13 如题图 5-5(b)所示结构是对称结构(已知各杆 EI＝常数)。(　　)

5-14 如题图 5-5(c)所示桁架，各杆刚度 EA 及线膨胀系数 α 均相同。如果各杆都均匀升高 t℃，桁架各杆不产生内力。(　　)

5-15 如题图 5-5(d)所示同种材料的等截面刚架，其弯矩图形状如题图 5-5(e)所示。(　　)

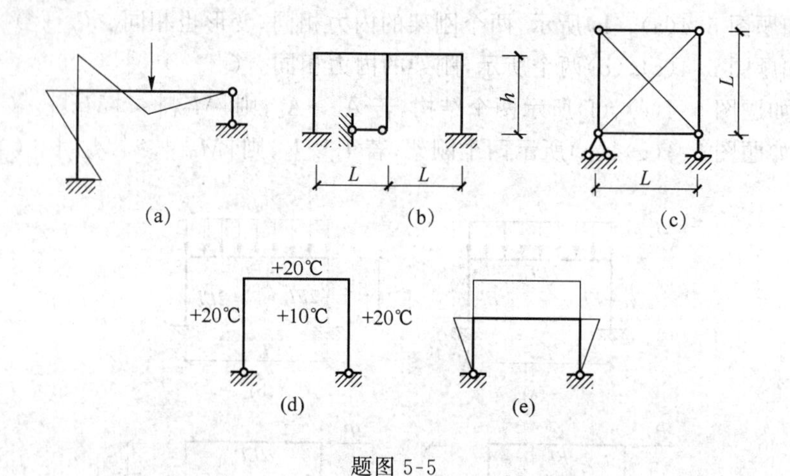

题图 5-5

5-16　用力法求解超静定刚架在荷载和支座移动下的内力，只需知道各杆刚度的相对值。(　　)

5-17　对称刚架在反对称荷载作用下的内力图都是反对称图形。(　　)

(3) 填空题

5-18　如题图 5-6(a)所示结构，当 $EA=($　　　　$)$时，$M_{BA}=0$；当 $EA=($　　　　$)$时，$|M_{BA}|$最大，且$|M_{BA}|_{\max}=($　　　　$)$。

5-19　如题图 5-6(b)所示刚架，$EI=$常数，截面 C 的竖向位移 $\Delta_{CV}=($　　　　$)$。

5-20　力法方程的实质是(　　　　)，方程的左端是(　　　　)在外因和多余未知力共同作用下沿多余未知力方向产生的位移总和，右端则是(　　　　)在该处的位移。

5-21　如题图 5-6(c)所示对称结构，$EI=$常数。$M_{CA}=($　　　　$)$，(　　　　)受拉。

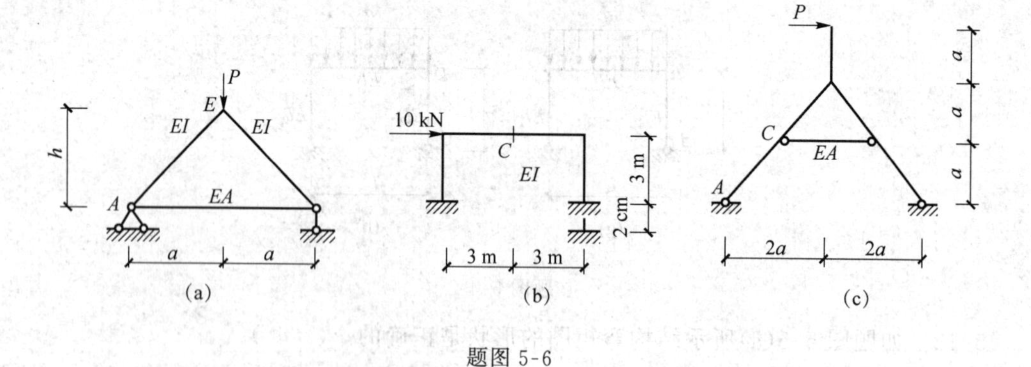

题图 5-6

5-22　在温度变化问题的力法方程 $\delta_{21}X_1+\delta_{22}X_2+\Delta_{1t}=0$ 中，等号左边各项之和表示(　　　　)。

5-23　在支座移动问题的力法方程 $\delta_{21}X_1+\delta_{22}X_2+\Delta_{2C}=0$ 中，Δ_{2C}表示(　　　　)。

5-24　如题图 5-7(a)所示结构，当 $EA=($　　　　$)$时，$|M_{AB}|=|M_{CD}|$；当 $EA=0$ 时，$|M_{AB}|=($　　　　$)$；当 $EA=$常数时，$|M_{AB}|($　　　　$)|M_{CD}|$。

5-25　如题图 5-7(b)所示结构，$EI=$常数。当 $EA=0$ 时，$|M_{DB}|=($　　　　$)$；当 $EA=\infty$时，$|M_{DB}|=($　　　　$)$。

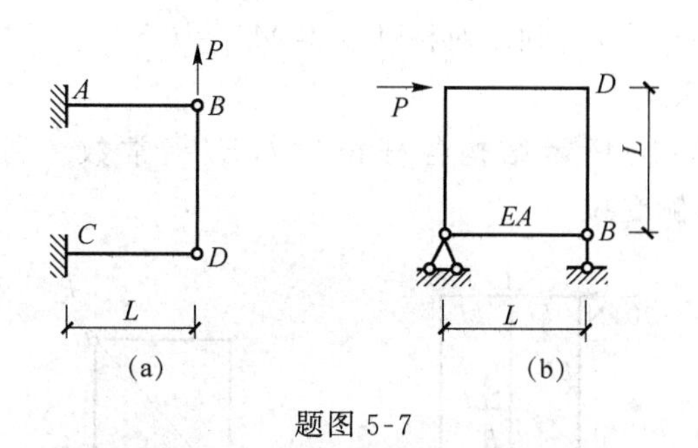

题图 5-7

5-26　如题图 5-8(a)所示刚架各杆长为 l,$EI=$常数。如题图 5-8(b)所示为题图 5-8(a)所示的力法基本结构,则力法方程中的 $\delta_{12}=$(　　　　),$\Delta_{1P}=$(　　　　)。

5-27　对于如题图 5-8(a)所示超静定梁,若选取如题图 5-8(c)所示基本结构,则力法方程为(　　　　),它表示(　　　　)。

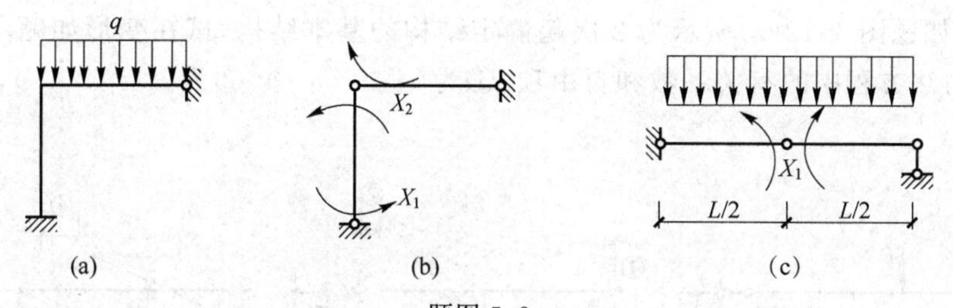

题图 5-8

5-28　如题图 5-9(a)所示刚架各杆长为 l,$EI=$常数,支座 B 下沉 $0.01l$。若取如题图 5-9(b)所示基本结构,则力法方程为 $\delta_{11}X_1+\Delta_{1C}=$(　　　　),其中 $\Delta_{1C}=$(　　　　);若取如题图 5-9(c)所示基本结构,则力法方程为 $\delta_{11}X_1+\Delta_{1C}=$(　　　　),其中 $\Delta_{1C}=$(　　　　)。

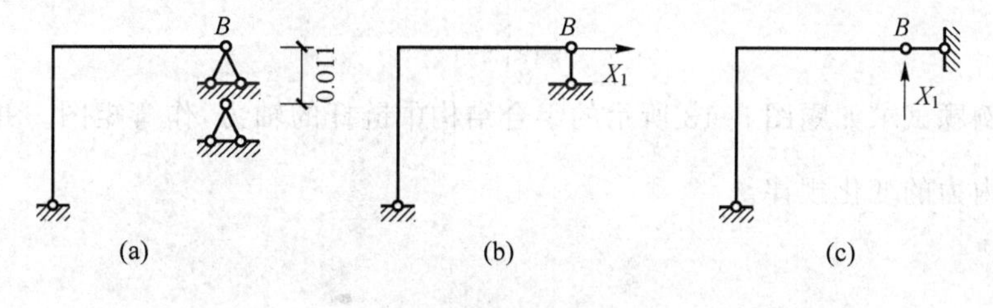

题图 5-9

5-29　如题图 5-10(a)所示具有弹性支座的梁,$EI=$常数,弹性支座的刚度系数为 k,若取如题图 5-10(b)为基本结构,则力法方程为(　　　　),其中 $\Delta_{1P}=$(　　　　);若取如题图 5-10(c)所示为基本结构,则力法方程为(　　　　),其中 $\Delta_{1P}=$(　　　　)。

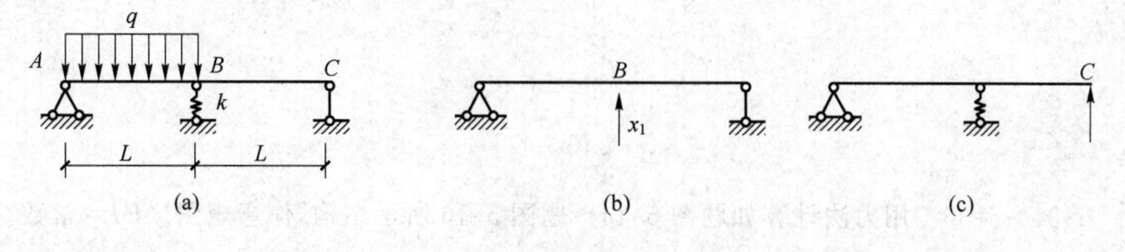

题图 5-10

5-30　如题图 5-11(a)所示，利用对称性求得 M_{AB}＝(　　　)kN·m，(　　　)侧受拉；N_{AC}＝(　　　)kN。

5-31　如题图 5-11(b)所示结构各杆长为 l，EI＝常数。利用对称性求得 M_{AB}＝(　　　)，(　　　)侧受拉。

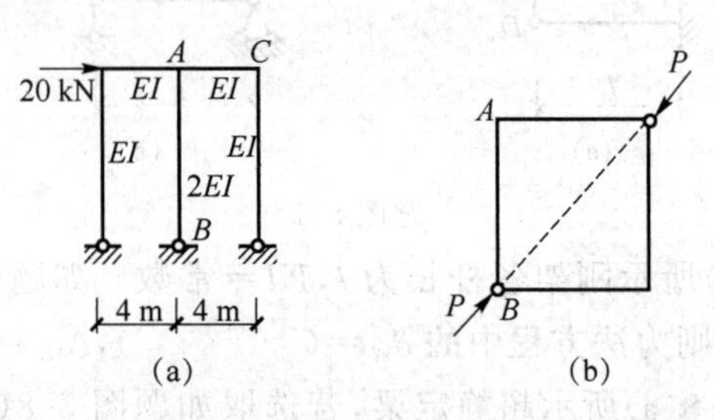

题图 5-11

5-32　如题图 5-12(a)所示为 2 次超静定结构的基本结构，试在变形如题图 5-12(b)、(c)上找出力法方程中的有关系数和自由项：①为(　　　)，②为(　　　)，③为(　　　)，④为(　　　)。

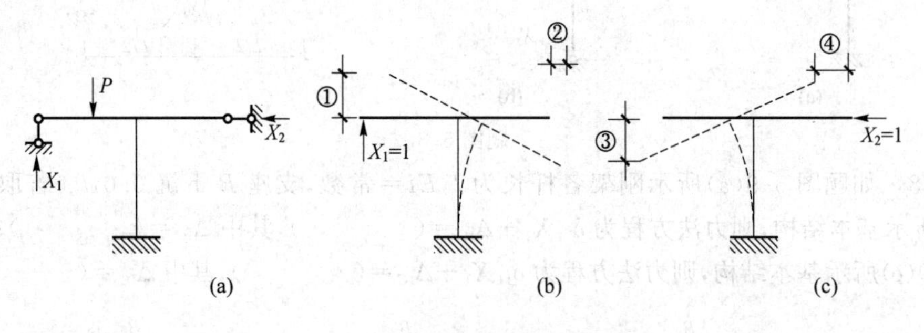

题图 5-12

5-33　例题试求如题图 5-13 所示的组合结构中链杆的轴力，作弯矩图。并讨论当 $\alpha=\dfrac{EI}{EA}$变化时，内力的变化规律。

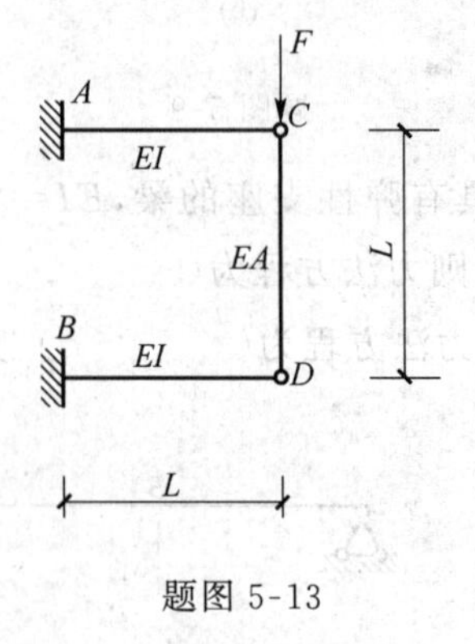

题图 5-13

5-34～5-36　用力法计算如题图 5-14～题图 5-16 所示结构，作弯矩图。EI＝常数。

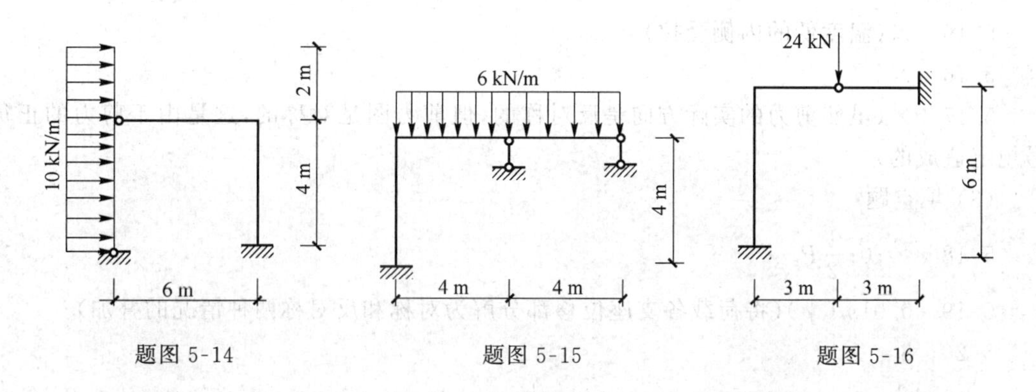

题图 5-14　　　　题图 5-15　　　　题图 5-16

5-37　如题图 5-17(a)所示结构，EI=常数，各杆长度 $l=4$ cm，支座 A 发生位移，$a=0.01$ m，$b=0.02$ m，$\varphi=0.01$ rad。选取如题图 5-17(b)所示为基本结构，试建立力法方程，并计算方程中的系数和自由项。

5-38　如题图 5-18 所示结构，各杆长 l，EI=常数。求结点 D 的水平位移 Δ_{DH}。

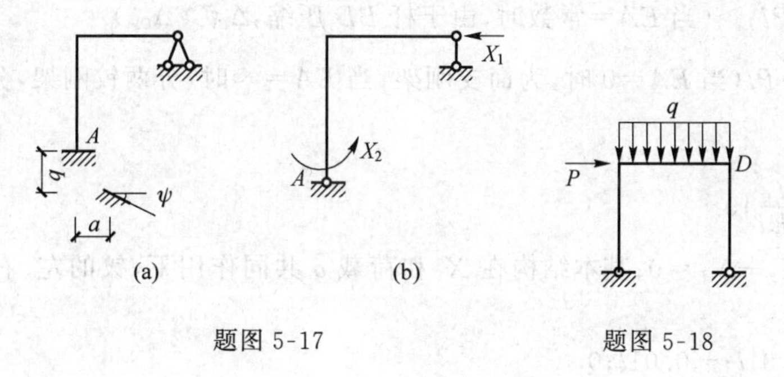

题图 5-17　　　　题图 5-18

2. 习题解答

(1) 计算题

5-1　(a)4；(b)1；(c)6

(2) 是非判断题

5-2　√(必要约束发生位移时，超静定结构产生刚体位移，不产生内力)

5-3　√(任一支杆都可以作多余约束)

5-4　×(温度低的一侧受拉)

5-5　×(右边的静定部分不产生内力)

5-6　×(中间节间的三杆有制造误差时，桁架不会产生内力)

5-7　×

5-8　×(变形不相同)

5-9　×

5-10　√

5-11　√

5-12　×(沿柱顶截取横梁，$\sum X\neq0$)

5-13　√(中柱的水平支杆可以看成两侧都有水平支杆)

5-14　√(外部无多余约束，各杆按比例伸长)

5-15　×(温度低的内侧受拉)

5-16　×

5-17　×(虽然剪力的实际方向是反对称的,但剪力图是对称的,这是由于剪力的正负号规定造成的)

(3) 填空题

5-18　∞;0;$\frac{1}{2}P_a$

5-19　$0.01m(\downarrow)$(将荷载各支座位移都分解为对称和反对称两种情况的叠加)

5-20　8

5-21　$\frac{1}{4}P_a$;左(链杆轴力为零,然后取半结构)

5-22　基本结构在多余约束力 X_1、X_2 和温度变化作用下,X_1 的作用点沿 X_1 方向的位移总和

5-23　基本结构由于支座移动引起的 X_2 作用点沿 X_2 方向的位移

5-24　∞;Pl;>(当 EA=常数时,由于杆 BD 压缩,$\Delta_{BV}>\Delta_{DV}$)

5-25　0;$\frac{1}{2}Pl$(当 $EA=0$ 时,为简支刚架;当 $EA=\infty$时,分两铰刚架,分解荷载后取半结构)

5-26　$-\frac{l}{6EI}$;0

5-27　$\delta_{11}X_1+\Delta_{1P}=0$;基本结构在 X_1 和荷载 q 共同作用下,铰的左、右两侧截面相对转角等于零

5-28　0;$0.01l$;$-0.01l$;0

5-29　$\delta_{11}X_1+\Delta_{1P}=-\frac{X_1}{k}$;$-\frac{5ql^4}{48EI}$;$\delta_{11}X_1+\Delta_{1P}=0$;$\frac{ql^4}{24EI}-\frac{ql}{k}$

5-30　50;右;−15(两次取半结构)

5-31　$\frac{\sqrt{2}}{4}pl$;外(沿两根对角线双向对称,取$\frac{1}{4}$结构)

5-32　$\frac{1}{2}m$,下(将 m 移到结点 C,为对称结构、反对称荷载,对称的支反力 $R_B=0$,然后取半结构)

5-33　**解:**

(1)取基本体系如解图 5-1(b)所示,力法方程为

$$\delta_{11}X_1+\Delta_{1P}=0 \tag{5.12}$$

画$\overline{M}_1$、M_P 图,如解图 5-1(c)和解图 5-1(d)所示。

根据图形计算系数和自由项为

$$\delta_{11}=\sum\int\frac{\overline{M}_1^2}{EI}\mathrm{d}s+\frac{\overline{F}_{N1}^2L}{EA}$$

$$=\frac{2L^3}{3EI}+\frac{L}{EA}=\frac{L^3}{3EI}\left(2+\frac{3\alpha}{L^2}\right)$$

$$\Delta_{1P}=\frac{FL^3}{3EI}$$

代入式(5.12)得

$$X_1=\frac{F}{2+\frac{3\alpha}{L^2}}=\frac{L^2}{2L^2+3\alpha}F$$

由叠加公式 $M=\overline{M}_1X_1+M_P$ 得弯矩图，如解图 5-1(e)所示。

(2)讨论

当 $EA\to 0(\alpha\to\infty)$时，$X_1=0$，$M=M_P$。弯矩图如解图 5-1(d)所示。

当 $EA\to\infty(\alpha\to 0)$时，$X_1=\frac{F}{2}$，弯矩图如解图 5-1(f)所示。

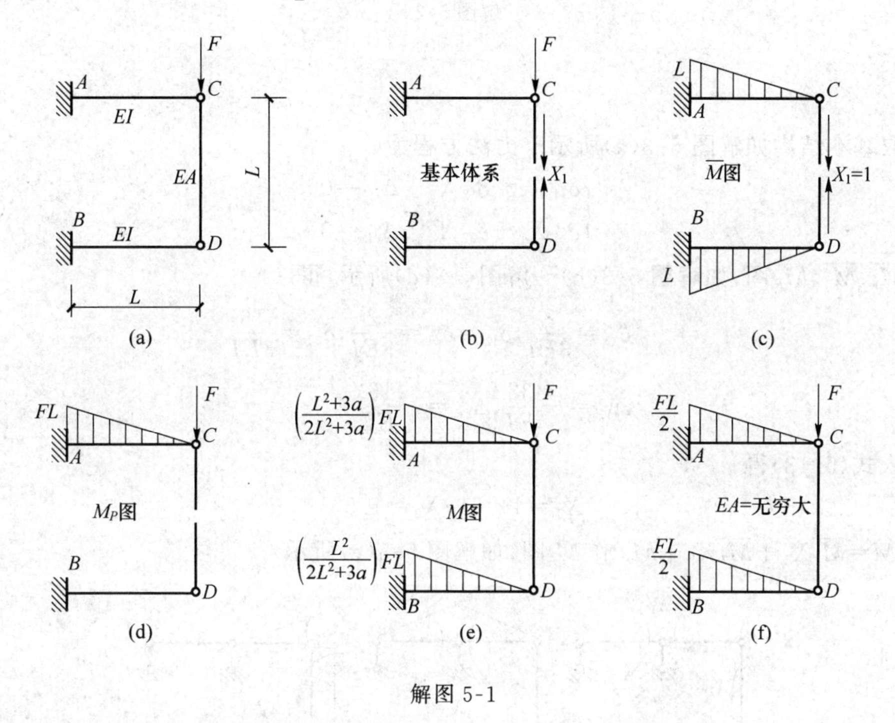

解图 5-1

5-34

解：

取基本结构如解图 5-2(a)所示，力法方程为

$$\delta_{11}X_1+\Delta_{1P}=0$$

作$\overline{M}_1$、M_P图，如解图 5-2(b)和解图 5-2(c)所示，得

$$\delta_{11}=\frac{1}{EI}\left(\frac{1}{2}\times6\times6\times\frac{2}{3}\times6+6\times4\times6\right)=\frac{216}{EI}$$

$$\Delta_{1P}=\frac{1}{EI}\left(\frac{1}{2}\times4\times180\times6\right)=\frac{2\ 160}{EI}$$

得

$$X_1=-10\ \text{kN}$$

按 $M=\overline{M}_1X_1+M_P$ 作原结构弯矩图，如解图 5-2(d)所示。

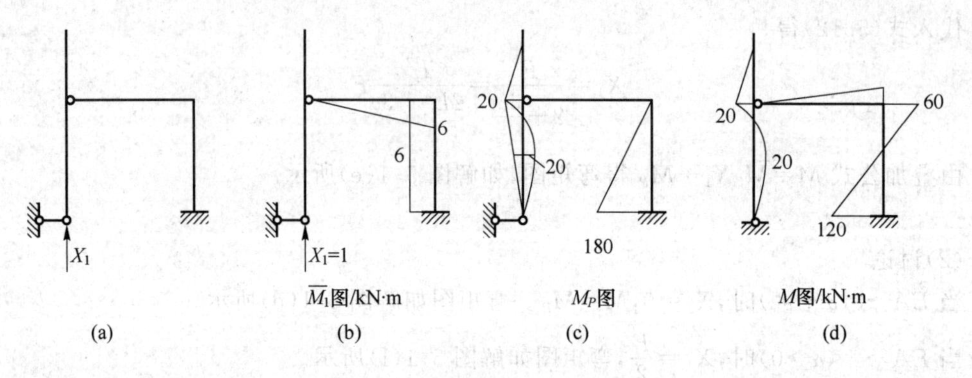

解图 5-2

5-35

解:

选取基本结构如解图 5-3(a)所示。力法方程为

$$\begin{cases}\delta_{11}X_1+\delta_{12}X_2+\Delta_{1P}=0\\\delta_{21}X_1+\delta_{22}X_2+\Delta_{2P}=0\end{cases}\tag{5.13}$$

作$\overline{M_1}$、$\overline{M_2}$、M_P图,如解图 5-3(b)～解图 5-3(d)所示,得

$$\delta_{11}=\frac{8}{3EI},\delta_{12}=\delta_{21}=\frac{2}{3EI},\delta_{22}=\frac{16}{3EI}$$

$$\Delta_{1P}=-\frac{32}{EI},\Delta_{2P}=-\frac{16}{EI}$$

代入式(5.13)得

$$X_1=11.61,X_2=1.55$$

按 $M=\overline{M_1}X_1+\overline{M_2}X_2+M_P$ 作 M 图,如解图 5-3(e)所示。

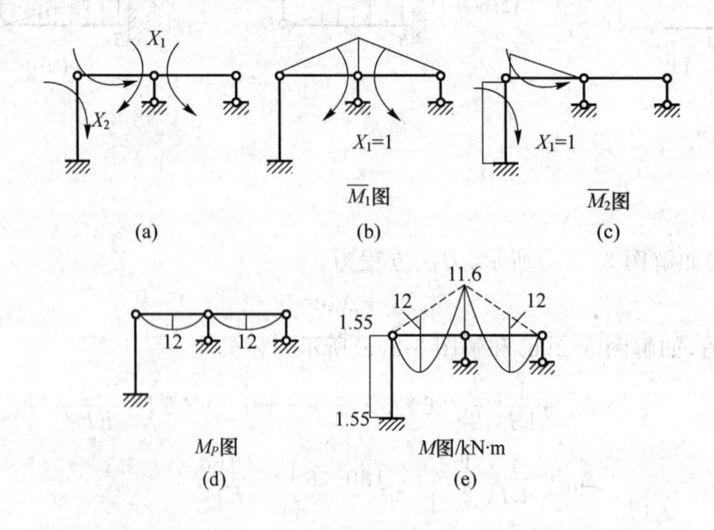

解图 5-3

5-36

解:

取基本结构如解图 5-4(a)所示,力法方程为

$$\begin{cases}\delta_{11}X_1+\delta_{12}X_2+\Delta_{1P}=0\\ \delta_{21}X_1+\delta_{22}X_2+\Delta_{2P}=0\end{cases} \tag{5.14}$$

作$\overline{M_1}$、$\overline{M_2}$、M_P图，如解图 5-4(b)～解图 5-4(d)所示，得

$$\delta_{11}=\frac{72}{EI},\delta_{22}=\frac{72}{EI}$$

$$\delta_{12}=\delta_{21}=-\frac{54}{EI},\Delta_{1P}=\frac{216}{EI},\Delta_{2P}=0$$

代入式(5.14)解得

$$X_1=-6.68,X_2=-5.14$$

按 $M=\overline{M_1}X_1+\overline{M_2}X_2+M_P$ 作原结构弯矩图，如解图 5-4(e)所示。

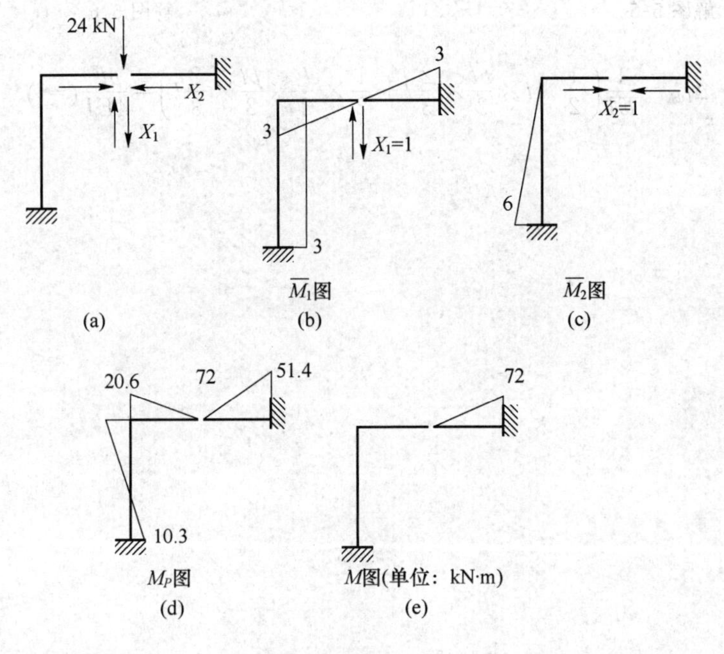

解图 5-4

5-37

解：

力法方程为

$$\begin{cases}\delta_{11}X_1+\delta_{12}X_2+\Delta_{1C}=0\\ \delta_{21}X_1+\delta_{22}X_2+\Delta_{2C}=-\varphi\end{cases} \tag{5.15}$$

其中 $\delta_{11}=\dfrac{128}{3EI},\delta_{22}=\dfrac{16}{3EI},\delta_{12}=\delta_{21}=\dfrac{40}{3EI}$

$$\Delta_{1C}=-\sum\overline{R_1}c=-(1\times0.01-1\times0.02)=0.01$$

$$\Delta_{2C}=-\sum\overline{R_2}c=-(-\frac{1}{4}\times0.02)=0.005$$

5-38

解：

如解图 5-6 所示是一对称结构，为了利用对称性，将荷载 P 和 q 分别考虑。结构仅在

对称荷载 q 作用下，D 点水平位移为零。结构仅在 P 作用下时，将其分解为对称和反对称的叠加，只需计算在反对称荷载作用下的情况，并取半结构如解图 5-6(a)所示。作 M_P、$\overline{M}$ 图，如解图 5-6(b)和解图 5-6(c)所示，用图乘法得

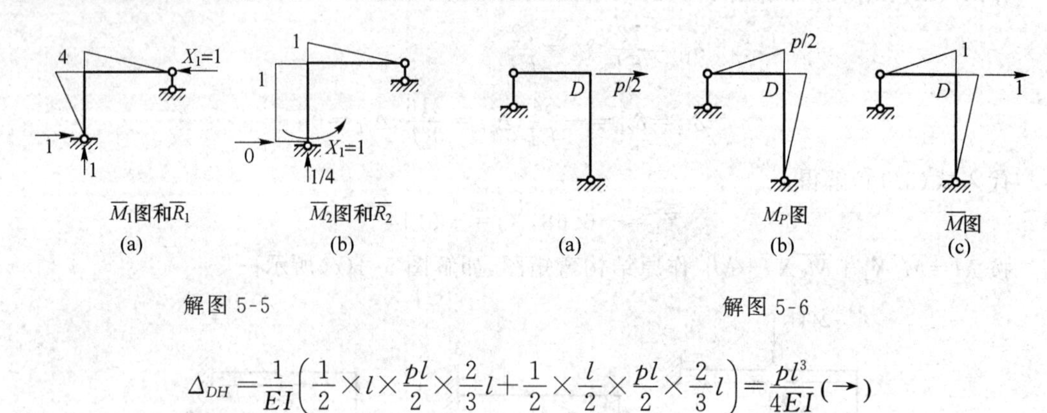

(a)　(b)

解图 5-5

(a)　(b)　(c)

解图 5-6

$$\Delta_{DH}=\frac{1}{EI}\left(\frac{1}{2}\times l\times\frac{pl}{2}\times\frac{2}{3}l+\frac{1}{2}\times\frac{l}{2}\times\frac{pl}{2}\times\frac{2}{3}l\right)=\frac{pl^3}{4EI}(\rightarrow)$$

第 6 章　影响线

工程结构中作用其上的荷载有多种形式，一般分为固定荷载和移动荷载。因此在结构设计中必须清楚结构在移动荷载作用下，反力、内力和位移等诸多因素的量值随荷载位置变化的分布情况，利用它们确定最不利荷载位置，从而求出相应量值的最大值。这些问题都必须通过影响线的学习，才能得以解决。

6.1　基本概念及学习指导

6.1.1　基本概念

① 移动荷载：大小和方向不变，仅作用位置变化的荷载(也称活荷载)。

② 固定荷载：大小和方向不变且作用位置不变的荷载(也称恒荷载)。

③ 影响线：当单位集中荷载 $F_P=1$ 沿结构移动时，表示某量 Z 变化规律的函数图形称 Z 的影响线。

注意：

• 结构某量值 Z 包括结构的支座反力、内力等，其单位与所求的量值相同。

• 影响线是绘制结构某量值随移动荷载变化的图形，一般自变量 x 为水平，表示单位荷载的位置；因变量为纵向，表示某量值。

• 影响线与结构的内力图不能混淆，学习时要尤为注意。影响线是结构上某一位置的一个量值与移动荷载位置的函数关系，它表示一个量值的变化规律的图形；内力图表示结构上某种内力在荷载作用下各截面的分布图。

6.1.2　影响线的应用

1. 固定荷载作用下的量值

因影响线是单位荷载引起的，根据叠加原理，求在许多荷载共同作用下总的量值有以下几种情况。

(1) 集中荷载组作用

如图 6-1 所示，某量值 Z：

$$Z=\sum_{i}^{n}F_{i}y_{i}$$

(2) 分布荷载作用

如图 6-2 所示。

$$Z=\int_{A}^{B}yq\,\mathrm{d}x$$

当 q=常数时，$z=q\omega$。ω 表示影响线图形荷载 AB 区间上的面积。

注意：ω、y 符号由影响线决定。

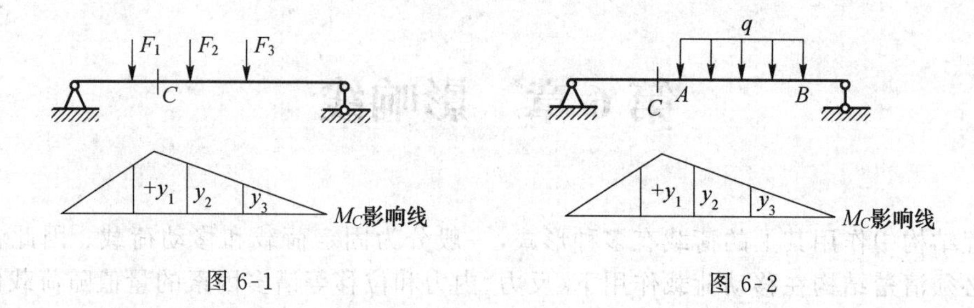

图 6-1　　图 6-2

(3) 集中荷载和分布荷载共同作用

前面(1)和(2)叠加有

$$Z = \sum_{i}^{n} F_i y_i + \int_A^B y q \mathrm{d}x$$

2. 求荷载最不利位置

最不利位置:如果荷载移动到某一位置时,某量 Z 达到最大值,此位置为最不利位置,即荷载作用于影响线的最大纵标处(包括最大量值和最小量值)。

判断的一般原则是:把数量大且排列密的荷载放在影响线纵标较大的位置。

(1) 集中力组成的移动荷载

当 F_i 位于坐标 x 时的某量值 Z 如下。

① 若 Z 取极大值,则移动荷载沿坐标方向前进或倒退一微小距离 Δx 时,$\Delta Z \leqslant 0$。

② 若 Z 取极小值,则移动荷载沿坐标方向前进或倒退一微小距离 Δx 时,$\Delta Z \geqslant 0$。

(2) 分布荷载的移动荷载

最不利位置:在影响线正号区段布满荷载或负号区段布满荷载。

(3) 行列荷载(间距不变的集中力移动荷载)

最不利位置:必有一个集中荷载作用在影响线的顶点上。

3. 临界荷载及临界位置的判断准则

当荷载组(行列荷载)中某一集中荷载 F_{Pk} 位于影响线的某一顶点时,若左右移动 Δx 时 $\sum F_{Ri} \tan \alpha_i$ 变号,则此时 F_{Pk} 称临界荷载,相应的位置称临界位置,F_{Ri} 为各区段荷载的合力,α_i 为各区段影响线与 x 轴的倾角。

判断临界荷载的准则如下。

① 最大值 $\begin{cases} \Delta x \geqslant 0: \sum F_{Ri} \tan \alpha_i \leqslant 0 \\ \Delta x \leqslant 0: \sum F_{Ri} \tan \alpha_i \geqslant 0 \end{cases}$

② 最小值 $\begin{cases} \Delta x \geqslant 0: \sum F_{Ri} \tan \alpha_i \geqslant 0 \\ \Delta x \leqslant 0: \sum F_{Ri} \tan \alpha_i \leqslant 0 \end{cases}$

③ 三角形影响线判断准则:临界荷载 F_{Pk} 位于影响线顶点的哪一侧,哪一侧的等效荷载集度大于另一侧。

4. 绝对最大弯矩

由移动荷载引起的结构中所有截面的最大弯矩中的最大者称绝对最大弯矩。

确定简值梁的绝对最大弯矩的步骤如下。

① 确定使梁跨中截面发生最大值的全部临界荷载 F_{Pk}。

② 对每一临界荷载确定梁的合力 F_R 和 F_R 到临界荷载 F_{Pk} 的距离 a。

③ 将移动荷载 F_{Pk} 与临界荷载的合力 F_R 对称放在梁中点 C 的两侧。

④ 计算此时 F_{Pk} 作用点所在截面的弯矩，即绝对最大弯矩为

$$M_{K\max}=\frac{F_R}{l}\left(\frac{l}{2}-\frac{a}{2}\right)^2-M_K^L$$

上式中，M_K^L 为 F_{Pk} 左侧梁上各力对 F_{Pk} 作用点的力矩之和；F_R 为梁上所有力的合力；a 为合力 F_R 到 F_{Pk} 的距离，F_{Pk} 在 F_R 左边，$a>0$，F_{Pk} 在 F_R 右边，$a<0$。

5. 内力包络图

在恒载和活载共同作用下，由各截面内力的最大值或最小值连接而成的曲线称内力包络图，它是结构设计的主要依据。

6. 影响线图的特征

① 静定结构：内力和反力影响线均为直线段组成。

② 超静定结构：内力和反力影响线一般为曲线，但注意超静定结构中存在静定结构，其影响线仍为直线。

③ 绘制过程如下。

- 基线一般水平，正值画在基线上，负值画在基线下。
- 各量值的符号规定：反力向上为正、轴力拉伸为正。

剪力使隔离体顺时针为正、弯矩使水平梁下边受拉为正，即内力和反力的符号规定与材力、结力一样。

7. 绘制影响线的两种方法

(1) 静力法

将移动荷载 $F_P=1$ 所在位置 x 看成自变量，用静力方法对某一量(内力或反力)建立影响线方程，进而绘制图形的方法称静力法。

解题步骤如下。

① 沿移动荷载方向建立坐标系，自变量 x 表示移动荷载 F_P 的位置。

② 对静定结构利用平衡方程求出某量值的影响线方程。对超静定结构要用力法、位移法或力矩分配法建立某量值的影响线方程。注意高次超静定多采用机动法。

③ 绘制影响线。

(2) 机动法

以虚位移原理为理论依据，通过解除某量值的约束，把静力影响线的问题转化为位移图的几何问题来处理的一种方法。具体步骤如下。

① 解除所求量值的相应约束，并代以正向约束力。

② 沿解除约束的正向产生单位虚位移，作位移图。

③ 在位移图上标注控制值和影响线符号。

6.2　典型例题分析

例 6-1　用静力法作如例图 6-1(a)所示梁的 F_{Ax}、F_{Ay}、F_{By}、M_C、F_{SC} 及 F_{NC} 的影响线。

解：

(1) 求反力

由平衡方程 $\sum F_x=0, F_{Ax}=1$；$\sum M_A=0, F_{By}l-F_Px\tan\alpha=0$ 得

$$F_{By}=\frac{x}{l}\tan\alpha$$

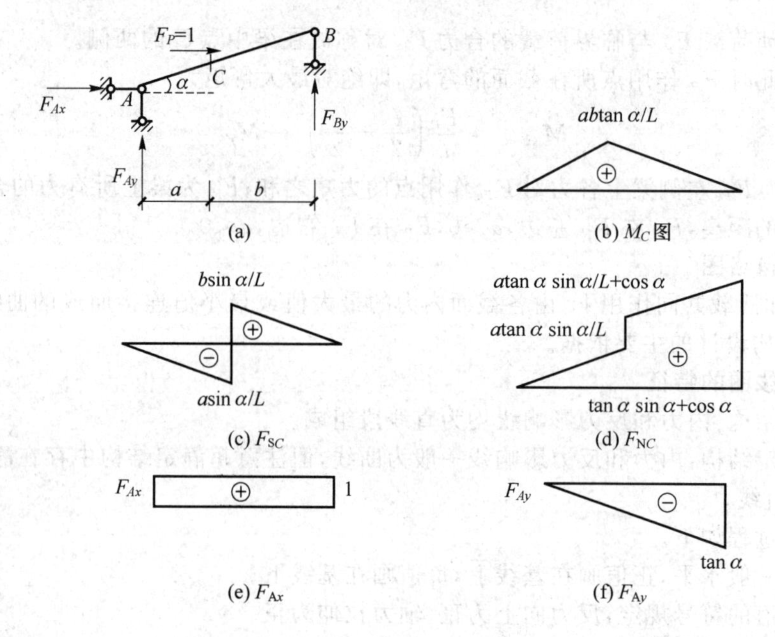

例图 6-1

由 $\sum F_y=0, F_{Ay}+F_{By}=0$ 得

$$F_{Ay}=-\frac{x}{l}\tan\alpha\quad(0\leqslant x\leqslant l)$$

(2) 求 C 截面的弯矩、剪力及轴力

$$\begin{cases}M_C=F_{Ay}a-F_{Ax}a\tan\alpha=(1-\dfrac{x}{l})a\tan\alpha & (a\leqslant x\leqslant l)\\ M_C=F_{By}b=\dfrac{x}{l}b\tan\alpha & (0\leqslant x\leqslant a)\end{cases}$$

$$\begin{cases}F_{SC}=F_{Ay}\cos\alpha-F_{Ax}\sin\alpha=(1-\dfrac{x}{l})\sin\alpha & (a\leqslant x\leqslant l)\\ F_{SC}=-F_{By}\cos\alpha=-\dfrac{x}{l}\sin\alpha & (0\leqslant x\leqslant a)\end{cases}$$

$$\begin{cases}F_{NC}=-F_{Ay}\sin\alpha-F_{Ax}\cos\alpha=\dfrac{x}{l}\tan\alpha\sin\alpha+\cos\alpha & (a\leqslant x\leqslant l)\\ F_{NC}=F_{By}\sin\alpha=\dfrac{x}{l}\tan\alpha\sin\alpha & (0\leqslant x\leqslant a)\end{cases}$$

综上,如例图 6-1(b)～例图 6-1(e)所示。

例 6-2　用静力法作如例图 6-2(a)所示梁的 F_{By}、M_A、M_K 及 F_{SK} 的影响线。

解:

(1) 求反力

由平衡方程 $\sum M_A=0, lF_B-F_Px-M_A=0$ 得

由 $\sum F_y=0, F_{By}-F_P=0$ 得

$$F_{By}=F_P=1$$

$$M_A=l-x\quad(0\leqslant x\leqslant l)$$

(2)求 M_K 及 F_{SK} 影响线方程

$$\begin{cases} M_K = M_A = l - x & (\dfrac{l}{2} \leqslant x \leqslant l) \\ M_K = F_{By}\dfrac{l}{2} = \dfrac{l}{2} & (0 \leqslant x \leqslant \dfrac{l}{2}) \end{cases}$$

$$\begin{cases} F_{SK} = 0 & (\dfrac{l}{2} \leqslant x \leqslant l) \\ F_{SK} = -F_{By} = -1 & (0 \leqslant x \leqslant \dfrac{l}{2}) \end{cases}$$

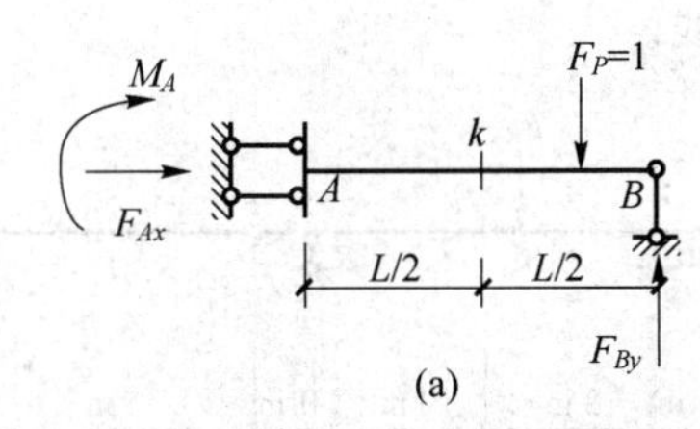

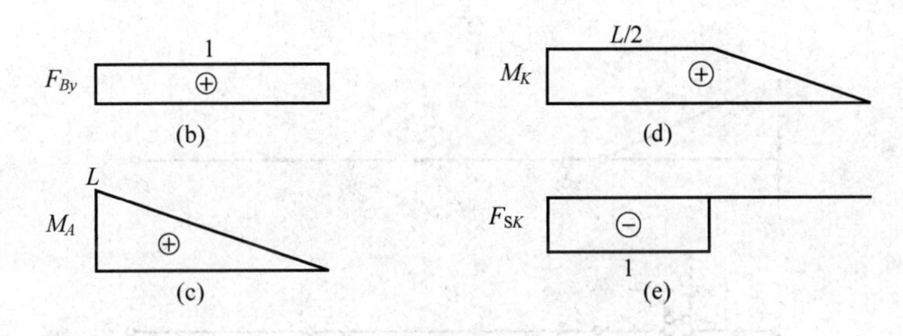

例图 6-2

注意:简支梁和一端是定向支座的简支梁影响线应熟记。

例 6-3　用静力法作如例图 6-3(a)所示 M_C、F_{SC}的影响线。

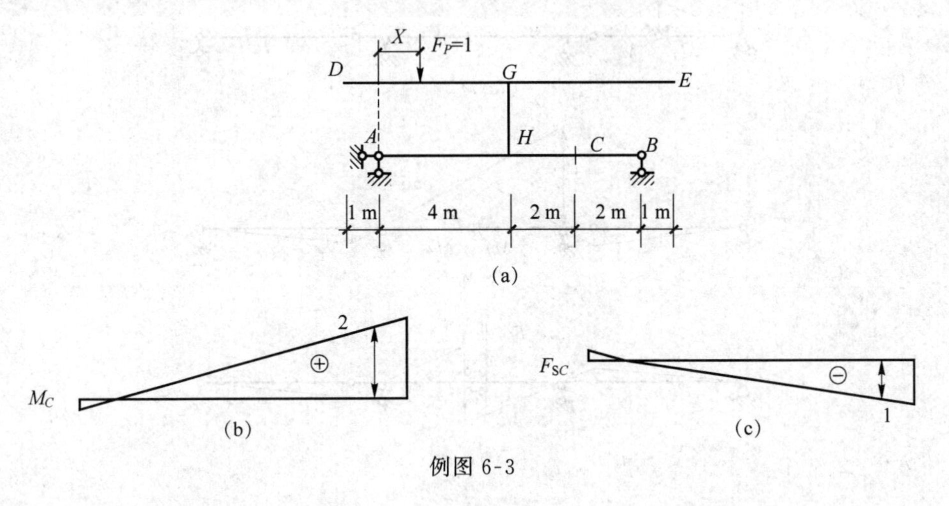

例图 6-3

解:

A、B 处的反力为

$$F_A = \frac{8-x}{8}(\uparrow);F_B = \frac{x}{8}(\uparrow)$$

C 截面的弯矩和剪力为

$$M_C = 2F_B = \frac{x}{4}$$

$$F_{SC} = -F_B = -\frac{x}{8} \quad (-1 \leqslant x \leqslant 9)$$

注意: 量值在 AB 上，影响线的轨迹为 DH 段上。

例 6-4　用机动法作如例图 6-4(a)所示 A 点支座反力 F_{Ay}、G 截面弯矩 M_G、剪力 F_{SG} 及 H 截面弯矩 M_H 和剪力 F_{SH} 的影响线。

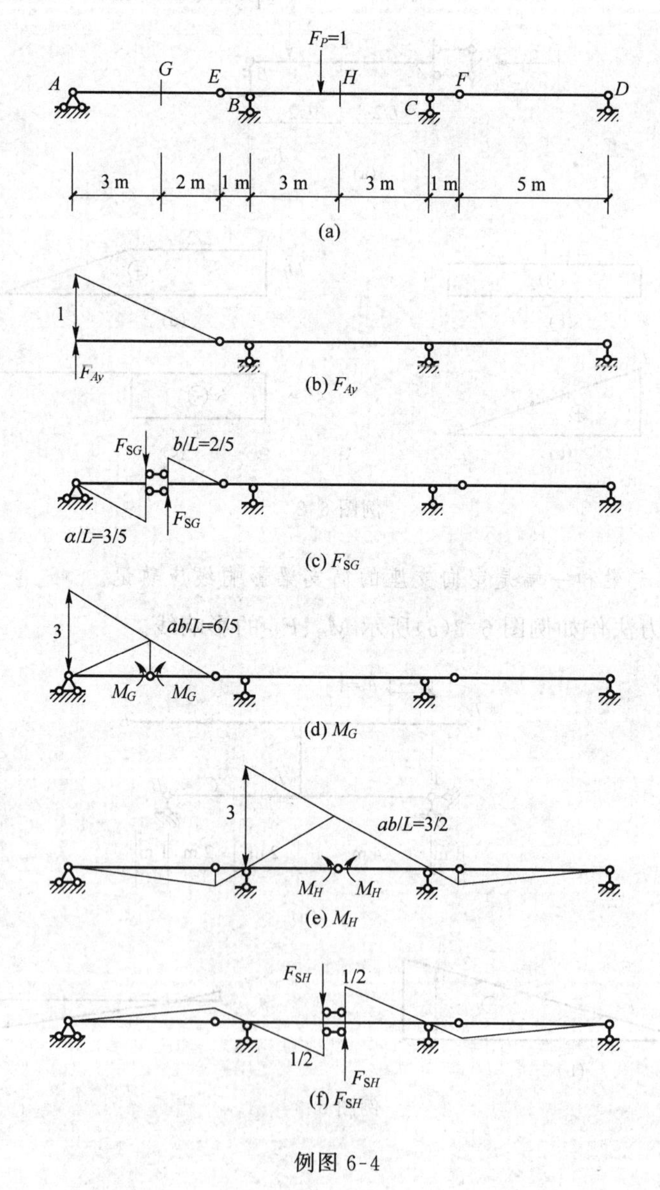

例图 6-4

解:

用机动法作影响线时主要是要解除相应位置处的约束，使该处产生单位位移，从而可作出相应影响线，如例图 6-4(b)～(f)所示。

例 6-5　如例图 6-5(a)所示荷载在 DGH 上移动，作该静定刚架的反力 F_{Ay}、剪力 F_{SEF}、弯矩 M_{EF} 和 M_{GH} 影响线。

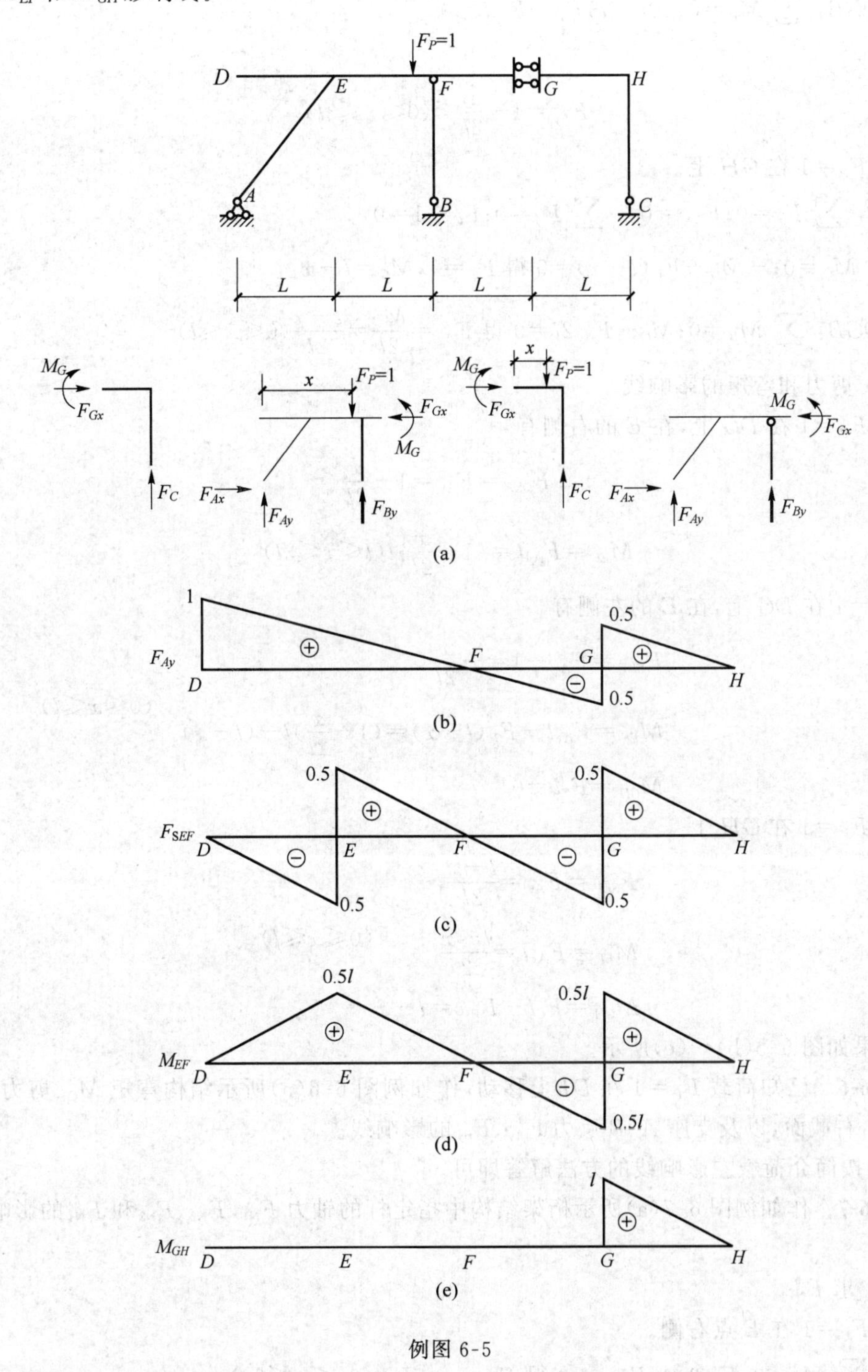

例图 6-5

解：

(1) 求 F_{Ay} 的影响线

① $F_P=1$ 在 DG 上。

GC：$\sum F_x=0;F_{Gx}=0$　$\sum F_y=0;F_C=0$　$\sum M_G=0;M_G=0$

$ADGB$：$\sum M_B=0;(2l-x)F_P-F_{Ay}l=0$

得

$$F_{Ay}=1-\frac{x}{2l}\quad(0\leqslant x\leqslant 3l)$$

② $F_P=1$ 在 GH 上。

GC：$\sum F_x=0;F_{Gx}=0$　$\sum F_y=0;F_C-1=0$

$\sum M_C=0;-M_G+F_P(l-x)=0$ 得 $F_C=1,M_G=l-x$

$ADGB$：$\sum M_B=0;M_G-F_{Ay}2l=0$ 得 $F_{Ay}=\frac{M_G}{2l}=\frac{l-x}{2l}(0\leqslant x\leqslant l)$

(2) 剪力和弯矩的影响线

① $F_P=1$ 在 DG 上，在 E 的右侧有

$$F_{QEF}=F_{Ay}=1-\frac{x}{2l}$$

$$M_{EF}=F_{Ay}l=(1-\frac{x}{2l})l(l\leqslant x\leqslant 3l)$$

$F_P=1$ 在 DG 上，在 E 的左侧有

$$\left.\begin{aligned}F_{SEF}&=F_{Ay}-1=-\frac{x}{2l}\\M_{EF}&=F_{Ay}l-F_P(l-x)=(1-\frac{x}{2l})l-(l-x)\\M_{GH}&=F_Cl=0\end{aligned}\right\}(0\leqslant x\leqslant l)$$

② $F_P=1$ 在 GH 上

$$\left.\begin{aligned}F_{SEF}&=F_{Ay}=\frac{l-x}{2l}\\M_{EF}&=F_{Ay}l=\frac{l-x}{2}\\M_{GH}&=F_Cl-F_Px=l-x\end{aligned}\right\}(0\leqslant x\leqslant l)$$

结果如图 6-5(b)～(e)所示。

例 6-6　已知荷载 $F_P=1$ 在 DI 上移动，作如例图 6-6(a)所示结构弯矩 M_C、剪力 F_{SC}、剪力 F_{SG}右截面，以及支座 A、B 反力 F_{Ay}、F_{By}的影响线。

解：按简介荷载左影响线的方法解答即可。

例 6-7　作如例图 6-7(a)所示桁架结构中指定杆的轴力 F_{N1}、F_{N2}、F_{N3}和 F_{N4}的影响线。

解：

(1) 求 F_{N1}

① $F_P=1$ 在 E 点右侧。

由 $\sum M_G=0,F_{Ay}3a+F_{N1}a=0$ 得 $F_{N1}=-3F_{Ay}(3a\leqslant x\leqslant 6a)$

② $F_P=1$ 在 D 点左侧。

由 $\sum M_G=0,F_{By}2a+F_{N1}a=0$ 得 $F_{N1}=-2F_{By}$

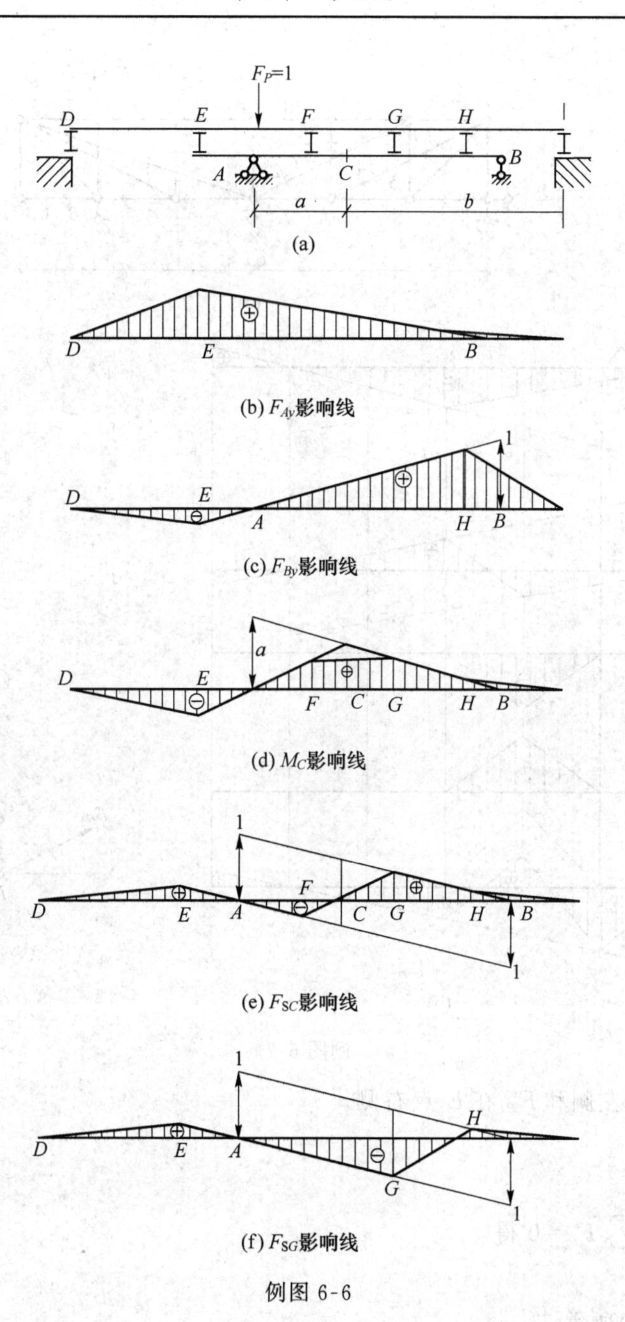

例图 6-6

(2) 求 F_{N2}

① $F_P=1$ 在 DE 杆右侧。

$F_{N2y}=F_{Ay}$　$(3a\leqslant x\leqslant 6a)$

② $F_P=1$ 在 DE 杆左侧。

$F_{N2}=-F_{By}$　$(0\leqslant x\leqslant 2a)$

(3) 求 F_{N3}

① $F_P=1$ 在 D 点。

$F_{N3}=-1$

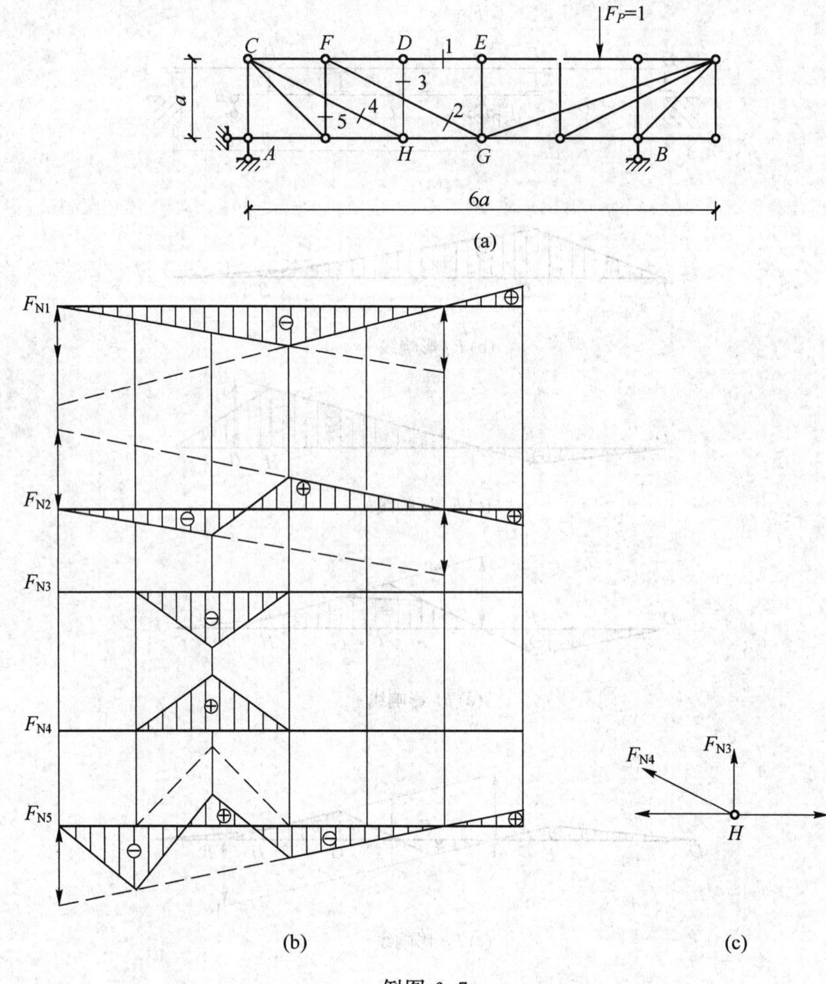

例图 6-7

② F_P 在 F 点左侧和 F_P 在 E 点右侧。

$F_{N3}=0$

(4) 求 F_{N4}

取 H 点,由 $\sum F_y=0$ 得

$F_{N4}=-F_{N3}$

如例图 6-7(c)所示。

(5) 求 F_{N5}

① F_P 在 F 点右侧。

$F_{N5}=-F_A+F_{N4y}$

② F_P 在 C 点。

$F_{N5}=0$

例 6-8 求如例图 6-8 所示简支梁的绝对最大弯矩。

解:

(1) $F_1=50$ kN 放在梁中点

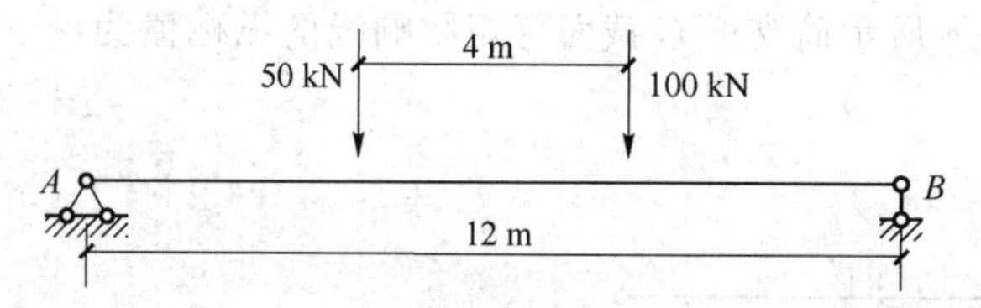

例图 6-8

由合力 $F_R=F_1+F_2=150$ kN；由 $\sum M_R=0$，$F_1a-F_2(4-a)=0$ 得 F_1 到合力的距离为

$a=2.7$ m。

此时梁的最大弯矩为

$$M_{\max}=\frac{F_R}{l}\left(\frac{l}{2}-\frac{a}{2}\right)^2=\frac{150}{12}\left(\frac{12}{2}-\frac{2.7}{2}\right)^2=270 \text{ kN}\cdot\text{m}$$

(2) $F_2=100$ kN 放在梁中点

F_2 到合力的距离为

$$a=4-2.7=1.3 \text{ m}$$

此时梁的最大弯矩为

$$M_{\max}=\frac{F_R}{l}\left(\frac{l}{2}+\frac{a}{2}\right)^2-M_{Cr}^L=\frac{150}{12}\left(\frac{12}{2}+\frac{1.3}{2}\right)^2-50\times4=325.78 \text{ kN}\cdot\text{m}$$

比较(1)和(2)可知，当 $F_2=100$ kN 放在梁中点时梁产生绝对最大弯矩，其值为 325.78 kN·m。

6.3　习题及其解答

1. 练习题

(1) 是非判断题

6-1　弯矩影响线表示梁所有截面弯矩的图形。(　　)

6-2　支座反力和剪力的影响线的纵标单位都是力单位。(　　)

6-3　静定和超静定结构的影响线均为直线。(　　)

6-4　机动法作影响线是以虚功原理为依据。(　　)

6-5　机动法作结构反力和内力影响线是将影响线问题转化为位移图。(　　)

6-6　最不利荷载位置是结构某量值达到最大值时的荷载位置。(　　)

6-7　绝对最大弯矩就是最大弯矩的绝对值。(　　)

6-8　包络图是表示结构所有各截面最大、最小内力的图形。(　　)

6-9　结构附属部分上的某截面某量值的影响线，在基本部分上不受影响。(　　)

6-10　移动均布荷载布满影响线正号区时，此为最不利荷载位置。(　　)

(2) 填空题

6-11　如题图 6-1 中 D 截面的弯矩为(　　)。

6-12　如题图 6-2 所示梁 M_A 影响线在 A 点的纵标值为(　　　)、点 B 的纵标值为(　　)。

6-13　如题图 6-3 所示结构 M_{BC} 影响线为零的区段(　　　　)。剪力 F_{SCD} 影响线为零的区段(　　　　)。

6-14　如题图 6-4 所示简支梁 C 截面弯矩影响线的纵标值为(　　　)、C 左截面剪力影响线的纵标值为(　　　)。

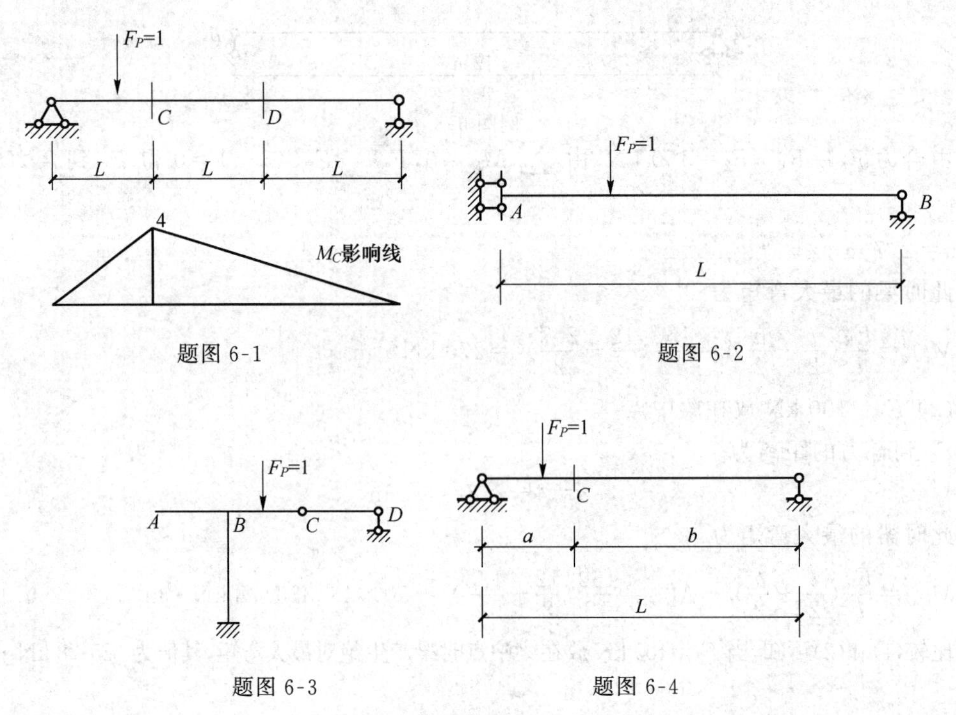

题图 6-1　　题图 6-2

题图 6-3　　题图 6-4

6-15　如题图 6-5 所示结构弯矩 M_K 影响线在 B 点的纵标值为(　　　　)，剪力 F_{SK} 影响线在 B 点的纵标值为(　　　　)；轴力 F_{NK} 影响线在点 B 的纵标值为(　　　　)。

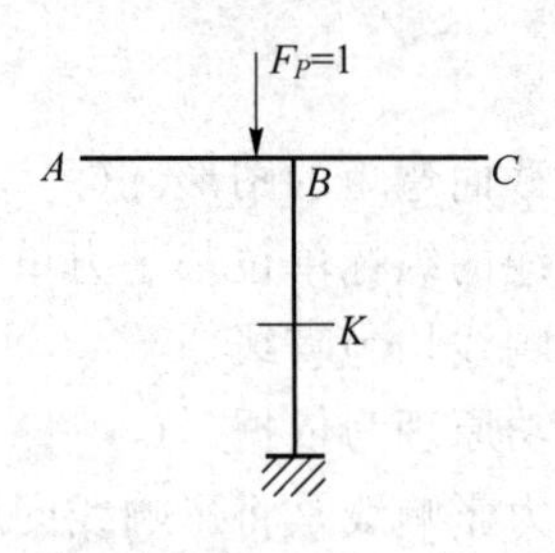

题图 6-5

6-16　如题图 6-6 所示连续梁按不利荷载布置，产生最大反力的支座是(　　　)。

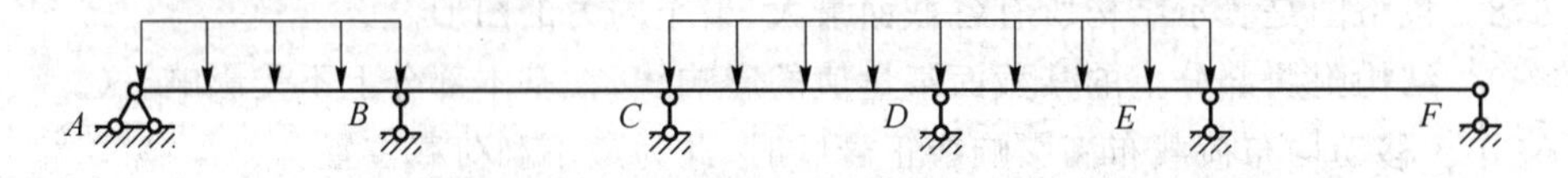

题图 6-6

6-17　如题图 6-7 所示结构在移动荷载作用下，M_A 的最大弯矩为(　　　　)。

6-18　如题图 6-8 所示结构在移动荷载作用下，M_K 影响线在点 B 的值为(　　　)。

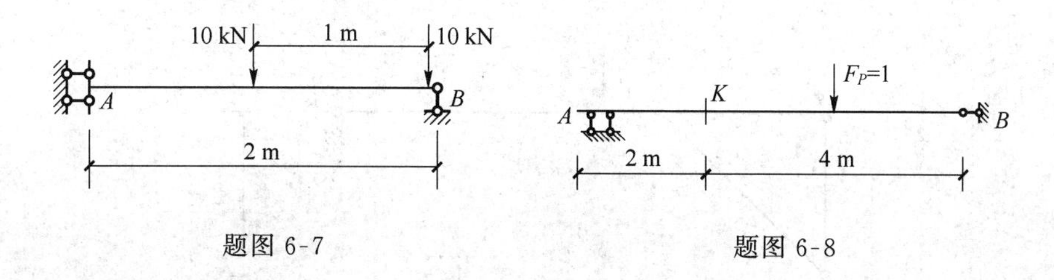

题图 6-7　　题图 6-8

(3) 计算题

6-19　用静力法作如题图 6-9 所示 C 截面的弯矩 M_C、F_{SC}剪力的影响线。

6-20　用静力法作如题图 6-10 所示 C 截面的弯矩 M_C、F_{SC}剪力的影响线。

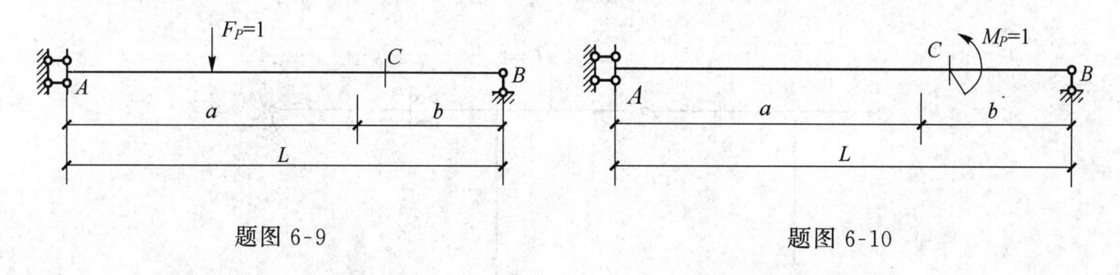

题图 6-9　　题图 6-10

6-21　作如题图 6-11 所示多跨静定梁 F_A、M_B、F_{SC}的影响线。

6-22　用静力法作如题图 6-12 所示 1、2、3 点轴力、剪力和弯矩的影响线。

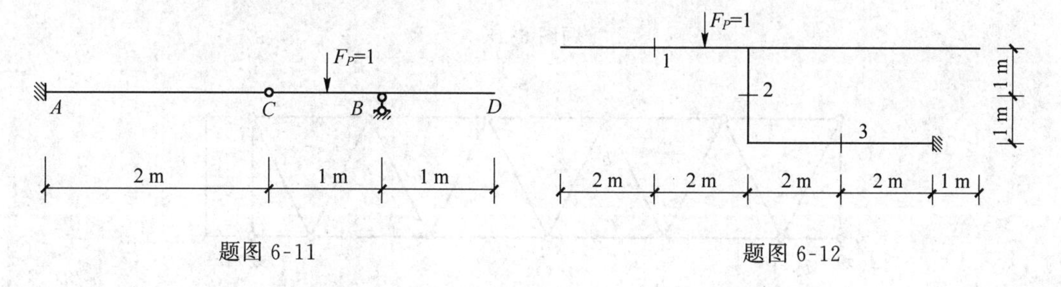

题图 6-11　　题图 6-12

6-23　用机动法作如题图 6-13 所示结构的 M_M、F_{SM}、R_A、M_F 及 $F_{SF左}$ 的影响线。$F_P=1$ 在 $ABCD$ 上移动。

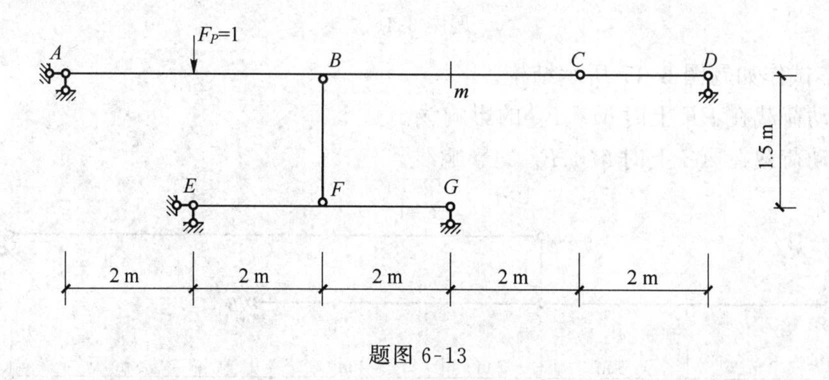

题图 6-13

6-24　试作如题图 6-14 所示结构 F_B、M_C 影响线。($F_P=1$ 在 AB 上移动)

6-25　试作如题图 6-15 所示结构的 M_K、F_{SK}和 F_{SC}的影响线，$F_P=1$ 在 AF 间移动。

6-26　试作如题图 6-16 所示桁架的 a、b 杆的内力影响线，荷载在下弦移动。

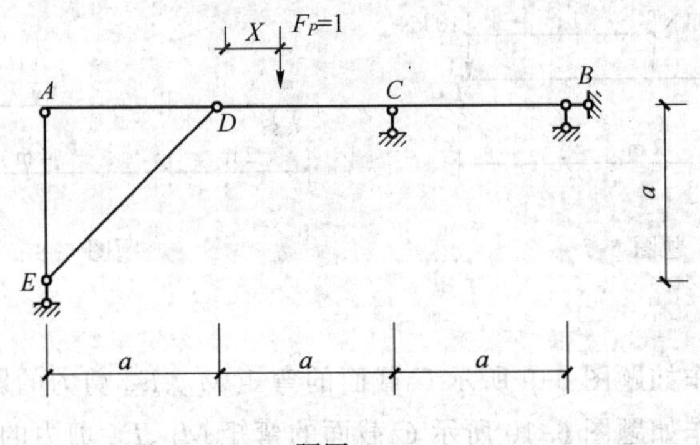

题图 6-14

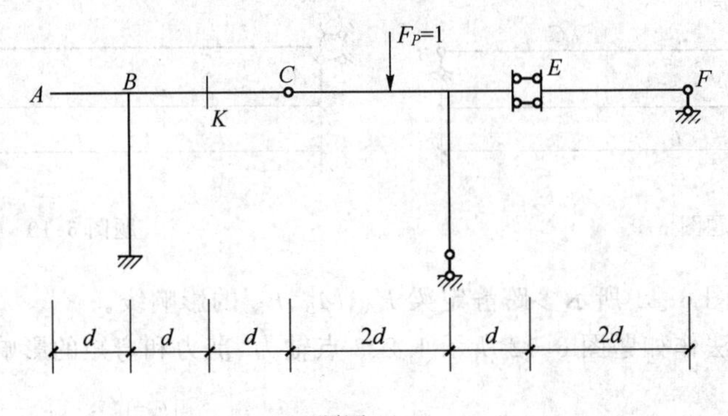

题图 6-15

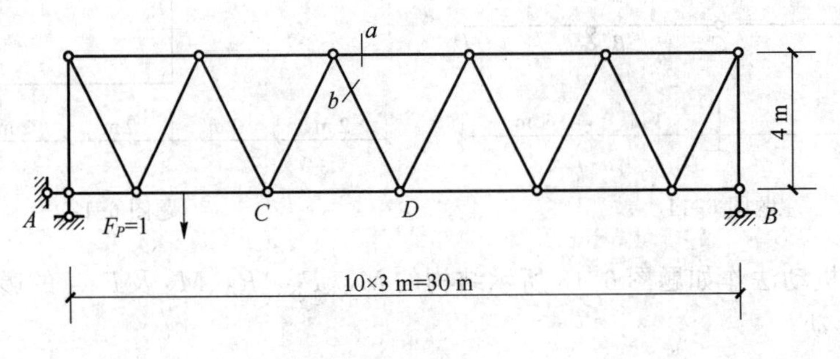

题图 6-16

6-27　试作如题图 6-17 所示结构。

① 移动荷载在 EF 上时 M_C、F_{SC} 的影响线。

② 移动荷载在 AG 上时 M_D、F_D 的影响线。

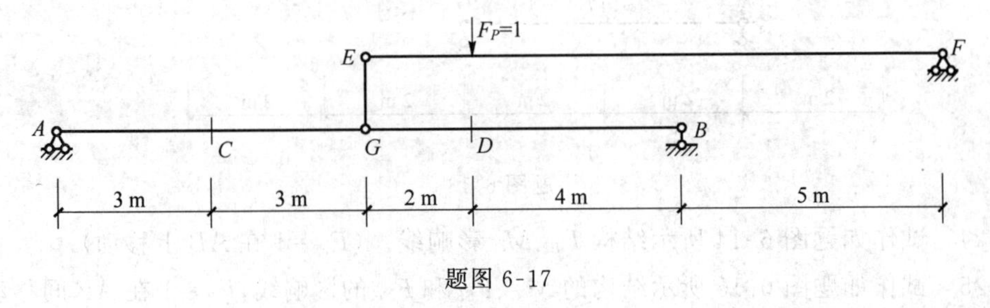

题图 6-17

6-28　用机动法作如题图 6-18 所示在结点荷载作用下的 M_C、F_C 的影响线，C 为结点中点。

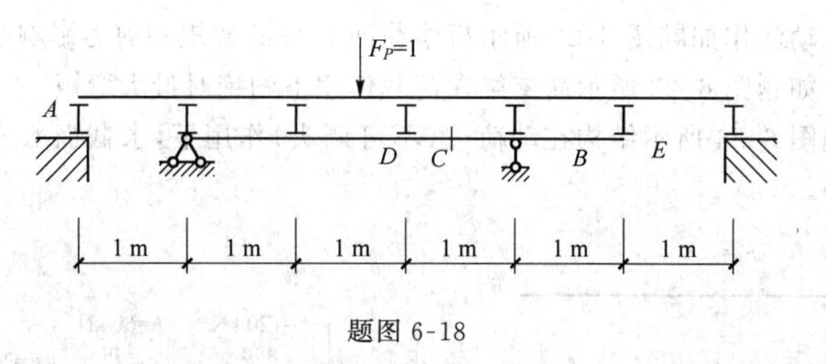

题图 6-18

6-29　作如题图 6-19 所示桁架结构中指定杆件 F_{N1}、F_{N2}、F_{N3} 的影响线。

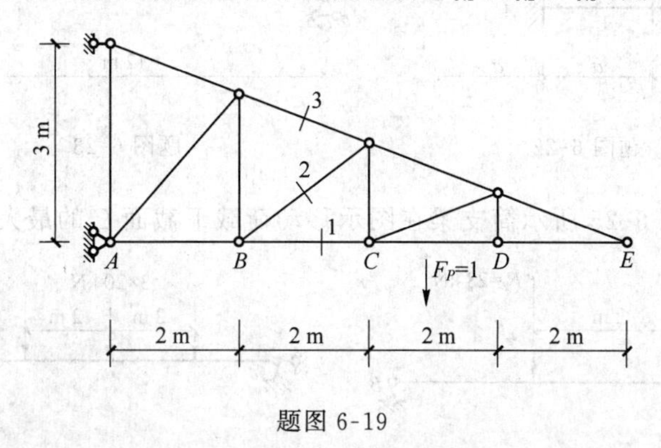

题图 6-19

6-30　如题图 6-20 所示外伸梁上面作用集中荷载和均布荷载，试利用影响线求截面 C 的弯矩和剪力。

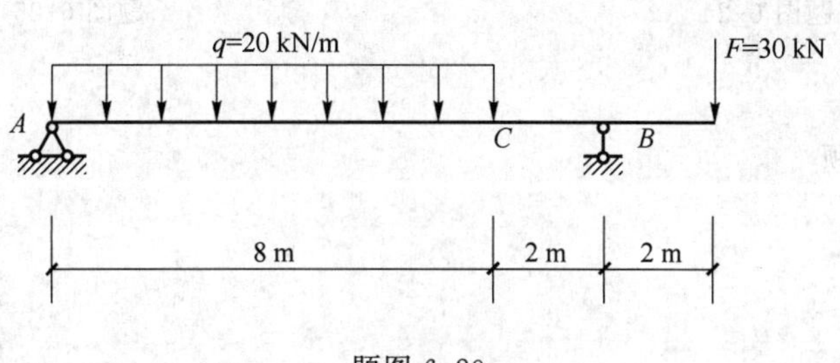

题图 6-20

6-31　试利用影响线求作如题图 6-21 所示简支梁在固定均布荷载和集中力系作用下截面 C 的剪力值。

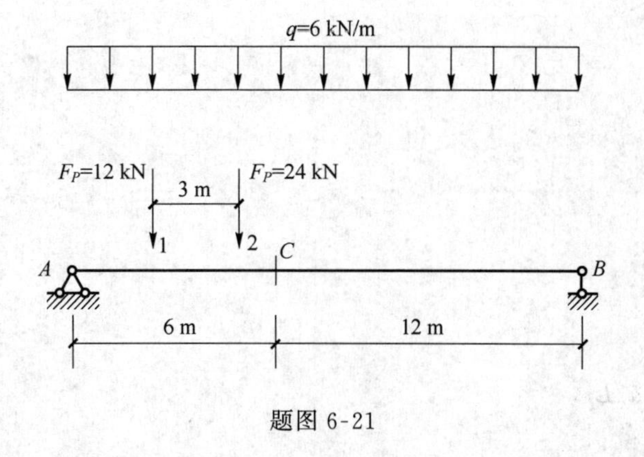

题图 6-21

6-32　用机动法作如题图 6-22 所示折梁截面 C 处的弯矩和剪力影响线。

6-33　试求如题图 6-23 所示简支梁在荷载作用下的绝对最大弯矩。

6-34　如题图 6-24 所示结构在动荷载(不可调头)作用下,求截面 C 产生最大弯矩的荷载位置及大小。

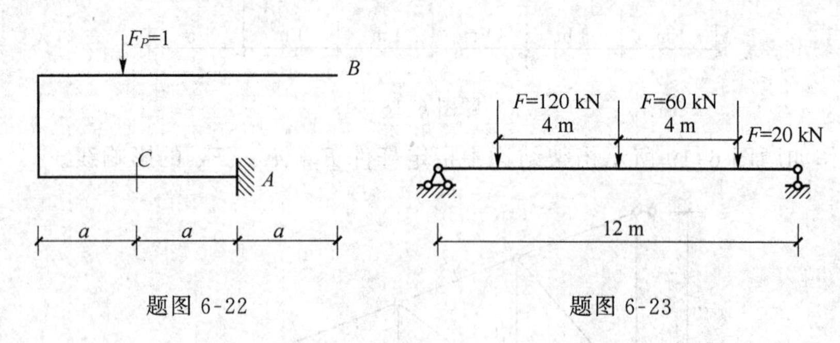

题图 6-22　　题图 6-23

6-35　求如题图 6-25 所示简支梁在图示移动荷载下截面 C 的最大弯矩值。

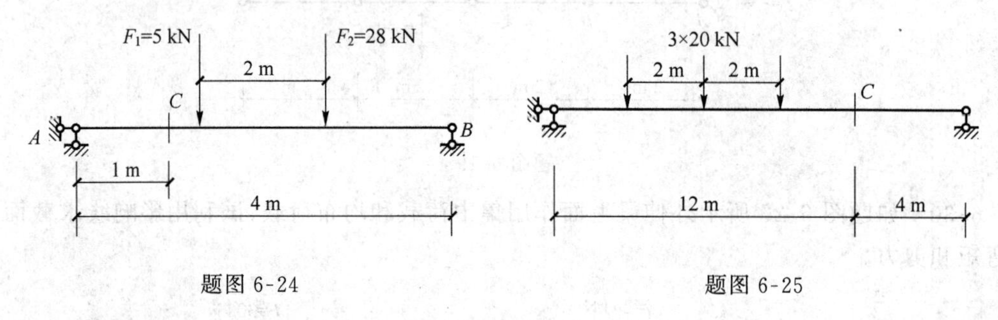

题图 6-24　　题图 6-25

2. 习题答案

(1) 是非判断题

6-1　×

6-2　×

6-3　×

6-4　√

6-5　√

6-6　√

6-7　×

6-8　√

6-9　√

6-10　×

(2) 填空题

6-11　2

6-12　L、0

6-13　AB、AC

6-14　ab/L、$-a/L$

6-15　0、0、$-L$

6-16　D

6-17　30 kN · m

6-18　4 m

(3) 计算题

6-19　$F_{C左}=0$、$F_{C右}=-1$、$M_C=M_{CA}=b$

6-20　$F_C=0$、$M_{C左}=0$、$M_{C右}=1$

6-21　A 处支座反力 F_A：$F_A=F_{CA}=1$、$F_{CD}=-1$

C 处剪力影响线：$F_{C左}=0$、$F_{C右}=1$、$F_{DC}=-1$

B 处弯矩影响线：$M_{BA}=M_{CB}=0$、$M_{CD}=-1$

6-22　轴力影响线：$F_1=F_3=0$、$F_2=-1$　(1、2、3 处)

剪力影响线：$F_1=F_2=0$、$F_3=-1$　(1、2、3 处)

弯矩影响线：$M_1=M_2=0$(1、2 处)

6-23　M_M 影响线：$M_A=0$、$M_B=0$、$M_C=-2$、$M_D=0$

F_{SM}影响线：$F_{SA}=0$、$F_{SB}=1$、$F_{SC}=1$、$F_{SD}=0$

R_A 影响线：$R_A=1$、$R_B=0$、$R_C=-1$、$R_D=0$

M_F 影响线：$M_A=0$、$M_C=2$、$M_D=0$

$F_{SF左}$影响线：$F_{SA}=0$、$F_{SC}=1$、$F_{SD}=0$

6-24　F_{SB}影响线：$F_{SA}=0$、$F_{SD}=-1$、$F_{SC}=0$、$M_B=1$

M_C 影响线：$M_A=0$、$M_{3a/2}=-a$、$M_B=0$

6-25　M_K 影响线：$M_K=0$、$M_C=-d$、$M_e=d/2$、$M_F=0$

F_{SK}影响线：$F_{SK}=1$、$F_{SC}=1$、$F_{SE}=-1/2$、$F_{SF}=0$

$F_{SC左}$影响线：$F_{SC}=1$、$F_S=1/2$、$F_{SF}=0$

6-26　N_A 影响线：$N_A=0$、$N_C=9/8$、$N_D=15/8$、$N_B=0$

N_A 影响线：$N_A=0$、$N_D=15/8$、$N_B=0$

6-27　(1)$M_{GC}=1.5$，$M_{FC}=0$；$F_{SGC左}=-1/2$，$F_{SGC}=0$

(2) $M_{AD}=0$，$M_{GD}=2$；$F_{SDA}=0$，$F_{SGD右}=1/2$

6-28　F_C 剪力影响线：$F_A=0$、$F_D=-2/3$、$F_{C左}=-1/3$、$F_{C右}=0$、$F_E=-1/3$

M_C 弯矩影响线：$M_A=0$、$M_D=1/3$、$M_B=0$、$M_E=-5/6$

6-29　轴力影响线：$F_{NE1}=-8/3$、$F_{NC1}=0$，$F_{NB2}=0$、$F_{NC2}=-10/9$、$F_{NE2}=0$

$F_{NB3}=0$、$F_{NE3}=\frac{\sqrt{73}}{3}$。

6-30　80 kN · m、−70 kN

6-31　$F_{SCZ左}=8$ KN，$F_{SCZ右}=32$ kN

6-32　$M_C=0$、$F_S=-1$、$M_D=-a$、$F_{SD}=-1$

6-33　426.7 kN · m

6-34　F_2，21 kN · m

6-35　150 kN · m

第7章　位移法

7.1　基本内容及学习指导

7.1.1　等截面直杆的转角位移方程

杆端内力与位移及荷载之间的关系式，称为转角位移方程。在结构中，杆端与结点连接，所以杆端位移与结点位移有关。位移法是先设法求出结构的结点位移(位移法的基本未知量)，然后利用转角位移方程求得杆端内力(主要是杆端弯矩)。

用位移法分析超静定梁和刚架，是以单跨超静定梁的受力分析为基础。杆件的杆端内力与杆端一般采用如图7-1所示3种类型的单跨超静定梁作为基本杆件，它们在荷载或支座移动作用下的杆端内力，可以用力法求得。

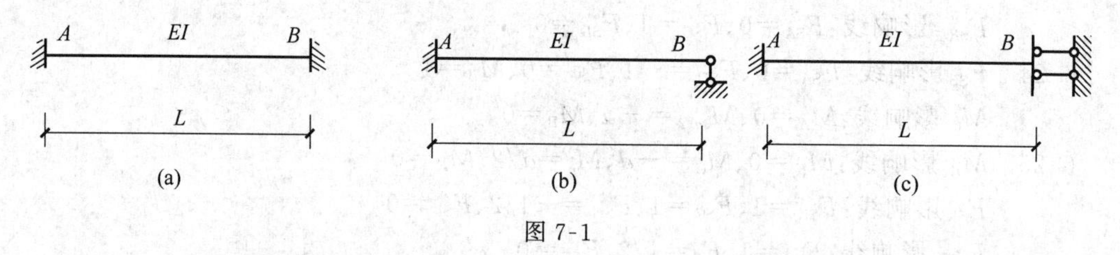

图7-1

1. 转动刚度和侧移刚度(形常数)

如图7-1所示3种单跨静定梁由于支座发生单位位移($\varphi=1$ 或 $\Delta=1$)而产生的弯矩图如图7-2所示，其中的$\left(i=\dfrac{EI}{l}\right)$杆端弯矩 $4i$、$3i$ 等称为转动刚度(形常数)。相应的剪力图可由平衡条件求得。

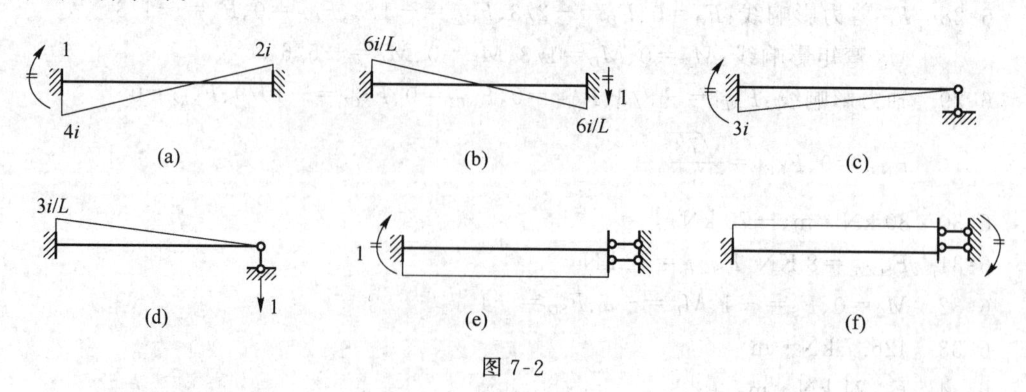

图7-2

2. 固端弯矩(载常数)

单跨超静定梁在荷载作用下产生的杆端弯矩称为固端弯矩(载常数)，其中杆端弯矩称为固定弯矩。一般要求记住如图7-3所示几种情况的弯矩图。

利用如图 7-3(a)、(b)所示和对称性，容易得到如图 7-4(a)、(b)所示两种情况的弯矩图。利用如图 7-2(a)所示，可以得到如图 7-4(c)所示的弯矩图。

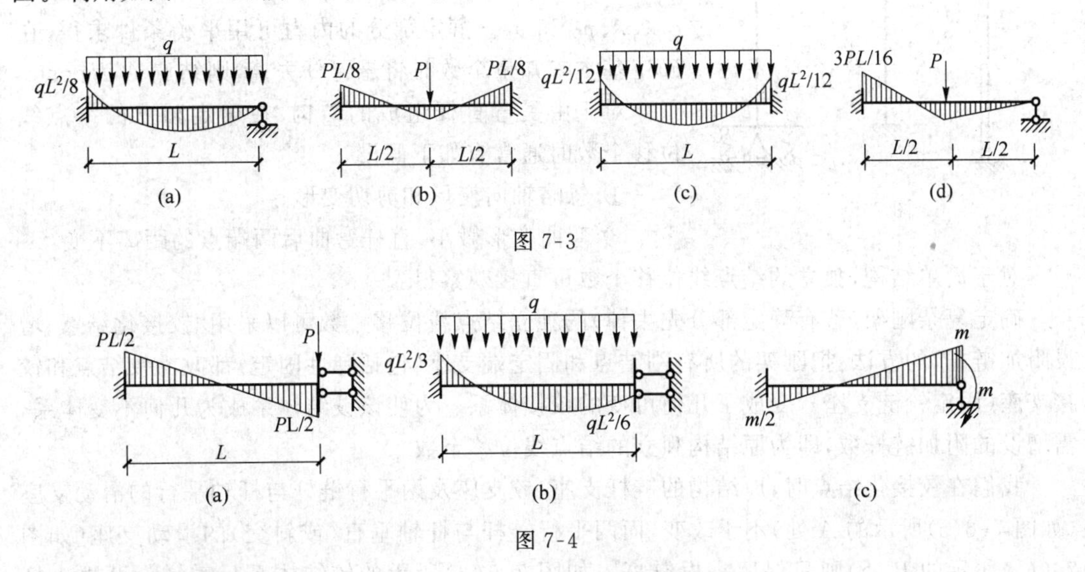

图 7-3

图 7-4

3. 转角位移方程

(1) 两端固定

$$
\begin{aligned}
M_{AB} &= 4i\varphi_A + 2i\varphi_B - 6i\frac{\Delta}{l} + M_{AB}^F \\
M_{BA} &= 4i\varphi_B + 2i\varphi_A - 6i\frac{\Delta}{l} + M_{BA}^F
\end{aligned}
\tag{7.1}
$$

(2) A 端固定、B 端铰支

$$
\begin{aligned}
M_{AB} &= 3i\varphi_A - 3i\frac{\Delta}{l} + M_{AB}^F \\
M_{BA} &= 0
\end{aligned}
\tag{7.2}
$$

(3) A 端固定、B 端定向支座

$$
\begin{aligned}
M_{AB} &= i\varphi_A - \varphi_B + M_{AB}^F \\
M_{BA} &= i\varphi_B - i\varphi_A + M_{BA}^F
\end{aligned}
\tag{7.3}
$$

式(7.3)中，M_{AB}、M_{BA} 为杆端弯矩；φ_A、φ_B 为杆端转角；Δ 为杆件两端沿着与杆轴相垂直的方向产生的相对线位移，以使杆件顺时针转动为正；M_{AB}^F、M_{BA}^F 为固端弯矩。

注意： 符号规定：杆端弯矩、杆端转角、固端弯矩均以顺时针方向为正。

7.1.2　位移法基本未知量数目的确定

位移法以计算杆端弯矩所需要的独立的结点位移作为基本未知量。一旦求出这些未知量，就可根据转角位移方程来计算各杆杆端弯矩或杆端剪力。

位移法基本未知量的个数等于独立的结点角位移个数与独立的结点线位移个数之和(不包括结构的静定部分；对于全静定结构也可以用位移法求解)。

对于一般超静定梁和刚架，结点角位移个数等于结构的刚结点个数。由于只有如图 7-1所示 3 种等截面梁的转动刚度(形常数)和固端弯矩(载常数)，因此，半铰结点(组合结

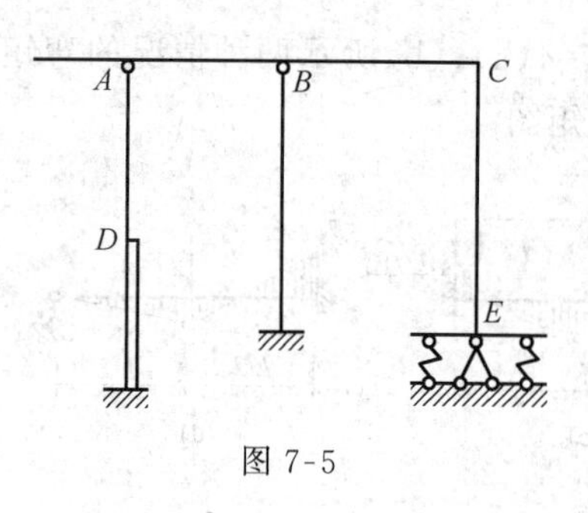

图 7-5

点)、阶梯形杆的截面改变处及弹性和固定支座的转角都应包括在内。如图 7-5 所示结构的结点角位移未知量为 φ_B、φ_C、φ_D 和 φ_E。静定部分的内力可用平衡条件求得,在确定基本未知量个数时将悬臂杆去掉,则结点 A 为铰点。

对于由受弯直杆组成的结构,在确定独立的结点线位移个数时通常有如下假设。

① 忽略轴向变形和剪切变形。

② 弯曲变形微小,直杆弯曲后两端点的距离不变。

对于简单结构,独立的结点线位移个数可直接观察得到。

确定复杂刚架(若有静定部分先去掉)的独立结点线位移个数可以采用“铰接化结点、增设附加链杆”的方法:把刚架的所有刚结点和固定端支座(包括弹性固定)都改为铰结点和铰接支座(固定铰链支座),变成了几何可变的铰接体系。为使该铰结体系成为几何不变体系,需增设的附加链杆数,即为原结构独立的结点线位移个数。

我们在铰接化结点时,原结构的链杆支座、铰支座及两平行链杆与杆轴平行的滑动支座(如图 7-6(a)所示的 A 处)不予改变,而两平行链杆与杆轴垂直(或斜交)的滑动支座(如图 7-6(a)所示的 B 处)则只保留一根链杆。如图 7-6(b)所示的铰结体系只需增设两根支杆(如图 7-6(b)中 C、D 处虚线所示)就成为几何不变,故原结构如图 7-6(a)所示有两个独立的结点线位移未知量。

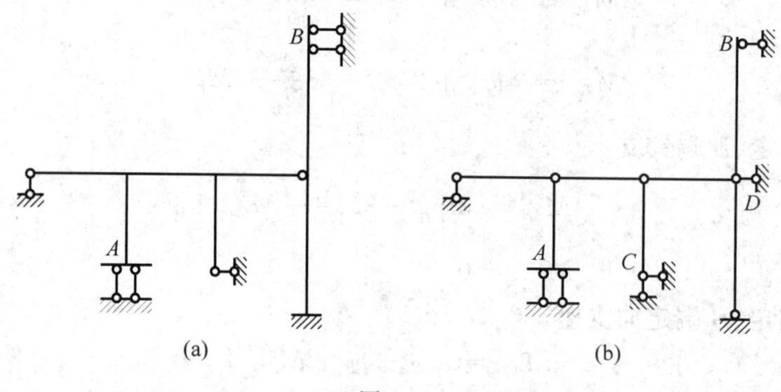

图 7-6

弹性链杆支座处的杆端线位移要作为独立的结点线位移未知量。对于给定结构,增设链杆的位置可能不同,但数目是唯一的。

在刚架中具有 $EI=\infty$ 的刚性杆时,独立的结点位移个数将减少。由于刚性杆本身不变形,在刚架发生变形时,它只作为一个刚片产生平移和转动。如果它两端的线位移确定了,它所转动的角度(也是其两端刚结点的转角)即随之确定。因此,刚性杆两端的刚结点转角可不作为基本未知量。至于刚性杆两端的线位移如何确定,则仍取决于整个刚架的独立结点线位移。确定整个刚架独立的结点线位移个数,依然可采用“铰接化结点、增设附加链杆”的办法。但应注意是刚性杆与基础固定连结处或其他刚性杆刚结处,不可改为铰结,以反映刚片无任何变形的特点。

因此,对于具有刚性杆的刚架,独立的结点角位移个数等于全为弹性杆汇交的刚结点个数(即刚性杆两端的刚结点不算);独立的结点线位移个数为使仅将弹性杆端改为铰结的体系成为几何不变所需增设的最少链杆数。按此规则，如图 7-7(a)所示刚架(粗线为刚性杆)的位移法基本未知量个数为 2+1=3。

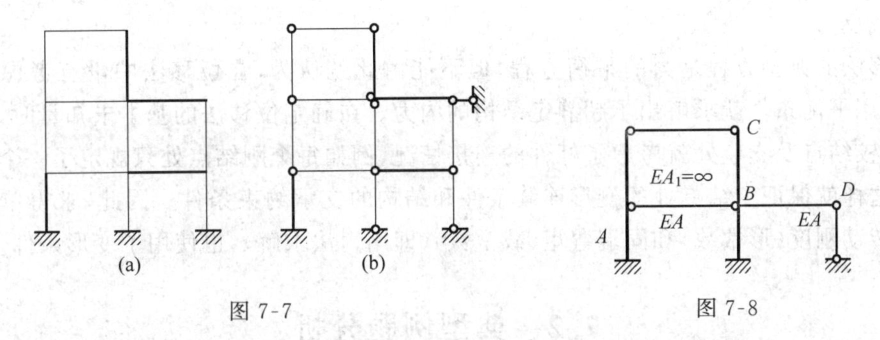

图 7-7　　　　图 7-8

当结构中具有需考虑轴向变形($EA\neq\infty$)的杆件时，则其两端结点的线位移就不相等。如图 7-8 所示结构的位移法基本未知量为 φ_A、φ_B、Δ_{AH}、Δ_{BH}、Δ_{CH}、Δ_{DV}。

7.1.3　位移法的基本结构和典型方程

1. 位移法的基本结构

如图 7-1 所示 3 种单跨超静定梁中的转动刚度侧移刚度(形常数)和固端弯矩(载常数)是位移法分析的基础。确定位移法的基本结构就是把结构中的每一杆件都暂时变为这 3 种单跨梁中的任一种。因此，在确定基本未知量的同时，对应于每个结点角位移未知量，设置附加刚臂阻止结点的转动；对应于每个独立的结点线位移未知量，设置附加链杆阻止结点的线位移。这样，原结构的各杆件就变成彼此独立的单跨超静定梁，这些单跨超静定梁的组合体即为位移法的基本结构。

2. 位移法的典型方程

位移法的典型方程是基本结构还原成原结构的条件。当基本结构承受与原结构相同的荷载并强行使附加约束(附加刚臂和附加链杆)发生与原结构相同的结点位移时，基本结构的受力、变形状态就与原结构完全一致，而原结构的结点没有附加刚臂和附加链杆，因此，基本结构在荷载和个结点位移的共同作用下，每个附加约束中的反力矩或反力都应等于零。据此得到位移法的典型方程为

$$\begin{aligned}\gamma_{11}Z_1+\gamma_{12}Z_2+\cdots+\gamma_{1n}Z_n+R_{1P}&=0\\\gamma_{21}Z_1+\gamma_{22}Z_2+\cdots+\gamma_{2n}Z_n+R_{2P}&=0\\&\vdots\\\gamma_{n1}Z_1+\gamma_{n2}Z_2+\cdots+\gamma_{nn}Z_n+R_{nP}&=0\end{aligned}\tag{7.4}$$

式(7.4)中，主系数 γ_{ii} 为在基本结构中，第 i 个附加约束发生单位位移($Z_i=1$)时，在第 i 个附加约束中产生的反力矩或反力，恒为正值；副系数 γ_{ij} 为在基本结构中，第 j 个附加约束发生单位位移($Z_j=1$)时，在第 j 个附加约束中产生的反力矩或反力，可能为正值，也可能为负值或者为零，需视其与所设 Z_i 的方向是否相同而定；自由项 R_{iP} 为在基本结构中，由于荷载作用，在第 i 个附加约束中产生的反力矩或反力。可能为正值，也可能为负值或零，亦需视其与所设 Z_i 的方向是否一致而定。式(7.4)反映了原结构的静力平衡条件。

典型方程的系数只与结构的刚度有关，而与外因(荷载等)无关，且根据反力互等定理有

$\delta_{ij}=\gamma_{ji}$。典型方程的自由项与外因有关,对于支座移动或温度变化问题,应将式(7.4)中的R_{ip}改为R_{ic}或R_{it},表示基本结构在支座移动或温度变化作用时,在第i个附加约束中产生的反力矩或反力。

位移法的典型方程是力的平衡方程,但不能由此就认为,在位移法中没有考虑变形条件,而仅用平衡条件就求解出了超静定结构的内力。在确定位移法的基本未知量时,在每个刚结点、铰结点及支座处就考虑了杆件的连接情况,例如每个刚结点处只规定了一个结点转角等。这样就保证了结点处的变形连续条件和结构的支承约束条件。因此,求得单跨超静定梁的转动刚度(形常数)和固端弯矩(载常数)(即用力法求解),也使用了变形条件。

7.2　典型例题分析

例 7-1　用位移法计算如例图 7-1(a)所示结构,作弯矩图。EI=常数。

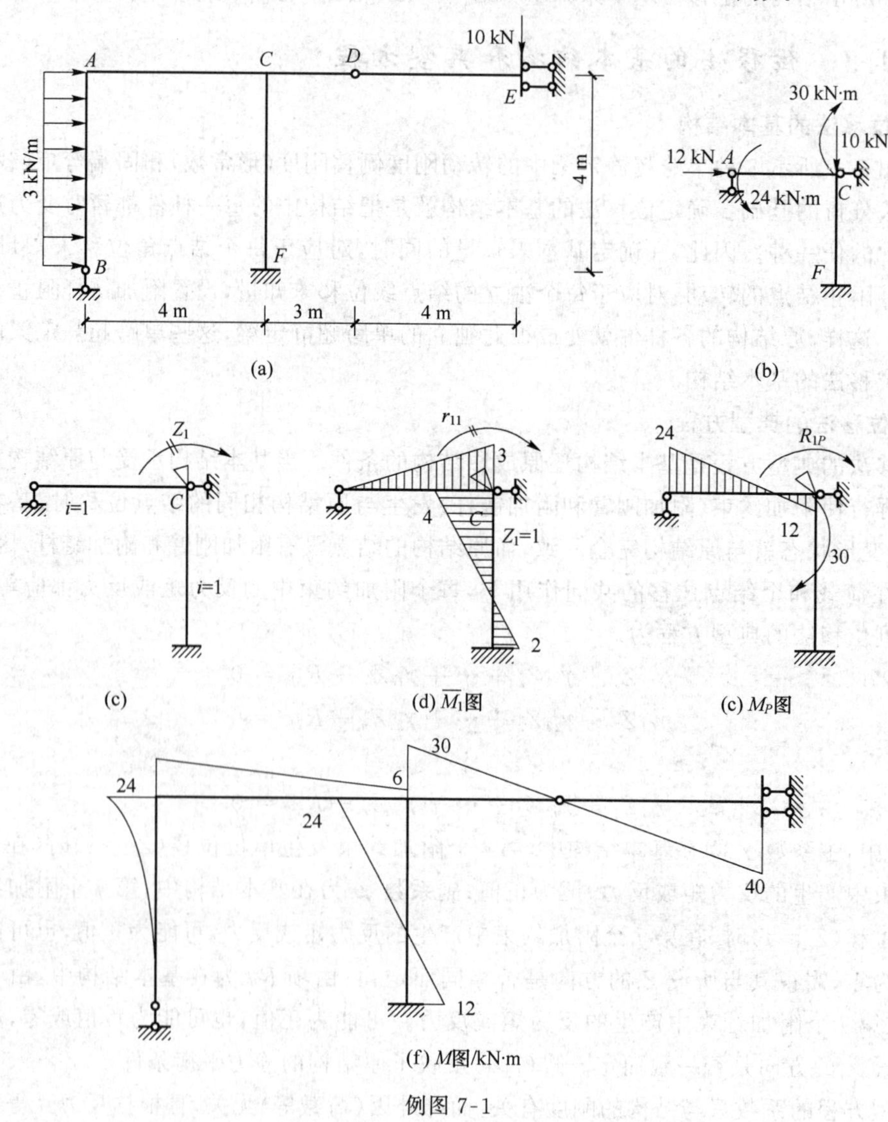

例图 7-1

解：

注意到杆件 AB 及 CDE 的弯矩是静定的，可用平衡条件先行求出。原结构可简化成如例图 7-1(b)所示的受力图。取基本结构如例图 7-1(c)所示，位移法方程为

$$\gamma_{11}Z_1+R_{1P}=0 \tag{7.5}$$

设 $i=\dfrac{EI}{4}=1$，作$\overline{M_1}$、M_P图如例图 7-1(d)、(e)所示，取结点 C，用平衡条件得

$$\gamma_{11}=7, R_{1P}=-42$$

代入式(7.5)得

$$Z_1=6$$

按 $M=\overline{M_1}Z_1+M_P$ 作原结构的弯矩图，如例图 7-1(f)所示。

由于位移法的方程是平衡方程，因此对位移法求得的弯矩图，只需进行静力平衡的校核。但从理论上来说，有多少个基本未知量就需要多少个平衡条件的校核。对于本例，满足 $\sum M_C=0$。

例 7-2　用位移法计算如例图 7-2(a)所示结构。要求列出位移法方程，求出系数、自由项和结点位移，作弯矩图。已知：各杆长均为 L；EI=常数。

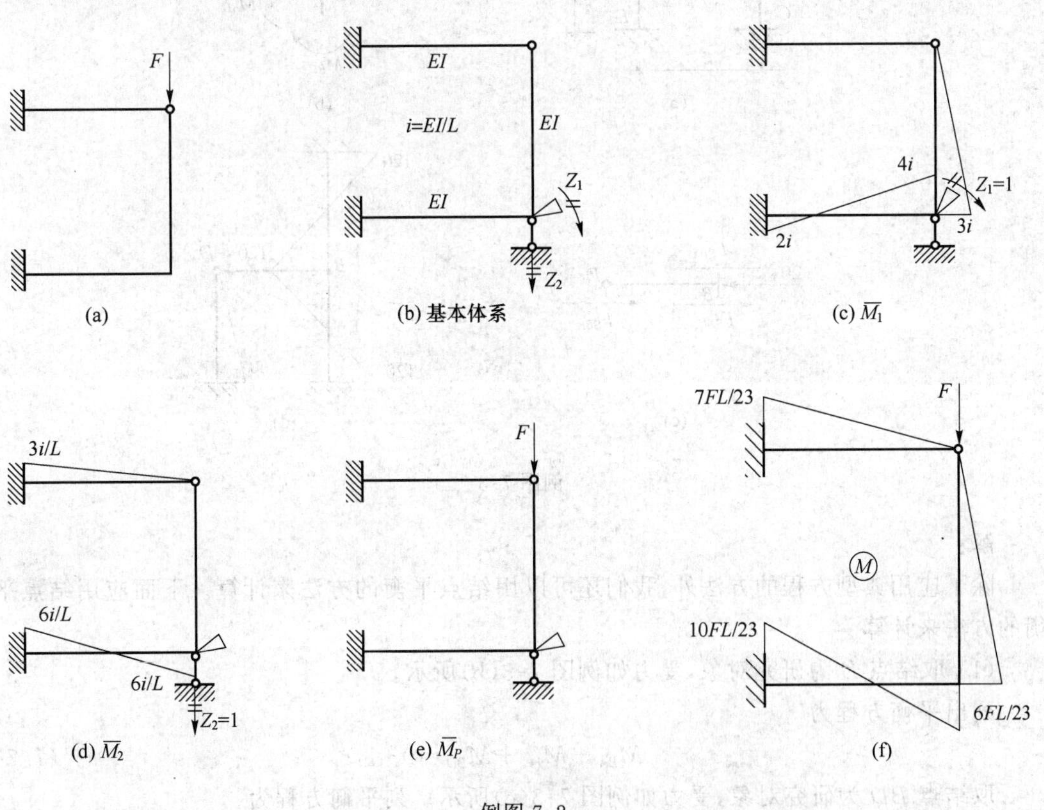

例图 7-2

解：

(1) 取基本体系如例图 7-2(b)所示，有 2 个节点位移。

(2) 位移法典型方程为

$$r_{11}Z_1+r_{12}Z_2+R_{1P}=0 \quad r_{21}Z_1+r_{22}Z_2+R_{2P}=0 \tag{7.6}$$

(3) 作$\overline{M}_1$、$\overline{M}_2$、$\overline{M}_P$ 图，如例图 7-2(c)～例图 7-2(e)所示。

求出系数和自由项为

$$r_{11}=7i, r_{21}=r_{12}=-6i/l, r_{22}=15i/l^2$$

$$R_{1P}=0, R_{2P}=-F$$

(4) 代入位移法典型方程式(7.6)计算出基本未知量为

$$Z_1=\frac{2FL}{23i}; Z_2=\frac{7FL^2}{69i}$$

(5) 按 $M=\overline{M_1}Z_1+M_P$ 作原结构的弯矩图，如例图 7-2(f)所示。

例 7-3 用位移法计算如例图 7-3(a)所示结构，作弯矩图。EI=常数，$F=20$ kN。

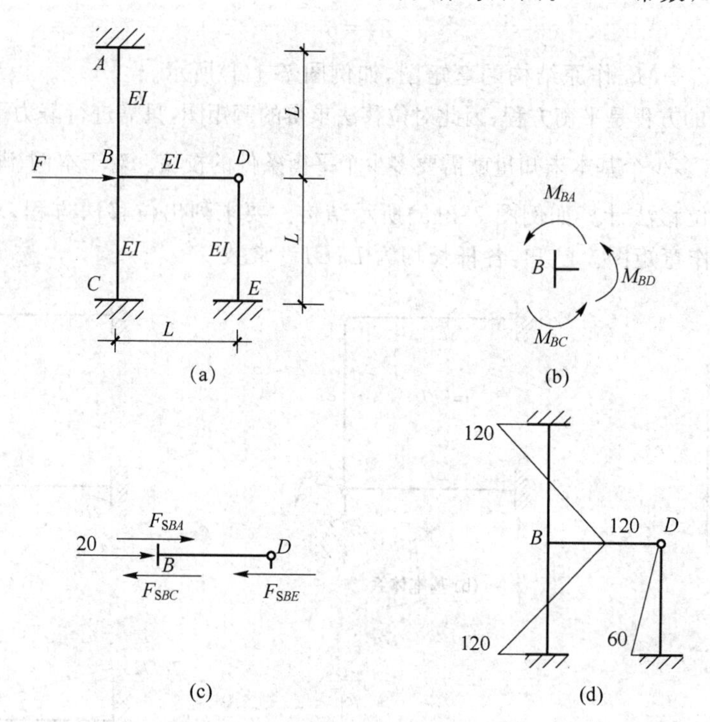

例图 7-3

解:

除了应用典型方程的方法外，我们还可以用结点平衡的方法来计算。下面应用结点平衡的方法来计算。

(1) 取结点 B 为研究对象，受力如例图 7-3(b)所示。

列出平衡方程为

$$M_{BA}+M_{BC}+M_{BD}=0 \tag{7.7}$$

取结点 BD 为研究对象，受力如例图 7-3(c)所示。列平衡方程为

$$F_{SBC}+F_{SDE}-F_{SBA}-20=0$$

(2) 写出各杆端转角位移方程，即

$$M_{BA}=4iZ_1+\frac{6i}{L}Z_2$$

$$M_{BC}=4iZ_1-\frac{6i}{L}Z_2$$

$$M_{BD}=3iZ_1$$

$$F_{SBC}=-\frac{6i}{L}Z_1+\frac{12i}{L^2}Z_2$$

$$F_{SBA}=-\frac{6i}{L}Z_1+\frac{12i}{L}Z_2$$

$$F_{SDE}=-\frac{3i}{L}Z_2$$

上述各项代入式(7.7)得

$$Z_1=0$$

$$Z_2=\frac{60}{i}$$

代回转角位移方程计算出各杆端弯矩，画弯矩图如例图 7-3(d)所示。

例 7-4　用位移法计算如例图 7-4 所示结构中 B 点的水平位移。已知：$EI=$常数，$\varphi_B=-\frac{7qL^3}{216EI}$，各杆长度均为 L。

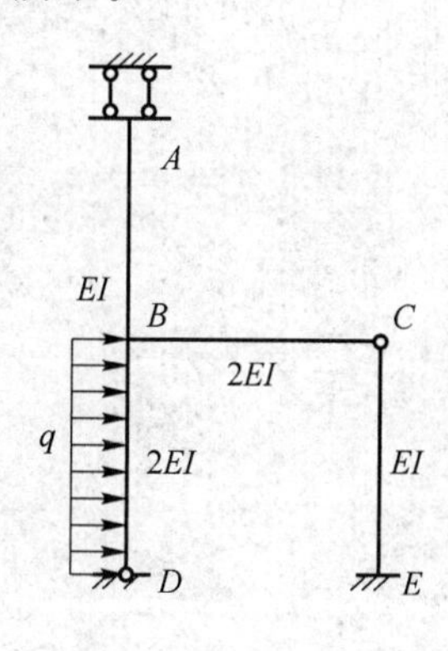

例图 7-4

解：

由结点 B 的平衡条件 $\sum M_B=0$ 得

$$M_{BD}+M_{BC}+M_{BA}=0 \tag{7.8}$$

各杆端弯矩转角位移方程为

$$M_{BC}=3i\varphi_B=3\times\frac{2EI}{L}\times\frac{7qL^3}{216EI}=\frac{42qL^2}{216}$$

$$M_{BA}=i_{BA}\varphi_B=\frac{EI}{L}\times\frac{7qL^3}{216EI}=\frac{7qL^2}{216}$$

$$M_{BD}=3i_{BD}\varphi_B-3i_{BD}\frac{\Delta_{BH}}{L}+M_{BD}^F$$

代入式(7.8)得

$$M_{BD}=-M_{BC}-M_{BA}=-\frac{49ql^2}{216}$$

由此解得

$$\Delta_{BH}=\frac{59ql^4}{648EI}(\rightarrow)$$

例 7-5　(武汉工业大学 1998 年)用位移法计算如例图 7-5(a)所示结构，列出位移法方程，并求解(不画弯矩图)。

解：

① 设 $EI/6=i$，$l=6$ m，取基本结构如例图 7-5(b)所示。有 2 个基本未知量。

② 列位移法方程，即

$$\begin{aligned}\gamma_{11}Z_1+\gamma_{12}Z_2+R_{1P}&=0\\ \gamma_{21}Z_1+\gamma_{22}Z_2+R_{2P}&=0\end{aligned} \tag{7.9}$$

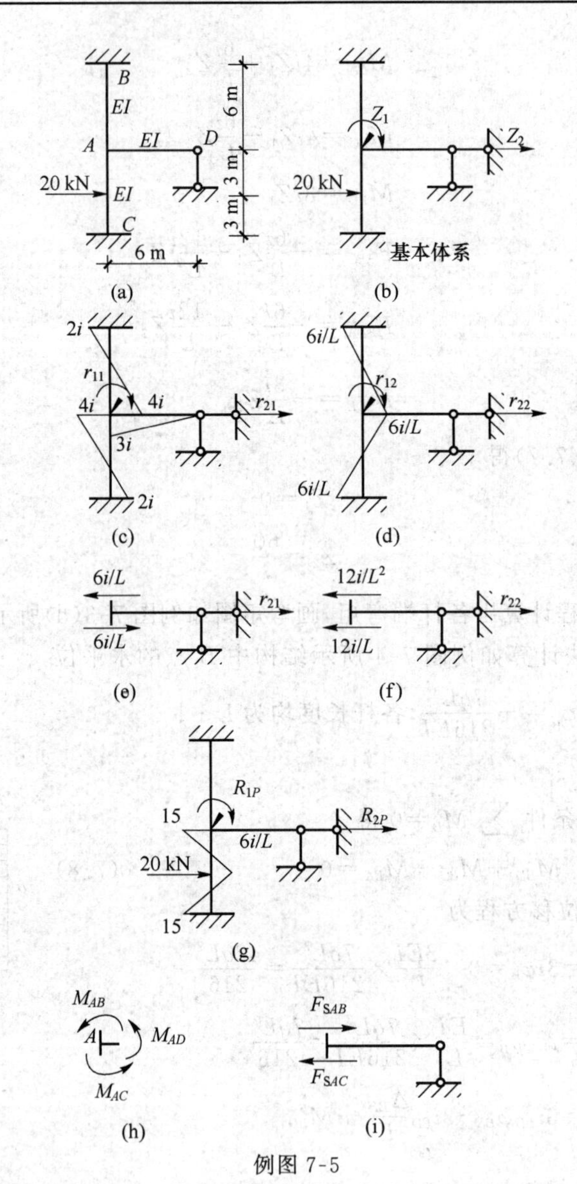

例图 7-5

③ 求系数、自由项。

作$\overline{M}_1$,$\overline{M}_2$、M_P 图,如例图 7-5(c)～(e)所示。

由$\overline{M}_1$ 图:取 A 点平衡 $\sum M_A=0$ 得 $\gamma_{11}=11i$

　　取 AD 杆平衡 $\sum F_X=0,\gamma_{21}=0$

由$\overline{M}_2$ 图:取 A 点平衡 $\sum M_A=0$ 得 $\gamma_{12}=0=\gamma_{21}$

由$\overline{M}_P$ 图:$\sum M_A=0$ 得 $R_{1P}=15\ \text{kN}\cdot\text{m}$

　　取 AD 杆平衡 $\sum F_X=0,R_{2P}=-10\ \text{kN}$

④ 代入式(7.9)得

$$11iZ_1+15=0$$

$$\frac{24iZ_2}{l^2}-10=0$$

解此方程得节点位移

$$Z_1=-90/EI$$

$$Z_2=90/EI$$

本题也可以用节点平衡条件直接建立位移法方程。具体如下。

① 基本未知量是 θ_A、Δ_A。受力图如例图 7-5(h)和例图 7-5(i)所示。

② 取 A 点平衡 $\sum M_A=0$ 和 AD 杆平衡 $\sum F_X=0$，得到平衡方程

$$\begin{aligned} M_{AB}+M_{AC}+M_{AD}&=0 \\ F_{AC}-F_{AB}&=0 \end{aligned} \tag{7.10}$$

用转角位移方程写出各杆端弯矩，即

$$M_{AB}=4i\theta_A-\frac{6I}{l}(-\Delta_A)=4i\theta_A+\frac{6i}{l}\Delta_A$$

$$M_{BA}=2i\theta_A-\frac{6I}{l}(-\Delta_A)=2i\theta_A+\frac{6i}{l}\Delta_A$$

$$M_{AD}=3i\theta_A, M_{AD}=0$$

$$M_{AC}=4i\theta_A-\frac{6i}{l}\Delta_A+15$$

$$M_{CA}=2i\theta_A-\frac{6i}{l}\Delta_A-15$$

$$F_{AC}=-\frac{M_{AC}+M_{BA}}{l}-10=-\frac{6i\theta_A-\frac{12i}{l}\Delta_A}{l}-10=-\frac{6i}{l}+\frac{12i}{l^2}\Delta_A-10$$

$$F_{AB}=-\frac{M_{BA}+M_{BA}}{l}=-\frac{6i}{l}\theta_A+\frac{12i}{l^2}\Delta_A$$

代入式(7.10)得

$$11iZ_1+15=0$$

$$\frac{24iZ_2}{l^2}-10=0$$

可见，与前边典型方程的方法得到的结果相同。解此方程得节点位移

$$Z_1=-90/EI$$

$$Z_2=90/EI$$

例 7-6　(武汉理工大学 2002)根据如例图 7-6(a)所示结构与所受荷载的特点，选择适当的方法，求解图示刚架在给定荷载作用下 B 结点的转角。已知 EI=常数。

解：

由于外荷载自身形成力偶，主矢量为零，且结构为反对称，只有节点 B、C 有转动，杆 BC 由于受力对称使得水平位移为零。变形情况如例图 7-6(b)所示，故取 $\theta_A=\theta_B=\theta$ 作为基本未知量。

由于 E 点的线位移为零且可以转动，所以取半边结构如例图 7-6(c)所示，设 $i=\dfrac{EI}{a}$。

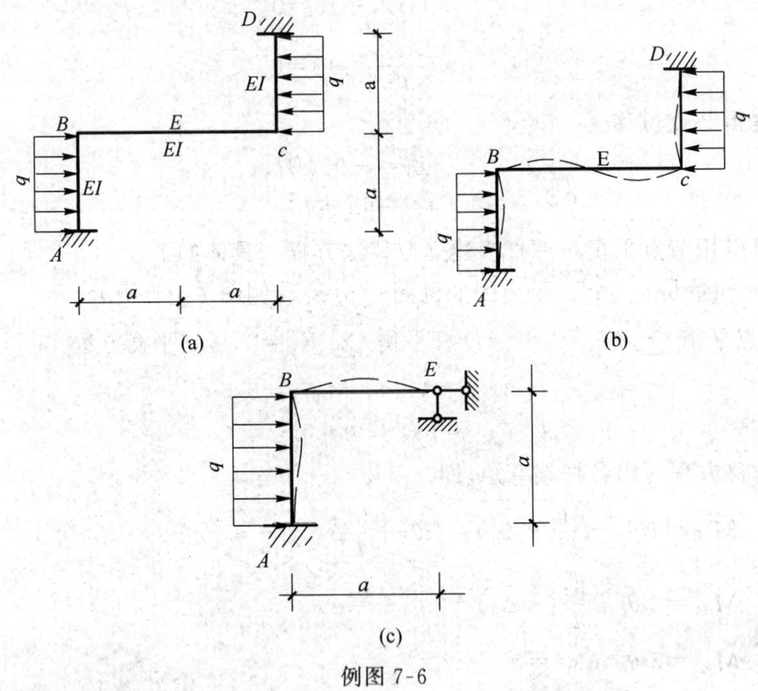

例图 7-6

① 取 $\theta_B=\theta$ 为基本未知量。

② 列节点平衡方程

由 $\sum M_B=0$ 得

$$M_{BA}+M_{BE}=0$$

③ 写出转角位移方程

$$M_{BA}=4i\theta+\frac{qa^2}{12}$$

$$M_{BE}=3i\theta$$

④ 代入平衡方程得

$$7i\theta+\frac{qa^2}{12}=0$$

解得

$$\theta=-\frac{qa^2}{84i}=-0.012\frac{qa^3}{EI}$$

本题也可以不取半边结构而直接用原结构的形式作基本结构如例图 7-7(a)所示，解法如下。

① 取 $\theta_A=\theta_B=\theta$ 为基本未知量（BC 杆无水平位移），设 $i=\frac{EI}{2a}$。

② 列节点平衡方程：

$$\sum M_B=0, M_{BA}+M_{BC}=0$$

③ 写出转角位移方程：

$$M_{BA}=8i\theta+\frac{qa^2}{12}$$

$$M_{AB}=4i\theta-\frac{qa^2}{12}$$

$$M_{BC}=4i\theta_B+2i\theta_C=6i\theta$$

④ 解方程：

$$14i\theta+\frac{qa^2}{12}=0$$

解得

$$\theta_A=\theta_B=\theta=-\frac{qa^2}{168i}=-0.012\frac{qa^3}{EI}$$

负号说明其方向与假设相反。

例 7-7 （华南理工大学 2000 年）已知如例图 7-7(a)所示结构，C 点线位移为$\frac{FL^3}{48EI}$(↓)，EI=常数，作 M 图。

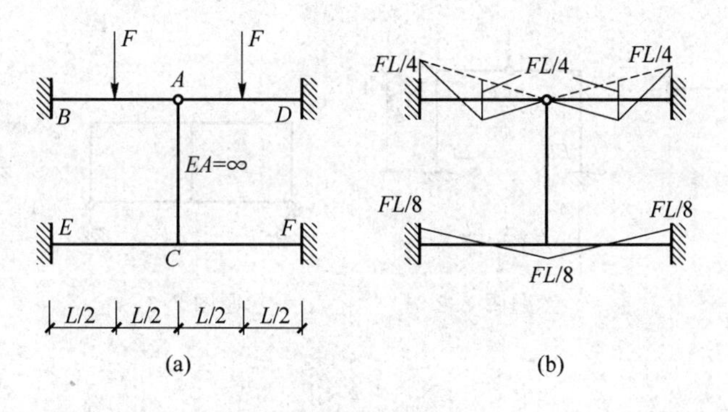

例图 7-7

解：

(1) 分析：对称结构在对称荷载作用下 AC 杆弯矩为零，C 节点没有转动，其各杆内力由荷载和杆端线位移引起。

(2) 写出各杆端弯矩，设 $i=\frac{EI}{L}$，则有

$$M_{EC}=M_{CE}=-\frac{6i}{L}\Delta_C=-\frac{6i}{L}\cdot\frac{FL^3}{48EI}=-\frac{FL}{8}$$

$$M_{CF}=M_{FC}=-\frac{6i}{L}(-\Delta_C)=-\frac{6i}{L}\cdot\left(-\frac{FL^3}{48EI}\right)=\frac{FL}{8}$$

$$M_{BA}=-\frac{3i}{L}\Delta_C-\frac{3FL}{16}=-\frac{FL}{4}$$

$$M_{DA}=-\frac{3i}{L}(-\Delta_C)+\frac{3FL}{16}=\frac{FL}{4}$$

(3) 画出弯矩图，如例图 7-7(b)所示。

7.3 习题及其解答

1. 练习题

(1) 是非判断题

7-1 位移法典型方程的物理意义是反映原结构的位移条件。( )

7-2 如题图 7-1 所示结构，结点无线位移的刚架只承受结点集中荷载(不包括力偶)时，其各杆无弯矩和剪力。( )

7-3 如题图 7-2 所示结构，当 n 值增大时，柱上端弯矩值会变小。( )

7-4 如题图 7-3 所示结构，EI、EA 均为常数，各杆长为 l。当温度升高 t℃时不产生内力。( )

7-5 如题图 7-4 所示结构，已知 $EI_1=\infty$，$EI=$常数，则两柱的弯矩和剪力均为零。( )

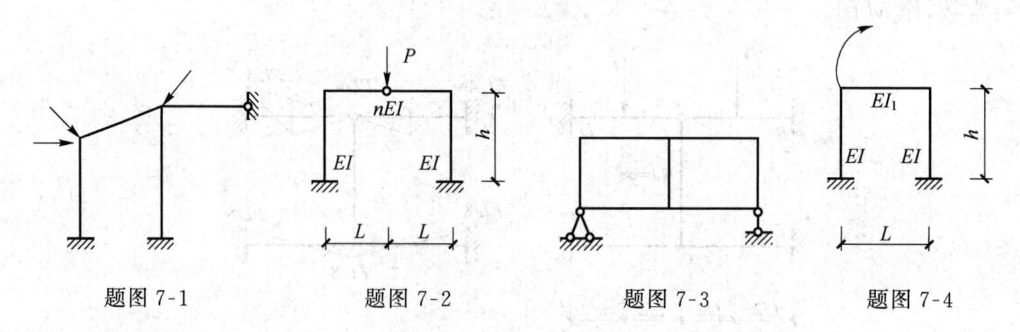

题图 7-1 题图 7-2 题图 7-3 题图 7-4

(2) 填空题

7-6 如题图 7-5 所示结构中，$EI_1=\infty$，$EI=$常数。$M_{AB}=$( )。

7-7 如题图 7-6 所示连续梁，$EI=$常数，各跨跨度 l，支座 C 下沉 Δ 则 $M_{AB}=$( )，( )侧受拉。

7-8 如题图 7-7 所示结构，$EI=$常数，B 点线位移为 $\dfrac{ql^4}{24EI}$，则 $M_{BC}=$( )。

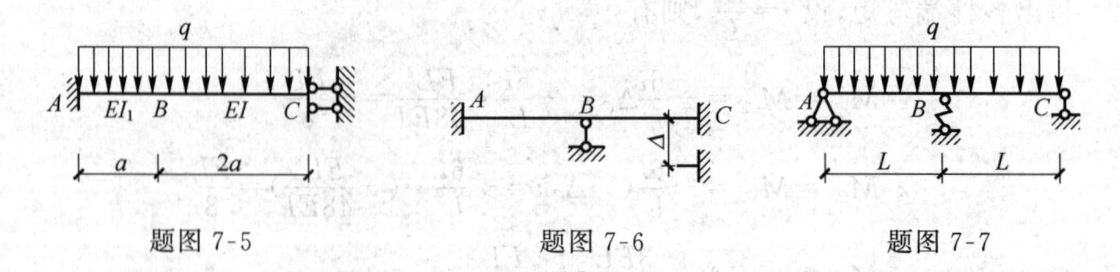

题图 7-5 题图 7-6 题图 7-7

7-9 如题图 7-8 所示结构，$EI=$常数，各跨跨度 l，在荷载作用下支座 B 下沉 Δ，则 $M_{AB}=$( )，( )侧受拉。

7-10 如题图 7-9 所示结构，各杆 $EI=$常数，利用对称性可求得 $M_{AB}=$( )，( )侧受拉。

7-11 如题图 7-10 所示结构，各杆 $EI=$常数，在荷载作用下支座 B 顺时针转动 φ，则 $M_{AB}=$( )，( )侧受拉。

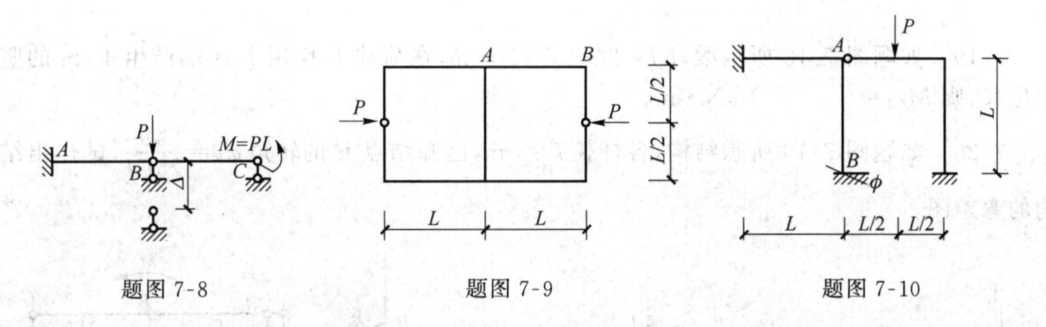

题图 7-8　　　　　　　　题图 7-9　　　　　　　　题图 7-10

7-12　如题图 7-11 所示连续梁，EI=常数，各跨跨度 l，当支座 B 下沉 Δ 时，梁截面 B 的转角 φ_B=(　　)。

7-13　如题图 7-12 所示连续梁，EI=常数，各跨跨度 l，当支座 A 顺时针转动单位角位移时，则 M_{AB}=(　　)，(　　)侧受拉。

7-14　如题图 7-13 所示结构，各杆 EI=常数，各杆长 l，利用对称性求得 M_{AB}=(　　)，受拉在(　　)侧。

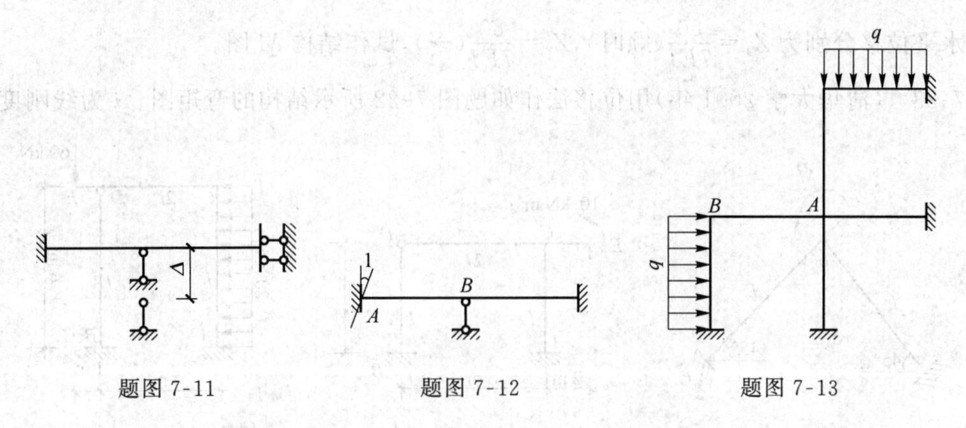

题图 7-11　　　　　　　　题图 7-12　　　　　　　　题图 7-13

7-15　如题图 7-14 所示结构，EI=常数，各杆长 l，在结点 A 施加力偶矩 M=(　　)时，结点 A 将产生单位转角。

7-16　如题图 7-15 所示结构，位移法方程的系数 γ_{11}=(　　)，γ_{22}=(　　)。

7-17　如题图 7-16 所示结构，横梁 $EA=\infty$，竖杆 EI=常数，杆端弯矩 M_{AB}=(　　)，(　　)侧受拉。

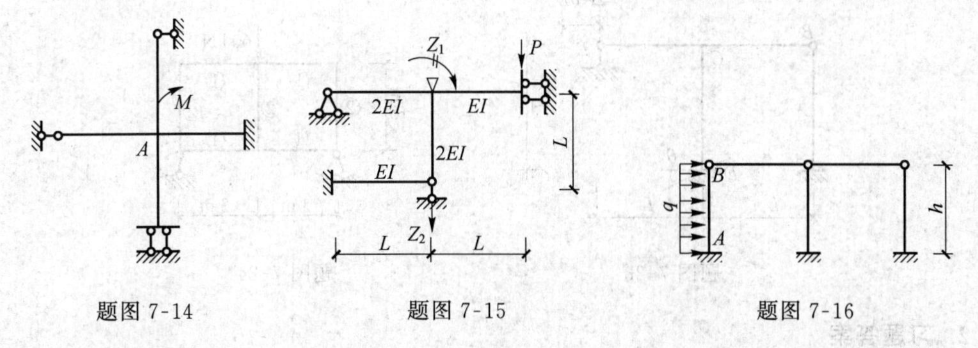

题图 7-14　　　　　　　　题图 7-15　　　　　　　　题图 7-16

7-18　如题图 7-17 所示等截面梁，当 A 端发生顺时针的单位转角时，则 B 端转角 φ_B

=(　　)。

7-19　如题图 7-18 所示梁，$EI=2\times10^4$ kN·m，在荷载 P 作用下 B 端产生 1 cm 的竖向位移，则 $M_{AB}=$(　　　) kN·m。

7-20　如题图 7-19 所示结构，各杆长 $l=4$ m，已知结点 B 的转角 $\varphi_B=\dfrac{48}{26EI}$，试作出结构的弯矩图。

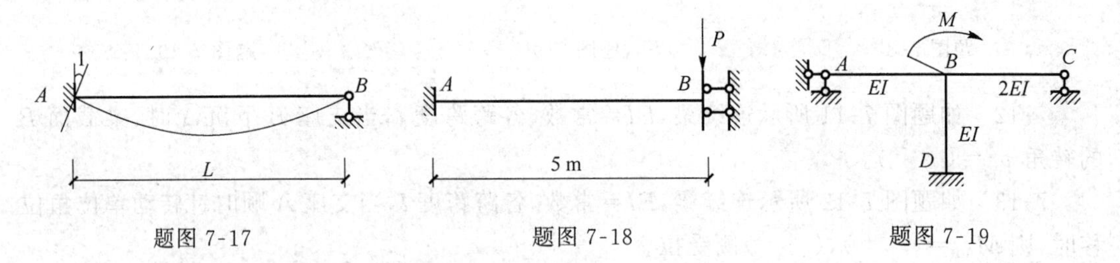

题图 7-17　　题图 7-18　　题图 7-19

7-21　(福州大学 1998 年)用位移法求如题图 7-20 所示刚架的 M 图和 F_S 图。

7-22　(哈尔滨建筑工程学院 1996 年)$E=$常数，已知如题图 7-21 所示结构的 C 点转角和水平位移分别为 $Z_1=\dfrac{50}{7EI}$(顺时)，$Z_2=\dfrac{80}{7EI}$(→)，试作结构 M 图。

7-23　(清华大学 2001 年)用位移法作如题图 7-22 所示结构的弯矩图。i 为线刚度。

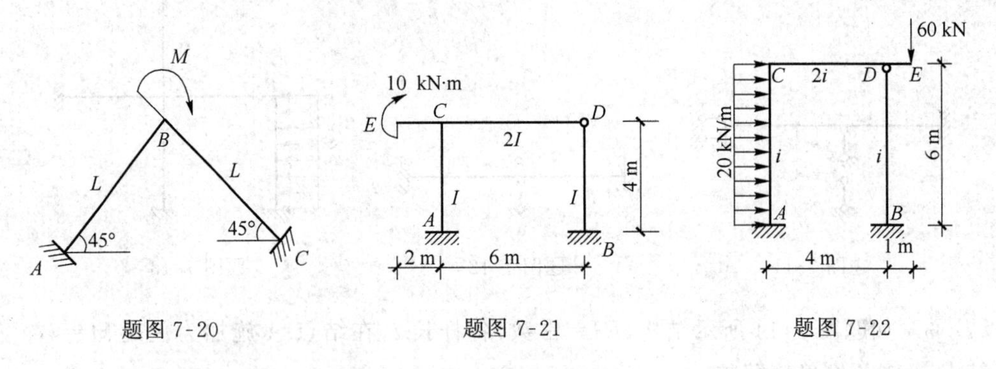

题图 7-20　　题图 7-21　　题图 7-22

7-24　(大连理工大学 2000 年)用位移法计算如题图 7-23 所示结构，作弯矩图。

7-25　(华中理工大学 1998 年)用位移法作如题图 7-24 所示结构的弯矩图，设各柱的相对线刚度为 2，其余为 1。

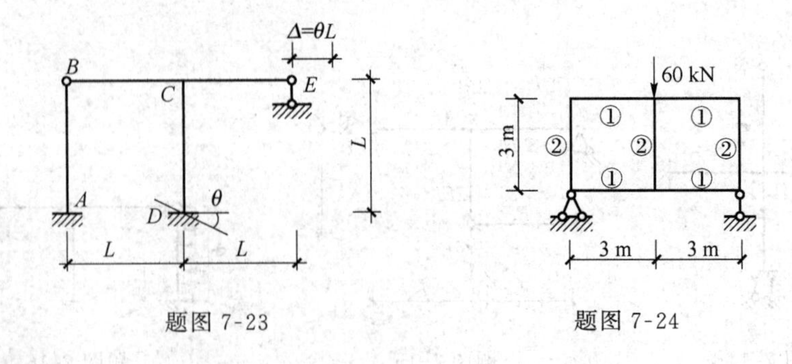

题图 7-23　　题图 7-24

2. 习题答案

(1) 是非判断题

7-1　×（节点平衡条件）

7-2　√

7-3　×（取半结构后可直接作出弯矩图，因为梁是静定的。）

7-4　√（由于杆件膨胀时不受支座的约束，结构的各个尺寸将以相同的比例变形，各结点没有转动和垂直于杆轴的相对线位移，各杆只有平移，故不产生内力。）

7-5　√

(2) 填空题

7-6　$-\frac{23}{6}qa^2$（先取 BC 为一端，固定另一端定向支承梁，求得 $M_{BC}=-\frac{4}{3}qa^2$，$F_{SBC}=2aq$；然后取 AB 为悬臂梁求 M_{AB}。）

7-7　$\frac{3EI\Delta}{2l^2}$（将 Δ 分解为对称和反对称两种情况的叠加，分别取半结构求解 $M_{AB}=\frac{6i}{l}\cdot\frac{\Delta}{2}-\frac{3i}{l}\cdot\frac{\Delta}{2}=\frac{3EI\Delta}{2l^2}$，图略。）

7-8　0（取半结构为 B 端固定、C 端铰支的单跨梁，利用转角位移方程，其中 $i=\frac{EI}{l}$，求出杆端弯矩 $M_{BC}=+\frac{3i}{l}\Delta_B-\frac{ql^2}{8}=+\frac{3i}{l}\cdot\frac{ql^4}{24EI}-\frac{ql^2}{8}=0$。）

7-9　$-\frac{3EI\Delta}{l^2}$，上

7-10　$\frac{1}{8}Pl$，下（取 1/4 结构）

7-11　$\frac{EI}{l}\varphi$，左（P 只能使 AB 杆产生轴力，不产生弯矩。取 CAB 部分，将 φ 分解为对称和反对称两种情况，分别取半结构后利用对称性和转角位移方程求解。）

7-12　$\frac{6\Delta}{5l}$（顺时）（用位移法计算，$\varphi_B=-\frac{R_{1C}}{\gamma_{11}}=6i\frac{\frac{\Delta}{l}}{5i}=\frac{6\Delta}{5l}$。）

7-13　$\frac{7EI}{2l}$，下（利用对称性分解相加 $M_{AB}=4i\times\frac{1}{2}+3i\times\frac{1}{2}=\frac{7EI}{2l}$。）

7-14　$-\frac{ql^2}{48}$，下（沿 45°斜线对称，结点 A 转角为零，取半结构分解荷载，再分别取半结构叠加 $M_{AB}=\frac{\frac{q}{2}l^2}{12}-\frac{\frac{q}{2}l^2}{8}=-\frac{ql^2}{48}$。）

7-15　$\frac{8EI}{l}$（即求 γ_{11}）

7-16　$\frac{13EI}{l}$，$\frac{9EI}{l^3}$

7-17　$-\frac{1}{4}qh^2$

7-18　-0.5（由 $M_{BA}=4i\varphi_B+2i\varphi_A=0$ 得 $\varphi_B=-0.5\varphi_A=-0.5$）

7-19　$-48\left(M_{AB}=-6i\frac{\Delta}{l}=-\frac{6\times2\times10^4\times10^3\times0.01}{5^2}\text{ N}\cdot\text{m}=-48\text{ kN}\cdot\text{m}\right)$

7-20　如解图 7-1 所示。

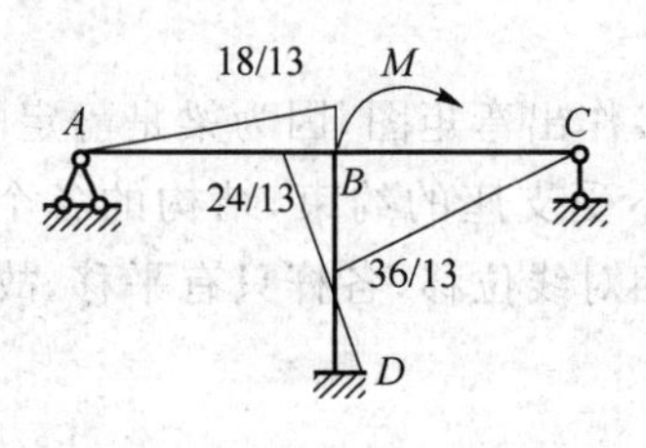

解图 7-1

7-21

解：

(1) 首先利用结构的对称性把荷载分解成两个反对称荷载 $M/2$，如解图 7-2(a)所示。取半边结构计算画弯矩图，如解图 7-2(b)所示。

(2) AB 梁剪力如解图 7-2(c)所示。

$$F_{SAB}=F_{SBA}=-\frac{\frac{M}{2}+\frac{M}{4}}{l}=-\frac{3M}{4l}$$

(3) 根据对称性作结构弯矩，如解图 7-2(d)和解图 7-2(e)所示。

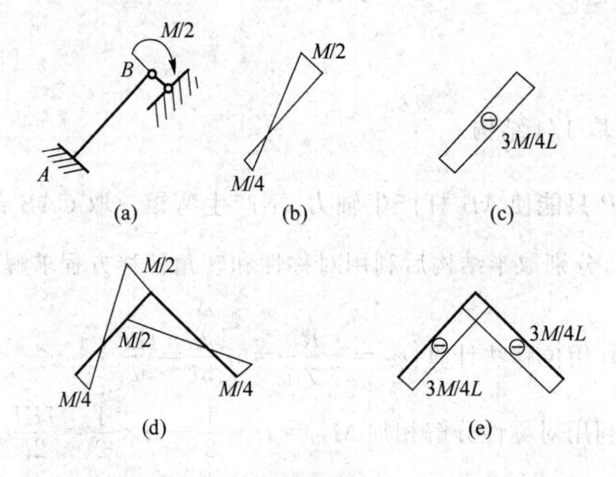

解图 7-2

7-22

解：

(1) 设 $i_1=\frac{2EI}{6},i_2=\frac{EI}{4}$。各杆的杆端弯矩为

$$M_{AC}=2i_2Z_1-\frac{6i_2}{4}Z_2=-\frac{5}{7}\text{ kN·m}$$

$$M_{CA}=4i_2Z_1-\frac{6i_2}{4}Z_2=+\frac{20}{7}\text{ kN·m}$$

$$M_{CD}=3i_1Z_1=\frac{50}{7}\text{ kN·m}$$

$$M_{DC}=0$$

$$M_{DB}=0$$

$$M_{BD}=\frac{-3i_2}{4}Z_2=-\frac{15}{7}\text{ kN}\cdot\text{m}$$

$M_{CE}=10\text{ kN}\cdot\text{m}$ 静定梁，由平衡方程可得。

(2) 画弯矩图，如解图 7-3 所示。

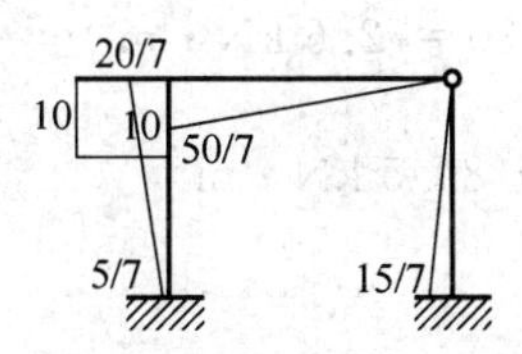

解图 7-3

7-23

解：

(1) 去掉静定部分 DE 杆，基本未知量为 $Z_1=\theta_C$，$Z_2=\Delta_{CH}=\Delta_{DH}$，如解图 7-4(a)、(b)所示。

(2) 根据平衡条件列出平衡方程为

$$\sum M_C=0;M_{CA}+M_{CD}=0$$

$$\sum F_X=0;F_{SCA}+F_{SCB}=0$$

(3) 根据转角位移方程计算各个杆端内力为

$$M_{CA}=4iZ_1-\frac{6i}{6}Z_2+\frac{20\times6^2}{12}=4iZ_1-iZ_2+60$$

$$M_{AC}=2iZ_1-\frac{6i}{6}Z_2-\frac{20\times6^2}{12}=2iZ_1-iZ_2-60$$

$M_{CD}=3(2i)Z_1+\frac{60}{2}=6iZ_1+30$；其中$\frac{60}{2}$→传递弯矩

$M_{DC}=60\text{ kN}\cdot\text{m}$(节点荷载)

$M_{DB}=0$

$$M_{BD}=-\frac{3i}{6}Z_2=-0.5iZ_2$$

$F_{SCA}=-\frac{M_{CA}+M_{AC}}{6}-\frac{20\times6}{2}=-iZ_1+\frac{i}{3}Z_2-60$(直接用转角位移方程 $F_{SCA}=-\frac{6i}{6}Z_1+\frac{12i}{6^2}Z_2-\frac{ql}{2}=-iZ_1+\frac{i}{3}Z_2-60$ 也得相同结果)

$F_{SCB}=-\frac{M_{DB}+M_{BD}}{6}=\frac{i}{12}Z_2$(直接用转角位移方程 $F_{SCB}=\frac{3i}{6^2}Z_2=\frac{i}{12}Z_2$ 也得相同结果)

(4)代入平衡方程整理后得

$$10iZ_1-iZ_2+90=0$$

$$-iZ_1+\frac{5}{12}iZ_2-60=0$$

解方程得

$$Z_1=\frac{7.1}{i},Z_2=\frac{161}{i}$$

(5) 把节点位移代回转角位移方程，计算各杆端弯矩为

$M_{CA}=4iZ_1-\frac{6i}{6}Z_2+\frac{20\times 6^2}{12}=4i\,\frac{7.1}{i}-i\,\frac{161}{i}+60=-72.6\ \text{kN}\cdot\text{m}$

$M_{AC}=2iZ_1-\frac{6i}{6}Z_2-\frac{20\times 6^2}{12}=2i\,\frac{7.1}{i}-i\,\frac{161}{i}-60=-206.8\ \text{kN}\cdot\text{m}$

$M_{CD}=3(2i)Z_1+\frac{60}{2}=6i\,\frac{7.1}{i}+30=72.6\ \text{kN}\cdot\text{m}$

$M_{BD}=-\frac{3i}{6}Z_2=-0.5i\,\frac{161}{i}=-80.5\ \text{kN}\cdot\text{m}$

$M_{DB}=0$

$M_{DC}=60\ \text{kN}\cdot\text{m}$

(6) 画弯矩图,如解图 7-4(c)所示,单位为 kN · m。

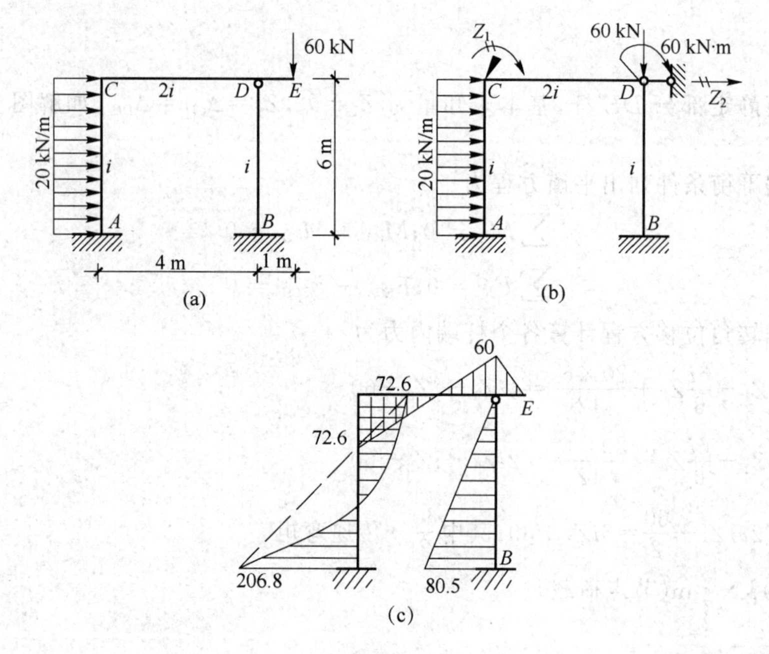

解图 7-4

7-24

解:

本题为支座移动引起的弯矩图,用节点平衡条件直接建立位移法方程如下。

(1) 取基本未知量为 θ_C。

(2) 节点平衡方程为

$$\sum M_C = 0;M_{CB}+M_{CD}+M_{CE}=0$$

(3) 根据转角位移方程写出各杆端弯矩为

$M_{AB}=-\frac{3i}{l}\Delta=-3i\theta$

$M_{BA}=0$

$M_{BC}=0$

$M_{CB}=3i\theta_C$

$M_{CD}=4i\theta_C+2i\theta-\frac{6i}{l}\Delta=4i\theta_C-4i\theta$

$M_{DC}=2i\theta_C+4i\theta-\dfrac{6i}{l}\Delta=2i\theta_C-2i\theta$

$M_{CE}=3i\theta_C$

$M_{EC}=0$

(3) 代入平衡方程得

$$10i\theta_C=4i\theta$$

解得

$$\theta_C=0.4\theta$$

(4) 将 $\theta_C=0$ 代回转角位移方程,计算各杆端弯矩为

$$M_{AB}=-\frac{3i}{l}\Delta=-3i\theta$$

$$M_{BA}=0$$

$$M_{BC}=0$$

$$M_{CB}=3i\theta_C=1.2i\theta$$

$$M_{CD}=4i\theta_C+2i\theta-\frac{6i}{l}\Delta=4i\theta_C-4i\theta=-2.4i\theta$$

$$M_{DC}=2i\theta_C+4i\theta-\frac{6i}{l}\Delta=2i\theta_C-2i\theta=-1.2i\theta$$

$$M_{CE}=3i\theta_C=1.2i\theta$$

$$M_{EC}=0$$

(5) 画弯矩图,如解图 7-5 所示(单位:$i\theta$)。

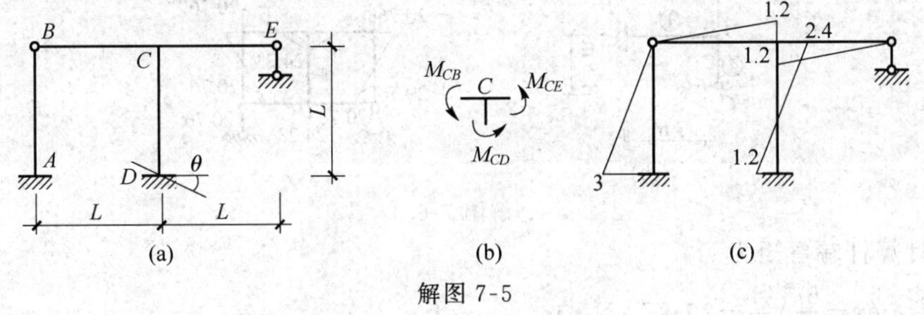

解图 7-5

7-25

解:

根据对称性分析把荷载分组就只有反对称了,取 1/4 结构如解图 7-6(a)所示,根据题意有

$$i_{AB}=i=\frac{EI}{3}=1,i_{AC}=4i=4\times\frac{EI}{3}=4$$

下面根据节点平衡条件建立位移法方程。

(1) 基本未知量为 θ_A 和 Δ。

(2) 列平衡方程得

$$M_{AB}+M_{AC}=0$$

$$F_{SAB}-15=0$$

(3) 各个杆端弯矩的转角位移方程表达式为

$M_{AB}=4i\theta_A-\dfrac{6i}{l}\Delta$

$M_{BA}=2i\theta_A-\frac{6i}{l}\Delta$

$M_{AC}=12i\theta_A$

$F_{SAB}=-\frac{M_{AB}+M_{BA}}{l}=-\frac{6i\theta_A}{l}+\frac{12i}{l^2}\Delta$

(4) 位移法方程为

$$16i\theta_A-\frac{6i}{l}\Delta=0$$

$$-\frac{6i}{l}\theta_A+\frac{12i}{l^2}\Delta-15=0$$

解得

$$\theta_A=\frac{1.73}{i}$$

$$\Delta=\frac{13.85}{i}$$

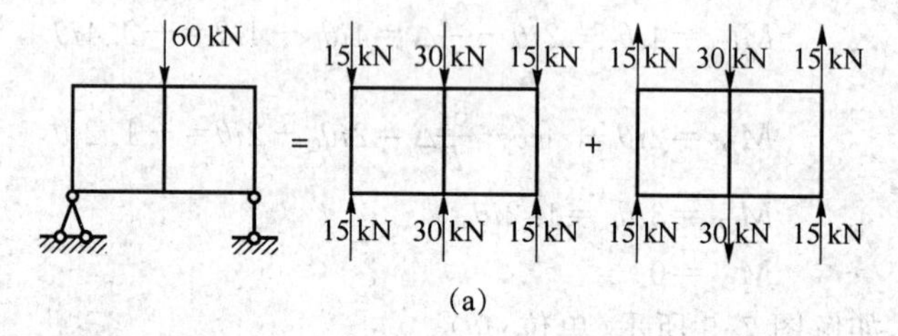

(a)

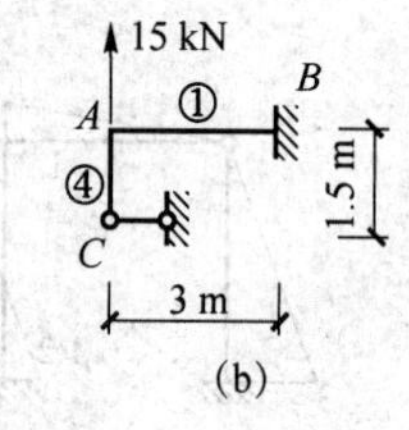

(b)

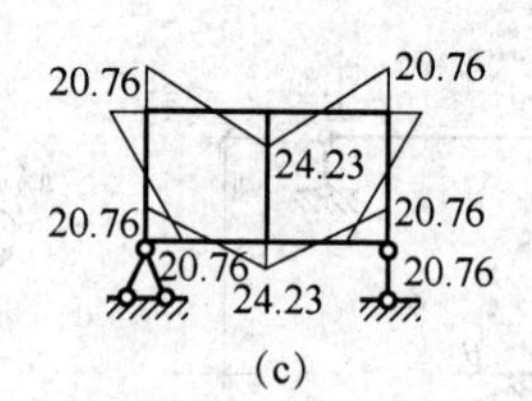

(c)

解图 7-6

(5) 计算杆端弯矩为

$M_{AB}=4i\theta_A-\frac{6i}{l}\Delta=-20.77\ \text{kN}\cdot\text{m}$

$M_{BA}=2i\theta_A-\frac{6i}{l}\Delta=-24.23\ \text{kN}\cdot\text{m}$

$M_{AC}=12i\theta_A=20.77\ \text{kN}\cdot\text{m}$

(6) 画弯矩图，如解图 7-6(c)所示。

第8章　力矩分配法

力矩分配法是以位移法为基础导出的一种渐近法。以逐次渐近的方法计算杆端弯矩，它无需建立和解算(联立)方程，其结果的精度随计算轮次的增加而提高，理论上收敛于精确解。其应用范围有所限制，仅适用于无侧移杆(或)剪力静定杆组成的超静定结构。

8.1　基本内容及学习指导

8.1.1　基本概念

1. 劲度系数

如图 8-1 所示两端固定的单跨超静定梁 A 端发生单位转角，在 A 端(称近端)产生的弯矩(或需加弯矩)$M_{AB}=4i$ 称为杆端的劲变系数(亦称转动刚度)，用“S_{AB}”表示。

即如图 8-1 的所示杆 AB，有

$$S_{AB}=4i$$

其值不仅与杆件的线刚度有关，还与杆件另一端(称远端)的支承情况有关。

如图 8-2 所示为一端固定、一端铰支和一端定向支撑的梁，其劲度系数分别为

$$S_{AB}=3i$$

$$S_{AB}=i$$

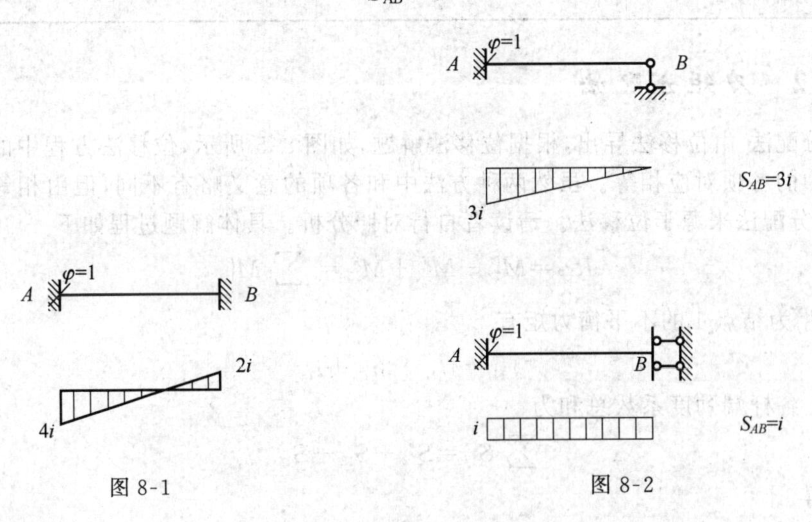

图 8-1　　图 8-2

2. 传递系数

如图 8-3 所示，当 A 端转动时，B 端没转动但产生弯矩。例如：

$$M_{BA}=2i$$

$\dfrac{M_{BA}}{M_{AB}}=C_{AB}$——远端弯矩与近端弯矩之比。

C_{AB} 称 A 端向 B 端的传递系数。如图 8-4 所示中 5 种情况的劲度系数 S 和传导系数

C,如表 8-1 所示。

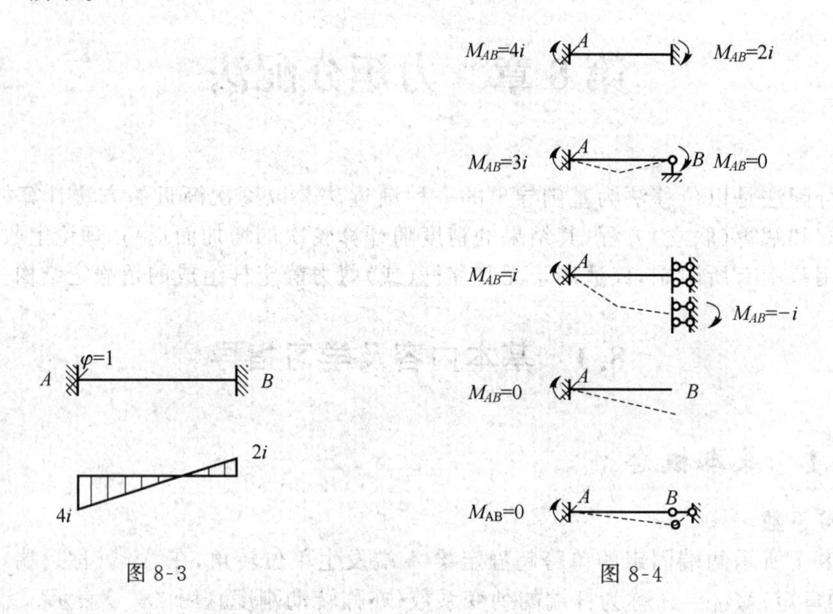

图 8-3　　图 8-4

表 8-1

远端支撑情况	劲度系数 S	传递系数 C
固定	$4i$	0.5
铰支	$3i$	0
滑动	i	-1
自由或轴向支撑	0	

8.1.2　力矩分配法

力矩分配法 由位移法导出,根据位移法解题,如图 8-5 所示,位移法方程中的各项和力矩分配法中的各项对应相等。虽然两种方法中和各项的意义略有不同,但由相等条件存在可知,力矩分配法来源于位移法。请读者自行对照分析。具体解题过程如下。

$$R_{1P}=M_{12}^F-M_{14}^F+M_{13}^F=\sum M_{1j}^F$$

$\sum M_{1j}^F$ 为结点 1 的不平衡力矩有

$$r_{11}=4i_{12}+3i_{13}+i_{14}$$

结点 1 各杆端劲度系数总和为

$$\sum S_{1j}=S_{12}+S_{13}+S_{14}$$

由此得

$$r_{11}=\sum S_{1j}$$

$$Z_1=-\frac{R_{1P}}{r_{11}}=\frac{-\sum M_{1j}^F}{\sum S_{1j}}$$

由于各杆端弯矩 $M=M_P+\overline{M}_1 Z_1$

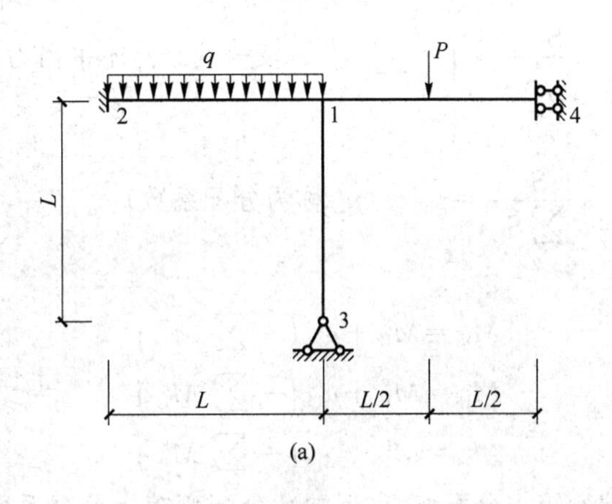

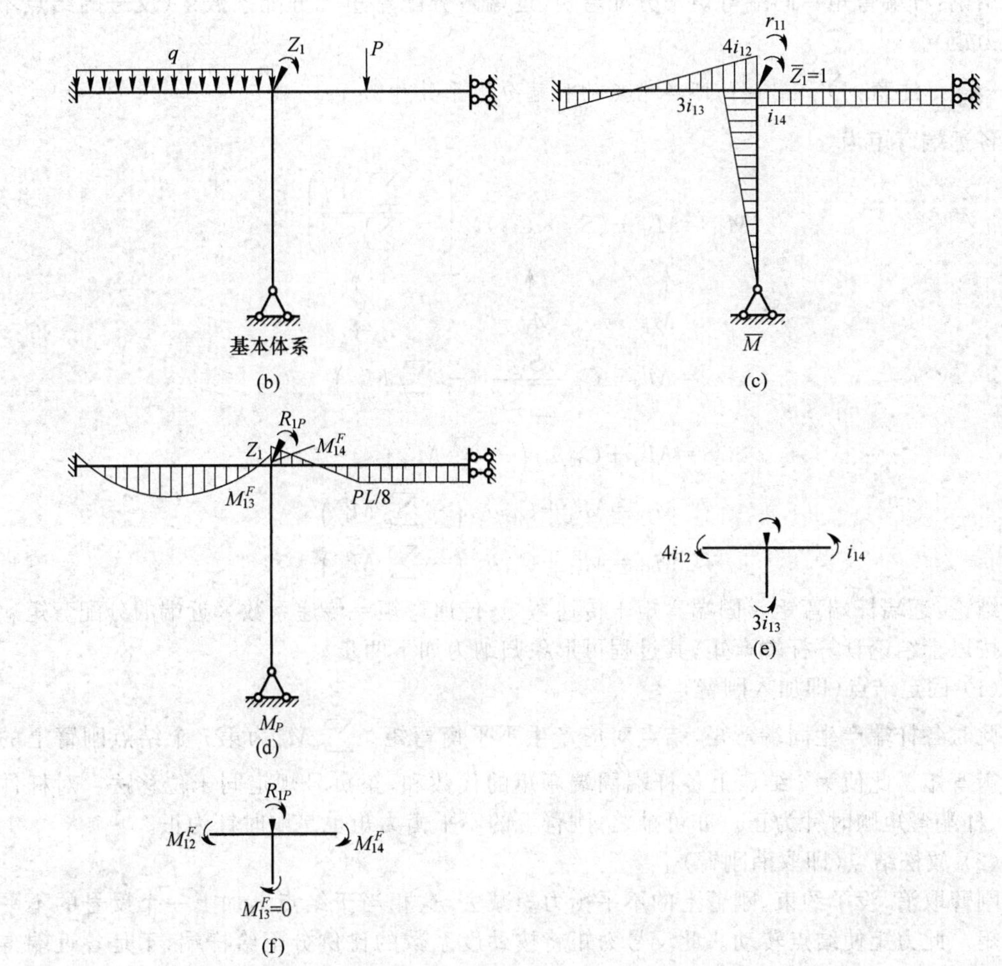

图 8-5

$$M_{12}=M_{12}^{F}+S_{12}\cdot\frac{\left(-\sum M_{j}^{F}\right)}{\sum S_{1j}}$$

$$=M_{12}^F+\frac{S_{12}}{\sum S_{1j}}\cdot\left(-\sum M_j^F\right)\text{(反号的结点不平衡力矩)}$$

令

$$\frac{S_{12}}{\sum S_{1j}}=\mu_{12}\quad(\mu_{12}\text{称为分配系数})$$

则

$$M_{12}=M_{12}^F+\mu_{12}\left(-\sum M_{1j}^F\right)$$
$$M_{13}=M_{13}^F+\mu_{13}\left(-\sum M_{1j}^F\right)$$
$$M_{14}=M_{14}^F+\mu_{14}\left(-\sum M_{1j}^F\right)$$

结论：杆端弯矩＝固端弯矩＋分配弯矩(近端)；分配弯矩＝分配系数×(反号的结点不平衡力矩)。

注意：$\sum\mu_{1j}=1$，即各结点的杆端分配系数和为1。

各远端弯矩为

$$M_{21}=\underset{\substack{\uparrow\\ M_P}}{M_{21}^F}+(\underset{\substack{\uparrow\\ \overline{M}_1}}{S_{12}\times C_{12}})\times\underset{\substack{\uparrow\\ Z_1}}{\left(-\frac{\sum M_{1j}^F}{\sum S_{1j}}\right)}$$

$$=M_{21}^F+C_{12}\frac{S_{12}}{\sum S_{1j}}\left(-\sum M_{1j}^F\right)$$
$$=M_{21}^F+C_{12}\mu_{12}\left(-\sum M_{1j}^F\right)$$
$$M_{31}=M_{31}^F+C_{13}\mu_{13}\left(-\sum M_{1j}^F\right)$$
$$M_{41}=M_{41}^F+C_{14}\mu_{14}\left(-\sum M_{1j}^F\right)$$

结论：远端杆端弯矩＝固端弯矩＋传递弯矩；传递弯矩＝传递系数×近端的分配弯矩。

按以上结论计算杆端弯矩，其过程可形象归纳为如下两步。

(1) 固定结点(即加入刚臂)

此时各杆端产生固端弯矩，结点对应产生不平衡弯矩。$\sum M_{ij}^F$为第i个结点刚臂上的不平衡弯矩。此值为i结点上各杆端固端弯矩的代数和，正负号规定同于位移法。对杆件而言，杆端弯矩顺时针为正。亦可推之，刚臂上的不平衡力矩也是顺时针为正。

(2) 放松结点(即取消刚臂)

刚臂取消，没了约束，刚臂上的不平衡力矩减去，这相当于结点上加上一个反号的不平衡力矩。此力矩使结点转动。此反号力矩将按劲度系数的比例分配给杆端，于是各近端得到分配弯矩，同时向各自的远端进行传递。如图8-6所示。

最后，各近端弯矩＝固端弯矩＋分配弯矩；各远端弯矩＝固端弯矩＋传递弯矩。

8.1.3　用力矩分配法计算连续梁和无侧移刚架

对于具有多个结点转角但无结点位移(简称无侧移)的结构的。做法是：先将所有结点固定，计算杆端弯矩，然后将各结点轮流放松，即每次只放松一个，把结点的不平衡力矩轮流

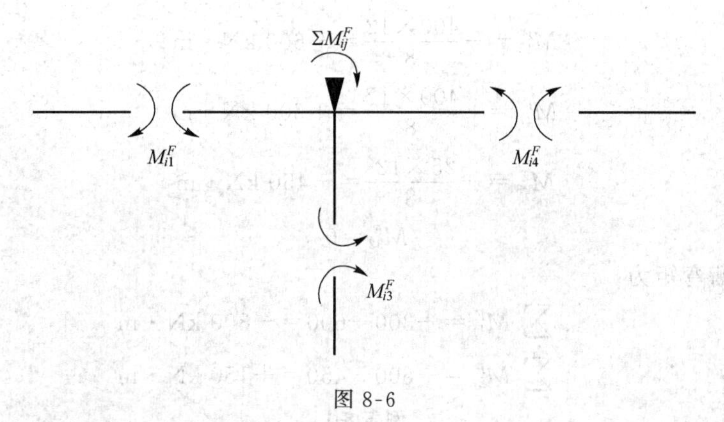

图 8-6

地分配传递，直到传递弯矩小到可以略去为止。

8.1.4 解题指导

① 力矩分配法是由位移法导出。位移法的假定在力矩分配法中必然成立，力矩符号的规定亦成立。

② 若结构含有静定部分，通常可将其截离，把截离所取截面上的内力视为外力作用在留下待分析结构上。

③ 若结点作用集中力偶矩，该结点的不平衡力矩应为该结点各杆固端弯矩与此集中力偶矩的代数和，正负号按转向逆时针为正取定。

④ 对于对称结构，应利用对称性简化计算。

⑤ 计算时，特别是刚架结构为了使计算过程显得更紧凑、直观，避免罗列大量算式，可按步骤顺序列表进行。

8.2 典型例题分析

例 8-1 如例图 8-1 所示连续梁，求各杆端弯矩。

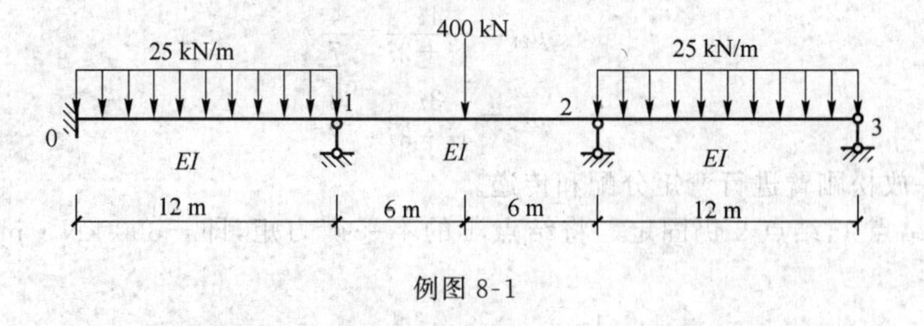

例图 8-1

解：

(1) 先求如例表 8-1 所示连续梁的杆端弯矩。

固端弯矩为

$$M_{01}^F=-\frac{25\times 12^2}{12}=-300\ \text{kN}\cdot\text{m}$$

$$M_{10}^F=+\frac{25\times 12^2}{12}=+300\ \text{kN}\cdot\text{m}$$

$$M_{12}^{F}=-\frac{400\times12}{8}=-600\ \text{kN}\cdot\text{m}$$

$$M_{21}^{F}=+\frac{400\times12}{8}=+600\ \text{kN}\cdot\text{m}$$

$$M_{23}^{F}=-\frac{25\times12^{2}}{8}=-450\ \text{kN}\cdot\text{m}$$

$$M_{32}^{F}=0$$

结点不平衡弯矩为

$$\sum M_{1j}^{F}=+300-600=-300\ \text{kN}\cdot\text{m}$$

$$\sum M_{2j}^{F}=+600-450=+150\ \text{kN}\cdot\text{m}$$

例表 8-1

分配系数 μ			1/2	1/2		4/7	3/7	
固端弯矩 M^F	−300	+300	−600		+600	−450		0
结点 1 分配传递	+75 ←	+150	+150	→	+75			
结点 2 分配传递			−64	←	−129	−96	→	0
结点 1 分配传递	+16 ←	+32	+32	→	+16			
结点 2 分配传递			−5	←	−9	−7		
结点 1 分配传递	+1 ←	+2	+3	→	+1			
结点 2 分配传递					−1	0		
最后弯矩 M	−208	+484	−484		+553	−553		0

(2) 再求分配系数。

由于各跨 EI、L 均相同,故线刚度均为 i。

$$\mu_{10}=\frac{4i}{4i+4i}=\frac{1}{2}$$

$$\mu_{12}=\frac{4i}{4i+4i}=\frac{1}{2}$$

$$\mu_{21}=\frac{4i}{4i+3i}=\frac{4}{7}$$

$$\mu_{23}=\frac{3i}{4i+3i}=\frac{3}{7}$$

(3) 逐一放松刚臂进行弯矩分配和传递。

① 放松结点 1,结点 2 仍固定。将结点 1 的不平衡力矩,即 −300 kN · m,反号分配。分配弯矩为

$$M_{10}=\frac{1}{2}\times[-(-300)]=150\ \text{kN}\cdot\text{m}$$

$$M_{12}=\frac{1}{2}\times[-(-300)]=150\ \text{kN}\cdot\text{m}$$

传递弯矩为

$$M_{01}=\frac{1}{2}\times(+150)=75\ \text{kN}\cdot\text{m}$$

$$M_{21}=\frac{1}{2}\times(+150)=75\ \text{kN}\cdot\text{m}$$

② 放松结点 2,结点 1 固定。结点 2 的不平衡力矩此时为原有的＋150 kN · m,再加上结点 1 新传来的＋75 kN · m,则

不平衡力矩＝＋150＋75＝225 kN · m

将其反号按分配系数分配,可经分配弯矩为

$$M_{21}=\frac{4}{7}\times(-225)=-129\ \mathrm{kN\cdot m}$$

$$M_{23}=\frac{3}{7}\times(-225)=-96\ \mathrm{kN\cdot m}$$

传递弯矩为

$$M_{12}=\frac{1}{2}\times(-129)=-64\ \mathrm{kN\cdot m}$$

$$M_{32}=0\times(-96)=0$$

按同样方法反复地将各结点轮流固定、放松,不断地进行力矩的分配和传递。不平衡力矩的数值将越来越小,直到传递弯矩的数值小到可以略去时,便可停止计算。最后,将各杆端的固端弯矩和屡次所得到的分配弯矩和传递弯矩汇总加起来,便得到各杆端的最后弯矩。

例 8-2　试求如例图 8-2(a)所示刚架的弯矩图。

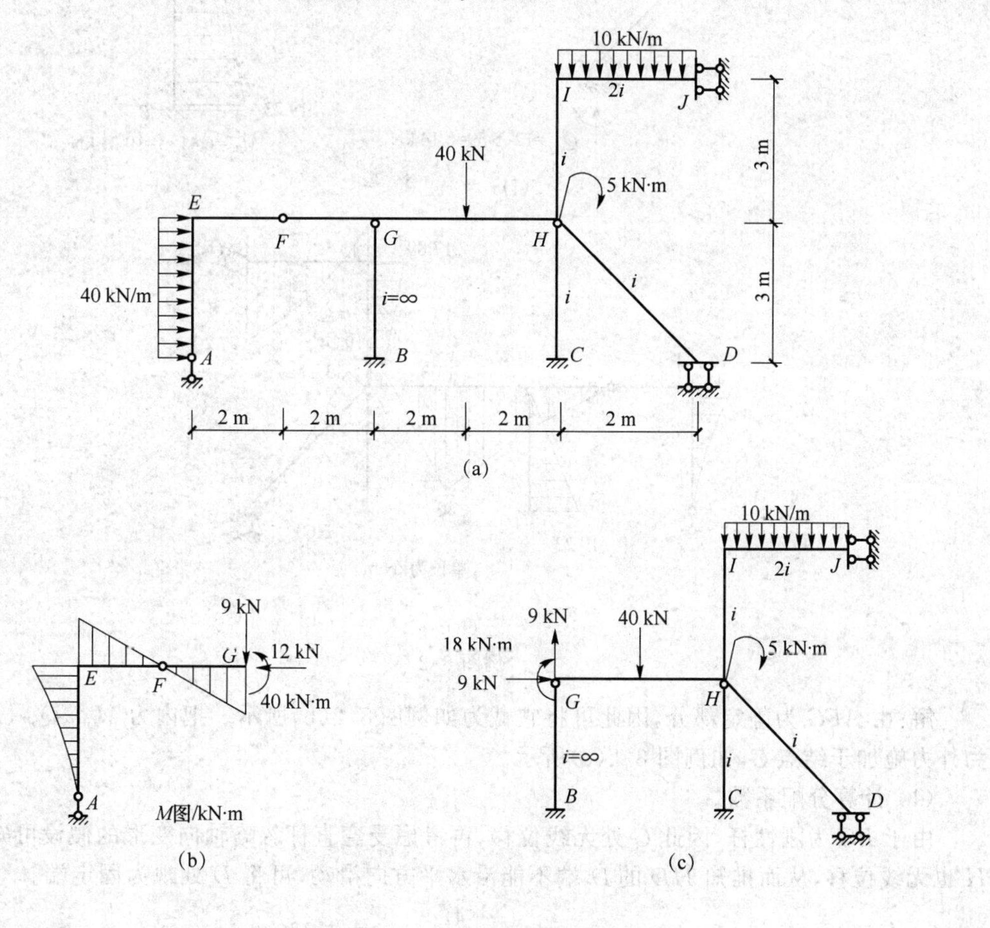

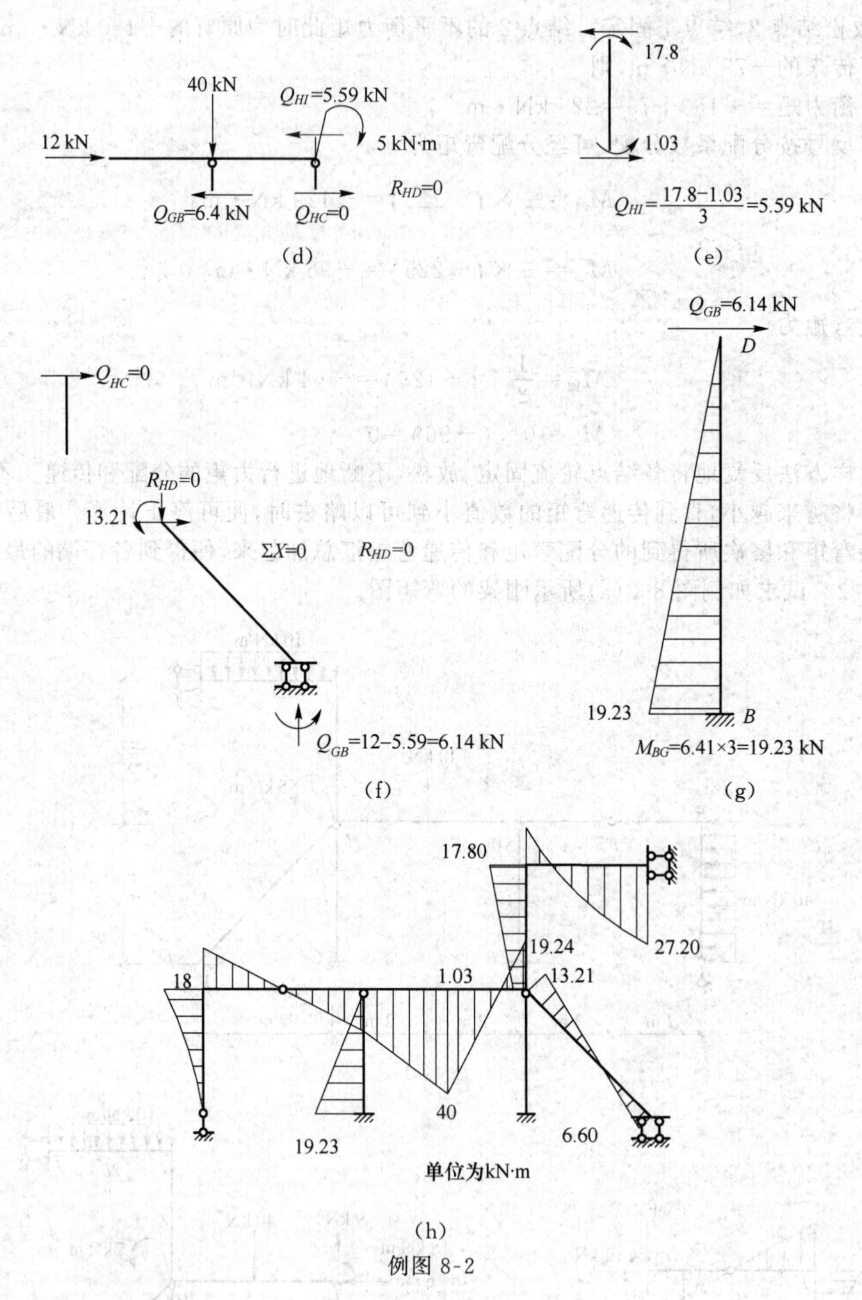

例图 8-2

解:由 AEG 为静定部分,因此可将它截为如例图 8-2(b)所示。把内力 M_{GF}、Q_{GF}、N_{GF} 作为外力施加于结点 G,如例图 8-2(c)所示。

(1) 计算分配系数。

由于 BG 为刚性杆,因此 G 处无线位移,再考虑受弯直杆忽略轴向变形的假设可知结点 H 也无线位移,从而推知 HD 的 D 端不能沿水平方向滑动,可将 D 处视为固定端。

$$\mu_{HD}=\mu_{HJ}\frac{4i}{4i+4i+3\times 2i}=0.286$$

$$\mu_{HG}=\frac{3\times 2i}{4i+4i+3\times 2i}=0.428$$

$$\mu_{IH}=\frac{4i}{4i+2i}=0.667$$

$$\mu_{IJ}=\frac{2i}{4i+2i}=0.333$$

(2) 计算固端弯矩。

$$M_{HG}^{F}=\frac{1}{2}\times18+\frac{3}{16}\times40\times4=39\ \text{kN}\cdot\text{m}$$

$$M_{IJ}^{F}=-\frac{1}{3}\times10\times3^{2}=-30\ \text{kN}\cdot\text{m}$$

$$M_{JI}^{F}=-\frac{1}{6}\times10\times3^{2}=-15\ \text{kN}\cdot\text{m}$$

结点 H 的不平衡力矩为

$$\sum M_{HJ}^{F}=39-5=34\ \text{kN}\cdot\text{m}$$

H 结点作用的顺时针集中力偶。

(3) 进行力矩分配和传递,并计算最后弯矩。计算过程及结果如例表 8-2 所示。

例表 8-2

结点	D	H				I		J	
杆端	DH	HD	HG		HI	JH	IJ	JI	
分配系数		0.286	0.428		0.286	0.667	0.33		
固端弯矩			39	−5			−30	−15	
分配与传递	−4.86	−9.73	−14.55		−9.72	−4.86			
					11.62	23.24	11.62	−11.62	
	−1.66	−3.32	−4.98		−3.32	−1.66			
					0.55	1.11	0.55	−0.55	
	−0.08	−0.16	−0.23		−0.16	−0.08			
						0.05	0.03	−0.03	
最后弯矩	−6.60	−13.21	19.24	−5	−1.03	17.80	−17.80	−27.20	

备注:弯矩单位为 kN · m。

(4) 绘弯矩图。

BG 杆的弯矩图如例图 8-2(d)所示。

8.3　习题及其解答

1. 练习题

8-1　用力矩分配法做如题图 8-1 所示的 M 图。

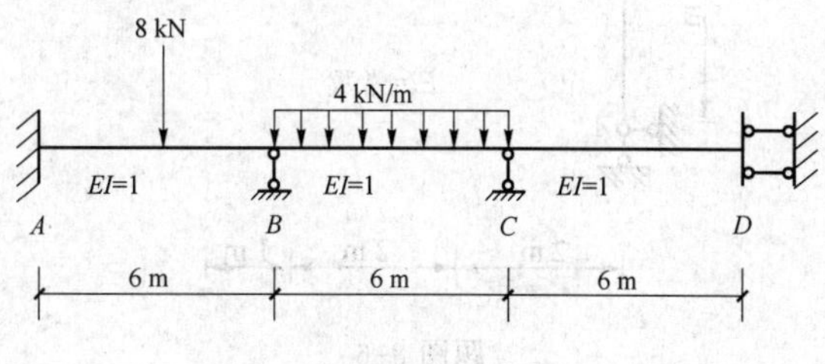

题图 8-1

8-2　用力矩分配法做如题图 8-2 所示的 M 图。

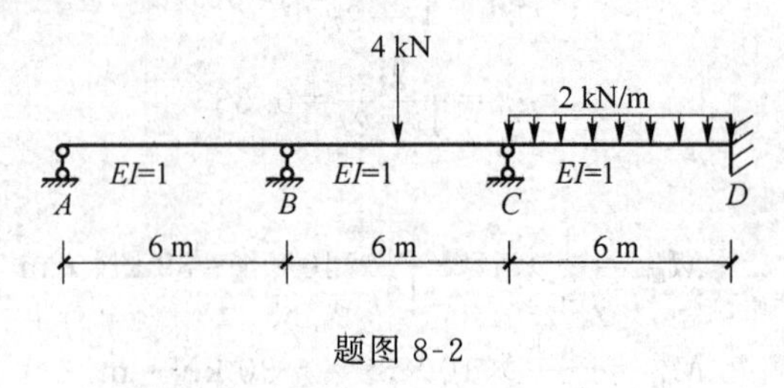

题图 8-2

8-3　用力矩分配法做如题图 8-3 所示的 M 图。

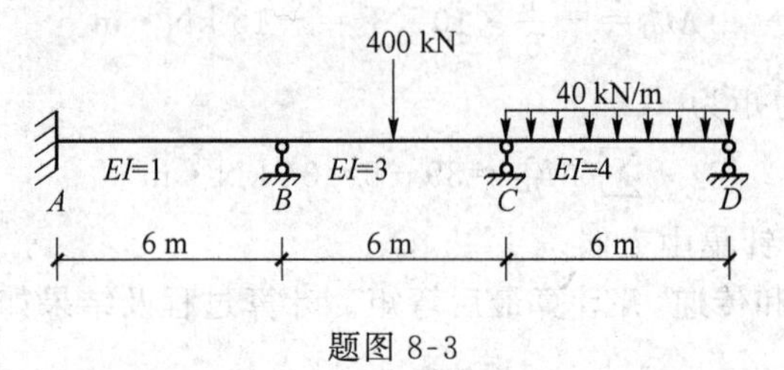

题图 8-3

8-4　用力矩分配法画如题图 8-4 所示连续梁的 M 图。设 EI＝常数。

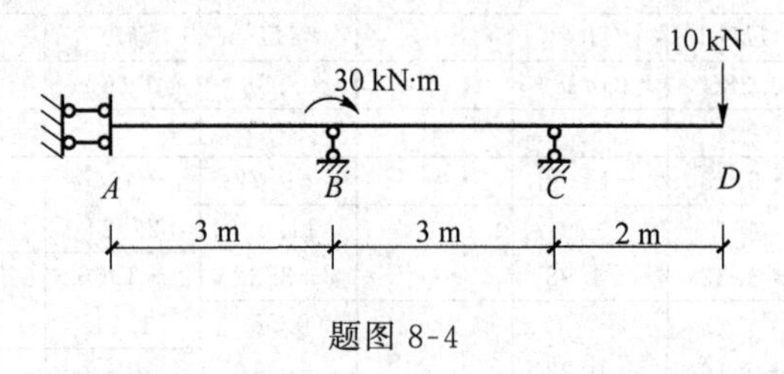

题图 8-4

8-5　用力矩分配法画如题图 8-5 所示的 M 图，设 EI 为常数。

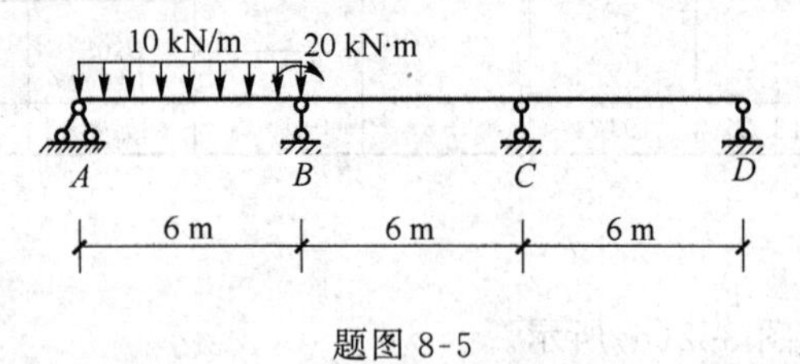

题图 8-5

8-6　试用力矩分配法计算如题图 8-6 所示结构，并画 M 图。

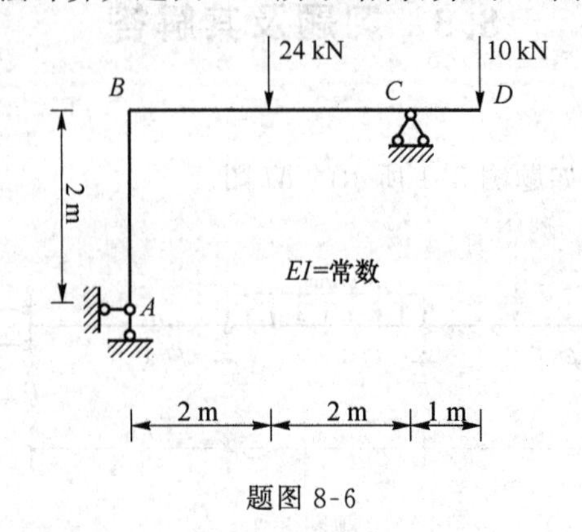

题图 8-6

8-7　试用力矩分配法作如题图 8-7 所示刚架的 M 图。

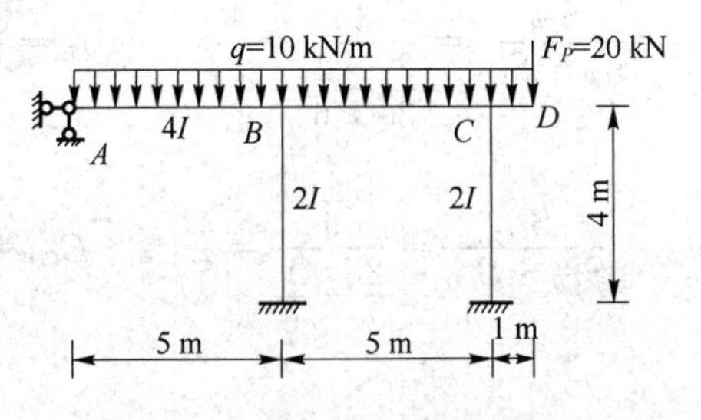

题图 8-7

8-8　用力矩分配法作如题图 8-8 所示刚架 M 图，设 EI=常数。

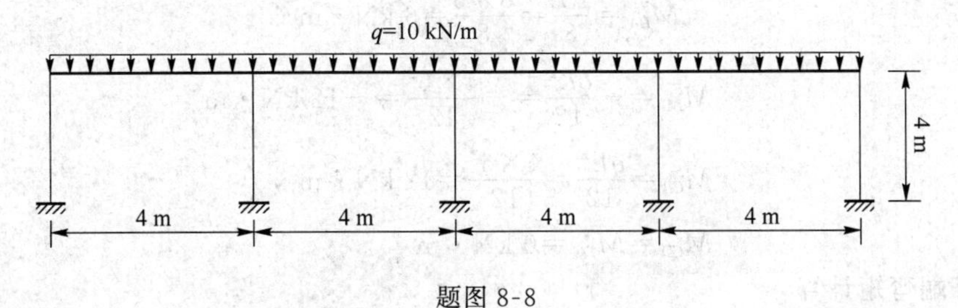

题图 8-8

2. 习题答案

8-1

解：

(1)确定分配系数和传递系数。

由于各跨 EI、L 均相同，故线刚度均为 i。

由节点 B

$$S_{BA}=4i_{BA}=4\times\frac{EI}{L}=4\times\frac{1}{6}=\frac{2}{3}$$

$$S_{BC}=4i_{BC}=4\times\frac{EI}{L}=4\times\frac{1}{6}=\frac{2}{3}$$

得

$$\mu_{BA}=\frac{S_{BA}}{S_{BA}+S_{BC}}=\frac{\frac{2}{3}}{\frac{2}{3}+\frac{2}{3}}=0.5\qquad C_{BA}=\frac{1}{2}$$

$$\mu_{BC}=\frac{S_{BC}}{S_{BA}+S_{BC}}=0.5\qquad C_{BC}=\frac{1}{2}$$

由节点 C

$$S_{CB}=4i_{CB}=4\times\frac{1}{6}=\frac{2}{3}$$

$$S_{CD}=i_{CD}=\frac{1}{6}$$

得

$$\mu_{CB}=\frac{S_{CB}}{S_{CB}+S_{CD}}=\frac{\frac{2}{3}}{\frac{2}{3}+\frac{1}{6}}=\frac{1}{5}\qquad C_{CB}=\frac{1}{2}$$

$$\mu_{CD}=\frac{S_{CD}}{S_{CB}+S_{CD}}=\frac{\frac{1}{6}}{\frac{2}{3}+\frac{1}{6}}=\frac{4}{5}\qquad C_{CD}=-1$$

(2) 确定固端弯矩。

$$M_{AB}^{F}=-\frac{FL}{8}=-\frac{8\times 6}{8}=-6\ \text{kN}\cdot\text{m}$$

$$M_{BA}^{F}=\frac{FL}{8}=\frac{8\times 6}{8}=6\ \text{kN}\cdot\text{m}$$

$$M_{BC}^{F}=-\frac{qL^{2}}{12}=-\frac{4\times 6^{2}}{12}=-12\ \text{kN}\cdot\text{m}$$

$$M_{CB}^{F}=\frac{qL^{2}}{12}=\frac{4\times 6^{2}}{12}=12\ \text{kN}\cdot\text{m}$$

$$M_{CD}^{F}=M_{DC}^{F}=0\ \text{kN}\cdot\text{m}$$

(3) 杆端弯矩计算

如解表 8-1 所示。

解表 8-1

节点	A	B		C		D
杆端	AB	BA	BC	CB	CD	DC
分配系数		0.5	0.5	0.8	0.2	
固端弯矩	−6	6	−12	12	0	0
分配与传递		−4.8		−9.6	−2.4	2.4
	2.7	5.4	5.4	2.7		
		1.08		−2.16	−0.54	0.54
	−0.27	−0.54		−0.54		−0.27
		0.108		0.216	0.054	−0.054
		−0.054	−0.054			
最后弯矩	−3.57	1.080 6	−10.806	2.886	−2.886	2.886

(4) 绘制弯矩图如解图 8-1 所示。

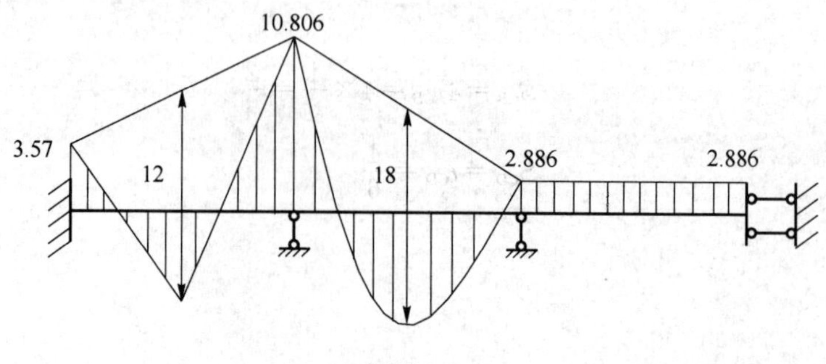

解图 8-1

8-2

解：

(1) 确定分配系数和传递系数。

$$i=\frac{EI}{l}=\frac{1}{6}$$

由节点 B 得

$S_{BA}=3i$

$S_{BC}=4i$

$C_{BA}=0$

$C_{BC}=\frac{1}{2}$

由节点 C 得

$S_{CB}=4i$

$S_{CD}=4i$

$C_{CB}=\frac{1}{2}$

$C_{CD}=\frac{1}{2}$

则有

$$\mu_{BA}=\frac{S_{BA}}{S_{BA}+S_{BC}}=\frac{3i}{7i}=\frac{3}{7}$$

$$\mu_{BC}=\frac{S_{BC}}{S_{BA}+S_{BC}}=\frac{4i}{7i}=\frac{4}{7}$$

$$\mu_{CB}=\frac{S_{CB}}{S_{CB}+S_{CD}}=\frac{4i}{8i}=\frac{1}{2}$$

$$\mu_{CD}=\frac{S_{CD}}{S_{CB}+S_{CD}}=\frac{4i}{8i}=\frac{1}{2}$$

(2) 确定固端弯矩。

$$M^F_{AB}=M^F_{BA}=0$$

$$M^F_{BC}=-\frac{Fl}{8}=-\frac{4\times 6}{8}=-3\ \text{kN}\cdot\text{m}$$

$$M^F_{CB}=\frac{Fl}{8}=3\ \text{kN}\cdot\text{m}$$

$$M^F_{CD}=-\frac{ql^2}{12}--\frac{2\times 6^2}{12}=-6\ \text{kN}\cdot\text{m}$$

$$M^F_{DC}=-\frac{ql^2}{12}=6\ \text{kN}\cdot\text{m}$$

(3) 杆端弯矩计算

如解表 8-2 所示。

解表 8-2

节点	*A*	*B*		*C*		*D*
杆端	*AB*	*BA*	*BC*	*CB*	*CD*	*DC*
分配系数		0.43	0.57	0.5	0.5	
固端弯矩	0	6	−3	3	−6	6
分配与传递	0	1.29	1.71	−0.86		
		0.54		1.07	1.07	0.54
	0	−0.23	−0.31	−0.16		
		0.04		0.08	0.08	0.04
		−0.01	−0.03			
最后弯矩	0	1.05	−1.05	4.85	−4.85	6.58

(4) 绘制弯矩图，如解图 8-2 所示。

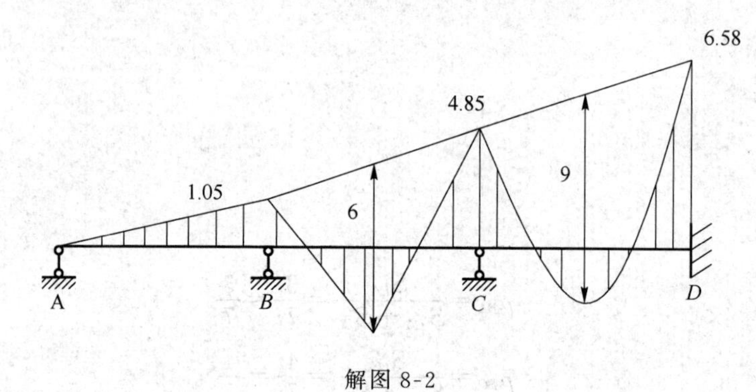

解图 8-2

8-3

解：

(1) 确定分配系数和传递系数。

由节点 B 得

$$S_{BA}=4i_{AB}=4\times\frac{1}{6}=\frac{2}{3}$$

$$S_{BC}=4i_{BC}=4\times\frac{3}{6}=2$$

$$C_{BA}=\frac{1}{2}\qquad C_{BC}=\frac{1}{2}$$

由节点 C 得

$$S_{CB}=4i_{CB}=4\times\frac{3}{6}=2$$

$$S_{CD}=4i_{CD}=3\times\frac{4}{6}=2$$

$$C_{CB}=\frac{1}{2}\qquad C_{CD}=0$$

则有

$$\mu_{BA}=\frac{S_{BA}}{S_{BA}+S_{BC}}=\frac{\frac{2}{3}}{\frac{2}{3}+2}=0.25$$

$$\mu_{BC}=\frac{S_{BC}}{S_{BA}+S_{BC}}=\frac{2}{\frac{2}{3}+2}=0.75$$

$$\mu_{CB}=\frac{S_{CB}}{S_{CB}+S_{CD}}=\frac{2}{2+2}=\frac{1}{2}$$

$$\mu_{CD}=\frac{S_{CD}}{S_{CB}+S_{CD}}=\frac{2}{2+2}=\frac{1}{2}$$

(2) 确定固端弯矩。

$$M_{AB}^{F}=M_{BA}^{F}=M_{DC}^{F}=0$$

$$M_{BC}^{F}=-\frac{Fl}{8}=-\frac{400\times 6}{8}=-300\ \text{kN}\cdot\text{m}$$

$$M_{CB}^{F}=\frac{Fl}{8}=300\ \text{kN}\cdot\text{m}$$

$$M_{CD}^{F}=-\frac{ql^{2}}{12}=-\frac{40\times 6^{2}}{12}=-180\ \text{kN}\cdot\text{m}$$

(3) 杆端弯矩计算

如解表 8-3 所示。

解表 8-3

节点	A	B		C		D
杆端	AB	BA	BC	CB	CD	DC
分配系数		0.25	0.75	0.5	0.5	
固端弯矩	0	0	−300	300	−180	0
分配与传递	37.5	75	225	112.5		
		−58.13		−116.25	−116.25	0
	7.27	14.53	43.6	21.8		
		−5.4		−10.9	−10.9	0
	0.67	1.35	4.05	2.03		
		−0.51		−1.02	−1.02	0
	0.06	0.13	0.38			
最后弯矩	45.5	91.01	−91.01	308.17	−308.17	0

(4) 绘制弯矩图,如解图 8-3 所示。

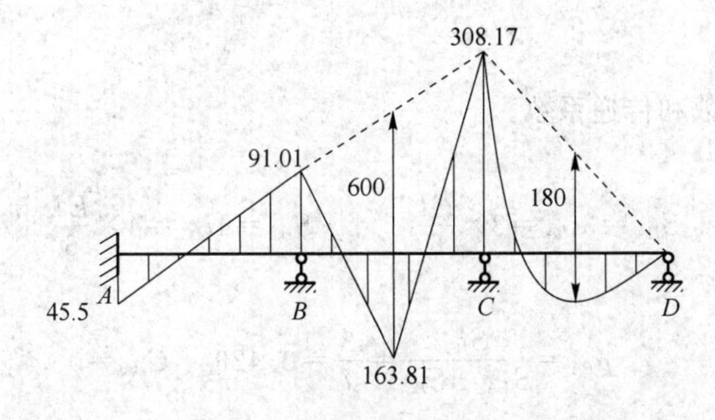

解图 8-3

8-4

由于 CD 部分是静定杆，其弯矩图可直接求出。这样可将梁分为两部分，分别画出弯矩图后连接在一起即可。取 A、B、C 段研究如解图 8-4(a)所示，去掉剩下部分的作用，用其截面上的内力代替，即为剪力 $F_{SB}=10$ kN，弯矩 $M_B=-20$ kN·m

解：

(1) 节点 B 力矩分配系数。

$$\mu_{BA}=\frac{1}{4}$$

$$\mu_{BC}=\frac{3}{4}$$

其中节点弯矩以逆时针为正，本题结点弯矩为 -30 kN·m。

(2) 杆端弯矩计算，如解表 8-4 所示。

解表 8-4

结点	A	B			C
杆端	AB	BA	B	BC	CB
分配系数		0.25		0.75	
固端弯矩	0	0	-30	10	20
分配与传递	-5	5		15	
最后弯矩	-5	5		25	20

(3) 绘制弯矩图，如解图 8-4(b)所示。

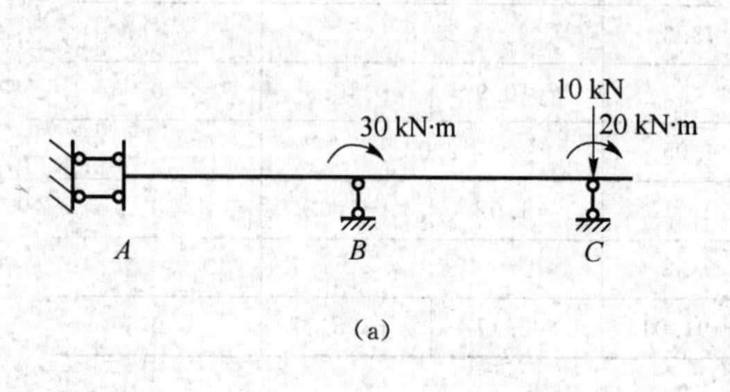

(a)

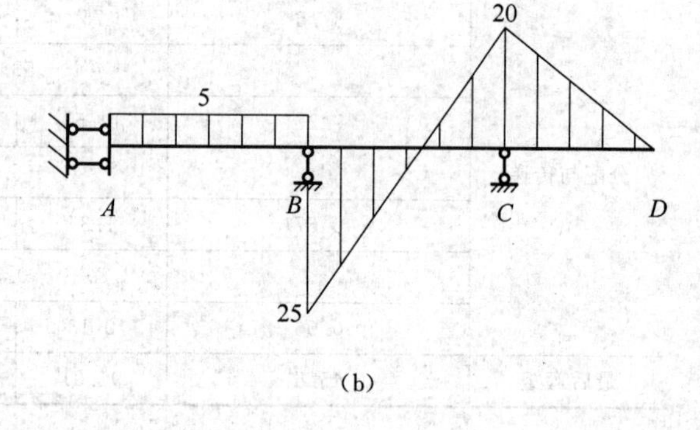

(b)

解图 8-4

8-5

解：

(1) 确定分配系数和传递系数。

由节点 B

$$S_{BA}=3i_{BA}=3\times\frac{EI}{6}\qquad S_{BC}=4i_{BC}=4\times\frac{EI}{6}$$

所以

$$\mu_{BA}=\frac{S_{BA}}{S_{BA}+S_{BC}}=\frac{3}{7}=0.429\quad C_{BA}=0$$

$$\mu_{BC}=\frac{S_{BC}}{S_{BA}+S_{BC}}=\frac{4}{7}=0.571\quad C_{BC}=\frac{1}{2}$$

由节点 C

$$S_{CB}=4i_{CB}=4\times\frac{EI}{6}\qquad S_{CD}=3i_{CD}=3\times\frac{EI}{6}$$

所以

$$\mu_{CB}=\frac{S_{CB}}{S_{CB}+S_{CD}}=\frac{4}{7}=0.571\qquad C_{CB}=\frac{1}{2}$$

$$\mu_{CD}=\frac{S_{CD}}{S_{CB}+S_{CD}}=\frac{3}{7}=0.429\qquad C_{CD}=0$$

(2) 确定固端弯矩。

$$M_{BA}^{F}=\frac{ql^2}{8}=\frac{10\times6^2}{8}=45\ \mathrm{kN\cdot m}$$

节点 B 顺时针力偶矩 20 kN·m,相当于固端弯矩 $M_B^F=-20$ kN·m。(因为求固端弯矩的代数和实质上是求刚臂产生的约束力偶矩,可推知其顺时针力偶矩为正。所以,节点顺时针力偶将产生刚臂逆时针约束力矩。)

(3) 杆端弯矩计算,如解表 8-5 所示。

解表 8-5

节点	A	B			C		D
杆端	AB	BA	B	BC	CB	CD	DC
分配系数		0.429		0.571	0.571	0.429	
固端弯矩	0	45	20	0	0	0	0
分配与传递	0	−10.75		−14.25	−7.13		
			2.04		4.07	3.06	0
	0	−0.88		−1.16	−0.58		
			0.17		9.33	0.25	0
	0	−0.07		−0.1	−0.05		
					0.03	0.02	0
最后弯矩	0	33.3		−13.3	−3.33	3.33	0

(4) 绘制弯矩图,如解图 8-5 所示。

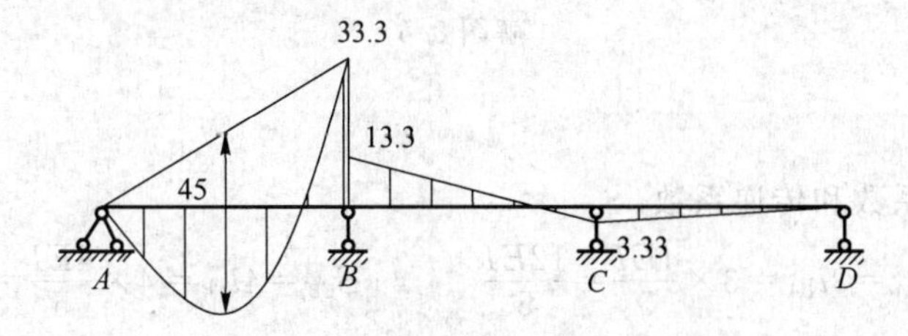

解图 8-5

8-6

解:

由于 CD 为静定梁其弯矩图可求,故将结构分成两部分求解。去掉部分对于留下部分的作用用内力 $F_{SC右}$ 和 M_C 代替。如解图 8-6(a)所示。

(1) 分配系数,计算传递系数。

$$S_{BC}=3i_{BC}=3\times\frac{EI}{4}=\frac{3EI}{4}\qquad S_{BA}=3i_{BA}=3\times\frac{EI}{2}=\frac{3EI}{2}$$

$$\mu_{BC}=\frac{1}{3}\qquad \mu_{BA}=\frac{2}{3}$$

$$C_{BC}=0\qquad C_{BA}=0$$

(2) 固端弯矩计算 M^F。

$$M_{BA}^F=0\qquad M_{AB}^F=0$$

$$M_{BC}^F=-\frac{3\times24\times4}{16}+5=-13\ \text{kN}\cdot\text{m}\qquad M_{CD}^F=10\ \text{kN}\cdot\text{m}$$

(3) 杆端弯矩计算，如解表 8-6 所示。

解表 8-6

结点	A	B		C
杆端	AB	BA	BC	CB
分配系数		2/3	1/3	
M^F	0	0	−13	10
		8.67	4.33	
最后弯矩	0	8.67	−8.67	10

(4) 画出弯矩图，如解图 8-6(b)所示。

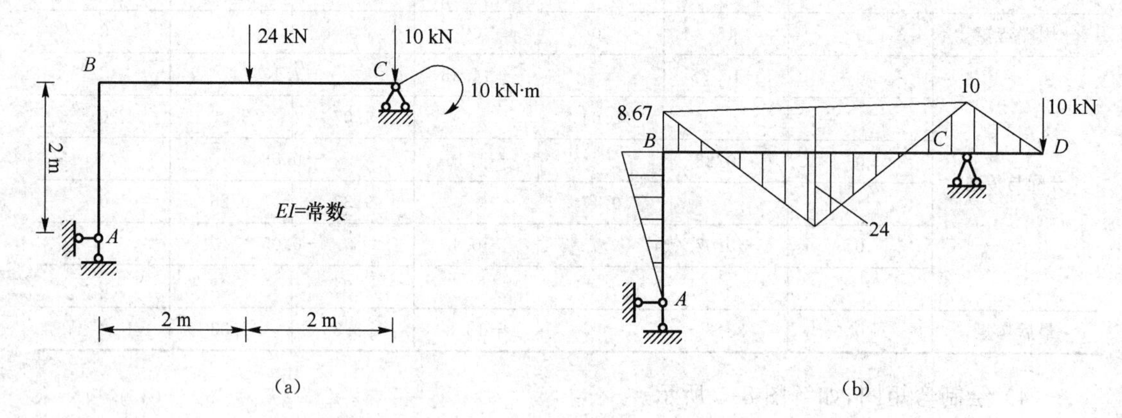

解图 8-6

8-7

解：

(1) 计算分配系数和传递系数。

$$S_{BA}=3i_{BA}=3\times\frac{4EI}{5}=\frac{12EI}{5}\qquad S_{CB}=4i_{CB}=4\times\frac{4EI}{5}=\frac{16EI}{5}$$

$$S_{BE}=4i_{BE}=4\times\frac{2EI}{4}=2EI\qquad S_{CF}=3i_{CF}=4\times\frac{2EI}{4}=2EI$$

$$S_{BC}=4i_{BC}=4\times\frac{4EI}{5}=\frac{16EI}{5}\qquad S_{CD}=0$$

$$\mu_{BA}=\frac{12}{5}\times\frac{5}{38}=\frac{6}{19}\qquad \mu_{CB}=\frac{16}{5}\times\frac{5}{26}=\frac{8}{13}$$

$$\mu_{BC}=\frac{16}{5}\times\frac{5}{38}=\frac{8}{19} \qquad \mu_{CF}=2\times\frac{5}{26}=\frac{5}{13}$$

$$\mu_{BE}=2\times\frac{5}{38}=\frac{5}{19} \qquad \mu_{CD}=0$$

$$C_{BA}=0 \qquad C_{CB}=\frac{1}{2}$$

$$C_{BE}=\frac{1}{2} \qquad C_{CE}=\frac{1}{2}$$

$$C_{BC}=\frac{1}{2} \qquad C_{CD}=0$$

(2) 计算固端弯矩。

$$M_{BA}^{F}=\frac{1}{8}\times10\times5^2=31.25\ \text{kN}\cdot\text{m} \qquad M_{CF}^{F}=0$$

$$M_{AB}^{F}=0 \qquad M_{CD}^{F}=-\frac{10\times1^2}{2}+20\times1=-25\ \text{kN}\cdot\text{m}$$

$$M_{BE}^{F}=0 \qquad M_{FC}^{F}=0$$

$$M_{BC}^{F}=-\frac{10\times5^2}{12}=-20.83\ \text{kN}\cdot\text{m} \qquad M_{EB}^{F}=0$$

$$M_{CB}^{F}=20.83\ \text{kN}\cdot\text{m}$$

(3) 计算杆端弯矩，如解表 8-7 所示。

解表 8-7

结点	A		B			C		E	F
杆端	AB	BA	BC	BE	CB	CF	CD	EB	EC
分配系数		6/19	8/19	5/19	8/13	5/13			
M^F	0	31.35	−20.83	0	20.83	0	−25	0	0
分配传递		−3.29	−4.39	−2.74	−2.7			−1.37	
			2.12		4.23	2.64			1.32
		−0.67	−0.89	−0.55	−0.45			−0.28	
			0.14		0.28	0.17			0.09
		−0.04	−0.06	−0.04				0.12	
最后弯矩	0	27.25	−23.91	−3.34	22.19	2.81	−25	−1.67	1.41

(4) 画出弯矩图，如解图 8-7 所示。

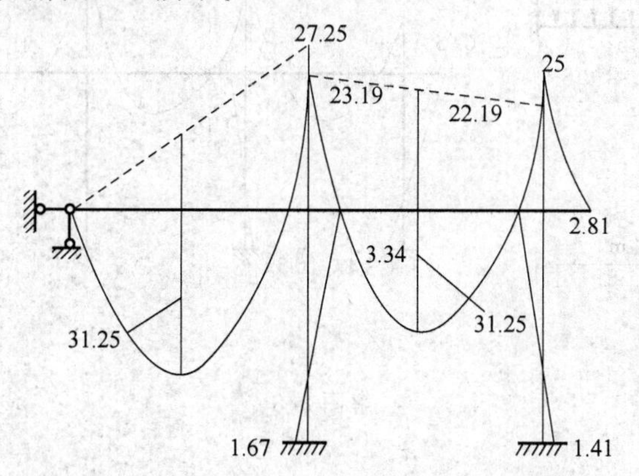

解图 8-7

8-8　**解:**

由于结构为正对称荷载,取半边结构计算如解图 8-8(a)所示。

(1) 计算分配系数和传递系数。

$$S_{AD}=4i_{AD}=4\times\frac{EI}{4}=EI \qquad S_{BA}=4i_{BA}=4\times\frac{EI}{4}=EI$$

$$S_{AB}=4i_{AB}=4\times\frac{EI}{4}=EI \qquad S_{BE}=4i_{BE}=4\times\frac{EI}{4}=EI$$

$$\mu_{AD}=\mu_{AB}=\frac{1}{2} \qquad S_{BC}=4i_{BC}=4\times\frac{EI}{4}=EI$$

$$\mu_{BA}=\mu_{BE}=\mu_{BC}=\frac{1}{3}$$

(2) 计算固端弯矩。

$$M_{AD}^{F}=M_{DA}^{F}=0 \qquad M_{BE}^{F}=M_{EB}^{F}=0$$

$$M_{AB}^{F}=-\frac{10\times4^2}{12}=-13.33\ \text{kN/m} \qquad M_{BA}^{F}=13.33\ \text{kN/m}$$

$$M_{BC}^{F}=-13.33\ \text{kN/m} \qquad M_{CB}^{F}=13.33\ \text{kN/m}$$

(3) 计算杆端弯矩,如解表 8-8 所示。

解表 8-8

结点	D	A		B			C	E
杆端	*DA*	*AD*	*AB*	*DA*	*BC*	*BE*	*CB*	*EB*
分配系数		0.5	0.5	0.33	0.33	0.33		
固端弯矩	0	0	−13.33	13.33	13.33	0	13.33	0
分配传递	3.33	6.67	6.67	3.33				
			−0.56	−1.11	−1.11	−1.11	−0.56	−0.56
	0.14	0.28	0.28	0.14				
				−0.05	−0.05	−0.05	−0.03	−0.03
最后弯矩	3.47	6.95	−6.95	15.64	−14.49	−1.16	12.74	−0.59

(4) 画出最后弯矩图,如解图 8-8(b)所示。

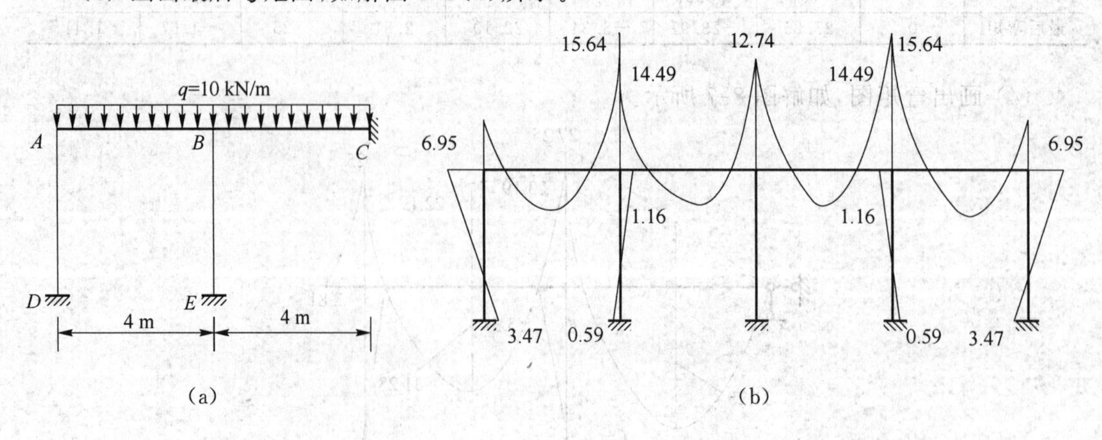

(a)　　(b)

解图 8-8

第9章　矩阵位移法

9.1　基本内容及学习指导

矩阵位移法是以传统结构力学的位移法为理论基础，以矩阵代数为数学工具，以计算机为运算工具的综合分析方法。

矩阵位移法的基本思路是：先将结构拆开，分解为若干个标准单元；对每个单元进行分析，建立单元杆端力和杆端位移的关系；然后将离散的单元按一定条件集合成原结构，建立结构结点荷载和结构结点位移之间的关系；再求出结构结点位移，从而求得各单元的杆端力。

9.1.1　基本概念

(1) 单元的结点

单元为等截面直杆，单元之间的连接点为结点。结点分为构造结点（如杆件的汇交点、支承点等）和非构造结点（如集中力作用点）。

(2) 单元坐标系和结构坐标系

单元坐标系又称为局部坐标系，以各杆轴线为$\bar{x}$轴，以垂直于轴线的方向作为$\bar{y}$轴。结构中每个单元都有各自的单元坐标系。为结构整体分析而选定统一坐标系称为结构坐标系，又称为整体坐标系。通常取x轴为水平方向，取y轴为竖直方向。

(3) 结点荷载、非结点荷载、等效结点荷载

作用在结点上的荷载称为结点荷载，而非结点荷载作用在单元上，需经处理变换为等效结点荷载。

9.1.2　单元分析

单元分析的任务是建立单元杆端力和杆端位移的关系，即单元刚度方程。

1. 单元杆端力和杆端位移

单元杆端力和直端位移如图 9-1 所示。

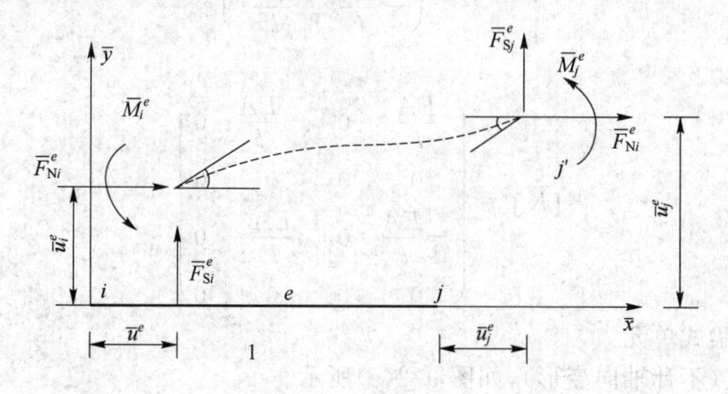

图 9-1

① 单元杆端力向量为

$$\{\overline{F}\}^e=\{\overline{F}_{Ni}\overline{F}_{Si}\overline{M}_i\ \overline{F}_{Nj}\overline{F}_{Sj}\overline{M}_j\}^{eT} \tag{9.1}$$

② 单元杆端位移向量为

$$\{\delta\}^e=\{\overline{u}_i\ \overline{v}_i\ \overline{\varphi}_i\ \overline{u}_j\ \overline{v}_j\ \overline{\varphi}_j\}^{eT} \tag{9.2}$$

③ 单元刚度方程

$$\{\overline{F}\}^e=[\overline{K}]^e\{\overline{\delta}\}^e \tag{9.3}$$

2. 单元刚度矩阵

(1)自由平面刚架单元

$$\{\overline{K}\}^e=\begin{pmatrix} \frac{EA}{l} & 0 & 0 & -\frac{EA}{l} & 0 & 0 \\ 0 & \frac{12EI}{l^3} & \frac{6EI}{l^2} & 0 & -\frac{12EI}{l^3} & \frac{6EI}{l^2} \\ 0 & \frac{6EI}{l^2} & \frac{4EA}{l} & 0 & -\frac{6EI}{l^2} & \frac{2EA}{l} \\ -\frac{EA}{l} & 0 & 0 & \frac{EA}{l} & 0 & 0 \\ 0 & -\frac{12EA}{l^3} & -\frac{6EI}{l^2} & 0 & \frac{12EI}{l^3} & -\frac{6EI}{l^2} \\ 0 & \frac{6EI}{l^2} & \frac{2EA}{l} & 0 & -\frac{6EI}{l^2} & \frac{4EA}{l} \end{pmatrix} \tag{9.4}$$

若忽略杆件的轴向变形,则单元刚度矩阵$[\overline{K}]^e$为

$$[\overline{K}]^e=\begin{pmatrix} \frac{12EI}{l^3} & \frac{6EI}{l^2} & -\frac{12EI}{l^3} & \frac{6EI}{l^2} \\ \frac{6EI}{l^2} & \frac{4EA}{l} & -\frac{6EI}{l^2} & \frac{2EA}{l} \\ -\frac{12EA}{l^3} & -\frac{6EI}{l^2} & \frac{12EI}{l^3} & -\frac{6EI}{l^2} \\ \frac{6EI}{l^2} & \frac{2EA}{l} & -\frac{6EI}{l^2} & \frac{4EA}{l} \end{pmatrix} \tag{9.5}$$

(2) 自由式平面桁架单元

$$[\overline{K}]^e=\begin{pmatrix} \frac{EA}{l} & -\frac{EA}{l} \\ -\frac{EA}{l} & \frac{EA}{l} \end{pmatrix}$$

或

$$[\overline{K}]^e=\begin{pmatrix} \frac{EA}{l} & 0 & -\frac{EA}{l} & 0 \\ 0 & 0 & 0 & 0 \\ -\frac{EA}{l} & 0 & \frac{EA}{l} & 0 \\ 0 & 0 & 0 & 0 \end{pmatrix} \tag{9.6}$$

(3) 有约束梁式单元

① 两端铰支(不计轴向变形),如图 9-2(a)所示。

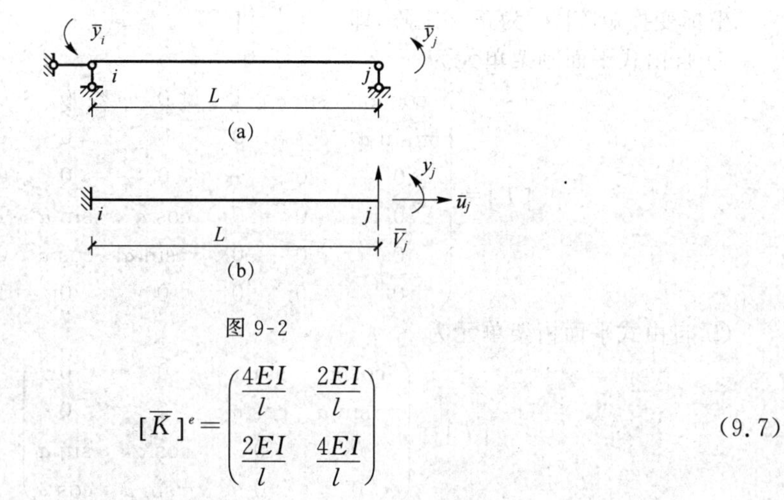

图 9-2

$$[\overline{K}]^e=\begin{pmatrix}\dfrac{4EI}{l} & \dfrac{2EI}{l}\\ \dfrac{2EI}{l} & \dfrac{4EI}{l}\end{pmatrix} \tag{9.7}$$

② 一端固定、一端自由,如图 9-2(b)所示。

$$[\overline{K}]^e=\begin{pmatrix}\dfrac{EA}{l} & 0 & 0\\ 0 & \dfrac{12EI}{l^3} & -\dfrac{6EI}{l^2}\\ 0 & -\dfrac{6EI}{l^2} & \dfrac{4EI}{l}\end{pmatrix} \tag{9.8}$$

3. 单元刚度矩阵的性质

① 单元刚度矩阵是对称方阵。

② 自由式单元刚度矩阵是奇异矩阵,其逆阵不存在。

③ 单元刚度矩阵可以分块,即

$$[\overline{K}]^e=\begin{pmatrix}[\overline{K}_{ii}] & [\overline{K}_{ij}]\\ [\overline{K}_{ji}] & [\overline{K}_{jj}]\end{pmatrix}^e$$

其中 i 和 j 为单元^{e}的结点编号。

4. 结构坐标系的单元杆端力和杆端位移

① 单元杆端力为

$$\{F\}^e=\{F_{xi}F_{xi}M_iF_{xj}F_{Yj}M_j\}^{eT} \tag{9.9}$$

② 单元杆端位移为

$$\{\delta\}^e=\{u_iv_i\varphi_iu_jv_j\varphi_j\}^{eT} \tag{9.10}$$

5. 坐标变换

平面上任意两个直角坐标系存在着相互转换关系,这里所谓坐标变换是指单元杆端力、单元杆端位移及单元刚度矩阵在单元坐标系与结构坐标系之间的转换关系。单元坐标系和结构坐标系如图 9-3 所示,α 为结构坐标系 x 轴与单元坐标系$\overline{x}$轴之间的夹角,规定由 x 轴到$\overline{x}$轴逆时针方向为正。

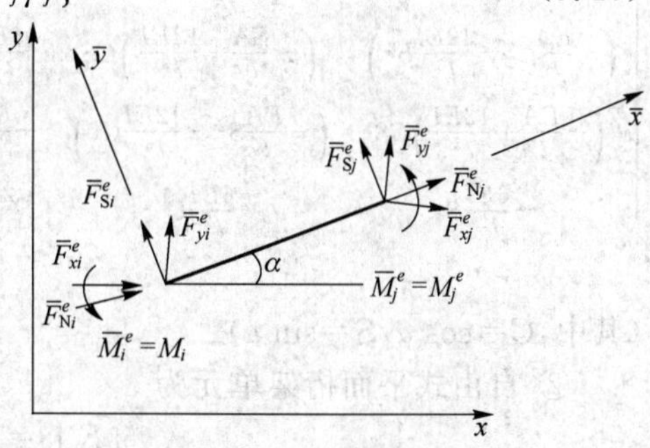

图 9-3

(1) 坐标变换矩阵

坐标变换矩阵$[T]$为正交矩阵，即$[T]^{-1}=[T]^{\mathrm{T}}$。

① 自由式平面刚架单元为

$$[T]=\begin{pmatrix} \cos\alpha & \sin\alpha & 1 & 0 & 0 & 0 \\ -\sin\alpha & \cos\alpha & 0 & 0 & 0 & 0 \\ 0 & 0 & 1 & 0 & 0 & 0 \\ 0 & 0 & 0 & \cos\alpha & \sin\alpha & 1 \\ 0 & 0 & 0 & -\sin\alpha & \cos\alpha & 0 \\ 0 & 0 & 0 & 0 & 0 & 1 \end{pmatrix} \tag{9.11}$$

② 自由式平面桁架单元为

$$[T]=\begin{pmatrix} \cos\alpha & \sin\alpha & 0 & 0 \\ -\sin\alpha & \cos\alpha & 0 & 0 \\ 0 & 0 & \cos\alpha & \sin\alpha \\ 0 & 0 & -\sin\alpha & \cos\alpha \end{pmatrix} \tag{9.12}$$

(2) 杆端力、杆端位移的变换公式

$$\{\overline{F}\}^e=[T]\{F\}^e$$

或

$$\{F\}^e=[T]^{\mathrm{T}}\quad\{\overline{F}\}^e \tag{9.13}$$

$$\{\overline{\delta}\}^e=[T]\{\delta\}^e$$

$$[\delta]^e=[T]^{\mathrm{T}}\{\overline{\delta}\} \tag{9.14}$$

(3) 单元刚度矩阵的变换方式

$$[K]^e=[T]^{\mathrm{T}}[\overline{K}]^e[T] \tag{9.15}$$

6. 结构坐标系的单元刚度方程和单元刚度矩阵

(1)单元刚度方程

$$\{F\}^e=[K]^e\{\delta\}^e \tag{9.16}$$

(2) 单元刚度矩阵

① 自由式平面刚架单元为

$$[K]^e=[T]^{\mathrm{T}}[\overline{K}]^e[T]=$$

$$\begin{pmatrix} \left(\frac{EA}{l}C^2+\frac{12EI}{l^3}S^2\right) & \left(\frac{EA}{l}-\frac{12EI}{l^3}\right)CS & -\frac{6EI}{l^2}S & \left(-\frac{EA}{l^2}C^2-\frac{12EI}{l^3}S^2\right) & \left(-\frac{EA}{l}+\frac{12EI}{l^3}\right)CS & -\frac{6EI}{l^2} \\ \left(\frac{EA}{l}-\frac{12EI}{l^3}\right)CS & \left(\frac{EA}{l}S^2+\frac{12EI}{l^3}C^2\right) & \frac{6EI}{l^2}C & \left(-\frac{EA}{l}+\frac{12EI}{l^3}\right)CS & \left(-\frac{EA}{l}S^2-\frac{12EI}{l^3}\right)C^2 & \frac{6EI}{l^2}C \\ -\frac{6EI}{l^2}S & \frac{6EI}{l^2}C & \frac{4EI}{l} & \frac{6EI}{l^2}S & -\frac{6EI}{l^2}C & \frac{2EI}{l} \\ \left(-\frac{EA}{l}C^2-\frac{12EI}{l^3}S^2\right) & \left(-\frac{EA}{l}+\frac{12EI}{l^3}\right)CS & \frac{6EI}{l^2}S & \left(\frac{EA}{l}C^2+\frac{12EI}{l^3}S^3\right) & \left(\frac{EA}{l}-\frac{12EI}{l^3}\right)CS & \frac{6EI}{l^2}S \\ \left(-\frac{EA}{l}+\frac{12EI}{l^3}\right)CS & \left(-\frac{EA}{l}S^2-\frac{12EI}{l^3}C^2\right) & -\frac{6EI}{l^2}C & \left(\frac{EA}{l}-\frac{12EI}{l^3}\right)CS & \left(\frac{EA}{l}S^2+\frac{12EI}{l^3}C^2\right) & -\frac{6EI}{l^2}C \\ -\frac{6EI}{l^2}S & \frac{6EI}{l^2}C & \frac{2EI}{l} & \frac{6EI}{l^2}S & -\frac{6EI}{l^2}C & \frac{4EI}{l} \end{pmatrix} \tag{9.17}$$

(其中，$C=\cos\alpha$，$S=\sin\alpha$)

② 自由式平面桁架单元为

$$[K]^e=[T]^{\mathrm{T}}[\overline{K}]^e[T]=$$

$$\frac{EA}{l}\left(\begin{array}{cc|cc}\cos^2\alpha & \cos\alpha\sin\alpha & -\cos\alpha\sin\alpha & -\cos\alpha\sin\alpha \\ \cos\alpha\sin\alpha & \sin^2\alpha & -\cos\alpha\sin\alpha & -\cos\alpha\sin\alpha \\ \hline -\cos^2\alpha & -\cos\alpha\sin\alpha & \cos^2\alpha & \cos\alpha\sin\alpha \\ -\cos\alpha\sin\alpha & \sin^2\alpha & \cos\alpha\sin\alpha & \sin^2\alpha\end{array}\right) \tag{9.18}$$

9.1.3　整体分析

整体分析的主要任务是形成结构总刚度矩阵。常采用的方法是直接刚度法，即将各单元刚度矩阵按一定规则形成结构刚度矩阵。

1. 总刚度矩阵的形成

根据引入边界条件的先后，形成总刚度矩阵的方法分为先处理法和后处理法。

(1) 先处理法

① 结点位移编码。将结构所有结点的位移分量按一定顺序编码称为总码。对于已知为零的结点位移分量，其编码为零，如图 9-4 所示。

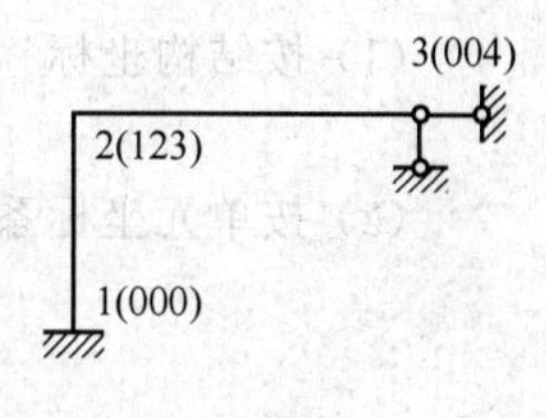

图 9-4

② 单元定位向量。单元定位向量是由单元结点位移总码组成的向量，记为$\{\lambda\}^e$。它决定局部编码下的单元刚度矩阵中的每个元素在总刚度矩阵里的位置。如图 9-4 所示结构中各单位定位向量为

$$\{\lambda\}^{①}=\{0\quad 0\quad 0\quad 1\quad 2\quad 3\}$$

$$\{\lambda\}^{②}=\{1\quad 2\quad 3\quad 0\quad 0\quad 4\}$$

③ 采用先处理后形成总刚度矩阵。将各单元刚度矩阵的元素，按其单元定位向量定位于总刚度矩阵相应位置上，其中单元定位向量为零的单位刚度矩阵的对应元素不参加集成，最终形成结构刚度矩阵。

(2) 后处理法

后处理法对所有单元均采用自由式单元和单元刚度矩阵，然后将每个单元刚度矩阵分成 4 块，按其单元结点标号将子块编号，再将各子块按其下标号码逐一送到总刚度矩阵中相应的位置上去。用上述方法得到的矩阵称为结构原始刚度矩阵，其矩阵阶数由结点位移分量总数确定。

将结构原始刚度矩阵中已知结点零位移相应的行和列划去，即得到引入边界条件后的结构刚度矩阵。

2. 总刚度矩阵的性质

总刚度矩阵具有以下性质。

① 总刚度矩阵是对称方阵。

② 总刚度矩阵是稀疏带状矩阵。

③ 结构原始刚度矩阵为奇异矩阵，而结构刚度矩阵为非奇异矩阵。

9.1.4　综合结点荷载

结构的荷载一般分为结点荷载和非结点荷载。直接作用在结点的荷载，如结点外力和支反力，称为结点荷载$\{P_D\}$；非结点荷载通常经过等效变换化为等效结点荷载$\{P_E\}$。

综合结点荷载是上述两类荷载的叠加，即

$$\{P\}=\{P_D\}+\{P_E\} \tag{9.19}$$

1. 等效结点的形成

(1) 计算在整体坐标下单元等效结点荷载

$$\{F_E\}^e=-[T]^{\mathrm{T}}\{\overline{F}_F\}^e=\begin{Bmatrix}\{F_{Ei}\}\\ \vdots \\ \{F_{Ej}\}\end{Bmatrix} \tag{9.20}$$

其中，$\{\overline{F}_F\}^e$ 为单元 e 的固端反力。

(2) 将各单元等效结点荷载按单元结点编号分块、编号，集装获得等效结点荷载 $\{P_E\}$。先处理法是将各单元等效结点荷载可按其单元定位向量定位于结点荷载向量中。

2. 单元最后杆端力

各单元的最后杆端力是综合结点荷载作用下的杆端力与固端反力之和。

(1) 按结构坐标

$$\{F\}^e=[K]^e\{\delta\}^e+\{F_F\}^e \tag{9.21}$$

(2) 按单元坐标系

$$\begin{aligned}\{\overline{F}\}^e&=[T]\{F\}^e+\{\overline{F}_F\}^e \\ &=[T][K^e]^e\{\delta\}^e+\{\overline{F}_F\}^e\end{aligned} \tag{9.22}$$

9.2 典型例题分析

例 9-1 试求如例图 9-1(a)所示连续梁各杆的杆端弯矩。

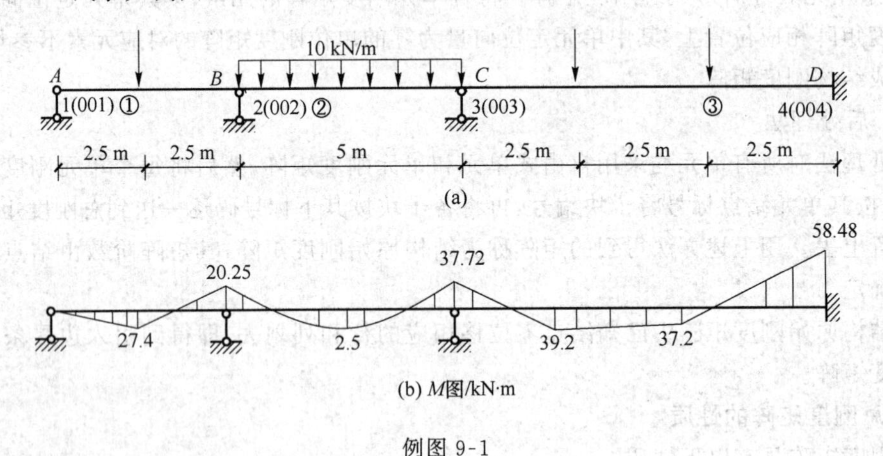

(a)

(b) M图/kN·m

例图 9-1

解：

对于连续梁，用先处理法求解较为方便。

(1) 结构离散化如例图 9-1(a)所示。

(2) 计算综合结点荷载。

① 各单元的固端弯矩为

$$M_{12}^F=\frac{1}{8}(30\ \mathrm{kN})(5\ \mathrm{m})=18.75\ \mathrm{kN\cdot m}$$

$$M_{21}^F=-M_{12}^F=-18.75\ \mathrm{kN\cdot m}$$

$$M_{23}^F=\frac{1}{12}(10\text{ kN/m})(5\text{ m})^2=20.83\text{ kN}\cdot\text{m}$$

$$M_{32}^F=-M_{23}^F=-20.83\text{ kN}\cdot\text{m}$$

$$M_{34}^F=\frac{1}{8\text{ m}}(30\text{ kN})(2.5\text{ m})(5.5\text{ m})=51.56\text{ kN}\cdot\text{m}$$

$$M_{43}^F=-M_{34}^F=-51.56\text{ kN}\cdot\text{m}$$

② 等效荷载向量为

$$\{F_E\}=-\begin{pmatrix}18.75\text{ kN}\cdot\text{m}\\-18.75\text{ kN}\cdot\text{m}+20.83\text{ kN}\cdot\text{m}\\-20.83\text{ kN}\cdot\text{m}+51.56\text{ kN}\cdot\text{m}\end{pmatrix}=\begin{pmatrix}-18.75\text{ kN}\cdot\text{m}\\2.08\text{ kN}\cdot\text{m}\\-30.73\text{ kN}\cdot\text{m}\end{pmatrix}$$

③ 综合结点荷载向量为

$$\{F\}=\{F_E\}+\{F_D\}=\{F_E\}=\{\overset{1}{-18.25\text{ kN}\cdot\text{m}}\quad\overset{2}{-2.08\text{ kN}\cdot\text{m}}\quad\overset{3}{-30.73\text{ kN}\cdot\text{m}}\}^{\mathrm{T}}$$

(3) 自由结点位移的总码如例图 9-1(a)所示，其结点位移向量为

$$\{\Delta\}=\{\Delta_1\quad\Delta_2\quad\Delta_3\}^{\mathrm{T}}$$

(4) 列出各单元定位向量，建立各单元的单元刚度矩阵。

① 单元①的刚度矩阵为

$$\{\lambda\}^{①}=\{0\quad0\quad1\quad0\quad0\quad2\}^{\mathrm{T}}$$

$$[K]^{①}=[\overline{K}]^{①}=\begin{pmatrix}\frac{4EI}{l}&\frac{2EI}{5}\\\frac{2EI}{5}&\frac{4EI}{5}\end{pmatrix}\begin{matrix}1\\2\end{matrix}=\begin{pmatrix}0.8EI&0.4EI\\0.4EI&0.8EI\end{pmatrix}$$

（列码：1　2）

② 单元②的刚度矩阵为

$$\{\lambda\}^{②}=\{0\quad0\quad2\quad0\quad0\quad3\}^{\mathrm{T}}$$

$$[K]^{②}=[\overline{K}]^{②}=\begin{pmatrix}\frac{4EI}{5}&\frac{2EI}{5}\\\frac{2EI}{5}&\frac{4EI}{5}\end{pmatrix}\begin{matrix}2\\3\end{matrix}=\begin{pmatrix}0.8EI&0.4EI\\0.4EI&0.8EI\end{pmatrix}$$

（列码：2　3）

③ 单元③的刚度矩阵为

$$\{\lambda\}^{③}=\{0\quad0\quad3\quad0\quad0\quad0\}^{\mathrm{T}}$$

$$[K]^{③}=\lfloor\overline{K}\rfloor^{③}=\overset{3}{[0.05EI]}_3$$

(5) 利用直接刚度法，将单元刚度矩阵中的元素，按其行码和列码直接送至结构刚度矩阵中去。

$$[K]=\begin{bmatrix}0.8EI&0.4EI&0\\0.4EI&1.6EI&0.4EI\\0&0.4EI&1.3EI\end{bmatrix}\begin{matrix}1\\2\\3\end{matrix}$$

（列码：1　2　3）

(6) 求解结构刚度方程

结构刚度方程为

$$\{F\}=[K]\quad\{\Delta\}$$

即

$$\begin{pmatrix}-18.75\ \text{kN}\cdot\text{m}\\-2.08\ \text{kN}\cdot\text{m}\\-30.73\ \text{kN}\cdot\text{m}\end{pmatrix}=EI\begin{pmatrix}0.8&0.4&0\\0.4&1.6&0.4\\0&0.4&1.3\end{pmatrix}\begin{pmatrix}\Delta_1\\\Delta_2\\\Delta_3\end{pmatrix}$$

$$\begin{pmatrix}\Delta_1\\\Delta_2\\\Delta_3\end{pmatrix}=\frac{1}{EI}\begin{pmatrix}-29.996\\13.118\\-27.675\end{pmatrix}$$

(7) 求各单元杆端弯矩。

① 单元①的杆端弯矩为

$$\begin{pmatrix}\overline{M}_{12}^{①}\\\overline{M}_{21}^{①}\end{pmatrix}=\begin{pmatrix}0.8EI&0.4EI\\0.4EI&0.8EI\end{pmatrix}\begin{pmatrix}\frac{1}{EI}\end{pmatrix}\begin{pmatrix}-29.996\\13.118\end{pmatrix}+\begin{pmatrix}18.75\ \text{kN}\cdot\text{m}\\-18.75\ \text{kN}\cdot\text{m}\end{pmatrix}$$

$$=\begin{pmatrix}0\\-20.5\ \text{kN}\cdot\text{m}\end{pmatrix}$$

② 单元②的杆端弯矩为

$$\begin{pmatrix}\overline{M}\\\overline{M}\end{pmatrix}=\begin{pmatrix}0.8EI&0.4EI\\0.4EI&0.8EI\end{pmatrix}\begin{pmatrix}\frac{1}{EI}\end{pmatrix}\begin{pmatrix}-29.996\\13.118\end{pmatrix}+\begin{pmatrix}18.75\ \text{kN}\cdot\text{m}\\-18.75\ \text{kN}\cdot\text{m}\end{pmatrix}$$

$$=\begin{pmatrix}0\\-20.5\ \text{kN}\cdot\text{m}\end{pmatrix}$$

③ 单元③的杆端弯矩为

$$\begin{pmatrix}\overline{M}\\\overline{M}\end{pmatrix}=\begin{pmatrix}0.5EI&0.25EI\\0.25EI&0.5EI\end{pmatrix}\begin{pmatrix}\frac{1}{EI}\end{pmatrix}\begin{pmatrix}-27.675\\0\end{pmatrix}+\begin{pmatrix}51.56\ \text{kN}\cdot\text{m}\\-51.56\ \text{kN}\cdot\text{m}\end{pmatrix}$$

$$=\begin{pmatrix}37.72\ \text{kN}\cdot\text{m}\\-58.48\ \text{kN}\cdot\text{m}\end{pmatrix}$$

结构的弯矩图如例图 9-1(b)所示。

例 9-2　试用矩阵位移法计算如例图 9-2(a)所示连续梁，各杆 $EI=6\times10^6$ kN/m。

解：

(1) 结构离散化如例图 9-2(b)所示。采用先处理法，每个结点有两个结点位移：结点竖向位移和结点角位移。

(2) 确定结构综合结点荷载。

① 各单元等效结点荷载向量为

$$\lfloor\overline{F}_E\rfloor^{①}=\overset{\begin{matrix}1&2&0&3\end{matrix}}{[0\quad0\quad0\quad0]^{\mathrm{T}}}$$

$$\lfloor\overline{F}_E\rfloor^{②}=\overset{\begin{matrix}0&3&0&4\end{matrix}}{[-30\quad-30\quad-30\quad30]^{\mathrm{T}}}$$

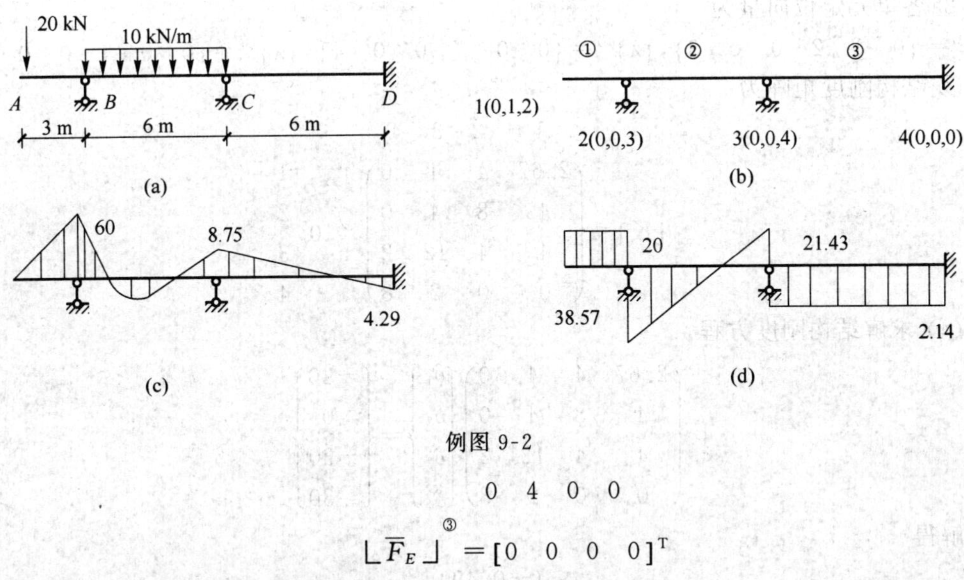

例图 9-2

$$\lfloor \overline{F}_E \rfloor^{③} = [0 \quad 0 \quad 0 \quad 0]^T \quad (0\ 4\ 0\ 0)$$

② 结构等效结点荷载向量为

$$[F_E] = [0 \quad 0 \quad -30 \quad 30]^T \quad (1\ 2\ 3\ 4)$$

③ 结构直接结点荷载向量为

$$[F_D] = [-20 \quad 0 \quad 0 \quad 0]^T \quad (1\ 2\ 3\ 4)$$

④ 结构综合结点荷载矩阵为

$$[F] = [F_D] + [F_E] = [-20 \quad 0 \quad -30 \quad -30]^T \quad (1\ 2\ 3\ 4)$$

(3) 集装结构刚度向量。

① 各单元刚度矩阵为

$$\lfloor \overline{k} \rfloor^{①} = \begin{pmatrix} 2.67 & 4 & -2.67 & 4 \\ 4 & 8 & -4 & 4 \\ -2.67 & -4 & 2.67 & -4 \\ 4 & 4 & -4 & 8 \end{pmatrix} \times 10^5 \quad \text{(行列编号：1, 2, 0, 3)}$$

$$\lfloor \overline{k} \rfloor^{②} = \begin{pmatrix} 0.33 & 1 & -0.33 & 1 \\ 1 & 4 & -1 & 2 \\ -0.33 & -1 & 0.33 & -1 \\ 1 & 2 & -1 & 4 \end{pmatrix} \times 10^5 \quad \text{(行列编号：0, 3, 0, 4)}$$

$$\lfloor \overline{k} \rfloor^{③} = \begin{pmatrix} 0.33 & 1 & -0.33 & 1 \\ 1 & 4 & -1 & 2 \\ -0.33 & -1 & 0.33 & -1 \\ 1 & 2 & -1 & 4 \end{pmatrix} \times 10^5 \quad \text{(行列编号：0, 4, 0, 0)}$$

② 各单元定位向量为

$\{\lambda\}^{①}=\{0\quad 1\quad 2\quad 0\quad 0\quad 3\}$，$\{\lambda\}^{②}=\{0\quad 0\quad 3\quad 0\quad 0\quad 4\}$，$\{\lambda\}^{③}=\{0\quad 0\quad 4\quad 0\quad 0\quad 0\}$

③ 结构刚度矩阵为

$$[K]=\begin{pmatrix} 2.67 & 4 & 4 & 0 \\ 4 & 8 & 4 & 0 \\ 4 & 4 & 12 & 2 \\ 0 & 0 & 2 & 8 \end{pmatrix}\times 10^{5}$$

（行、列编号均为 1、2、3、4）

(4) 求解结构刚度方程。

$$\begin{pmatrix} 2.67 & 4 & 4 & 0 \\ 4 & 8 & 4 & 0 \\ 4 & 4 & 12 & 2 \\ 0 & 0 & 2 & 8 \end{pmatrix}\begin{Bmatrix} \delta_1 \\ \delta_2 \\ \delta_3 \\ \delta_4 \end{Bmatrix}=\begin{Bmatrix} -20 \\ 0 \\ -30 \\ 30 \end{Bmatrix}$$

解得

$$[\Delta]=\begin{Bmatrix} -0.49 \\ -0.21 \\ -0.06 \\ -0.02 \end{Bmatrix}\times 10^{-4}$$

(5) 求各单元杆端剪力和杆端弯矩。

① 由单元定位向量，从 $[\Delta]$ 中确定各单元结点位移为

$$[\bar{\delta}]^{①}=[-0.49\quad -0.21\quad 0\quad -0.06]^{\mathrm{T}}$$

$$[\bar{\delta}]^{②}=[\ 0\quad -0.06\quad 0\quad -0.02]^{\mathrm{T}}$$

$$[\bar{\delta}]^{③}=[\ 0\quad -0.02\quad 0\quad 0]^{\mathrm{T}}$$

② 由单元平衡方程求得各单元杆端力为

$$[\bar{F}]^{①}=[\bar{k}]^{①}[\bar{\delta}]^{①}=[20\quad 0\quad 20\quad -60]^{\mathrm{T}}$$

$$[\bar{F}]^{②}=[\bar{k}]^{②}[\bar{\delta}]^{②}-[\bar{F}_E]^{②}=[-38.57\quad 60.0\quad 21.43\quad -8.57]^{\mathrm{T}}$$

$$[\bar{F}]^{③}=[\bar{k}]^{③}[\bar{\delta}]^{③}=[-2.14\quad 8.57\quad -2.14\quad 4.29]^{\mathrm{T}}$$

(6) 作结构的弯矩图和剪力图，如例图 9-2(c)、(d)所示。

例 9-3 试用后处理法计算如例图 9-3(a)所示桁架，设各杆 EA=常数。

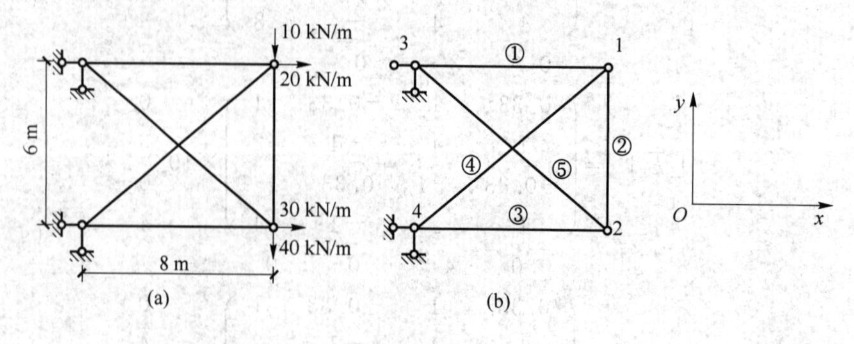

例图 9-3

解：

(1)结构离散化。

对各单元的结点编号,建立结构整体坐标系,如例图 9-3(b)所示。单元局部坐标系及有关单元数据如例表 9-1 所示。

例表 9-1

单元	局部坐标系($i \to j$)	杆长/m	$\cos\alpha$	$\sin\alpha$
①	1→3	8	−1	0
②	1→2	6	0	−1
③	2→4	8	−1	0
④	1→4	10	−0.8	−0.6
⑤	2→3	10	−0.8	0.6

(2) 建立结点位移向量和结点荷载向量。

桁架仅承受结点荷载,故不必求等效结点荷载。结点位移向量和结点荷载向量为

$$\{\Delta\}=\{\{\Delta_1\}^{\mathrm T}\quad\{\Delta_2\}^{\mathrm T}\quad\{\Delta_3\}^{\mathrm T}\quad\{\Delta_4\}^{\mathrm T}\}^{\mathrm T}$$

$$\{F\}=\{F_D\}=\{\{F_1\}^{\mathrm T}\quad\{F_2\}^{\mathrm T}\quad\{F_3\}^{\mathrm T}\quad\{F_4\}^{\mathrm T}\}^{\mathrm T}$$

式中,

$$\{\Delta_1\}=\begin{pmatrix}u_1\\v_1\end{pmatrix},\{\Delta_2\}=\begin{pmatrix}u_2\\v_2\end{pmatrix},\{\Delta_3\}=\begin{pmatrix}u_3\\v_3\end{pmatrix}=\begin{pmatrix}0\\0\end{pmatrix},\{\Delta_4\}=\begin{pmatrix}u_4\\v_4\end{pmatrix}=\begin{pmatrix}0\\0\end{pmatrix}$$

$$\{F_1\}=\begin{pmatrix}F_{1x}\\F_{1y}\end{pmatrix}=\begin{pmatrix}10\\-20\end{pmatrix},\{F_2\}=\begin{pmatrix}F_{2x}\\F_{2y}\end{pmatrix}=\begin{pmatrix}30\\-40\end{pmatrix},\{F_3\}=\begin{pmatrix}F_{3x}\\F_{3y}\end{pmatrix},\{F_4\}=\begin{pmatrix}F_{4x}\\F_{4y}\end{pmatrix}$$

(3) 计算结构整体坐标系下的单元刚度矩阵。

利用式(9.18),计算各单元刚度矩阵如下。

$$[K]^{①}=\overset{\quad 1 \qquad\quad 3}{\begin{pmatrix}k_{11}^{①} & k_{13}^{①}\\ k_{31}^{①} & k_{33}^{①}\end{pmatrix}}\begin{matrix}1\\3\end{matrix}=\frac{EA}{8}\overset{\quad 1 \qquad\qquad 3}{\left(\begin{array}{cc:cc}1 & 0 & -1 & 0\\ 0 & 0 & 0 & 0\\ \hdashline -1 & 0 & 1 & 0\\ 0 & 0 & 0 & 0\end{array}\right)}\begin{matrix}1\\3\end{matrix}=\frac{EA}{3\,000}\overset{\quad 1 \qquad\qquad 3}{\left(\begin{array}{cc:cc}375 & 0 & -375 & 0\\ 0 & 0 & 0 & 0\\ \hdashline -375 & 0 & 375 & 0\\ 0 & 0 & 0 & 0\end{array}\right)}\begin{matrix}1\\3\end{matrix}$$

$$[K]^{②}=\overset{\quad 1 \qquad\quad 2}{\begin{pmatrix}k_{11}^{②} & k_{12}^{②}\\ k_{21}^{②} & k_{22}^{②}\end{pmatrix}}\begin{matrix}1\\2\end{matrix}=\frac{EA}{6}\overset{\quad 1 \qquad\qquad 2}{\left(\begin{array}{cc:cc}0 & 0 & 0 & 0\\ 0 & 1 & 0 & -1\\ \hdashline 0 & 0 & 0 & 0\\ 0 & -1 & 0 & 1\end{array}\right)}\begin{matrix}1\\2\end{matrix}=\frac{EA}{3\,000}\overset{\quad 1 \qquad\qquad 2}{\left(\begin{array}{cc:cc}0 & 0 & 0 & 0\\ 0 & 500 & 0 & -500\\ \hdashline 0 & 0 & 0 & 0\\ 0 & -500 & 0 & 500\end{array}\right)}\begin{matrix}1\\3\end{matrix}$$

$$[K]^{③}=\overset{\quad 2 \qquad\quad 4}{\begin{pmatrix}k_{22}^{③} & k_{24}^{③}\\ k_{42}^{③} & k_{24}^{③}\end{pmatrix}}\begin{matrix}2\\4\end{matrix}=\frac{EA}{8}\overset{\quad 2 \qquad\qquad 4}{\left(\begin{array}{cc:cc}1 & 0 & -1 & 0\\ 0 & 0 & 0 & 0\\ \hdashline -1 & 0 & 1 & 0\\ 0 & 0 & 0 & 0\end{array}\right)}\begin{matrix}2\\4\end{matrix}=\frac{EA}{3\,000}\overset{\quad 2 \qquad\qquad 4}{\left(\begin{array}{cc:cc}375 & 0 & -375 & 0\\ 0 & 0 & 0 & 0\\ \hdashline -375 & 0 & 375 & 0\\ 0 & 0 & 0 & 0\end{array}\right)}\begin{matrix}2\\4\end{matrix}$$

$$[K]^{④}=\begin{pmatrix} k_{11}^{④} & k_{14}^{④} \\ k_{41}^{④} & k_{44}^{④} \end{pmatrix}\begin{matrix}1\\4\end{matrix}=\frac{EA}{10}\begin{pmatrix} \frac{16}{25} & \frac{12}{25} & -\frac{16}{25} & -\frac{12}{25} \\ \frac{12}{25} & \frac{9}{25} & -\frac{12}{25} & -\frac{9}{25} \\ -\frac{16}{25} & -\frac{12}{25} & \frac{16}{25} & \frac{12}{25} \\ -\frac{12}{25} & -\frac{9}{25} & \frac{12}{25} & \frac{9}{25} \end{pmatrix}\begin{matrix}1\\ \\4\\ \end{matrix}=$$

$$\frac{EA}{3\,000}\begin{pmatrix} 192 & 144 & -192 & -144 \\ 144 & 108 & -144 & -108 \\ -192 & -144 & 192 & 144 \\ -144 & -108 & 144 & 108 \end{pmatrix}\begin{matrix}1\\ \\ \\4\end{matrix}$$

$$[K]^{⑤}=\begin{pmatrix} k_{22}^{⑤} & k_{23}^{⑤} \\ k_{32}^{⑤} & k_{33}^{⑤} \end{pmatrix}\begin{matrix}2\\3\end{matrix}=\frac{EA}{10}\begin{pmatrix} \frac{16}{25} & -\frac{12}{25} & -\frac{16}{25} & \frac{12}{25} \\ \frac{12}{25} & -\frac{9}{25} & \frac{12}{25} & \frac{9}{25} \\ -\frac{16}{25} & \frac{12}{25} & \frac{16}{25} & -\frac{12}{25} \\ \frac{12}{25} & \frac{9}{25} & -\frac{12}{25} & -\frac{9}{25} \end{pmatrix}\begin{matrix}2\\ \\3\\ \end{matrix}$$

$$=\frac{EA}{3\,000}\begin{pmatrix} 192 & -144 & -192 & 144 \\ -144 & 108 & 144 & -108 \\ -192 & 144 & 192 & -144 \\ 144 & -108 & -144 & 108 \end{pmatrix}\begin{matrix}2\\ \\ \\3\end{matrix}$$

(4) 建立结构原始刚度矩阵。

将(3)中各单元刚度矩阵分块，按子块编号对号入座到结构原始刚度矩阵中去，则有

$$[K]=\frac{EA}{3\,000}\begin{pmatrix} 567 & 144 & 0 & 0 & -375 & 0 & -192 & -144 \\ 144 & 608 & 0 & -500 & 0 & 0 & -144 & -108 \\ 0 & 0 & 567 & -144 & -192 & 144 & -375 & 0 \\ 0 & -500 & -144 & 608 & 144 & -108 & 0 & 0 \\ -375 & 0 & -192 & 144 & 567 & -144 & 0 & 0 \\ 0 & 0 & 144 & -108 & -144 & 108 & 0 & 0 \\ -192 & -144 & -375 & 0 & 0 & 0 & 567 & 144 \\ -144 & -108 & 0 & 0 & 0 & 0 & 144 & 108 \end{pmatrix}\begin{matrix}1\\ \\2\\ \\3\\ \\4\\ \end{matrix}$$

(5) 引入支承条件修改原始刚度矩阵，得到结构刚度方程。

根据支承条件$\{\Delta_3\}=\{\Delta_4\}=\{0\}$，从原始刚度矩阵中删去与之对应的行和列，则结构

刚度方程为

$$\begin{pmatrix} F_{1x} \\ F_{1y} \\ F_{2x} \\ F_{2y} \end{pmatrix} = \frac{EA}{3\ 000} \begin{pmatrix} 567 & 144 & 0 & 0 \\ 144 & 608 & 0 & -500 \\ 0 & 0 & 567 & -144 \\ 0 & -500 & -144 & 608 \end{pmatrix} \begin{pmatrix} u_1 \\ v_1 \\ u_2 \\ v_2 \end{pmatrix}$$

(6) 求解结构刚度方程，得到自由结点位移。

$$\begin{pmatrix} u_1 \\ v_1 \\ u_2 \\ v_2 \end{pmatrix} = \frac{10^3}{EA} \begin{pmatrix} 342.322 \\ -1\ 139.555 \\ -137.680 \\ -1\ 167.111 \end{pmatrix}$$

(7) 求各单元杆端力。

单元①的杆端力为

$$\{\overline{F}\}^{①} = [T]^{①}[K]^{①}[\delta]^{①} + \{\overline{F}_F\}^{①} = [T]^{①}[K]^{①} \begin{Bmatrix} \delta_1^{①} \\ \cdots \\ \delta_3^{①} \end{Bmatrix}$$

即

$$\begin{pmatrix} \overline{F}_{N1}^{①} \\ \overline{F}_{S1}^{①} \\ \overline{F}_{N3}^{①} \\ \overline{F}_{S3}^{①} \end{pmatrix} = \frac{EA}{3\ 000} \begin{pmatrix} -1 & 0 & 0 & 0 \\ 0 & -1 & 0 & 0 \\ 0 & 0 & -1 & 0 \\ 0 & 0 & 0 & -1 \end{pmatrix} \begin{pmatrix} 375 & 0 & -375 & 0 \\ 0 & 0 & 0 & 0 \\ -375 & 0 & 375 & 0 \\ 0 & 0 & 0 & 0 \end{pmatrix} \begin{pmatrix} 342.322 \\ -1\ 139.555 \\ 0 \\ 0 \end{pmatrix} \frac{10^3}{EA}$$

$$= 10^3 \times \begin{pmatrix} -42.790\ \text{N} \\ 0 \\ 42.790\ \text{N} \\ 0 \end{pmatrix} = \begin{pmatrix} -42.790\ \text{kN} \\ 0 \\ 42.790\ \text{kN} \\ 0 \end{pmatrix}$$

则杆①的轴力为

$$F_{N1} = 42.79\ \text{kN(拉)}$$

同理，可求得其余各杆的轴力为

$$F_{N2} = 4.593\ \text{kN(拉)}$$
$$F_{N3} = 17.21\ \text{kN(拉)}$$
$$F_{N4} = 40.988\ \text{kN(压)}$$
$$F_{N5} = 50.012\ \text{kN(拉)}$$

例 9-4　试用矩阵位移法计算如例图 9-4(a)所示平面桁架，设各杆刚度 $EA=1$。

解：

(1) 采用先处理法，结构离散化如例图 9-4(b)所示。

(2) 计算单元刚度矩阵。

由式(9.6)可得各单元局部坐标系下的单元刚度矩阵为

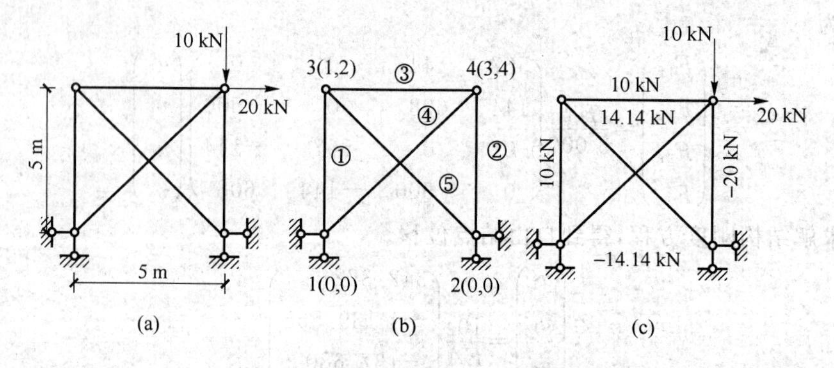

例图 9-4

$$\lfloor \overline{K} \rfloor^{①}=\lfloor \overline{K} \rfloor^{②}=\lfloor \overline{K} \rfloor^{③}=\begin{pmatrix} 0.2 & 0 & -0.2 & 0 \\ 0 & 0 & 0 & 0 \\ -0.2 & 0 & 0.2 & 0 \\ 0 & 0 & 0 & 0 \end{pmatrix}$$

$$\lfloor \overline{K} \rfloor^{④}=\lfloor \overline{K} \rfloor^{⑤}=\begin{pmatrix} 0.1414 & 0 & -0.1414 & 0 \\ 0 & 0 & 0 & 0 \\ -0.1414 & 0 & 0.1414 & 0 \\ 0 & 0 & 0 & 0 \end{pmatrix}$$

在整体坐标系下的单元刚度矩阵如下。

单元①：$\alpha=90°, \sin\alpha=1, \cos\alpha=0$

$$\{k\}^{①}=[T]^{\mathrm{T}}\lfloor \bar{k} \rfloor^{①}[T]=\begin{matrix} & \begin{matrix} 0 & 0 & 1 & 2 \end{matrix} & \\ & \begin{pmatrix} 0 & 0 & 0 & 0 \\ 0 & 0.2 & 0 & -0.2 \\ 0 & 0 & 0 & 0 \\ 0 & -0.2 & 0 & 0.2 \end{pmatrix} & \begin{matrix} 0 \\ 0 \\ 1 \\ 2 \end{matrix} \end{matrix}$$

单元②：$\alpha=90°, \sin\alpha=1, \cos\alpha=0$

$$\{k\}^{②}=[T]^{\mathrm{T}}\lfloor \bar{k} \rfloor^{②}[T]=\begin{matrix} & \begin{matrix} 0 & 0 & 3 & 4 \end{matrix} & \\ & \begin{bmatrix} 0 & 0 & 0 & 0 \\ 0 & 0.2 & 0 & -0.2 \\ 0 & 0 & 0 & 0 \\ 0 & -0.2 & 0 & 0.2 \end{bmatrix} & \begin{matrix} 0 \\ 0 \\ 3 \\ 4 \end{matrix} \end{matrix}$$

单元③：$\alpha=0°, \sin\alpha=1, \cos\alpha=1$

$$\{k\}^{③}=[T]^{\mathrm{T}}\lfloor \bar{k} \rfloor^{③}[T]=\begin{matrix} & \begin{matrix} 1 & 2 & 3 & 4 \end{matrix} & \\ & \begin{pmatrix} 0.2 & 0 & -0.2 & 0 \\ 0 & 0 & 0 & 0 \\ -0.2 & 0 & 0.2 & 0 \\ 0 & 0 & 0 & 0 \end{pmatrix} & \begin{matrix} 1 \\ 2 \\ 3 \\ 4 \end{matrix} \end{matrix}$$

单元④：$\alpha=45°, \sin\alpha=0.707, \cos\alpha=0.707$

$$\{k\}^{④}=[T]^{T}\lfloor\bar{k}\rfloor^{④}[T]=\begin{pmatrix}0.071 & 0.071 & -0.071 & -0.071\\0.071 & 0.071 & -0.071 & -0.071\\-0.071 & -0.071 & 0.071 & 0.071\\-0.071 & -0.071 & 0.071 & 0.071\end{pmatrix}\begin{matrix}0\\0\\3\\4\end{matrix}\quad(\text{列号 }0\ 0\ 3\ 4)$$

单元⑤：$\alpha=135°,\sin\alpha=0.707,\cos\alpha=-0.707$

$$\{k\}^{⑤}=[T]^{T}\lfloor\bar{k}\rfloor^{⑤}[T]=\begin{pmatrix}0.071 & -0.071 & -0.071 & 0.071\\-0.071 & 0.071 & 0.071 & -0.071\\-0.071 & 0.071 & 0.071 & -0.071\\0.071 & -0.071 & -0.071 & 0.071\end{pmatrix}\begin{matrix}0\\0\\1\\2\end{matrix}\quad(\text{列号 }0\ 0\ 1\ 2)$$

(3) 集成结构刚度矩阵。

各单元定位向量为

$$\{\lambda\}^{①}=\{0\ \ 0\ \ 1\ \ 2\},\{\lambda\}^{②}=\{0\ \ 0\ \ 3\ \ 4\},\{\lambda\}^{③}=\{1\ \ 2\ \ 3\ \ 4\}$$

$$\{\lambda\}^{④}=\{0\ \ 0\ \ 3\ \ 4\},\{\lambda\}^{⑤}=\{0\ \ 0\ \ 1\ \ 2\}$$

结构刚度矩阵为

$$[K]=\begin{pmatrix}0.271 & -0.071 & -0.2 & 0\\-0.071 & 0.271 & 0 & 0\\-0.2 & 0 & 0.271 & 0.071\\0 & 0 & 0.071 & 0.271\end{pmatrix}\begin{matrix}1\\2\\3\\4\end{matrix}\quad(\text{列号 }1\ 2\ 3\ 4)$$

(4) 确定结构综合结点荷载。

$$\{FP\}=\{FD\}=[\ 0\ \ 0\ \ 20\ \ -10]^{T}\quad(\text{序号 }1\ 2\ 3\ 4)$$

(5) 求解结构刚度方程。

$$\begin{pmatrix}0.271 & -0.071 & -0.2 & 0\\-0.071 & 0.271 & 0 & 0\\-0.2 & 0 & 0.271 & 0.071\\0 & 0 & 0.071 & 0.271\end{pmatrix}\begin{Bmatrix}\delta_1\\\delta_2\\\delta_3\\\delta_4\end{Bmatrix}=\begin{Bmatrix}0\\0\\20\\-10\end{Bmatrix}$$

解得

$$[\Delta]=\begin{Bmatrix}191.42\\50.00\\241.42\\-100.00\end{Bmatrix}$$

(6) 计算各单元杆端力。

各单元结点位移为

$$[\delta]^{①}=[0\ \ 0\ \ 191.42\ \ 50.00]^{T}$$

$$[\delta]^{②}=[0\ \ 0\ \ 241.42\ \ -100.00]^{T}$$

$$[\delta]^{③}=[191.42\quad 50.00\quad 241.42\quad -100.00]^{\mathrm{T}}$$

$$[\delta]^{④}=[0\quad 0\quad 241.42\quad -100.00]^{\mathrm{T}}$$

$$[\delta]^{⑤}=[0\quad 0\quad 191.42\quad 50.00]^{\mathrm{T}}$$

由单元刚度方程求得各单元杆端力为

$$\lfloor\bar{F}\rfloor^{①}=\lfloor\bar{k}\rfloor^{①}[T]^{①}[\delta]^{①}=[-10\quad 0\quad 10\quad 0]^{\mathrm{T}}$$

$$\lfloor\bar{F}\rfloor^{②}=\lfloor\bar{k}\rfloor^{②}[T]^{②}[\delta]^{②}=[20\quad 0\quad -20\quad 0]^{\mathrm{T}}$$

$$\lfloor\bar{F}\rfloor^{③}=\lfloor\bar{k}\rfloor^{③}[T]^{③}[\delta]^{③}=[-10\quad 0\quad 10\quad 0]^{\mathrm{T}}$$

$$\lfloor\bar{F}\rfloor^{④}=\lfloor\bar{k}\rfloor^{④}[T]^{④}[\delta]^{④}=[-14.14\quad 0\quad 14.14\quad 0]^{\mathrm{T}}$$

$$\lfloor\bar{F}\rfloor^{⑤}=\lfloor\bar{k}\rfloor^{⑤}[T]^{⑤}[\delta]^{⑤}=[14.14\quad 0\quad -14.14\quad 0]^{\mathrm{T}}$$

各杆轴力如例图 9-4(c)所示。

例 9-5　试用先处理法计算例图 9-5(a)所示平面刚架。各杆截面材料相同，$E=210$ Gpa　$l=1$ m，$A=2\times10^{-3}$ m²，$I=3\times10^{-6}$ m⁴。

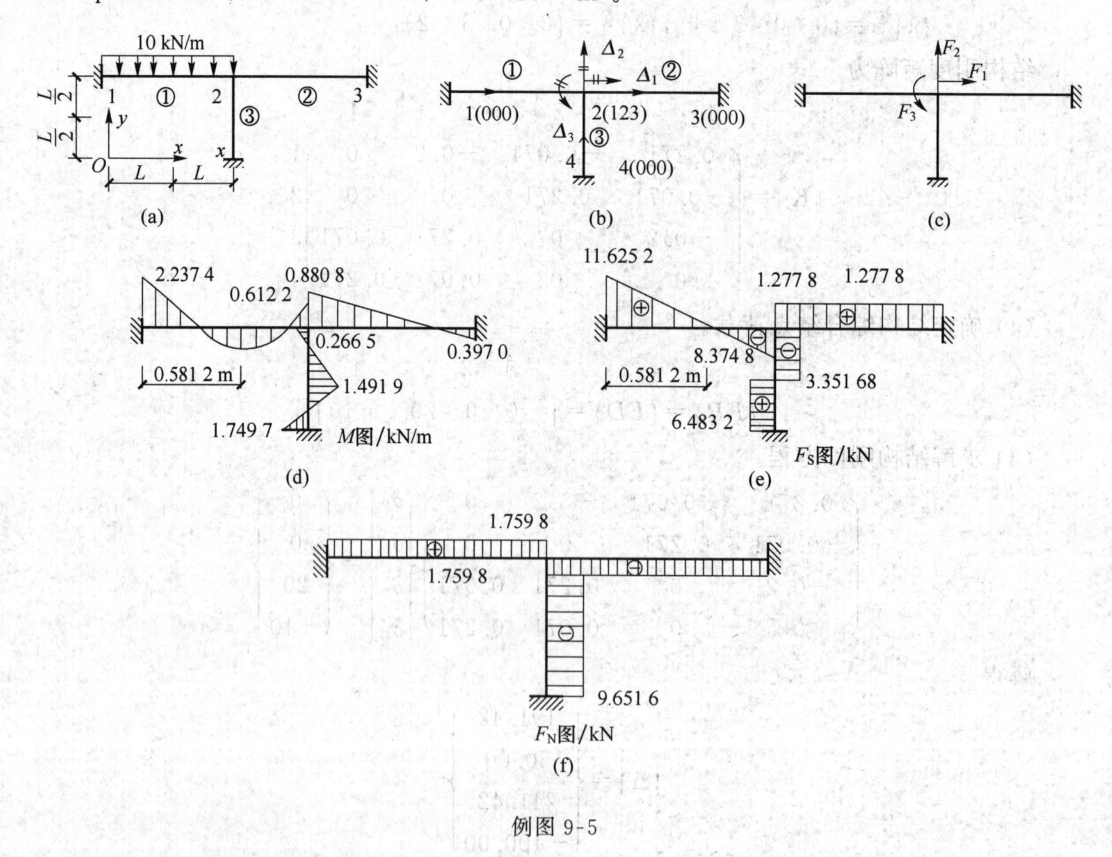

例图 9-5

解：(1)结构离散化如例图 9-5(b)所示。

(2) 计算各单元刚度矩阵。

由式(9.17)计算各单元整体坐标系下的单元刚度矩阵如下。

有关数据计算如下：

$$\frac{EA}{l}=2.1\times10^{7}\times20\ \mathrm{N/m}\quad \frac{6EI}{l^{2}}=2.1\times10^{7}\times0.18\ \mathrm{N}$$

$$\frac{12EI}{l^{3}}=2.1\times10^{7}\times0.36\ \mathrm{N/m}\quad \frac{4EI}{l}=2.1\times10^{7}\times0.12\ \mathrm{N\cdot m}$$

$$\frac{2EI}{l}=2.1\times10^{7}\times0.06\ \mathrm{N/m}$$

单元①：$\alpha=0°$，$\cos\alpha=1$，$\sin\alpha=0$。

单元①在整体坐标系下的刚度矩阵，由单位定位向量$\{\lambda\}=\{0\quad0\quad0\quad1\quad2\}$删去零元素对应的行和列，并把局部码转换为结点位移总码，得

$$[K]^{①}=\begin{array}{c}\begin{matrix}1&\quad2&\quad3\end{matrix}\\ \begin{pmatrix}\frac{EA}{l}&0&0\\0&\frac{12EI}{l^{3}}&-\frac{6EI}{l^{2}}\\0&-\frac{6EI}{l^{2}}&\frac{4EI}{l}\end{pmatrix}\begin{matrix}1\\2\\3\end{matrix}\end{array}=\begin{array}{c}\begin{matrix}1&\quad2&\quad3\end{matrix}\\ \begin{pmatrix}20&0&0\\0&0.36\ \mathrm{N/m}&-0.18\ \mathrm{N}\\0&-0.18\ \mathrm{N}&0.12\ \mathrm{N\cdot m}\end{pmatrix}\begin{matrix}1\\2\\3\end{matrix}\end{array}$$

同理，由$\{\lambda\}^{②}=\{1\quad2\quad3\quad0\quad0\quad0\}$、$\{\lambda\}^{③}=\{0\quad0\quad0\quad1\quad2\quad3\}$，对单元②和单元③分别得

$$[K]^{②}=\begin{array}{c}\begin{matrix}1&\quad2&\quad3\end{matrix}\\ \begin{pmatrix}\frac{EA}{l}&0&0\\0&\frac{12EI}{l^{3}}&\frac{6EI}{l^{2}}\\0&\frac{6EI}{l^{2}}&\frac{4EI}{l}\end{pmatrix}\begin{matrix}1\\2\\3\end{matrix}\end{array}=\begin{array}{c}\begin{matrix}1&\quad2&\quad3\end{matrix}\\ \begin{pmatrix}20\ \mathrm{k/m}&0&0\\0&0.36\ \mathrm{N/m}&-0.18\ \mathrm{N}\\0&0.18\ \mathrm{N}&0.12\ \mathrm{N\cdot m}\end{pmatrix}\begin{matrix}1\\2\\3\end{matrix}\end{array}$$

$$[K]^{③}=\begin{array}{c}\begin{matrix}1&\quad2&\quad3\end{matrix}\\ \begin{pmatrix}\frac{12EI}{l^{3}}&0&\frac{6EI}{l^{2}}\\0&\frac{EA}{l}&0\\\frac{6EI}{l^{2}}&0&\frac{4EI}{l}\end{pmatrix}\begin{matrix}1\\2\\3\end{matrix}\end{array}=\begin{array}{c}\begin{matrix}1&\quad2&\quad3\end{matrix}\\ \begin{pmatrix}0.36\ \mathrm{N/m}&0&-0.18\ \mathrm{N}\\0&20\ \mathrm{k/m}&0\\0.18\ \mathrm{N}&0&0.12\ \mathrm{N\cdot m}\end{pmatrix}\begin{matrix}1\\2\\3\end{matrix}\end{array}$$

(3) 集成结构刚度矩阵。

将以上单元刚度矩中的元素对号入座，形成如下结构刚度矩阵

$$[K]=\begin{array}{c}\begin{matrix}1&\quad2&\quad3\end{matrix}\\ \begin{pmatrix}\frac{2EA}{l}+\frac{12EI}{l^{3}}&0&\frac{6EI}{l^{2}}\\0&\frac{EA}{l}+\frac{24EI}{l^{3}}&0\\\frac{6EI}{l^{2}}&0&\frac{12EI}{l}\end{pmatrix}\begin{matrix}1\\2\\3\end{matrix}\end{array}=2.1\times10^{7}\begin{pmatrix}40.36\ \mathrm{N/m}&0&0.18\ \mathrm{N}\\0&20.72\ \mathrm{N/m}&0\\0.18\ \mathrm{N}&0&0.36\ \mathrm{N\cdot m}\end{pmatrix}$$

(4) 对自由结点位移和结点荷载进行编码，建立总码下的自由结点位移向量和结点荷载向量，如例图 9-5(b)、(c)所示。

$$\{\Delta\}=\{\Delta_1\Delta_2\Delta_3\}^{\mathrm{T}}$$

$$\{F_P\}=\{F_1F_2F_3\}^{\mathrm{T}}$$

(5) 求结构结点荷载向量。

各单元在单元局部坐标系下的固端反力为

$$\{\overline{F}_F^{①}\}^{①}=\begin{pmatrix}\{\overline{F}_{F1}^{①}\}\\ \cdots\cdots \\ \{\overline{F}_{F2}^{①}\}\end{pmatrix}=\begin{pmatrix}\overline{F}_{N1}^{F①}\\ \overline{F}_{S1}^{F①}\\ \overline{M}_1^{F①}\\ \cdots\cdots \\ \overline{F}_{N2}^{F①}\\ \overline{F}_{S1}^{F①}\\ \overline{M}_2^{F①}\end{pmatrix}=\begin{pmatrix}0\\ 10\ \mathrm{kN}\\ 1.667\ \mathrm{kN\cdot m}\\ \cdots\cdots \\ 0\\ 10\ \mathrm{kN}\\ -1.667\ \mathrm{kN\cdot m}\end{pmatrix}$$

$$\{\overline{F}_F^{②}\}^{②}=\begin{pmatrix}\{\overline{F}_{F2}^{②}\}\\ \cdots\cdots \\ \{\overline{F}_{F3}^{②}\}\end{pmatrix}=\begin{pmatrix}0\\ \cdots\\ 0\end{pmatrix}$$

$$\{\overline{F}_F^{①}\}^{③}=\begin{pmatrix}\{\overline{F}_{F4}^{③}\}\\ \cdots\cdots \\ \{\overline{F}_{F2}^{③}\}\end{pmatrix}=\begin{pmatrix}\overline{F}_{N4}^{F③}\\ \overline{F}_{S4}^{F③}\\ \overline{M}_4^{F③}\\ \cdots\cdots \\ \overline{F}_{N2}^{F③}\\ \overline{F}_{S2}^{F③}\\ \overline{M}_2^{F③}\end{pmatrix}=\begin{pmatrix}0\\ 5\ \mathrm{kN}\\ 1.25\ \mathrm{kN\cdot m}\\ \cdots\cdots \\ 0\\ 5\ \mathrm{kN}\\ -1.25\ \mathrm{kN\cdot m}\end{pmatrix}$$

由$\{F_F\}=[T]^{\mathrm{T}}\{\overline{F}_F\}$，可求出结构整体坐标系的各单元固端力如下。

对于单元①和②，$\alpha=0°$，$\cos\alpha=1$，$\sin\alpha=0$，则有

$$\{F_F\}^{①}=\begin{pmatrix}\{F_{F1}^{①}\}\\ \cdots\cdots \\ \{F_{F2}^{①}\}\end{pmatrix}=\begin{pmatrix}\overline{F}_{F1}^{①}\\ \cdots\cdots \\ \overline{F}_{F2}^{①}\end{pmatrix}=\begin{pmatrix}0\\ 10\ \mathrm{kN}\\ 1.667\ \mathrm{kN\cdot m}\\ \cdots\cdots \\ 0\\ 10\ \mathrm{kN}\\ -1.667\ \mathrm{kN\cdot m}\end{pmatrix}$$

$$\{F_F\}^{②}=\begin{pmatrix}\{F_{F2}^{②}\}\\ \cdots\cdots \\ \{F_{F3}^{②}\}\end{pmatrix}=\begin{pmatrix}\{\overline{F}_{F2}^{②}\}\\ \cdots\cdots \\ \{\overline{F}_{F3}^{②}\}\end{pmatrix}=\begin{pmatrix}0\\ \cdots\cdots \\ 0\end{pmatrix}$$

对于单元③，$\alpha=90°$，$\cos\alpha=0$，$\sin\alpha=1$，则有

$$\{F\}^{③}=\begin{pmatrix}\{F_{F4}^{③}\}\\ \cdots\cdots \\ \{F_{F2}^{③}\}\end{pmatrix}=\begin{pmatrix}0 & -1 & 0 & 0 & 0 & 0\\ 1 & 0 & 0 & 0 & 0 & 0\\ 0 & 0 & 1 & 0 & 0 & 0\\ 0 & 0 & 0 & 0 & -1 & 0\\ 0 & 0 & 0 & 1 & 0 & 0\\ 0 & 0 & 0 & 0 & 0 & 1\end{pmatrix}\begin{pmatrix}0\\ 5\ \text{kN}\\ 1.25\ \text{kN}\cdot\text{m}\\ \cdots\cdots \\ 0\\ 5\ \text{kN}\\ -1.25\ \text{kN}\cdot\text{m}\end{pmatrix}=\begin{pmatrix}-5\ \text{kN}\\ 0\\ 1.25\ \text{kN}\cdot\text{m}\\ \cdots\cdots \\ -5\ \text{kN}\\ 0\\ -1.25\ \text{kN}\cdot\text{m}\end{pmatrix}$$

自由结点 2 的等效结点荷载为

$$\{F_{E2}\}=-(\{F_{F2}\}^{①}+\{F_{F2}\}^{②}+\{F_{F2}\}^{③})=\begin{pmatrix}5\ \text{kN}\\ -10\ \text{kN}\\ 2.917\ \text{kN}\cdot\text{m}\end{pmatrix}$$

于是，结构结点荷载向量为

$$\{F_P\}=\{F_2\}=\{F_{E2}\}+\{F_{D2}\}=\{F_{E2}\}=\begin{pmatrix}5\ \text{kN}\\ -10\ \text{kN}\\ 2.917\ \text{kN}\cdot\text{m}\end{pmatrix}$$

(6) 求解结构刚度方程。

结构刚度方程为

$$\begin{pmatrix}5\ \text{kN}\\ -10\ \text{kN}\\ 2.917\ \text{kN}\cdot\text{m}\end{pmatrix}=2.1\times10^{7}\begin{pmatrix}40.36\ \text{N/m} & 0 & 0.18\ \text{N}\\ 0 & 20.72\ \text{N/m} & 0\\ 0.18\ \text{N} & 0 & 0.36\ \text{N}\cdot\text{m}\end{pmatrix}\begin{pmatrix}\Delta_1\\ \Delta_2\\ \Delta_3\end{pmatrix}$$

求解后可得

$$\begin{pmatrix}\Delta_1\\ \Delta_2\\ \Delta_3\end{pmatrix}=\begin{pmatrix}0.041\,9\times10^{-4}\,\text{m}\\ -0.229\,8\times10^{-4}\,\text{m}\\ 0.038\,4\times10^{-2}\,\text{rad}\end{pmatrix}$$

(7) 计算各单元的杆端力。

由各单元定位向量，将单元杆端位移取相应结点位移后，由式(9.22)计算各单元的杆端力。

单元①：$[T]=[I]$，$\{\delta\}^{①}=\{0\quad 0\quad 0\quad \Delta_1\quad \Delta_2\quad \Delta_3\}^{\mathrm{T}}$，则

$$\{\overline{F}\}^{①}=[T][K]^{①}\{\delta\}^{①}+\{\overline{F}_F\}^{①}=$$

$$\begin{pmatrix}20\ \text{kN/m} & 0 & 0 & -20\ \text{kN/m} & 0 & 0\\ 0 & 0.36\ \text{kN/m} & 0.18\ \text{kN} & 0 & -0.36\ \text{kN/m} & 0.18\ \text{kN}\\ 0 & 0.18\ \text{kN} & 0.12\ \text{kN}\cdot\text{m} & 0 & -0.18\ \text{kN} & 0.06\ \text{kN}\cdot\text{m}\\ -20\ \text{kN/m} & 0 & 0 & 20\ \text{kN/m} & 0 & 0\\ 0 & -0.36\ \text{kN/m} & -0.18\ \text{kN} & 0 & 0.36\ \text{kN/m} & -0.18\ \text{kN}\\ 0 & 0.18\ \text{kN} & 0.06\ \text{kN}\cdot\text{m} & 0 & -0.18\ \text{kN} & 0.12\ \text{kN}\cdot\text{m}\end{pmatrix}\times$$

$$\begin{pmatrix} 0 \\ 0 \\ 0 \\ 0.041\,9\times10^{-4}\,\text{m} \\ -0.229\,8\times10^{-4}\,\text{m} \\ 0.038\,4\times10^{-2}\,\text{rad} \end{pmatrix} + \begin{pmatrix} 0 \\ 10\,\text{kN} \\ 1.667\,\text{kN}\cdot\text{m} \\ 0 \\ 10\,\text{kN} \\ -1.667\,\text{kN}\cdot\text{m} \end{pmatrix} = \begin{pmatrix} -1.759\,8\,\text{kN} \\ 11.625\,2\,\text{kN} \\ 2.237\,4\,\text{kN}\cdot\text{m} \\ 1.759\,8\,\text{kN} \\ 8.374\,8\,\text{kN} \\ -0.612\,2\,\text{kN}\cdot\text{m} \end{pmatrix}$$

单元②：$[T]=[I]$，$\{\delta\}^{②}=\{\Delta_1 \quad \Delta_2 \quad \Delta_3 \quad 0 \quad 0 \quad 0\}^{\mathrm{T}}$，则

$$\{\overline{F}\}^{②}=[T][K]^{②}\{\delta\}^{②}+\{\overline{F}_F\}^{②}=$$

$$2.1\times10^4\times$$

$$\begin{bmatrix} 20\,\text{kN/m} & 0 & 0 & -20\,\text{kN/m} & 0 & 0 \\ 0 & 0.36\,\text{kN/m} & 0.18\,\text{kN} & 0 & -0.36\,\text{kN/m} & 0.18\,\text{kN} \\ 0 & 0.18\,\text{kN} & 0.12\,\text{kN}\cdot\text{m} & 0 & -0.18\,\text{kN} & 0.06\,\text{kN}\cdot\text{m} \\ -20\,\text{kN/m} & 0 & 0 & 20\,\text{kN/m} & 0 & 0 \\ 0 & -0.36\,\text{kN/m} & -0.18\,\text{kN} & 0 & 0.36\,\text{kN/m} & -0.18\,\text{kN} \\ 0 & 0.18\,\text{kN} & 0.06\,\text{kN}\cdot\text{m} & 0 & -0.18\,\text{kN} & 0.12\,\text{kN}\cdot\text{m} \end{bmatrix}\times$$

$$\begin{pmatrix} 0.0419\times10^{-4}\,\text{m} \\ -0.2298\times10^{-4}\,\text{m} \\ 0.0384\times10^{-2}\,\text{m} \\ 0 \\ 0 \\ 0 \end{pmatrix} + \begin{pmatrix} 0 \\ 0 \\ 0 \\ 0 \\ 0 \\ 0 \end{pmatrix} =$$

$$\begin{pmatrix} 1.759\,8\,\text{kN} \\ 1.277\,8\,\text{kN} \\ 0.880\,8\,\text{kN}\cdot\text{m} \\ -1.759\,8\,\text{kN} \\ -1.277\,8\,\text{kN} \\ 0.397\,0\,\text{kN}\cdot\text{m} \end{pmatrix}$$

单元③：$\alpha=90°$，$\cos\alpha=0$，$\sin\alpha=1$，$\{\delta\}^{③}=\{0 \quad 0 \quad 0 \quad \Delta_1 \quad \Delta_2 \quad \Delta_3\}^{\mathrm{T}}$，则有

$$\{\overline{F}\}^{③}=[T][K]^{③}\{\delta\}^{③}+\{\overline{F}_F\}^{③}=$$

$$2.1\times10^4\times\begin{pmatrix} 0 & 1 & 1 & & & \\ -1 & 0 & 0 & & 0 & \\ 0 & 0 & 1 & & & \\ & & & 0 & 1 & 0 \\ & 0 & & -1 & 0 & 0 \\ & & & 0 & 0 & 1 \end{pmatrix}\times$$

$$\begin{pmatrix} 0.36\ \text{kN/m} & 0 & -0.18\ \text{kN} & -0.36\ \text{kN/m} & 0 & -0.18\ \text{kN} \\ 0 & 20\ \text{kN/m} & 0 & 0 & -20\ \text{kN/m} & 0 \\ -0.18\ \text{kN} & 0 & 0.12\ \text{kN}\cdot\text{m} & 0.18\ \text{kN} & 0 & 0.06\ \text{kN}\cdot\text{m} \\ -0.36\ \text{kN/m} & 0 & 0.18\ \text{kN} & 0.36\ \text{kN/m} & 0 & 0.18\ \text{kN} \\ 0 & -20\ \text{kN/m} & 0 & 0 & 20\ \text{kN/m} & 0 \\ -0.18\ \text{kN} & 0 & 0.06\ \text{kN}\cdot\text{m} & 0.18 & 0 & 0.12\ \text{kN}\cdot\text{m} \end{pmatrix} \times$$

$$\begin{pmatrix} 0 \\ 0 \\ 0 \\ 0.041\,9\times10^{-4}\ \text{m} \\ -0.229\,8\times10^{-4}\ \text{m} \\ 0.038\,4\times10^{-2}\ \text{rad} \end{pmatrix} + \begin{pmatrix} 0 \\ 5\ \text{kN} \\ 1.25\ \text{kN}\cdot\text{m} \\ 0 \\ 5\ \text{kN} \\ -1.25\ \text{kN}\cdot\text{m} \end{pmatrix} = \begin{pmatrix} 9.651\,6\ \text{kN} \\ 6.483\,2\ \text{kN} \\ 1.749\,7\ \text{kN}\cdot\text{m} \\ -9.651\,6\ \text{kN} \\ 3.517\,8\ \text{kN} \\ -0.266\,5\ \text{kN}\cdot\text{m} \end{pmatrix}$$

绘制结构弯矩图、剪力图和轴力图，如例图 9-5(d)～例图 9-5(f)所示。

例 9-6　试用后处理法求如例图 9-6(a)所示刚架由于支座位移引起的杆端内力，并作出内力图。已知各杆 $E=2.1\times10^{7}\ \text{kN/m}^2$，$A=0.2\ \text{m}^2$，$I=0.01\ \text{m}^4$。

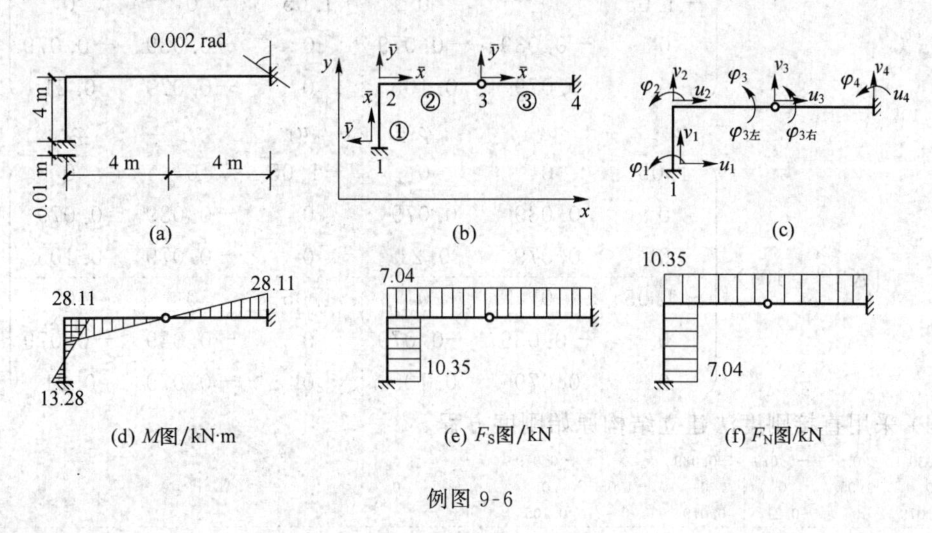

例图 9-6

解：

(1)对单元和结点编号，结构坐标系和单元坐标系如例图 9-6(b)所示。基本数据如例表 9-2 所示。

例表 9-2

单元	$i\to j$	EA/kN	EI/kN·m²	杆长/m	cos α	sin α
①	1→2	0.42×10^7	0.21×10^6	4	0	1
②	2→3	0.42×10^7	0.21×10^6	4	1	0
③	3→4	0.42×10^7	0.21×10^6	4	1	0

(2) 建立结点位移向量和结点荷载向量。

$$[\Delta]=\{u_1\quad v_1\quad \varphi_1\ \vdots\ u_2\quad v_2\quad \varphi_2\ \vdots\ u_3\quad v_3\quad \varphi_3\ \vdots\ \varphi_{3右}\ \vdots\ u_4\quad v_4\quad \varphi_4\}^{\mathrm{T}}$$

$$[F_P]=\{F_{1x}\quad F_{2y}\quad M_1\ \vdots\ 0\quad 0\quad 0\ \vdots\ 0\quad 0\quad 0\ \vdots\ 0\ \vdots\ F_{4x}\quad F_{4y}\quad M_4\}^{\mathrm{T}}$$

(3) 按式(9.7)建立结构坐标系单元刚度矩阵。

$$[K]^{①}=10^6\times\begin{array}{c}\begin{matrix} u_1 & v_1 & \varphi_1 & u_2 & v_2 & \varphi_2 \end{matrix}\\ \left(\begin{array}{ccc|ccc} 0.039 & 0 & -0.079 & -0.039 & 0 & -0.079\\ 0 & 1.05 & 0 & 0 & -1.05 & 0\\ -0.079 & 0 & 0.21 & 0.079 & 0 & 0.105\\ -0.039 & 0 & 0.079 & 0.039 & 0 & 0.079\\ 0 & -1.05 & 0 & 0 & 1.05 & 0\\ -0.079 & 0 & 0.105 & 0.079 & 0 & 0.21 \end{array}\right)\end{array}$$

$$[K]^{②}=10^6\times\begin{array}{c}\begin{matrix} u_2 & v_2 & \varphi_2 & u_3 & v_3 & \varphi_{3左} \end{matrix}\\ \left(\begin{array}{ccc|ccc} 1.05 & 0 & 0 & -1.05 & 0 & 0\\ 0 & 0.039 & 0.079 & 0 & -0.039 & 0.079\\ 0 & 0.079 & 0.21 & 0 & -0.079 & 0.105\\ \hline -1.05 & 0 & 0 & 1.05 & 0 & 0\\ 0 & -0.039 & -0.079 & 0 & -0.039 & -0.079\\ 0 & 0.079 & 0.105 & 0 & -0.079 & 0.21 \end{array}\right)\end{array}$$

$$[K]^{③}=10^6\times\begin{array}{c}\begin{matrix} u_3 & v_3 & \varphi_{3左} & u_4 & v_4 & \varphi_4 \end{matrix}\\ \left(\begin{array}{ccc|ccc} 1.05 & 0 & 0 & -1.05 & 0 & 0\\ 0 & 0.039 & 0.079 & 0 & -0.039 & 0.079\\ 0 & 0.079 & 0.21 & 0 & -0.079 & 0.105\\ \hline -1.05 & 0 & 0 & 1.05 & 0 & 0\\ 0 & -0.039 & -0.079 & 0 & -0.039 & -0.079\\ 0 & 0.079 & 0.105 & 0 & -0.079 & 0.21 \end{array}\right)\end{array}$$

(4) 采用直接刚度法建立结构原始刚度方程。

$$10^6\left(\begin{array}{ccc|ccc|ccc|c|ccc} 0.039 & 0 & -0.079 & -0.039 & 0 & -0.079 & & & & & & & \\ 0 & 1.05 & 0 & 0 & -1.05 & 0 & & 0 & & 0 & 0 & & \\ -0.079 & 0 & 0.21 & 0.079 & 0 & 0.105 & & & & & & & \\ \hline -0.039 & 0 & 0.079 & 1.089 & 0 & 0.079 & -1.05 & 0 & 0 & & & & \\ 0 & -1.05 & 0 & 0 & 1.089 & 0.079 & 0 & -0.039 & 0.079 & 0 & 0 & & \\ -0.079 & 0 & 0.105 & 0.079 & 0.079 & 0.42 & 0 & -0.079 & 0.105 & & & & \\ \hline & & & -1.05 & 0 & 0 & 2.1 & 0 & 0 & 0 & -1.05 & 0 & 0\\ & 0 & & 0 & -0.039 & 0.079 & 0 & 0.079 & -0.079 & 0.079 & 0 & -0.039 & 0.079\\ & & & 0 & 0.079 & 0.105 & 0 & -0.079 & 0.21 & 0 & 0 & 0 & 0\\ \hline & 0 & & & 0 & & 0 & 0.079 & 0 & 0.21 & 0 & -0.079 & 0.105\\ \hline & & & & & & -1.05 & 0 & 0 & 0 & 1.05 & 0 & 0\\ & 0 & & & 0 & & 0 & -0.039 & 0 & -0.079 & 0 & 0.039 & -0.079\\ & & & & & & 0 & 0.079 & 0 & 0.105 & 0 & -0.079 & 0.21 \end{array}\right)$$

$$
\begin{Bmatrix} u_1 \\ v_1 \\ \varphi_1 \\ u_2 \\ v_2 \\ \varphi_2 \\ u_3 \\ v_3 \\ \varphi_{3左} \\ \varphi_{3右} \\ u_4 \\ v_4 \\ \varphi_4 \end{Bmatrix} = \begin{Bmatrix} P_{P1}^{x} \\ P_{P1}^{y} \\ M_1 \\ 0 \\ 0 \\ 0 \\ 0 \\ 0 \\ 0 \\ 0 \\ P_{p1}^{x} \\ P_{P2}^{y} \\ M_1 \end{Bmatrix}
$$

(5) 建立结构刚度方程。

引入支承条件

$$
\{u_1 \quad v_1 \quad \varphi_1 \quad u_4 \quad v_4 \quad \varphi_4\}^{\mathrm{T}} = \{0 \quad -0.001 \quad 0 \quad 0 \quad 0 \quad 0.002\}^{\mathrm{T}}
$$

采用划行划列法，建立结构刚度方程如下。

首先划去与 u_1，φ_1，u_4，v_4，相应总刚 $[K]$ 中的行和列，以及 $\{F_P\}$ 中对应的分量，则有

$$
10^6 \times \left\{\begin{array}{c:cccc:ccc:c}
1.05 & 0 & -1.05 & 0 & & 0 & & & \\
\hdashline
0 & 1.089 & 0 & 0.079 & -1.05 & 0 & 0 & 0 & 0 \\
-1.05 & 0 & 1.089 & 0.079 & 0 & -0.039 & 0.079 & 0 & 0 \\
0 & 0.079 & 0.079 & 0.42 & 0 & -0.079 & 0.105 & 0 & 0 \\
\hdashline
 & -1.05 & 0 & 0 & 2.1 & 0 & 0 & 0 & 0 \\
0 & 0 & -0.039 & -0.079 & 0 & 0.079 & -0.079 & 0.079 & 0.079 \\
 & 0 & 0.079 & 0.105 & 0 & -0.079 & 0.2 & 0 & 0 \\
\hdashline
0 & 0 & 0 & 0 & 0 & 0.079 & 0 & 0.21 & 0.105 \\
\hdashline
0 & 0 & 0 & 0 & 0 & -0.079 & 0 & 0.105 & 0.21
\end{array}\right\}
\begin{Bmatrix} v_1 \\ \hdashline u_2 \\ v_2 \\ \varphi_2 \\ \hdashline u_3 \\ v_3 \\ \varphi_{3左} \\ \varphi_{3右} \\ \hdashline \varphi_4 \end{Bmatrix}
= \begin{Bmatrix} F_{P1}^{y} \\ \hdashline 0 \\ 0 \\ 0 \\ \hdashline 0 \\ 0 \\ 0 \\ 0 \\ \hdashline M_4 \end{Bmatrix}
$$

再将 $v_1=-0.01$，$\varphi_4=0.002$ 代入方程，并将相应的行和列删去，用 $F_i-k_{ij}v_1-k_{ij}\varphi_4$ 代替 P_{P2}，得

$$
10^6 \times \begin{pmatrix}
1.089 & 0 & 0.079 & -1.05 & 0 & 0 & 0 \\
0 & 1.089 & 0.079 & 0 & -0.039 & 0.079 & 0 \\
0.079 & 0.079 & 0.42 & 0 & -0.079 & 0.105 & 0 \\
-1.05 & 0 & 0 & 2.1 & 0 & 0 & 0 \\
0 & -0.039 & -0.079 & 0 & 0.079 & -0.079 & 0.079 \\
0 & 0.079 & 0.105 & 0 & -0.079 & 0.21 & 0 \\
0 & 0 & 0 & 0 & 0.079 & 0 & 0.21
\end{pmatrix}
\begin{Bmatrix} u_2 \\ v_2 \\ \varphi_2 \\ u_3 \\ v_3 \\ \varphi_{3左} \\ \varphi_{3右} \end{Bmatrix} =
$$

$$\begin{Bmatrix}0\\0\\0\\0\\0\\0\\0\end{Bmatrix}-\begin{Bmatrix}0\\-1.05\\0\\0\\0\\0\\0\end{Bmatrix}\times(-0.01)-\begin{Bmatrix}0\\0\\0\\0\\0.079\\0\\0.105\end{Bmatrix}\times 0.002=\begin{Bmatrix}0\\-0.105\times10^{-3}\\0\\0\\-0.158\times10^{-3}\\0\\-0.210\times10^{-3}\end{Bmatrix}$$

(6) 求解结构刚度方程，得结点位移。

$$\{u_2\quad v_2\quad \varphi_2 \vdots u_2\quad v_3\quad \varphi_{3左} \vdots \varphi_{3右}\}^{\mathrm{T}}=$$

$$\{-0.00002\quad -0.00999\quad 0.0014 \vdots -0.00001\quad -0.00871\quad 0.00041 \vdots 0.00227\}^{\mathrm{T}}$$

(7) 计算各单元杆端力。

单元①：$\{F\}^{①}=[K]^{①}\{\delta\}^{①}$

$$\begin{Bmatrix}F_{1x}\\F_{1y}\\M\\F_{2x}\\F_{2y}\\M_2\end{Bmatrix}=10^6\times\begin{Bmatrix}0.039&0&-0.079&0.039&0&-0.079\\0&1.05&0&0&-1.05&0\\-0.079&0&0.21&0.079&0&0.105\\-0.039&0&0.079&0.039&0&0.079\\0&-1.05&0&0&1.05&0\\-0.079&0&0.105&0.079&0&0.21\end{Bmatrix}\times\begin{Bmatrix}0.00000\\-0.01000\\0.00000\\-0.00002\\-0.00999\\0.00041\end{Bmatrix}$$

$$\{\overline{F}\}^{①}=\begin{Bmatrix}-10.35\\-7.04\\13.28\\10.35\\7.04\\28.11\end{Bmatrix}=[T]\{F\}^{①}$$

$$\begin{Bmatrix}\overline{F}_{N1}\\\overline{F}_{S1}\\\overline{M}_1\\\overline{F}_{N2}\\\overline{F}_{S2}\end{Bmatrix}=\begin{bmatrix}0&1&0&0&0&0\\-1&0&0&0&0&0\\0&0&1&0&0&0\\0&0&0&0&1&0\\0&0&0&-1&0&0\\0&0&0&0&0&1\end{bmatrix}\begin{Bmatrix}-10.35\\-7.04\\13.28\\10.35\\7.04\\28.11\end{Bmatrix}=\begin{Bmatrix}-7.04\\10.35\\13.28\\7.04\\-10.35\\28.11\end{Bmatrix}$$

单元②：$\{\overline{F}\}^{②}=\{F\}^{②}=[K]^{②}\{\delta\}^{②}$

$$\begin{Bmatrix}\overline{F}_{N2}\\\overline{P}_{S2}\\\overline{M}\\\overline{F}_{N3}\\\overline{F}_{S3}\\\overline{M}_{3左}\end{Bmatrix}=10^6\times\begin{Bmatrix}1.05&0&0&-1.05&0&0\\0&0.039&0.079&0&-0.039&0.079\\0&0.079&0.21&0&-0.079&0.105\\-1.05&0&0&1.05&0&0\\0&-0.039&-0.079&0&0.039&-0.079\\0&0.079&0.105&0&-0.079&0.21\end{Bmatrix}\times$$

$$
\begin{Bmatrix} -0.000\,02 \\ -0.009\,99 \\ 0.000\,14 \\ -0.000\,01 \\ -0.008\,71 \\ 0.000\,41 \end{Bmatrix} = \begin{Bmatrix} -10.35 \\ -7.04 \\ -28.11 \\ 10.35 \\ 7.04 \\ -28.11 \end{Bmatrix}
$$

单元③：$\{\overline{F}\}^{③}=\{F\}^{③=}[K]^{③}\{\delta\}^{③}$

$$
\begin{Bmatrix} \overline{F}_{N3} \\ \overline{P}_{S3} \\ \overline{M}_{3右} \\ \overline{F}_{N4} \\ \overline{F}_{S4} \\ \overline{M}_{4} \end{Bmatrix} = 10^5 \times \begin{bmatrix} 1.05 & 0 & 0 & -1.05 & 0 & 0 \\ 0 & 0.039 & 0.079 & 0 & -0.039 & 0.079 \\ 0 & 0.079 & 0.21 & 0 & -0.079 & 0.105 \\ -1.05 & 0 & 0 & 1.05 & 0 & 0 \\ 0 & -0.039 & -0.079 & 0 & 0.039 & -0.079 \\ 0 & 0.079 & 0.105 & 0 & 0.079 & 0.21 \end{bmatrix} \times
$$

$$
\begin{Bmatrix} -0.00001 \\ -0.00871 \\ 0.00227 \\ 0.00000 \\ 0.00000 \\ 0.00200 \end{Bmatrix} = \begin{Bmatrix} -10.35 \\ -7.04 \\ 0.00 \\ 10.35 \\ 7.04 \\ -28.11 \end{Bmatrix}
$$

9.3　习题及其解答

1. 练习题

9-1　(　　)单元的单元刚度矩阵不存在逆矩阵。

9-2　坐标变换矩阵是一个(　　)矩阵。

9-3　如题图 9-1 所示，结构考虑各杆轴向变形，采用先处理法，结构刚度矩阵为(　　)阶。

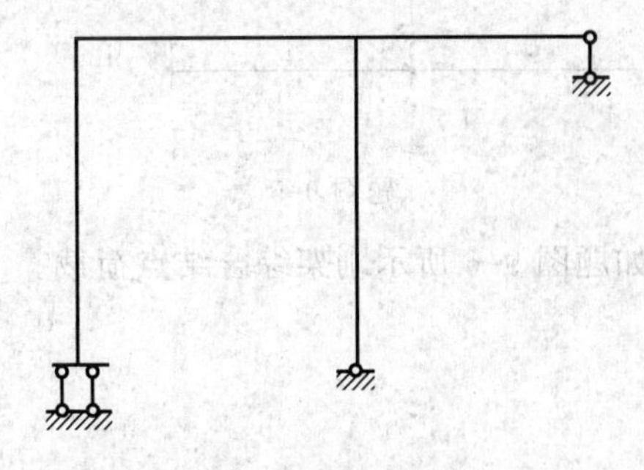

题图 9-1

9-4　如题图 9-2 所示梁结构总刚度方程为(　　)。

9-5　试用先处理法建立如题图 9-3 所示连续梁的结构刚度矩阵，设 EI=常数。

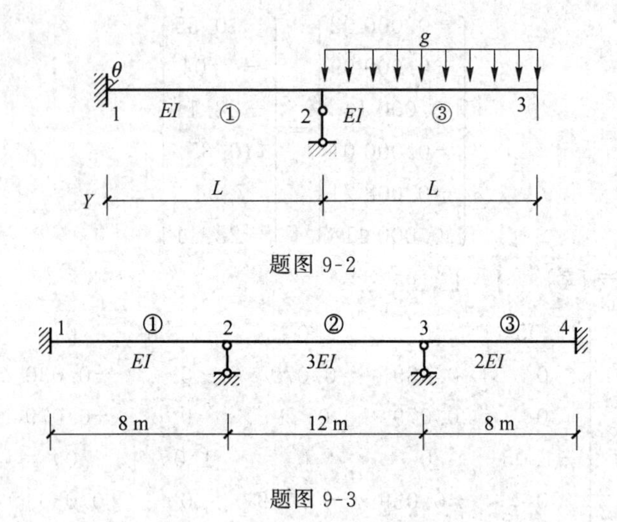

题图 9-2

题图 9-3

9-6　以子块形式写出如题图 9-4 所示刚架的结构原始刚度矩阵中的下列子块：$[K_{55}]$、$[K_{58}]$、$[K_{53}]$、$[K_{12}]$。

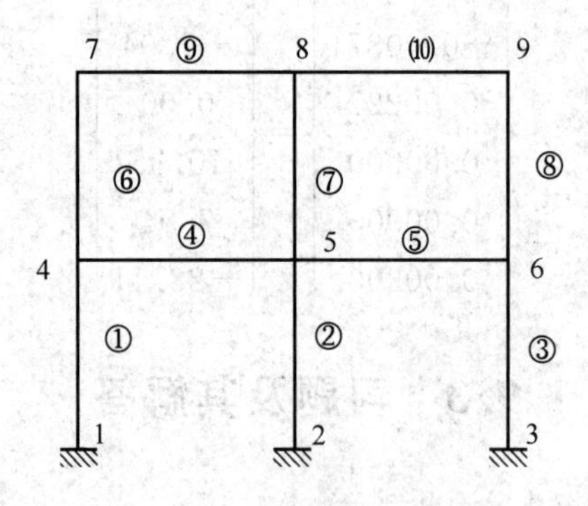

题图 9-4

9-7　试求如题图 9-5 所示结构的整体刚度矩阵。

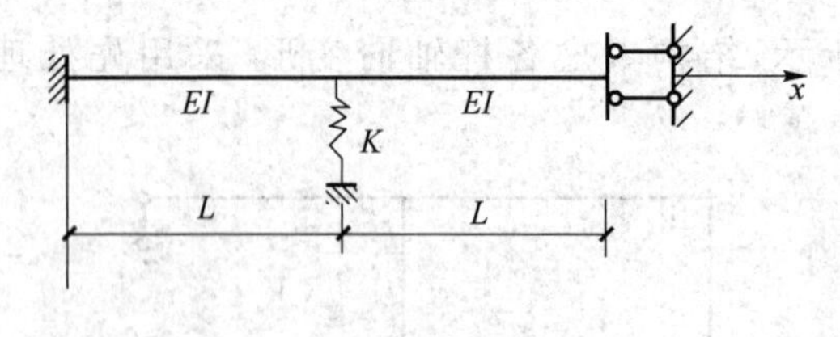

题图 9-5

9-8　试用后处理法求如题图 9-6 所示刚架综合结点荷载。

2. 习题答案

9-1　自由式

9-2　正交

9-3　10×10

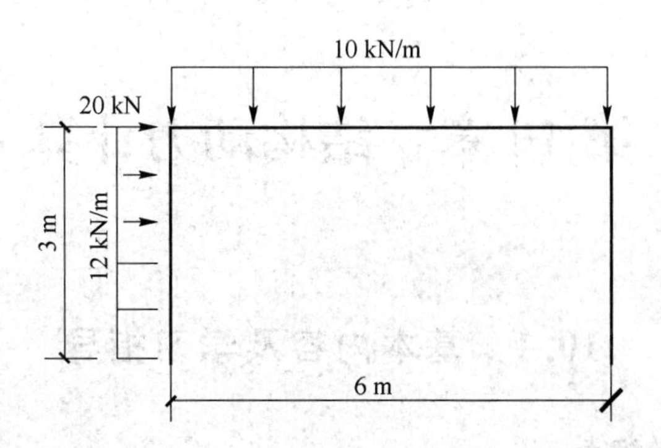

题图 9-6

9-4 $\begin{pmatrix}\dfrac{8EI}{l} & \dfrac{2EI}{l}\\ \dfrac{2EI}{l} & \dfrac{4EI}{l}\end{pmatrix}\begin{Bmatrix}\varphi_2\\ \varphi_3\end{Bmatrix}=\begin{Bmatrix}\dfrac{2EI}{l}\theta-\dfrac{8l^2}{12}\\ \dfrac{8l^2}{12}\end{Bmatrix}$

9-5 $[K]=EI\begin{pmatrix}4 & 2 & 0 & 0\\ 2 & 12 & 4 & 0\\ 0 & 4 & 16 & 4\\ 0 & 0 & 4 & 8\end{pmatrix}$ （行、列编号 1 2 3 4）

9-6 $[K_{55}]=[K_{55}]^{②}+[K_{55}]^{④}+[K_{55}]^{⑤}+[K_{55}]^{⑦}$

$[K_{58}]=[K_{58}]^{⑦}$，$[K_{53}]=[0]$，$[K_{12}]=[0]$

9-7 $[K]=\begin{pmatrix}\dfrac{24i}{l^2}+K & 0 & -\dfrac{12i}{l^2}\\ 0 & 8i & -\dfrac{6i}{l}\\ -\dfrac{12i}{l^2} & -\dfrac{6i}{l} & \dfrac{12i}{l^2}\end{pmatrix}$

9-8 $\{F_P\}=\{F_{1x}\quad F_{1y}\quad M_1\quad 0\quad 0\quad 0\quad 38\quad -30\quad -12\quad F_{4x}\quad F_{4y}\quad M_4\}^{\mathrm{T}}$

第10章　结构动力计算

10.1　基本内容及学习指导

1. 结构动力计算的特点

结构在动荷载作用下的计算称为动力计算。与静力荷载计算的区别主要表现在如下几个方面。

① 动力荷载是大小、方向、作用位置随时间而变化，它将使结构产生加速度，动力计算时各质点的惯性力不容忽视。

② 结构在动力荷载作用下的动内力和动位移等是随时间而变化的，通常称为动力反应。结构的动力反应不仅与所受的动力荷载的幅值及变化规律有关，而且与结构的动力特性(如自振频率、振型和阻尼参数)有密切关系。因此，结构的动力计算首先要研究结构的动力特性，然后再研究结构的动力反应。这也是学习结构动力学的总体思路。

③ 结构动力计算的核心问题是建立运动微分方程。通常的方法是根据达朗贝尔原理把惯性力加到原来质量上，这样结构在动力荷载、弹性恢复力、阻尼力和惯性力作用下瞬间处于平衡状态(即动平衡)，从而建立运动方程。这种求解动力学问题的方法称为动静法，即将动力学问题化为静力学问题来处理。因为其荷载、惯性力和内力都是随时间变化的，故动力的平衡方程是位移变量的微分方程(所有的动力反应都是时间的函数)。

2. 体系振动的自由度

确定一个体系在运动过程中在任一时刻全部质量的位置所需的独立几何参数的数目，称为该体系的振动自由度。在确定杆系结构的自由度时，继续引用受弯直杆上任意两点间的距离保持不变的假定，可采用附加链杆法，即加入最少的链杆以限制结构上所有质点的线位置，则结构振动自由度等于加入链杆的数目。根据振动自由度的数目，结构可分为单自由体系、多自由度体系和无限自由度体系。结构振动自由度的数目只反应体系的几何特性，它不一定等于质点的个数，而且与结构超静定次数无关。

3. 自由振动

结构在没有动荷载作用时，由初始干扰(初始位移、初始速度或两者同时)的影响所引起的振动称为自由振动。研究结构的自由振动，主要是求得结构自身的振动特性，即自振频率、振型和阻尼参数。

4. 强迫振动

结构在动荷载持续作用下产生的振动称为强迫振动。结构动力计算的目的在于确定结构在动力荷载作用下的动力反应，为结构的设计和验算提供依据。

5. 建立运动方程的方法

建立运动方程的方法有多种，通常采用的基本方法是以达朗贝尔原理为依据的动静法。其方法是在体系的各运动质点上加入惯性力，并认为各质点处于瞬时的平衡状态，于是，采用静力学的方法建立运动方程。

在建立运动方程时，应先分析体系的自由度，确定基本未知量。把各质点的位移、速度和加速度的正向取为一致。通常质点静力平衡位置作为位移坐标的原点，则列出的运动方程不受重力的影响，所求得的位移为动位移。

(1) 刚度法

现以如图10-1(a)所示有阻尼的单自由体系的振动模型为例，讨论如何用刚度法(即按平衡条件)建立运动方程。质点 m 在振动中的任意时刻位移为 $y(t)$，作用在质点 m 上的动荷载 $F_P(t)$，弹性 $F_S(t)=-m\ddot{y}(t)$ 和阻尼力 $F_C(t)=-c\dot{y}(t)$。

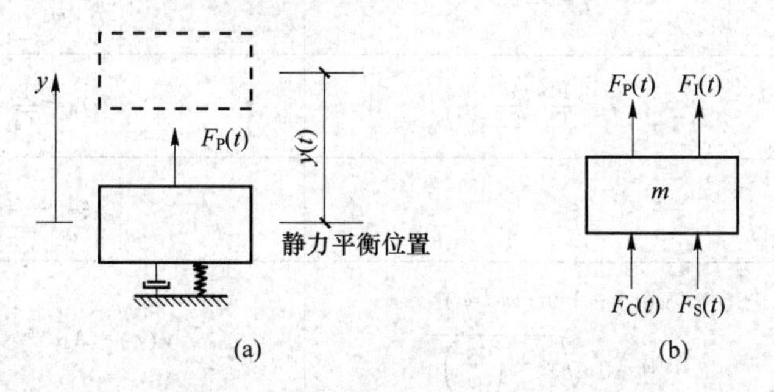

图 10-1

为了建立动力平衡方程，取质点 m 为隔离体，如图10-1(b)所示。隔离体上受动荷载 $F_P(t)$，系统的弹性恢复力 $F_S(t)$，惯性力 $F_I(t)$，阻尼力 $F_C(t)$ 的作用，列出隔离体的平衡方程为

$$F_I(t)+F_S(t)+F_C(t)+F_P(t)=0$$

即

$$m\ddot{y}(t)+c\dot{y}(t)+k_{11}\ y(t)=F_P(t)$$

上面按平衡条件建立运动方程的方法，因在讨论中涉及体系的刚度系数，故称为刚度法。

(2) 柔度法

质点的位移 $y(t)$ 可视为在动荷载 $F_P(t)$，惯性力 $F_I(t)$ 和阻尼力 $F_C(t)$ 共同作用下产生的根据叠加原理，其位移可表示为

$$y(t)=\delta_{11}F_I(t)+\delta_{11}F_C(t)+\delta_{11}F_P(t)$$

即

$$m\ddot{y}(t)+c\dot{y}(t)+\frac{1}{\delta_{11}}y(t)=F_P(t) \tag{10.1}$$

式(10.1)中，δ_{11} 为柔度系数，它表示在质点的运动方向上施加单位力时，使体系沿该方向所产生的位移。它与刚度系数 k_{11} 互为倒数。在利用位移谐调条件建立运动方程的方法涉及体系的柔度系数，故称柔度法。

6. 单自由度体系的自由振动

单自由度体系的自由振动可分为无阻尼和有阻尼两种情况。无阻尼情况的讨论能精确揭示体系本身的动力特性(自振频率、振型)，与有阻尼情况相比较，从而更好地了解阻尼的作用。

单自由度体系、自由振动方程和有关公式如表 10-1 所示。

表 10-1

名称	无阻尼($\xi=0$)	有阻尼($\xi<1$)
运动方程	$m\ddot{y}+ky=0$ 或 $\ddot{y}+\omega^2y=0$	$m\ddot{y}+c\dot{y}+ky=0$ 或 $\ddot{y}+2\xi\omega\dot{y}+\omega^2y=0$
自振频率	$\omega=\sqrt{\frac{k}{m}}=\sqrt{\frac{1}{m\delta_{11}}}=\sqrt{\frac{g}{W\delta_{11}}}=\sqrt{\frac{g}{y_{st}}}$	$\omega_d=\sqrt{1-\xi^2}\,\omega$
自振周期	$T=\frac{2\pi}{\omega}$	$T_d=\frac{2\pi}{\omega_d}=\frac{T}{\sqrt{1-\xi^2}}$
(工程)频率	$f=\frac{1}{T}=\frac{\omega}{2\pi}$	$f_d=\frac{1}{T_d}=\frac{\omega_d}{2\pi}$
阻尼比	$\xi=0$	$\xi=\frac{c}{c_{cr}}=\frac{c}{2m\omega}$
运动方程的解	$y(t)=A\sin(\omega t+\varphi)$ 振幅 $A=\sqrt{y_0^2+\left(\frac{v_0}{\omega}\right)^2}$	$y(t)=A_d e^{-\xi\omega t}\sin(\omega_d=\varphi_d)$
初相角	$\varphi=\arctan\frac{\omega y_0}{v_0}$	$\varphi_d=\arctan\frac{\omega_d y_d}{v_0+\xi\omega y_0}$

根据如表 10-1 所示可得出单自由度体系自由振动分析结果如下。

① 无阻尼自由振动是简谐振动，在振动过程中，振幅保持不变。小阻尼($\xi<1$)的情况是单自由度体系的自由振动的衰减周期振动，其振幅 $A_d e^{-\xi\omega t}$ 随时间按指数规律减少。

② 无阻尼自由振动的振幅和初相角仅取决于初位移和初速度。

③ 自振频率(或自振周期)是结构动力特性中重要的数量指标，它仅与体系的质量和刚度有关，而与外部干扰无关。自振频率(或自振周期)是体系本身的固有属性，因此又称为固有频率(或固有周期)。

自振频率(或自振周期)与阻尼有关，阻尼使体系的自振频率变低(或自振周期变长)。由于一般结构体系的阻尼比 $\xi<<1$。因此可不考虑阻尼对自振频率和自振周期的影响。

④ 阻尼比是阻尼的基本参数。对于无阻尼($\xi=0$)和小阻尼($\xi<1$)的情况，体系呈振动状况，而对于临界阻尼($\xi=1$)和大阻尼($\xi>1$)的情况，体系呈非振动的形式。阻尼的值一般可通过实验测定。由实验测出相隔 n 个周期振幅值 y_1 和 y_{n+1}，然后利用下式求出阻尼比。

$$\xi=\frac{\delta}{2\pi}=\frac{1}{2n\pi}\ln\frac{y_1}{y_{n+1}}$$

上式中，$\delta=\ln\frac{y_n}{y_{n+1}}$为对数衰减率。

7. 无阻尼单自由度体系的强迫振动

(1) 在简谐荷载作用下强迫振动

运动微分方程为

$$m\ddot{y}+ky=F_P\sin\theta t$$

或

$$\ddot{y}+\omega^2 y=\frac{F_P}{m}\sin\theta t \tag{10.2}$$

运动方程的解为

$$y(t)=y_0\cos\omega t+\frac{v_0}{\omega}\sin\omega t-\frac{P}{m(\omega^2-\theta^2)}\frac{\theta}{\omega}\sin\omega t+\frac{P}{m(\omega^2-\theta^2)}\sin\theta t \tag{10.3}$$

由式(10.3)可知,振动由 3 部分组成:由初始条件决定的自由振动、由干扰力作用而产生的自由振动和纯强迫振动。由于阻尼的存在自由振动部分很快衰减掉,因此仅剩下纯强迫振动。在振动计算中,通常只考虑稳态振动。这部分振动是按干扰力频率 θ 而进行振动,不随时间增长而衰减,振幅和频率是恒定的,故称为稳态振动。振动的稳态解为

$$y(t)=\frac{F_P}{m(\omega^2-\theta^2)}\sin\theta t=A\sin\theta t \tag{10.4}$$

$$A=\frac{F_P}{m(\omega^2-\theta^2)}=\frac{F_P}{m\omega^2\left(1-\frac{\theta^2}{\omega^2}\right)}=\frac{F_P}{k\left(1-\frac{\theta^2}{\omega^2}\right)}=\mu y_{st} \tag{10.5}$$

式(10.5)中,A 为稳态振动的动位移幅值,$y_{st}=\frac{F_P}{k}$是干扰力的幅值 F_P 为静荷载作用所产生的静位移;μ 为动位移幅值与静位移之比,称为放大系数或动力系数。

$$\mu=\frac{1}{1-\frac{\theta^2}{\omega^2}}=\frac{1}{1-\beta^2} \tag{10.6}$$

其中 $\beta=\frac{\theta}{\omega}$为频比,它反应了干扰力对结构的动力作用。当干扰力频率 θ 与体系的自振频率 ω 相系时,体系将发生共振,对无阻尼振动,当 $\theta=\omega$ 时,$\mu=\infty$,则振幅和动内力趋于无限。最大的位移为

$$y_{max}=y_{dmax}+y_{st} \tag{10.7}$$

动内力的计算:当动荷载作用在质点上,且作用线与质点 m 运动方向一致时,内力的动力系数与位移的动力系数相同。此时,结构的动内力幅值通过将动荷载的幅值 F_P 当成静荷载作用体系计算结构的内力,然后乘以动力系数 μ 而求得。如动弯矩幅值

$$M_{dmax}=\mu M_{st} \tag{10.8}$$

式(10.8)中,M_{st} 为荷载幅值 F_P 作为静荷载作用体系时所产生的结构的弯矩。结构最大弯矩为

$$M_{max}=M_{dmax}+M_P \tag{10.9}$$

式(10.9)中,M_P 为质点在重力作用体系时产生的静力弯矩。

当动荷载不是作用在质点上,或多自由度体系即使动荷载作用在质点上,位移和内力的动力系数通常不相同,此时,则要从体系的运动方程出发,先求出稳态振动的位移幅值,然后求惯性力,最后按静力计算方法,求出结构在动荷载幅值和惯性幅值共同作用下的内力。即为结构的最大动内力。

(2) 在一般荷载作用下的强迫振动

运动方程为

$$m\ddot{y}+ky=F_P(t)$$

或

$$\ddot{y}+\omega^2 y=\frac{F_P(t)}{m} \tag{10.10}$$

运动方程的解为

$$y(t)=y_0\cos\omega t+\frac{v_0}{\omega}\sin\omega t+\frac{1}{m\omega}\int_0^t F_P(\tau)\sin\omega(t-\tau)\mathrm{d}\tau \tag{10.11}$$

式(10.11)中,τ 为时间变量。

由式(10.11)可知,体系的强迫振动是由两部分组成,一部分是由初始干扰决定的自由振动,它按自振频率 ω 而进行振动;另一部分是干扰力作用而产生的强迫振动。

8. 有阻尼单自由度体系的强迫震动

(1) 在简谐荷载作用下的强迫振动

运动微分方程为

$$m\ddot{y}+c\dot{y}+ky=F_p\sin\theta t$$

或

$$\ddot{y}+2\xi\omega\dot{y}+\omega^2 y=\frac{F_p}{m}\sin\theta t \tag{10.12}$$

稳态解为

$$y=A\sin(\theta t-\varphi)$$

稳态振动的振幅为

$$A=\frac{F_p}{m\omega^2}\cdot\frac{1}{\sqrt{(1-\beta^2)^2+4\xi^2\beta^2}}=\mu_D y_{st} \tag{10.13}$$

式(10.13)中,μ_D 为考虑阻尼时的动力系数。

$$\mu_D=\frac{1}{\sqrt{(1-\beta^2)^2+4\xi^2\beta^2}} \tag{10.14}$$

由式(10.14)可知:

① 动力系数 μ_D 不仅与频率比有关,而且与阻尼比也有关;

② 当 $\theta=\omega$ 时,即共振时,动力系数为

$$\mu_D=\frac{1}{2\xi} \tag{10.15}$$

显然,对于有阻尼振动,振幅不可能是无穷大。通常把 $0.75<\beta<1.25$ 范围称为共振区。在共振区内,阻尼的减振作用明显,不能忽略。在共振区外,其减振作用较小,计算时可不考虑阻尼的影响。

(2) 在一般荷载作用下体系强迫振动

运动微分方程为

$$m\ddot{y}+c\dot{y}+ky=F_p(t)$$

或

$$\ddot{y}+2\xi\omega\dot{y}+\omega^2 y=\frac{F_p(t)}{m} \tag{10.16}$$

振动位移为

$$y(t)=\mathrm{e}^{-\xi\omega t}\left(y_0\cos\omega_d t+\frac{v_0+\xi\omega y_0}{\omega_d}\sin\omega_d t\right)+\frac{1}{m\omega_d}\int_0^t F_p(t)\ \mathrm{e}^{-\xi\omega(t-\tau)}\sin\omega_d(t-\tau)\mathrm{d}\tau \tag{10.17}$$

9. 多自由度体系的自由振动

多自由度体系自由振动分析的目的在于确定体系的自振频率和振型。由于阻尼对体系自振频率影响很小,多自由度自由振动分析仅考虑无阻尼的情况。

(1) 刚度法

按各质点的平衡条件所建立运动微分方程为

$$\left.\begin{aligned} m_1\ddot{y}_1+k_{11}y_2+k_{12}y_2+\cdots+k_{1n}y_n=0 \\ m_2\ddot{y}_2+k_{21}y_1+k_{22}y_2+\cdots+k_{2n}y_0=0 \\ \vdots \\ m_n\ddot{y}_n+k_{n1}y_1+k_{n2}y_2+\cdots+k_{nn}y_n=0 \end{aligned}\right\} \tag{10.18}$$

其矩阵形式为

$$[M]\{\ddot{y}\}+[k]\{y\}=\{0\} \tag{10.19}$$

式(10.19)中,质量矩阵$[M]$是n阶对角阵;刚度矩阵$[k]$是n阶对称阵;位移向量$\{y\}$、加速度向量$\{\ddot{y}\}$均为n阶列向量。

运动方程的特解为

$$\{y\}=\{A\}\sin(\omega t+\varphi) \tag{10.20}$$

式(10.20)中,$\{A\}=\{A_1A_2\cdots A_n\}^{\mathrm{T}}$称为位移幅值向量。它是体系按某一频率$\omega$做简谐振动时,$n$个质点上位移幅值的一个列向量。

位移幅值方程为

$$([K]-\omega^2[M])\{A\}=\{0\} \tag{10.21}$$

其展开形式为

$$\left.\begin{aligned} (K_{11}-\omega^2m_1)A_1+K_{12}A_2+\cdots+K_{1n}A_n=0 \\ K_{21}A_1+(K_{22}+\omega^2m_2)A_2+\cdots+K_{2n}A_n=0 \\ \vdots \\ K_{n1}A_1+K_{n2}A_2+\cdots+(K_{nn}-\omega^2m_n)A_n=0 \end{aligned}\right\} \tag{10.22}$$

频率方程为

$$|[K]-\omega^2[M]|=0 \tag{10.23}$$

其展开形式为

$$\begin{vmatrix} K_{11}-\omega^2m_1 & K_{12} & \cdots & K_{1n} \\ K_{21} & K_{22}-\omega^2m_2 & \cdots & K_{2n} \\ & & \vdots & \\ K_{n1} & K_{n2} & \cdots & K_{nn}-\omega^2m_n \end{vmatrix}=0 \tag{10.24}$$

频率方程为一个关于ω^2的n次代数方程。解此方程,求得该体系由小到大排列的n个自振频率$\omega_1,\omega_2,\cdots,\omega_n$,其中最小的频率$\omega_1$称为基本频率或第一频率。

主振型及其求法:多自由度的体系按任一自振频率$\omega_i(i=1,2,\cdots,n)$进行简谐振动时,其相应特定振动形态称为主振型。对于n个自由度的体系,有n个自振频率,相应地便有n个主振型。

要确定主振型就是确定各质点幅值之间的比值。将求得的自振频率$\omega_i(i=1,2,\cdots,n)$

代入幅值方程，便可确定主振型 $A^{(i)}=\{A_1^{(i)}A_2^{(i)}、\cdots、A_n^{(i)}\}^{\mathrm{T}}$。但由于幅值方程的系数行列式为零，因而不能求得 $A_1^{(i)}、A_2^{(i)}、\cdots、A_n^{(i)}$ 的确定值，但可求出各质点振幅间的相对比值，即确定了振型。通常可假定第一个元素。即 $A_1^{(i)}=1$，通过幅值方程求出其他元素的值，从而确定主振型。

(2) 柔度法

按位移协调关系所建立运动微分方程为

$$\left.\begin{aligned}\delta_{11}m_1\ddot{y}_1+\delta_{12}m_2\ddot{y}_2+\cdots+\delta_{1n}m_n\ddot{y}_n+y_1=0\\ \delta_{11}m_1\ddot{y}_1+\delta_{22}m_2\ddot{y}_2+\cdots+\delta_{2n}m_n\ddot{y}_n+y_2=0\\ \vdots\qquad\qquad\\ \delta_{n1}m_1y_1+\delta_{n2}m_2\ddot{y}_2+\cdots+\delta_{nn}m_n\ddot{y}_n+y_n=0\end{aligned}\right\}\tag{10.25}$$

其矩阵形式为

$$[\delta][M]\{\ddot{y}\}+\{y\}=\{0\}\tag{10.26}$$

式(10.26)中，柔度矩阵$[\delta]$是 n 阶对称矩阵，它与刚度矩阵$[K]$互为逆矩阵。

运动方程的特解为

$$\{y\}=\{A\}\sin(\omega t+\varphi)\tag{10.27}$$

位移幅值方程为

$$\left([\delta][M]-\frac{1}{\omega^2}[I]\right)\{A\}=\{0\}\tag{10.28}$$

式(10.28)中，$[I]$为 n 阶单位矩阵。

其展开形式为

$$\left.\begin{aligned}\left(\delta_{11}m_1-\frac{1}{\omega^2}\right)A_1+\delta_{12}m_2A_2+\cdots+\delta_{1n}m_nA_n=0\\ \delta_{12}m_1A_1+\left(\delta_{22}m_2-\frac{1}{\omega^2}\right)A_2+\cdots+\delta_{2n}m_nA_n=0\\ \vdots\qquad\qquad\\ \delta_{n1}m_1A_1+\delta_{n2}m_2A_2+\cdots+\left(\delta_{nn}m_n-\frac{1}{\omega^2}\right)A_n=0\end{aligned}\right\}\tag{10.29}$$

频率方程为

$$\left|[\delta][M]-\frac{1}{\omega_2}[I]\right|=0\tag{10.30}$$

其展开形式为

$$\begin{vmatrix}\left(\delta_{11}m_1-\frac{1}{\omega_2}\right) & \delta_{12}m & \cdots & \delta_{1n}m_n\\ \delta_{21}m_1 & \left(\delta_{22}m_2-\frac{1}{\omega^2}\right) & \cdots & \delta_{2n}m_n\\ & & \vdots & \\ \delta_{n1}m_1 & \delta_{n2}m_2 & \cdots & \left(\delta_{nn}m_n-\frac{1}{\omega^2}\right)\end{vmatrix}=0\tag{10.31}$$

与刚度法相同，利用频率方程和幅值方程求得体系的自振频率和主振型。

多自由度体系自由振动运动方程的一般解为

$$\{y\}=\sum_{i=1}^{n}\{A^{(i)}\}\sin(\omega_i t+\varphi_i) \tag{10.32}$$

10. 主振型的正交性

多自由度体系的任意两个主振型$\{A^{(i)}\}$、$\{A^{(j)}\}$之间有如下关系：

第一正交关系　　$\{A^{(j)}\}^{\mathrm{T}}[M]\{A^{(i)}\}=0\quad(i\neq j)$　　(10.33)

第二正交关系　　$\{A^{(j)}\}^{\mathrm{T}}[K]\{A^{(i)}\}=0\quad(i\neq j)$　　(10.34)

主振型正交性是体系固有的特性，利用它可简化体系动力计算。

11. 多自由度体系在简谐荷载作用下的强迫振动

(1) 刚度法

按刚度法建立运动方程为

$$\left.\begin{aligned} m_1 y_1+k_{11}y_1+k_{12}y_2+\cdots+k_{1n}y_n&=F_{\mathrm{P1}}\sin\theta t\\ m_2 y_2+k_{21}y_1+k_{22}y_2+\cdots+k_{2n}y_n&=F_{\mathrm{P2}}\sin\theta t\\ &\vdots\\ m_n y_n+k_{n1}y_1+k_{n2}y_2+\cdots+k_{m}y_n&=F_{\mathrm{Pn}}\sin\theta t \end{aligned}\right\} \tag{10.35}$$

其矩阵形式为

$$[M]\{\ddot{y}\}+[K]\{y\}=\{F_{\mathrm{p}}\}\sin\theta t \tag{10.36}$$

式(10.36)中，荷载幅值向量$\{F_{\mathrm{P}}\}=\{F_{\mathrm{p1}}F_{\mathrm{p2}}\cdots F_{\mathrm{pn}}\}^{\mathrm{T}}$是$n$阶列向量。

稳态振动时位移幅值方程为

$$\left.\begin{aligned} (K_{11}-m_1\theta^2)A_1+K_{12}A_2+\cdots+K_{1n}A_n&=F_{\mathrm{p1}}\\ K_{21}A_1+(K_{22}-m_2\theta^2)A_2+\cdots+K_{2n}A_n&=F_{\mathrm{p2}}\\ &\vdots\\ K_{n1}A_1+K_{n2}A_2+\cdots+(K_{m}-m_n\theta^2)A_n&=-F_{\mathrm{pn}} \end{aligned}\right\} \tag{10.37}$$

其矩阵形式为

$$([K]-\theta^2[M])\{A\}=\{F_{\mathrm{p}}\} \tag{10.38}$$

当$\theta\neq\omega$时，由位移幅值方程求各质点的位移幅值$\{A\}$；当$\theta=\omega$时，位移幅值方程系数行列式$|[K]-\theta[M]|=0$，而$\{p\}$的元素不全为零，则$\{A\}$趋于无穷大，即体系产生共振。对于个自由度的体系，其自振频率ω有几个，故有n个共振点。

最大动位移和内力的计算：利用位移幅值方程求得各质点的位移幅值$\{A\}$后，便可求出惯性力幅值$\{F_{\mathrm{I}}\}=\theta^2[M]\{A\}$，其中$\{F_{\mathrm{I}}\}$为惯性力幅值列向量，也可直接由如下惯性力幅值方程求出惯性力幅值。

$$([K]\cdot[M]^{-1}-\theta^2[I])\{F_{\mathrm{I}}\}=\theta^2\{F_{\mathrm{p}}\} \tag{10.39}$$

由于位移、惯性力和简谐荷载均按$\sin\theta t$变化，同时达到最大值，因此，将惯性力幅值和简谐荷载幅值同时作用体系，按静力分析方法求得最大动内力和最大动位移。

(2) 柔度法

按柔度法所建立的运动方程为

$$\left.\begin{aligned} y_1(t)&=-m_1\ddot{y}_1\delta_{11}-m_2\ddot{y}_2\delta_{12}-\cdots-m_n\ddot{y}_n\delta_n+\Delta_{1\mathrm{p}}\sin\theta t\\ y_2(t)&=-m_1\ddot{y}_1\delta_{21}-m_2\ddot{y}_2\delta_{22}-\cdots-m_n\ddot{y}_n\delta_{2n}+\Delta_{2\mathrm{p}}\sin\theta t\\ &\vdots\\ y_n(t)&=-m_1\ddot{y}_1\delta_{n1}-m_2\ddot{y}_2\delta_{n2}-\cdots-m_n\ddot{y}_n\delta_{m}+\Delta_{n\mathrm{p}}\sin\theta t \end{aligned}\right\} \tag{10.40}$$

其矩阵形式为

$$\{y\}=-[\delta][M]\{\ddot{y}\}+\{\Delta_p\}\sin\theta t$$

即

$$[\delta][M]\{\ddot{y}\}+\{y\}=\{\Delta_p\}\sin\theta t \tag{10.41}$$

式(10.41)中，$\{\Delta_p\}=[\Delta_{1p}\Delta_{2p}\cdots\Delta_{np}]^T$ 为动荷载幅值引起静位移列向量。

稳态振动时位移幅值方程为

$$\left.\begin{aligned}\left(m_1\delta_{11}-\frac{1}{\theta^2}\right)A_1+m_2\delta_{12}A_2+\cdots+m_n\delta_{11}A_n=-\frac{\Delta_{1p}}{\theta^2}\\ m_1\delta_{21}A_1+\left(m_2\delta_{22}-\frac{1}{\theta^2}\right)A_2+\cdots+m_n\delta_{11}A_n=-\frac{\Delta_{1p}}{\theta^2}\\ \vdots\qquad\qquad\\ m_1\delta_{n1}A_1+m_2\delta_{n2}A_2+\cdots+\left(m_n\delta_{nn}-\frac{1}{\theta^2}\right)A_n=-\frac{\Delta_{1p}}{\theta^2}\end{aligned}\right\} \tag{10.42}$$

其矩阵形式为

$$\left([\delta]\cdot[M]-\frac{1}{\theta^2}[I]\right)\{A\}=-\frac{1}{\theta^2}\{\Delta_p\} \tag{10.43}$$

利用位移幅值方程求各质点在简谐荷载作用下位移幅值$\{A\}$，然后求出惯性力幅值，即

$$\{F_I\}=\theta^2[M]\{A\} \tag{10.44}$$

或可直接由惯性力幅值方程

$$\left([\delta]-\frac{1}{\theta^2}[M]^{-1}\right)\{F_I\}=-\{\Delta_p\} \tag{10.45}$$

求出惯性力幅值$\{F_I\}$。

最大动位移和内力计算同刚度法。

12. 多自由体系在一般荷载作用下的强迫振动

多自由体系强迫振动的运动方程在几何坐标系下是耦联的，须联立求解，当荷载不是按简谐规律变化而是任意动力荷载时求解运动微分方程组就比较麻烦。此时，求解动力反应的常用方法有振型分解法和逐步积分法两种。振型分解法是利用主振型的正交性，通过以主振型为基底进行坐标变换，将几何坐标换成正则坐标，从而将原来耦联的运动微分方程组转换成一组各自独立的单自由度体系的运动微分方程。于是，多自由度体系的计算问题则被简化为若干个单自由度体系的计算问题。

运动微分方程为

$$[M]\{\ddot{y}\}+[C]\{\dot{y}\}+[K]\{y\}=\{F_p(t)\} \tag{10.46}$$

式(10.46)中，$[C]$为阻尼矩阵。

坐标变换关系

$$\{y\}=\sum_{i=1}^{n}\{A^{(i)}\}\alpha_i=[A]\{\alpha\} \tag{10.47}$$

式(10.47)中，$\{y\}$为几何坐标向量；$\{\alpha\}$为正侧坐标向量，即$\{\alpha\}=\{\alpha_1,\alpha_2,\alpha_3,\cdots,\alpha_n\}^T$；$[A]$为振型矩阵，即

$$[A]=\begin{bmatrix} A_1^{(1)} A_1^{(2)} & \cdots & A_1^{(n)} \\ A_2^{(1)} A_2^{(2)} & \cdots & A_2^{(n)} \\ & \vdots & \\ A_n^{(1)} A_n^{(2)} & \cdots & A_n^{(n)} \end{bmatrix}$$

在正则坐标下的运动微分方程为

$$[\overline{M}]\{\ddot{\alpha}\}+[\overline{C}]\{\dot{\alpha}\}+[\overline{K}]\{\alpha\}=\{F_P(t)\} \tag{10.48}$$

式(10.48)中，广义质量矩阵$[\overline{M}]=[A]^T[M][A]$；广义阻尼矩阵$[\overline{C}]=[A]^T[M][A]$；广义刚度矩阵$[\overline{K}]=[A]^T[K][A]$；广义荷载向量$\{F_P(t)\}=[A]^T\{F_P(t)\}$。

根据主振型的正交性，$[\overline{M}]$和$[\overline{K}]$均为对角阵，$[\overline{C}]$在引入阻尼的假定之后，化为对角阵。此时方程组解除耦联，在正则坐标下其成为n个独立方程，即

$$\overline{M}_i\ddot{\alpha}_i+\overline{C}_i\dot{\alpha}_i+\overline{K}_i\alpha_i=\overline{F}_{Pi}(t) \qquad (i=1,2,\cdots,n) \tag{10.49}$$

式(10.49)中，$\overline{M}_i$为广义质量，即

$$\overline{M}_i=\{A^{(i)}\}^T[M]\{A^{(i)}\}$$

$\overline{C}_i$为广义阻尼系数，即

$$\overline{C}_i=\{A^t\}^T[C]\{A^{(i)}\}=2\xi_i\omega_i\overline{M}_i$$

$\overline{K}_i$为广义刚度，即

$$\overline{K}_i=\{A^{(i)}\}^T[K]\{A^{(i)}\}$$

正则坐标微分方程的解为

$$\alpha_i=e^{-\xi_i\omega_i t}\left(\alpha_i^0\cos\omega_{di}t+\frac{\dot{\alpha}_i^0+\xi_i\omega_i\alpha_i^0}{\omega_{di}}\sin\omega_{di}t\right)+\frac{1}{\overline{M}_i\omega_{di}}\int_0^t\overline{F}_i(\tau)e^{-\xi_i\omega_\theta(t-\tau)}\sin\omega_{di}(t-\tau)d\tau$$

式中，$\omega_{di}=\sqrt{1-\xi_i^2}\omega_i$，$\alpha_i^0$，$\dot{\alpha}_i^0$分别为第$i$个正则坐标对应的初位移和初速度。

体系几何坐标的位移为

$$\{y\}=[A]\{\alpha\}=\{A^{(1)}\}\alpha_1+\{A^{(2)}\}\alpha_2+\cdots+\{A^{(n)}\}\alpha_n \tag{10.50}$$

或

$$y_i=A_i^{(1)}\alpha_1+A_i^{(2)}\alpha_2+\cdots+A_i^{(n)}\alpha_n \qquad (i=1,2,\cdots,n)$$

由上式可以看出，各质点的几何位移是各振型贡献的叠加，故上面解法称为振型分解法或振型叠加法。

10.2　典型例题分析

例 10-1　在如例图 10-1 所示的体系中，弹簧A的刚度系数为K，各杆的刚度$EI=\infty$，集中质量为m_1、m_2、m_3，而各杆的质量忽略不计。试建立体系的运动方程，求出自振频率。

解：

由于各杆刚度$EI=\infty$，各杆不产生弹性变形，取如例图 10-1 所示中广义坐标θ，可确定所有质量的位置，因此这是单自由度振动问题。

对于此刚性可转动的体系，宜用刚度法建立运动方程，选定某一时刻的位移及质点的惯性力，弹簧恢复力如例图 10-1 所示。由动力平衡条件$\sum M_B=0$，可得

$$2KL\theta\cdot 2L+m_1L\ddot{\theta}\cdot L+m_2L\ddot{\theta}\cdot L+m_3L\ddot{\theta}\cdot L=0$$

则运动方程为

$$(m_1+m_2+m_3)\ddot{\theta}+4K\theta=0$$

即

$$\ddot{\theta}+\frac{4K}{m_1+m_2+m_3}\theta=0$$

$$\omega=\sqrt{\frac{4K}{m_1+m_2+m_3}}$$

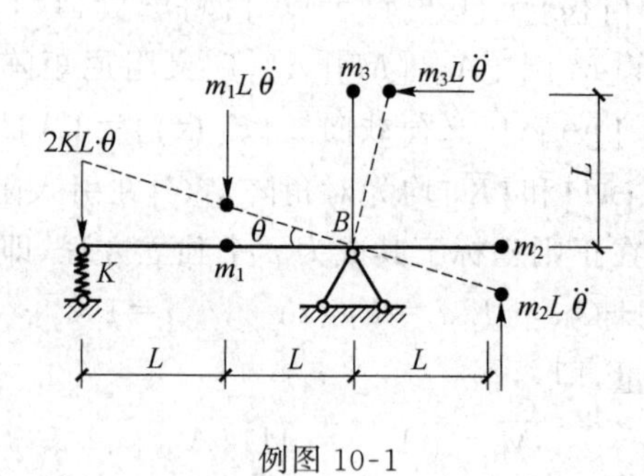

例图 10-1

例 10-2　试建立如例图 10-2(a)所示结构的运动方程，并求出自振频率。

解：

不计刚架各杆的轴向变形，结构在 $F_P(t)$ 作用下质点 m 呈水平振动。这是一个单自由度体系的振动问题。

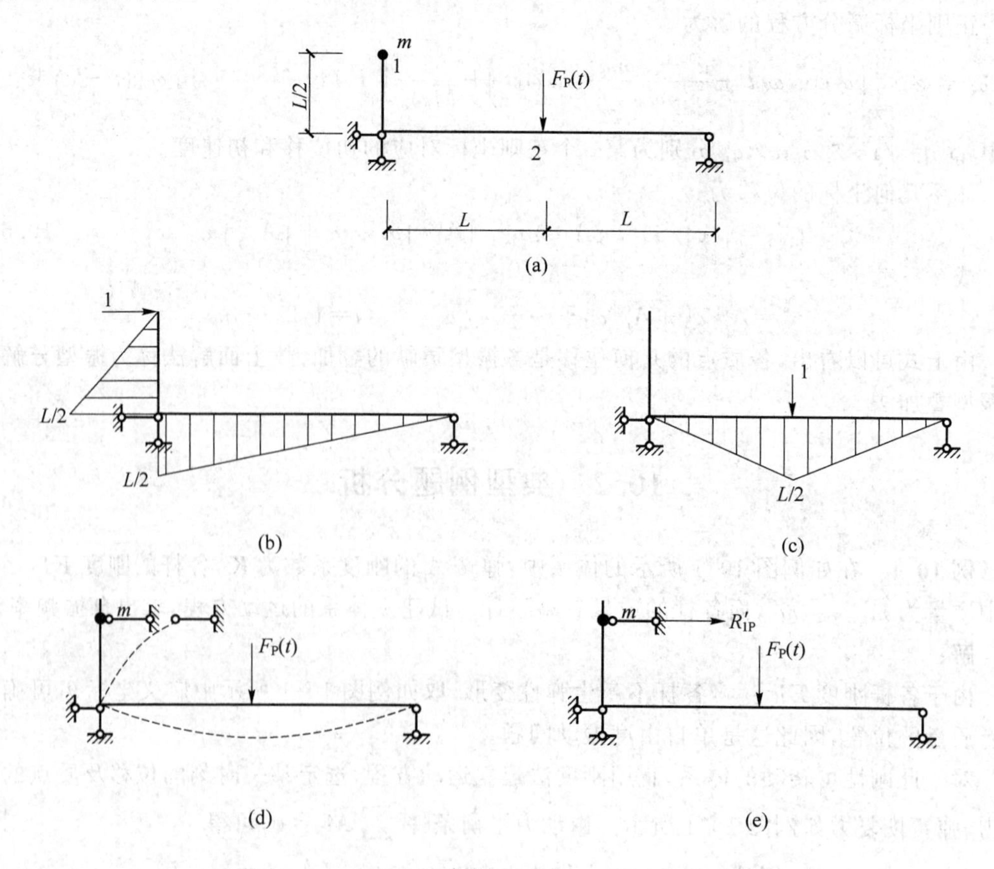

例图 10-2

下面按两种方法建立结构的运动方程。

(1) 柔度法(列位移方程)

质点的位移是由惯性力和动荷载共同作用而引起的,可用叠加法求出位移方程,即

$$y=\delta_{11}(-m\ddot{y})+\delta_{12}F_{p}(t) \tag{10.51}$$

计算如例图10-2(a)所示中的柔度系数,作$\overline{M}_1$图、$\overline{M}_2$图,如例图10-2(b)和例图10-2(c)所示。利用图解法求得

$$\delta_{11}=\frac{1}{EI}\int\overline{M}_1^2\mathrm{d}x=\frac{5l^3}{24EI}$$

$$\delta_{12}=\frac{1}{EI}\int\overline{M}_1\,\overline{M}_2\mathrm{d}x=\frac{l^3}{8EI}$$

将δ_{11}、δ_{12}代入式(10.51),整理得到结构运动方程为

$$\ddot{y}+\frac{24EI}{5ml^3}y=\frac{3F_p(t)}{5m}$$

自振频率为

$$\omega=\sqrt{\frac{24EI}{5ml^3}}$$

(2) 刚度法(列动力平衡方程)

在质点m处沿其振动方向设置附加链杆,且令附加链杆发生与质点位移y相同的移动,如例图10-2(d)所示。由于结构弹性恢复力、惯性力、动荷载处于动力平衡状态,此时,附加链杆的反力一定为零。结构弹性恢复力引起链杆反力为$K_{11}y$,惯性力和动荷载引起链杆反力为R_{1p},由位移法原理建立刚度方程为

$$K_{11}y+R_{1p}=0 \tag{10.52}$$

刚度系数为

$$K_{11}=\frac{1}{\delta_{11}}=\frac{24EI}{5l^3}$$

$$R_{1p}=R_{11}+R'_{1p}$$

惯性力所引起的链杆反力$R_{11}=m\ddot{y}$,动荷载$F_p(t)$所引起链杆反力$R'_{1p}=-\frac{3}{5}F_p(t)$(通过力法求解如例图10-2(e)所示结构得到)。

将K_{11},R_{1p}代入式(10.52),整理得

$$\ddot{y}+\frac{24EI}{5ml^3}y=\frac{3F_p(t)}{5m}$$

自振频率为

$$\omega=\sqrt{\frac{24EI}{5ml^3}}$$

例10-3　(福州大学1999年)求如例图10-3(a)所示体系的自振频率。EI=常数(杆件自重不计)。

解:

单自由度体系,用柔度法计算。

(1) 在质点运动方向加单位力画出弯矩图,即$\overline{M}_1$图(具体方法可以用力法、位移法无剪

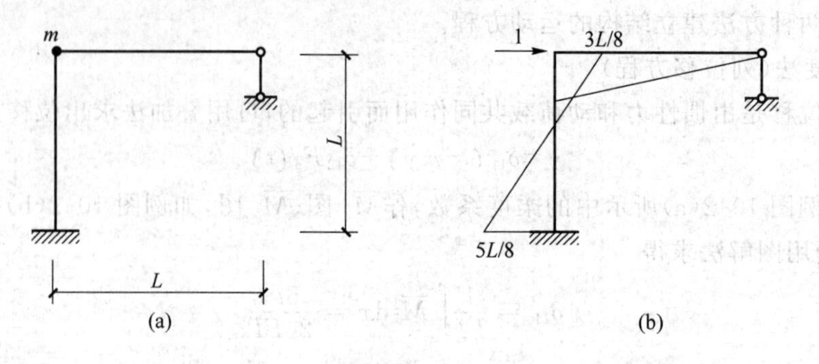

例图 10-3

力分配法，过程略）。

（2）系统柔度

$$\delta_{11}=\sum\int\frac{\overline{M}_1^2\mathrm{d}s}{EI}=\frac{7l^3}{48EI}$$

（3）代入公式得

$$\omega=\sqrt{\frac{1}{m\delta_{11}}}=\sqrt{\frac{48EI}{7ml^3}}$$

例 10-4 已知如例图 10-4(a)所示体系的自振频率 $\omega_a=\sqrt{\frac{48EI}{7l^3m}}$，试求如例图 10-4(b)所示体系的自振频率 ω_b。设各杆长度均为 L，集中质量为 m，各杆质量可忽略不计。

解：

如例图 10-4(a)、(b)所示体系均为单自由度体系，振动时质量均发生水平方向的位移。现在关键问题是利用已知的数据求出如例图 10-4(b)所示体系的刚度系数 $K_{11}^{(b)}$。

在求刚度系数 $K_{11}^{(b)}$ 时，先在如例图 10-4(a)所示体系的 c 处沿水平方向加一个弹性支座，该弹簧的刚度 K 可由如例图 10-4(c)所示体系的各杆刚度来确定。其中两根柱可视为两个并联弹簧，其刚度为两柱侧移刚度之和，即 $K_1=\frac{6EI}{l^3}$；杆 CF 的弹簧刚度为轴向刚度，即

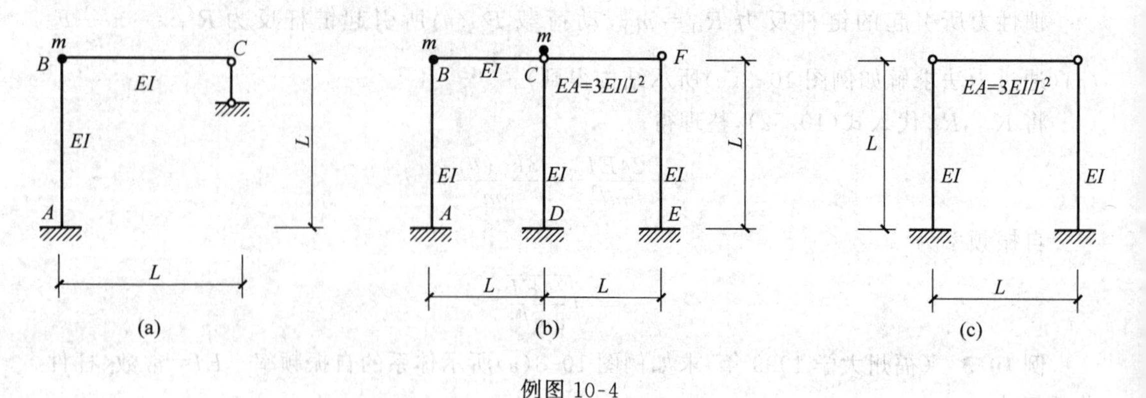

例图 10-4

$$K_2=\frac{EA}{l}=\frac{3EI}{l^3}$$

而杆 CF 的弹簧与两个柱子弹簧又构成串联，其中串联弹簧的刚度为

$$\frac{1}{K}=\frac{1}{K_1}+\frac{1}{K_2}=\frac{l^3}{3EI}+\frac{l^3}{6EI}=\frac{l^3}{2EI}$$

即

$$K=\frac{2EI}{l^3}$$

于是,如例图 10-4(b)所示体系的刚度系数为

$$K_{11}^{(b)}=K_{11}^{(a)}+K=\frac{48EI}{7l^3}+\frac{2EI}{l^3}=\frac{62EI}{7l^3}$$

$$\omega_b=\sqrt{\frac{K_{11}^{(b)}}{2m}}=\sqrt{\frac{62EI}{14ml^3}}=\sqrt{\frac{31EI}{7ml^3}}$$

例 10-5　如例图 10-5(a)所示简支梁承受静载 $F=12$ kN,梁 EI 为常数。设在 $t=0$ 时刻把这个静载突然撤除,不计梁的阻尼,试求质点 m 的位移。

解:

当静载撤除后,梁的运动为单自由度体系的无阻尼振动。此时,静载 $F=12$ kN 引起质量 m 有初始位移 y_0,而初速度 $\nu_0=0$。由如表 10-1 所示中无阻尼自由振动的解可知,求出质点 m 的位移,关键在于确定始位移 y_0 和自振频率 ω。

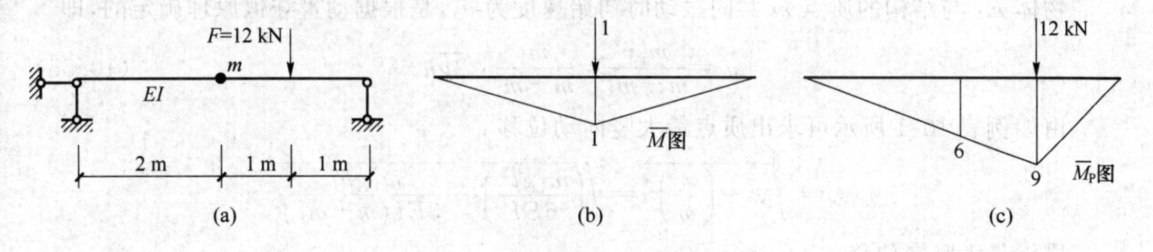

例图 10-5

由图乘法求出 y_0 和柔度 δ_{11},作$\overline{M}$、$\overline{M}_P$ 图如例图 10-5(b)、(c)所示。

则

$$y_0=\frac{1}{EI}\int M_p\,\overline{M}\mathrm{d}x=\frac{11}{EI}$$

$$\delta_{11}=\frac{1}{EI}\int\overline{M}^2\,\mathrm{d}x=\frac{4}{3EI}$$

$$\omega=\sqrt{\frac{1}{m\delta}}=\sqrt{\frac{3EI}{4m}}$$

质点 m 的位移为

$$y=y_0\cos\omega t=\frac{11}{EI}\cos\sqrt{\frac{3EI}{4m}}t$$

例 10-6　质量为 m_1 的物体自高度 h 处自由下落到如例图 10-6 所示结构的集中质量 m 上,此后两者始终保持接触。若各杆质量忽略不计,试求质点的最大竖向位移。

解:

质量为 m_1 的物体和结构碰撞后,与结构组成单自由度体系,此时体系总质量为 m_1+m。体系的刚度系数和自振频率为

$$K_{11}=\frac{3(4EI)}{(2l)^3}\times2+\frac{3EI}{l^3}=\frac{6EI}{l^3}$$

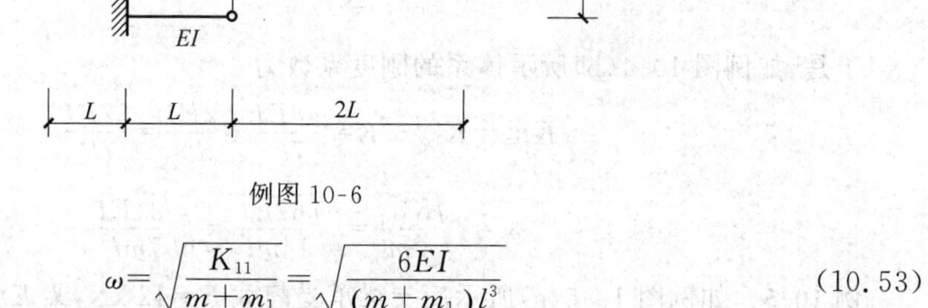

例图 10-6

$$\omega=\sqrt{\frac{K_{11}}{m+m_1}}=\sqrt{\frac{6EI}{(m+m_1)l^3}} \tag{10.53}$$

(1) 若取物体 m_1 与结构接触后的体系静力平衡位置作为参考位置，此时体系运动为单自由度体系的无阻尼自由振动。

体系的初始位移为

$$y_0=-\frac{m_1 g}{K_{11}}=-\frac{m_1 g l^3}{6EI} \tag{10.54}$$

物体 m_1 与结构的质点 m 共同振动时初始速度为 v_0，是根据动量守恒原理确定的，即

$$v_0=\frac{m_1 v}{m+m_1}=\frac{m_1}{m+m_1}\sqrt{2gh} \tag{10.55}$$

由如例表 10-1 所示可求出质点最大竖向动位移

$$y_{\mathrm{d\,max}}=\sqrt{y_0^2+\left(\frac{v_0}{\omega}\right)^2}=\sqrt{\left(\frac{m_1 g l^3}{6EI}\right)^2+\frac{m_1^2 g h l^3}{3EI(m+m_1)}}$$

质点最大竖向位移

$$y_{\max}=y_{\mathrm{st}}+y_{\mathrm{d\,max}}=\frac{(m+m_1)g}{K_{11}}+y_{\mathrm{d\,max}}=$$

$$\frac{(m+m_1)gl^3}{6EI}+\sqrt{\left(\frac{m_1 g l^3}{6EI}\right)^2+\frac{m_1^2 g h l^3}{3EI(m+m_1)}}$$

(2) 若以结构质量 m 未受撞击时的静力平衡位置作为体系运动参考位置，体系的运动为在突加荷载 $F_{\mathrm{p}}=m_1 g$ 作用下，以 v_0 为初始速度的单自由度体系的强迫振动。

体系运动方程为

$$(m+m_1)\ddot{Y}+K_{11}y=F_{\mathrm{p}}$$

然后由式(10.11)，并利用初始条件 $y_0=0, \dot{y}_0=v_0$ 得

$$Y(t)=-\frac{m_1 g}{K_{11}}\cos\omega t+\frac{v_0}{\omega}\sin\omega t+\frac{m_1 g}{K_{11}} \tag{10.56}$$

由式(10.56)求出 $Y_{\mathrm{d\,max}}$ 并与重力 $W=mg$ 所产生的静位移 $Y_{\mathrm{st}}=\frac{mg}{K_{11}}$ 相加，即可得到最大竖向位移 $Y_{\max}$。

例 10-7　如例图 10-7 所示一单跨排架，横梁 $EI=\infty$，屋盖系统及柱子的部分质量集中在横梁处。在横梁处加一水平力 $F_{\mathrm{p}}=98$ kN。排架发生侧移 $y_0=0.5$ cm，然后突然释放，使排架作自由振动，此时，测得周期 $T'=1.5$ s，以及振动一周后柱顶的侧移 $y_1=0.4$ cm。试求排架的阻尼系数及振动 5 周期后柱顶的振动 y_5。

解：

此排架的运动为单自由度体系有阻尼的自由振动。由于有阻尼振动为振幅不断减小的简谐振动。

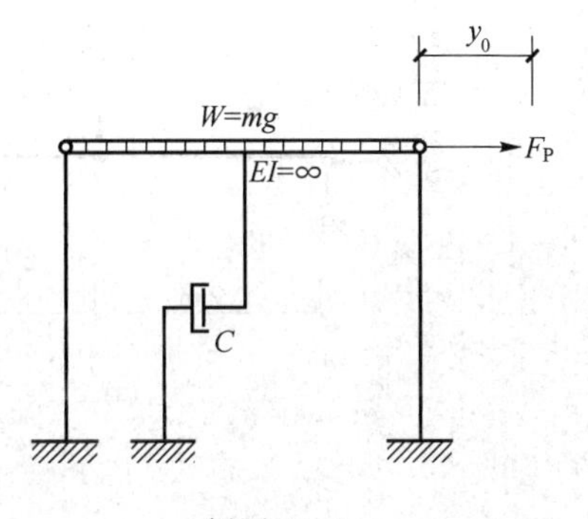

例图 10-7

因为阻尼对周期和自振频率影响很小，可取 $T=T'=1.5$ s。

故
$$\omega^2=\frac{K_{11}}{m}=\left(\frac{2\pi}{T}\right)^2=\left(\frac{2\pi}{1.5}\right)^2 \tag{10.57}$$

将 $K_{11}=\frac{F_p}{y_0}=19.6$ kN/m 代入式(10.57)得

$$m=\left(\frac{1.5}{2\pi}\right)^2 K_{11}=1.12\times10^3 \text{ kg}$$

振幅对数递减为

$$\delta=\ln\frac{y_0}{y_1}=\ln\frac{0.5}{0.4}=0.223$$

由式(10.1)得阻尼比为

$$\xi=\frac{\delta}{2\pi}=\frac{0.223}{6.28}=0.035\,5$$

由如表(10-1)所示得阻尼系数为

$$C=\xi\cdot 2m\omega=0.355\times2\times1.12\times\frac{2\pi}{1.5}=0.33 \text{ Mkg/s}$$

求振动 5 周后的振幅 y_5 如下。

由排架的位移

$$y(t)=Ae^{-\xi\omega t}\sin\ (\omega' t+\varphi)$$

$$\frac{y_5}{y_0}=e^{-\xi\omega\cdot 5T'}$$

$$\frac{y_1}{y_0}=e^{-\xi\omega T'}$$

故

$$y_5=\left(\frac{y_1}{y_0}\right)^5$$

$$y_0=\left(\frac{0.4}{0.5}\right)^5\times0.5=0.164 \text{ cm}$$

在实际工程中，常用本题方法进行振动实验以确定单层建筑水平振动时的自振频率、周期和阻尼系数等结构的动力特性。

例 10-8　如例图 10-8(a)所示梁承受简谐荷载 $F_p\sin\theta t$ 作用。已知 $F_p=30$ kN，$\theta=80/$ s，$m=300$ kg，$EI=90\times10^5$ N·m²，跨度 $l=4$ m，支座弹簧刚度 $K=\frac{48EI}{l^3}$。试求(1)无阻尼时梁中点的位移幅值；(2)当阻尼比 $\xi=0.05$ 时，梁中点的位移幅值及最大动弯矩。

解：

此梁运动为单自由度体系在简谐荷载作用下的振动，采用动力系数法求解。

梁的柔度系数 $\delta_{11}=\delta'_{11}+\delta''_{11}$。如例图 10-8(b)所示，其中

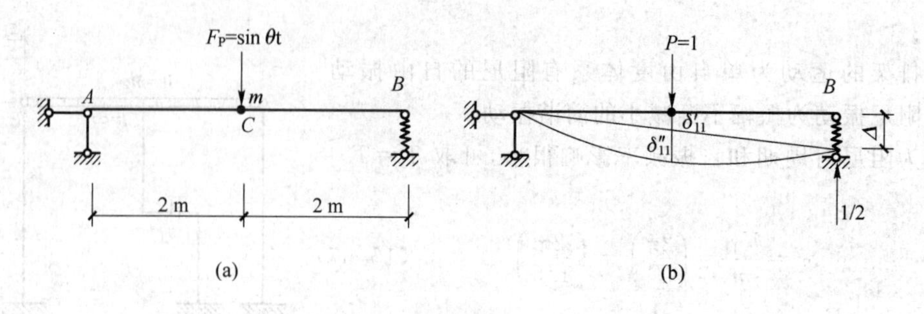

例图 10-8

$$\delta'_{11}=\frac{1}{2}\Delta\quad=\frac{1}{2}\cdot\frac{1}{2k}=\frac{l^3}{192EI}$$

$$\delta''_{11}=\frac{l^3}{48EI}$$

$$\delta_{11}=\frac{5l^3}{192EI}$$

故自振频率为

$$\omega=\sqrt{\frac{1}{m\delta_{11}}}=\sqrt{\frac{192\times 90\times 10^5}{300\times 5\times 4}}=134.16/\text{ s}$$

(1) 无阻尼时梁跨中动位移幅值

由于简谐荷载作用于质点上，故采用动力系数法求质点位移幅值方便。

动力系数为

$$\mu=\frac{1}{1-\dfrac{\theta^2}{w^2}}=\frac{1}{1-\left(\dfrac{80}{134.16}\right)^2}=1.525\ 2$$

跨中位移幅值为

$$A_C=\mu y_{st}=\mu F_P\delta_{11}=1.552\times 30\times 10^3\times\frac{5\times 4^2}{192\times 90\times 10^5}=8.662\times 10^{-3}\text{ m}$$

(2) 有阻尼时跨中位移幅值及最大动弯矩。

动力系数为

$$\mu=\frac{1}{\sqrt{\left(1-\dfrac{\theta^2}{\omega^2}\right)^2+4\xi^2\dfrac{\theta^2}{\omega^2}}}=\frac{1}{\sqrt{1-\left(\dfrac{80^2}{134.16^2}\right)^2+4\times 0.05^2\times\left(\dfrac{80}{134.16}\right)^2}}=1.546$$

跨中位移幅值为

$$A_C=\mu y_{st}=\mu F_P\delta_{11}=1.546\times 30\times 10^3\times\frac{5\times 4^2}{192\times 90\times 10^5}=8.595\times 10^{-3}\text{ m}$$

由于动荷载作用在质点下，位移动力系数和内力动力系数相同。将 μF_P 作为静荷载作用在质点 C，便求出最大动弯矩。即

$$M_{d\max}=\mu\cdot\frac{F_p l}{4}=1.546\times\frac{1}{4}\times 30\times 4=46.38\text{ kN}\cdot\text{m}$$

例 10-9　如例图 10-9 所示悬臂梁，跨中有一集中质量 m，杆 EI＝常数，不计阻尼和梁的自重，试求 B、C 两点的动力位移，已知 $\theta=\sqrt{\dfrac{6EI}{ml^3}}$。

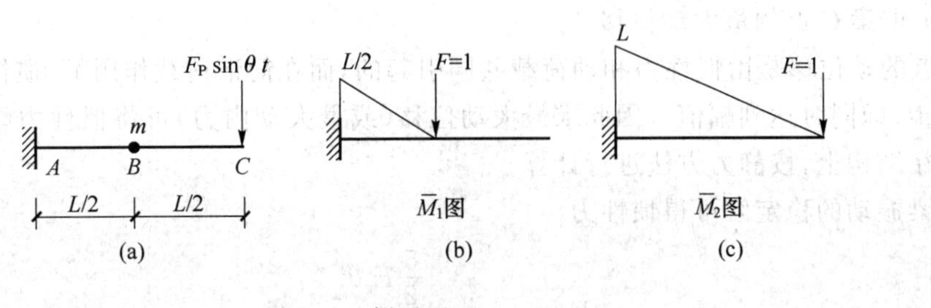

例图 10-9

解：

此梁的运动为单自由度体系在简谐荷载作用下的强迫振动。

(1) 求梁 B 点最大动位移。

先利用柔度法建立梁的运动方程，作$\overline{M}_1$ 图和$\overline{M}_2$ 图，如例图 10-9(b)、(c)所示，求得

$$\delta_{11}=\frac{1}{EI}\int \overline{M}_1{}^2\mathrm{d}x=\frac{l^3}{24EI}$$

$$\delta_{12}=\delta_{21}=\frac{1}{EI}\int \overline{M_1}\ \overline{M}_2\mathrm{d}x=\frac{l^3}{48EI}$$

$$\delta_{22}=\frac{1}{EI}\int \overline{M}_2^2\mathrm{d}x=\frac{l^3}{3EI}$$

梁的自振频率

$$\omega^2=\frac{1}{m\delta_{11}}=\frac{24EI}{ml^3}$$

由于质点 B 的位移是由惯性力和动荷载引起的，则质点 B 的位移为

$$y(t)=-m\ddot{y}\delta_{11}+\delta_{12}F_{\mathrm{P}}\sin\theta t$$

即

$$\ddot{y}+\frac{24EI}{ml^3}=\frac{5}{2}F_{\mathrm{P}}\sin\theta t$$

由式(10.4)梁振动的稳态解为

$$y(t)=\frac{\frac{5}{2}F_{\mathrm{p}}}{m(\omega^2-\theta^2)}=\sin\theta t$$

梁 B 点的最大动位移为

$$y_{\mathrm{d\,max}}^{B}=\frac{\frac{5}{2}F_{\mathrm{p}}}{m(\omega^2-\theta^2)}=\frac{5EI}{36EI}$$

梁 B 点的最大动位移也可用动力系数法求得如下。

B 点位移动力系数为

$$\mu=\frac{1}{1-\frac{\theta^2}{\omega^2}}=\frac{4}{3}$$

$$y_{\mathrm{d\,max}}^{B}=\mu y_{\mathrm{st}}=\mu\frac{\frac{5}{2}F_{\mathrm{p}}}{\delta_{11}}=\frac{4}{3}\frac{\frac{5}{2}F_{\mathrm{p}}}{\frac{24EI}{l^3}}=\frac{5F_{\mathrm{p}}l^3}{36EI}$$

(2) 求梁 C 点的最大动位移。

C 点的动位移是由惯性力和动荷载共同引起的,而在简谐荷载作用下,惯性力位移和动荷载同步,即同时达到幅值。因此求最大动位移(或最大动内力)可将惯性力幅值和动荷载幅值加在结构上,按静力方法进行计算。

由梁振动的稳定解可得惯性力

$$F_{\mathrm{I}}=-m\ddot{y}=\frac{\frac{5}{2}F_{\mathrm{p}}\theta^2}{\omega^2-\theta^2}\sin\theta t$$

其幅值为

$$F_{\mathrm{I\,max}}=\frac{\frac{5}{2}F_{\mathrm{p}}\theta^2}{\omega^2-\theta^2}=\frac{\frac{5}{2}F_{\mathrm{p}}\frac{6EI}{ml^3}}{\frac{24EI}{l^3}-\frac{6EI}{ml^3}}=\frac{5}{6}F_{\mathrm{p}}$$

梁 C 点的最大动位移为

$$\begin{aligned}y_{\mathrm{d\,max}}^{C}&=F_{\mathrm{I\,max}}\delta_{21}+F_{\mathrm{p}}\delta_{22}\\&=\frac{5}{6}F_{\mathrm{B}}\cdot\frac{5l^3}{48EI}+F_{\mathrm{p}}\cdot\frac{l^3}{3EI}\\&=\frac{121F_{\mathrm{p}}l^3}{288EI}\end{aligned}$$

例 10-10　爆炸荷载可近似用如例图 10-10 所示规律表示,即

$$P(t)=\begin{cases}P\left(1-\dfrac{t}{t_1}\right) & (t\leqslant t_1)\\0 & (t\geqslant t_1)\end{cases}$$

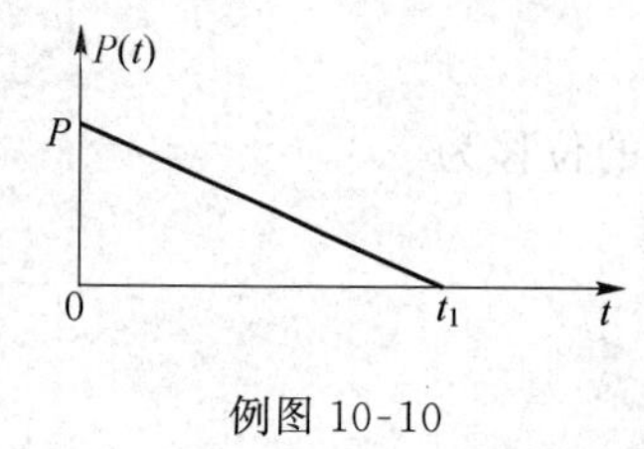

例图 10-10

若不考虑阻尼,试求单自由度结构在此荷载作用下的动位移公式。设结构原处于静止状态。

解:

在时间 $t\leqslant t_1$ 时,结构的运动为初始条件为零的强迫振动。

将 $P(t)$ 代入式(10.10)得

$$y(t)=\frac{1}{m\omega}\int_0^t P\left(1-\frac{\tau}{t_1}\right)\sin\omega(t-\tau)\,\mathrm{d}\tau$$

将上式积分得

$$y(t)=\frac{P}{m\omega^2}\left(1-\cos\omega t+\frac{1}{\omega t_1}\sin\omega t-\frac{t}{t_1}\right)$$

设 $y_{\mathrm{st}}=\dfrac{P}{K_{11}}=\dfrac{P}{m\omega^2}$,则

$$y(t)=y_{\mathrm{st}}\left(1-\cos\omega t+\frac{1}{\omega t_1}\sin\omega t-\frac{t}{t_1}\right)\tag{10.58}$$

在 $t\geqslant t_1$ 时间时,结构的运动为初始条件为 $y_0=y(t_1)$,$\dot{y}_0=\dot{y}(t_1)$ 的自由振动。由式(10.58)得

$$y_0=y(t_1)=y_{\mathrm{st}}\left(\frac{1}{\omega t_1}\sin\omega t_1-\cos\omega\omega t_1\right)$$

$$\dot{y}_0=\dot{y}(t_1)=y_{\mathrm{st}}\omega\left(\sin\omega t_1-\frac{1}{\omega t_1}+\frac{1}{\omega t_1}\cos\omega\omega t_1\right)$$

将 $\dot{y}_0$ 代入如表 10.1 所示中无阻尼自由振动位移公式，并将时间变量改为 $t-t_1$，即得 $t>t_1$ 时结构的位移为

$$y=\frac{\dot{y}(t_1)}{\omega}\sin\omega(t-t_1)+y(t_1)\cos\omega(t-t_1)\qquad(t\geqslant t_1)$$

即

$$y=y_{st}\left[-\cos\omega t+\frac{\sin\omega t-\sin\omega(t-t_1)}{\omega t_1}\right]$$

例 10-11　刚架结构如例图 10-11(a)所示，m 为集中质量，刚性杆的均布质量$\overline{M}=\dfrac{m}{l}$，

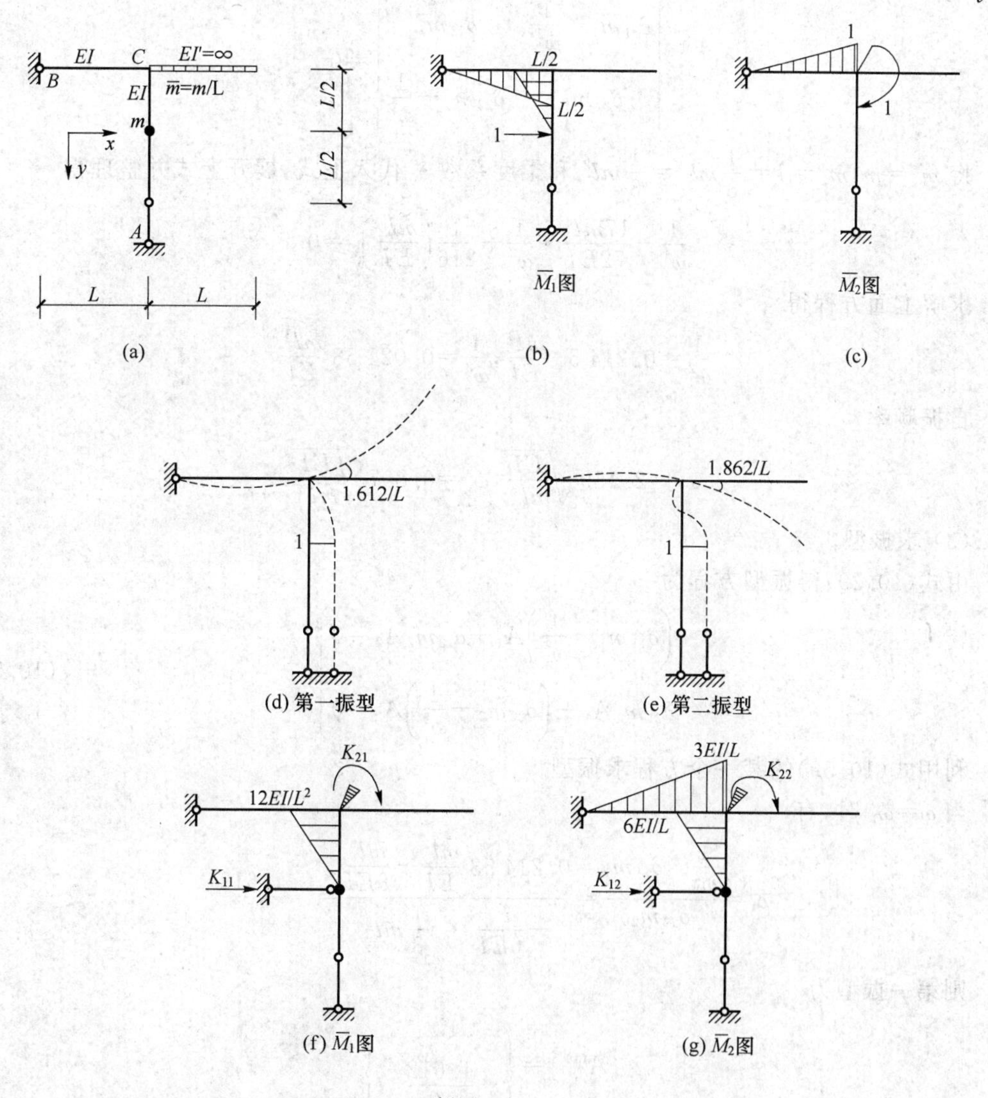

例图 10-11

其余杆件的质量忽略不计，其 $EI=$常数，试求体系的自振频率和振型。

解：

取集中质量 m 的水平位移 y 和刚性杆绕 C 点的转角 θ 为广义坐标，就可确定全部质点的位置，这是一个两个自由度的体系。

1. 柔度法

(1) 求柔度系数。

在集中质量 m 处加水平单位力，结点 c 处加单位力偶，并绘出相应的单位弯矩图$\overline{M}_1$ 和 $\overline{M}_2$ 图，如例图 10-11(b)、(c)所示。利用图示法求得柔度系数，即

$$\delta_{11}=\frac{L^3}{8EI},\delta_{12}=\delta_{21}=-\frac{L^3}{6EI},\delta_{22}=\frac{L^3}{3EI}$$

(2) 求自振频率。

由式(10.31)得频率方程为

$$\begin{vmatrix} \delta_{11}m_1-\frac{1}{\omega^2} & \delta_{12}m_2 \\ \delta_{21}m_1 & \delta_{22}m_2-\frac{1}{\omega^2} \end{vmatrix}=0$$

将 $m_1=m,m_2=J=\frac{1}{3}\overline{m}l^3=\frac{1}{3}ml^2$ 和柔度系数 δ_{ij} 代入上式，展开上式并整理得

$$\frac{1}{\omega^4}-\frac{17ml^3}{72EI}\cdot\frac{1}{\omega^2}+\frac{1}{216}\left(\frac{ml^3}{EI}\right)^2=0$$

求解上面方程得

$$\frac{1}{\omega_1^2}=0.214\ 53\frac{ml^3}{EI},\frac{1}{\omega_2^2}=0.021\ 58\frac{ml^3}{EI}$$

自振频率

$$\omega_1=2.159\sqrt{\frac{EI}{ml^3}},\omega^2=6.807\sqrt{\frac{EI}{ml^3}}$$

(3) 求振型。

由式(10.29)得振型方程为

$$\left.\begin{aligned} \left(\delta_{11}m_1-\frac{1}{\omega^2}\right)A_1+\delta_{12}m_2A_2=0 \\ \delta_{21}m_1A_1+\left(\delta_{22}m_2-\frac{1}{\omega^2}\right)A_2=0 \end{aligned}\right\} \tag{10.59}$$

利用式(10.59)的某一个方程求振型

当 $\omega=\omega_1$ 时，有

$$\rho_1=\frac{\frac{1}{\omega_1^2}-\delta_{11}m_1}{\delta_{12}m_2}=\frac{0.214\ 53\frac{ml^3}{EI}-\frac{ml^3}{8EI}}{-\frac{l^2}{6EI}\cdot\frac{1}{3}ml^2}=-\frac{1.612}{l}$$

则第一振型为

$$\{A^{(1)}\}=\begin{Bmatrix} 1 \\ -\frac{1.612}{l} \end{Bmatrix}$$

当 $\omega=\omega_2$ 时，有

$$\rho_2=\frac{\frac{1}{\omega_2^2}-\delta_{11}m_1}{\delta_{12}m_2}=\frac{0.021\ 58\frac{ml^3}{EI}-\frac{ml^3}{8EI}}{-\frac{l^2}{6EI}\cdot\frac{1}{3}ml^2}=\frac{1.862}{l}$$

则第二振型为

$$\{A^{(2)}\}=\begin{Bmatrix}1\\-\dfrac{1.862}{l}\end{Bmatrix}$$

绘出主振型如例图 9-11(d)、(e)所示。

2. 刚度法

(1) 刚度系数。

在质点 m 处加一水平链杆，在结点 C 处附加刚臂，如例图 10-11(f)所示，分别附加链杆和附加刚臂产生单位位移，利用位移法绘出相应的单位弯矩图$\overline{M}_1$ 和$\overline{M}_2$，如例图 10-11(f)、(g)所示。利用平衡条件可求得刚度系数为

$$K_{11}=\frac{24EI}{l^3}$$

$$K_{12}=K_{21}=\frac{12EI}{l^2}$$

$$K_{22}=\frac{9EI}{l}$$

(2) 振频率。

由式(10.24)得频率方程为

$$\begin{vmatrix}K_{11}-\omega^2 m_1 & K_{12}\\ K_{21} & K_{22}-\omega^2 m_2\end{vmatrix}=0$$

将 $m_1=m, m_2=J$ 以及刚度系数代入上式，整理得

$$\omega^4-\frac{51EI}{ml^3}\omega^2+216\left(\frac{EI}{ml^3}\right)^2=0$$

求解上面方程得

$$\omega_1^2=4.661\,\frac{EI}{ml^3},\omega_2^2=46.339\,\frac{EI}{ml^3}$$

自振频率为

$$\omega_1=2.159\sqrt{\frac{EI}{ml^3}},\omega_2=6.807\sqrt{\frac{EI}{ml^3}}$$

(3) 求振型。

当 $\omega=\omega_1$ 时，有

$$\rho_1=\frac{\omega_1^2 m_1-K_{11}}{K_{12}}=\frac{4.661\,\dfrac{EI}{ml^3}m-\dfrac{24EI}{l^3}}{\dfrac{12EI}{l^2}}=-\frac{1.612}{l}$$

当 $\omega=\omega_2$ 时，有

$$\rho_2=\frac{\omega_2^2 m_1-K_{11}}{K_{12}}=\frac{46.339\,\dfrac{EI}{ml^3}m-\dfrac{24EI}{l^3}}{\dfrac{12EI}{l^2}}=-\frac{1.862}{l}$$

由此可求得由柔度法相同的振型。

例 10-12　刚架结构如例图 10-12(a)所示，两横梁的刚度为无限大，结构的质量集中在

横梁上，已知弹簧刚度 $K=\dfrac{EI}{l^3}$，试求结构的自振频率和主振型。

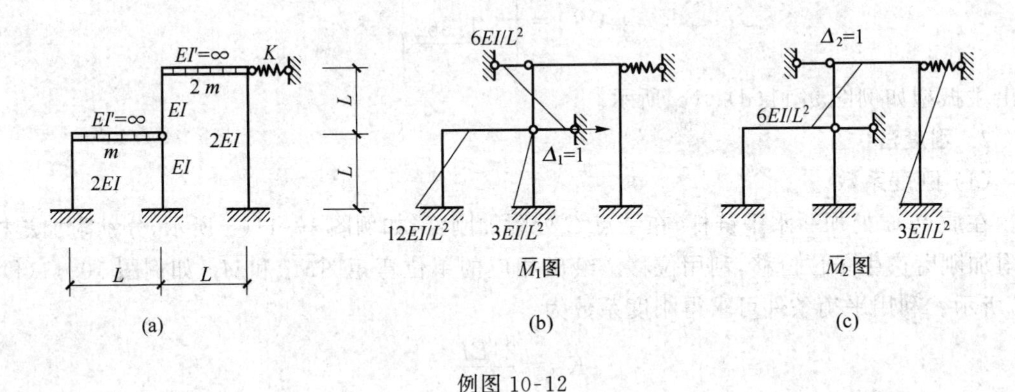

例图 10-12

解：

由于横梁刚度为无限大，不考虑柱的轴向变形，此结构仅发生水平振动（各柱两端不发生转动），分别以两横梁的水平位移作为基本未知量，故此结构的振动为两个自由度体系的问题。

采用刚度法求解如下。

（1）求刚度系数。

在各层横梁侧面设置水平链杆，绘出当两根链杆分别产生单位水平位移时的弯矩图 $\overline{M}_1$，$\overline{M}_2$ 如图 10-12(b)、(c)所示，然后利用平衡条件求出结构刚度系数为

$$K_{11}=\frac{24EI}{l^3}+\frac{3EI}{l^3}+\frac{12EI}{l^3}=\frac{39EI}{l^3}$$

$$K_{12}=K_{21}=-\frac{12EI}{l^3}$$

$$K_{22}=\frac{12EI}{l^3}+\frac{3EI}{l^3}+\frac{EI}{l^3}=\frac{16EI}{l^3}$$

（2）求自振频率。

将 $m_1=m$，$m_2=2m$ 以及各刚度系数代入频率方程得

$$\begin{vmatrix} K_{11}-\omega^2 m_1 & K_{12} \\ K_{21} & K_{22}-\omega^2 m_2 \end{vmatrix}=0$$

如此可求出
$$\omega_1=2.41\sqrt{\frac{EI}{ml^3}},\omega_2=6.42\sqrt{\frac{EI}{ml_3}}$$

（3）求振型。

$$\rho_2=\frac{m_1\omega_2^2-K_{11}}{K_{12}}=\frac{6.42^2\ \dfrac{EI}{ml^3}\ \cdot\ m-39\ \dfrac{EI}{l^3}}{-\dfrac{12EI}{l^3}}=-0.185$$

当 $\omega=\omega_1$ 时，有

$$\rho_1=\frac{m_1\omega_1^2-K_{11}}{K_{12}}=\frac{2.41^2\ \dfrac{EI}{ml^3}\ \cdot\ m-39\ \dfrac{EI}{l^3}}{-\dfrac{12EI}{l^3}}=2.764$$

第一振型为

$$\{A^{(1)}\}=\begin{Bmatrix}1\\2.764\end{Bmatrix}$$

当 $\omega=\omega_2$ 时

$$\rho_2=\frac{m_1\omega_2^2-K_{11}}{K_{12}}=\frac{6.42^2\dfrac{EI}{ml^3}\cdot m-39\dfrac{EI}{l^3}}{-\dfrac{12EI}{l^3}}=-0.185$$

第二振型为

$$\{A^{(2)}\}=\begin{Bmatrix}1\\-0.185\end{Bmatrix}$$

例 10-13　如例图 10-13(a)所示刚架各横梁刚度为无穷大，试求各横梁处的位移幅值和柱端弯矩幅值。已知 $m=100t$，$EI=5\times10^5\ \text{kN}\cdot\text{m}^2$，$l=5\text{ m}$；简谐荷载幅值 $P=30\text{ kN}$，频率 $\theta=2\pi\text{s}^{-1}$。

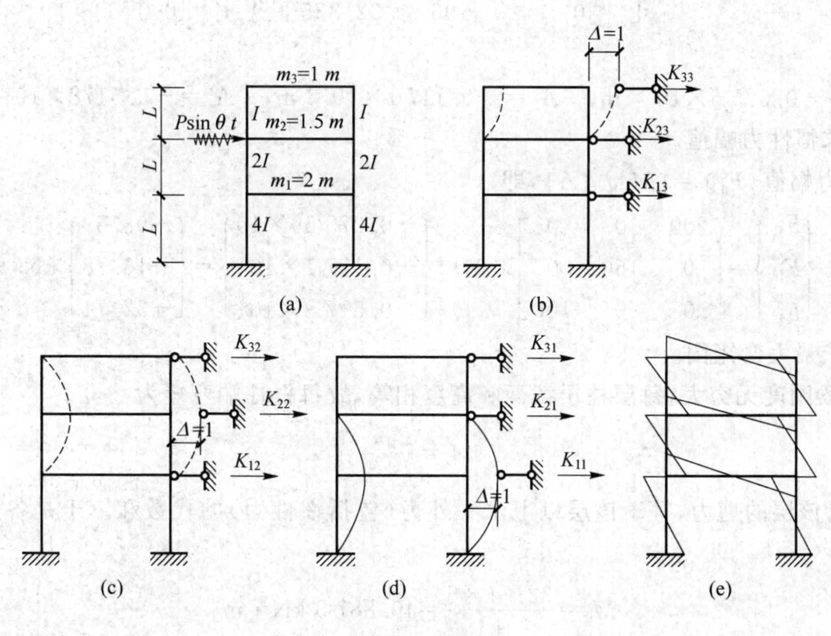

例图 10-13

解：

横梁刚度无穷大，结构在动荷载作用下产生水平振动，故为 3 个自由度体系在简谐荷载作用下的强迫振动，取各楼层水平位移为 y_1、y_2、y_3，按刚度法求解。

(1) 求刚度系数

在各横梁水平方向设置附加链杆，并令 3 个附加链杆分别产生单位水平位移，如例图 10-13(b)、(c)、(d)所示。根据截面平衡条件，求出各附加链杆的反力如下。

令
$$K=\frac{24EI}{l^3}=\frac{24\times5\times10^5}{5^2}=96\times10^3\text{ kN}$$

则
$$K_{11}=6K\qquad K_{22}=3K\qquad K_{33}=K$$

$$K_{12}=K_{21}=-2K\qquad K_{23}=K_{32}=-K\qquad K_{13}=K_{31}=0$$

$$[K]=\frac{24EI}{l^3}\begin{bmatrix}6 & -2 & 0\\ -2 & 3 & -1\\ 0 & -1 & 1\end{bmatrix}$$

而质量矩阵为

$$[M]=100\begin{bmatrix}2 & 0 & 0\\ 0 & 1.5 & 0\\ 0 & 0 & 1\end{bmatrix}$$

(2) 求横梁幅值。

将$[K]$、$[M]$代入稳态振动位移幅值方程

$$([K]-\theta^2[M])\{A\}=\{P\}$$

则有

$$10^3\times\begin{bmatrix}449.669 & -192 & 0\\ -192 & 193.252 & -96\\ 0 & -96 & 32.835\end{bmatrix}\begin{Bmatrix}A_1\\ A_2\\ A_3\end{Bmatrix}=\begin{Bmatrix}0\\ 30\\ 0\end{Bmatrix}$$

解得

$$A_1=-0.075\,6\times10^{-3}\ \mathrm{m},\quad A_2=-0.117\,1\times10^{-3}\ \mathrm{m},\quad A_3=-0.5178\times10^{-3}\ \mathrm{m}$$

(3) 求惯性力幅值。

惯性力幅值$\{F_{\rm I}^0\}=[M]\theta^2\{A\}$，即

$$\begin{Bmatrix}F_{\rm I1}^0\\ F_{\rm I2}^0\\ F_{\rm I3}^0\end{Bmatrix}=\begin{bmatrix}200 & 0 & 0\\ 0 & 150 & 0\\ 0 & 0 & 100\end{bmatrix}\times64\pi^2\begin{Bmatrix}-0.075\,69\times10\\ -0.177\,1\times10^3\\ -0.517\,8\times10^3\end{Bmatrix}=\begin{Bmatrix}-9.55\\ -16.78\\ -32.71\end{Bmatrix}\mathrm{kN}$$

(4) 求最大弯矩图。

由横梁刚度无穷大，每层柱子截面和高度相等，故每根柱端弯矩为

$$M_i=\frac{F_{si}h}{4}$$

其中，F_{si}为该层的剪力，等于该层以上水平外力（包括惯性力）的代数和。于是各层柱端弯矩如下。

顶层： $$M_3=\frac{32.71\times5}{4}=40.887\,5\ \mathrm{kN\cdot m}$$

中层： $$M_2=\frac{(32.71+16.78-3)\times5}{4}=24.362\,5\ \mathrm{kN\cdot m}$$

底层： $$M_1=\frac{(32.71+16.78-30+9.55)\times5}{4}=36.3\ \mathrm{kN\cdot m}$$

对于横梁的杆端弯矩可由刚结点力矩平衡求得。最大动力弯矩图如例图 10-13(e)所示。

若作出单位位移下的弯矩图$\overline{M}_1$、$\overline{M}_2$、$\overline{M}_3$，由$M=\overline{M}_1A_1+\overline{M}_2A_2+\overline{M}_3A_3$，同样可求得各截面的最大动弯矩值。

例 10-14 试绘出如例图 10-14(a)所示刚架的最大动弯矩图。$\theta=\sqrt{\frac{3EI}{ml^3}}$，$EI$=常量。

解：

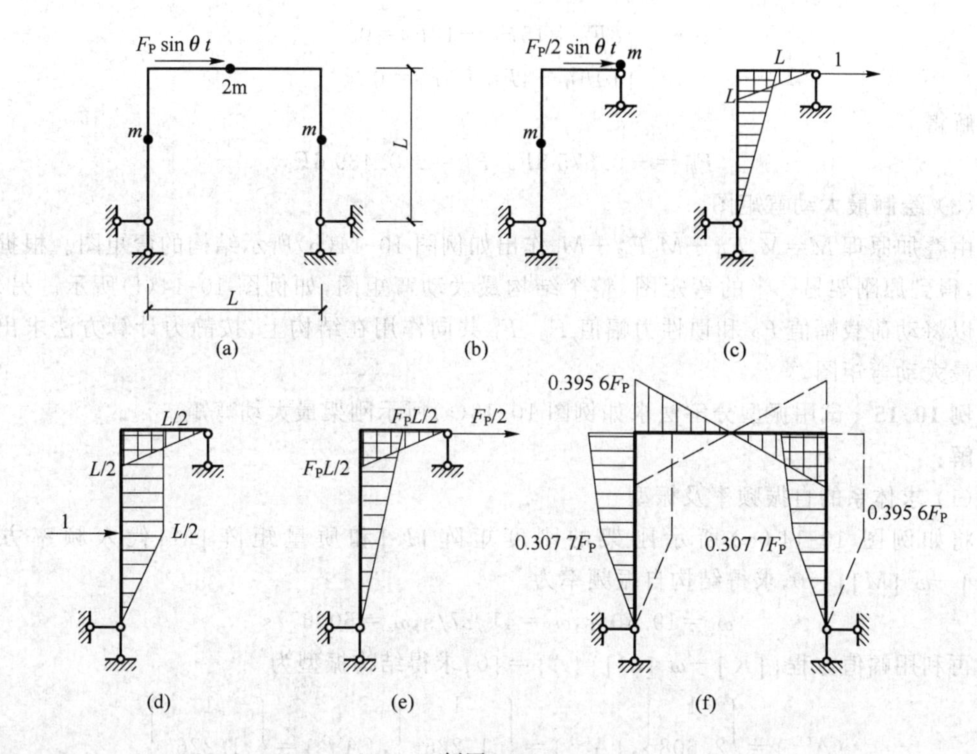

例图 10-14

此结构为对称刚架，并承受反对称荷载的作用，可利用对称性简化计算。取半边结构，如例图 10-14(b)所示，这是两个自由度体系的强迫振动。半边结构为静定刚架，用柔度法求解为宜。

(1) 求柔度系数和自由项。

在两集中质量处分别加单位水平力，作出相应的单位弯矩图$\overline{M}_1$ 和$\overline{M}_2$ 图，如例图 10-14(b)、(c)所示；作出在动荷载幅值$\frac{F_P}{2}$作用下的 M_P 图，如例图 10-14(e)所示。利用图乘法柔度系数和自由项为

$$\delta_{11}=\frac{l^3}{EI},\delta_{12}=\delta_{21}=\frac{5l^3}{16EI},\delta_{22}=\frac{5l^3}{24EI}$$

$$\Delta_{1P}=\frac{F_Pl^3}{4EI},\quad \Delta_{2P}=\frac{5F_Pl^3}{32EI}$$

(2) 求惯性力幅值。

惯性力幅值方程为

$$\left([\delta]-\frac{1}{\theta^2}[M]^{-1}\right)\{F_I\}+\{\Delta_P\}=\{0\}$$

即

$$\begin{cases}\left(\delta_{11}-\dfrac{1}{m_1\theta^2}\right)F_{I1}^0+\delta_{12}F_{I2}^0+\Delta_{1P}=0\\ \delta_{21}F_{I1}^0+\left(\delta_{22}-\dfrac{1}{m_2\theta^2}\right)F_{I2}^0+\Delta_{2P}=0\end{cases}$$

将柔度系数、自由项、θ^2、$m_1=m$、$m_2=m$ 代入上式，则

$$\begin{cases}8F_{I1}^{0}+15F_{I2}^{0}+12F_{P}=0\\10F_{I1}^{0}-4F_{I2}^{0}+5F_{P}=0\end{cases}$$

解得

$$F_{I1}^{0}=-0.675\,8F_{P},F_{I2}^{0}=-0.439\,6F_{P}$$

(3) 绘制最大动弯矩图。

由叠加原理 $M=\overline{M}_1F_{I1}^0+\overline{M}_2F_{I2}^0+M_P$ 作出如例图 10-14(b)所示结构的弯矩图。根据对称性,得到原刚架另一半的弯矩图,整个结构最大动弯矩图,如例图 10-14(f)所示。另外,也可以将动荷载幅值 F_P 和惯性力幅值 F_{I1}^0、F_{I2}^0 共同作用在结构上,按静力计算方法求出刚架的最大动弯矩图。

例 10-15 试用振型分解法求如例图 10-13(a)所示刚架最大动弯矩。

解:

(1) 求体系的自振频率及振型。

将如例图 10-14(a)所示刚架的刚度矩阵 $[K]$ 和质量矩阵 $[M]$ 代入频率方程 $|[K]-\omega^2[M]|=0$,求得结构自振频率为

$$\omega_1=19.40/\mathrm{s},\omega_2=41.27/\mathrm{s},\omega_3=60.67/\mathrm{s}$$

再利用幅值方程 $\{[K]-\omega^2[M]\}\{A\}=\{0\}$ 求得结构振型为

$$\{A^{(1)}\}=\begin{Bmatrix}1\\2.608\\4.290\end{Bmatrix},\{A^{(2)}\}=\begin{Bmatrix}1\\1.226\\-1.584\end{Bmatrix},\{A^{(3)}\}=\begin{Bmatrix}1\\1.226\\-1.584\end{Bmatrix}$$

(2) 求广义质量。

$$\widetilde{m}_1=\{A^{(1)}\}^{\mathrm{T}}[M]\{A^{(1)}\}=\{1\quad 2.608\quad 4.290\}\begin{bmatrix}2\,m&0&0\\0&1.5\,m&0\\0&0&m\end{bmatrix}\begin{Bmatrix}1\\2.608\\4.290\end{Bmatrix}=30.607\,m$$

$$\widetilde{m}_2=\{A^{(2)}\}^{\mathrm{T}}[M]\{A^{(2)}\}=\{1\quad 1.226\quad -1.584\}\begin{bmatrix}2\,m&0&0\\0&1.5\,m&0\\0&0&m\end{bmatrix}\begin{Bmatrix}1\\1.226\\-1.584\end{Bmatrix}=6.763\,7\,m$$

$$\widetilde{m}_3=\{A^{(3)}\}^{\mathrm{T}}[M]\{A^{(3)}\}=\{1\quad -0.834\quad 0.294\}\begin{bmatrix}2\,m&0&0\\0&1.5\,m&0\\0&0&m\end{bmatrix}\begin{Bmatrix}1\\-0.834\\0.294\end{Bmatrix}=3.129\,8\,m$$

(3) 求广义荷载。

$$\widetilde{F}_{\mathrm{p}_1^{(t)}}=\{A^{(1)}\}^{\mathrm{T}}\{F_{\mathrm{p}}\}=\{1\quad 2.608\quad 4.290\}\begin{Bmatrix}0\\F_{\mathrm{p}}\sin\theta t\\0\end{Bmatrix}=2.608F_{\mathrm{p}}\sin\theta t$$

$$\widetilde{F}_{\mathrm{p}_2^{(t)}}=\{A^{(2)}\}^{\mathrm{T}}\{F_{\mathrm{p}}\}=\{1\quad 1.226\quad -1.584\}\begin{Bmatrix}0\\F_{\mathrm{p}}\sin\theta t\\0\end{Bmatrix}=1.226F_{\mathrm{p}}\sin\theta t$$

$$\widetilde{F}_{\mathrm{p}_3^{(t)}}=\{A^{(3)}\}^{\mathrm{T}}\{F_{\mathrm{p}}\}=\{1\quad -0.834\quad 0.294\}\begin{Bmatrix}0\\F_{\mathrm{p}}\sin\theta t\\0\end{Bmatrix}=-0.834F_{\mathrm{p}}\sin\theta t$$

(4) 求正则坐标。

正则坐标的运动方程为

$$\ddot{\alpha}_i+\omega_i^2\alpha_i=\frac{\widetilde{F}_{pi}(t)}{\overline{M}_i}(i=1,2,3)$$

由于 $\widetilde{F}P_1^t$ 为简谐荷载,上述方程为 3 个独立的单自由度体系在简谐荷载作用下的强迫振动方程。由式(10.4)得

$$\alpha_1=\frac{\widetilde{F}_{p_1}}{\overline{M}_1(\omega_1^2-\theta^2)}=\frac{2.608F_p\sin\theta t}{30.607\,m(19.40^2-64\pi^2)}=-0.100\,13\times10^{-3}\sin\theta t$$

$$\alpha_2=\frac{\widetilde{F}_{p_2}}{\overline{M}_2(\omega_2^2-\theta^2)}=\frac{1.266F_p\sin\theta t}{6.763\,m(41.27^2-64\pi^2)}=0.050\,747\times10^{-3}\sin\theta t$$

$$\alpha_3=\frac{\widetilde{F}_{p_3}}{\overline{M}_3(\omega_3^2-\theta^2)}=\frac{-0.834F_p\sin\theta t}{3.1298\,m(60.67^2-64\pi^2)}=-0.026\,217\times10^{-3}\sin\theta t$$

(5) 计算几何坐标。

由坐标变换 $\{y\}=[A]\{\alpha\}$,则有

$$\begin{Bmatrix}y_1\\y_2\\y_3\end{Bmatrix}=\begin{bmatrix}1&1&1\\2.608&1.226&-1.584\\4.290&-0.834&0.294\end{bmatrix}\begin{Bmatrix}-0.100\,13\\0.0507\,47\\-0.026\,217\end{Bmatrix}\times10^{-3}\sin\theta t$$

即

$$y_1=-0.075\,6\times10^{-3}\sin\theta t$$
$$y_2=-0.177\,1\times10^{-3}\sin\theta t$$
$$y_3=-0.517\,8\times10^{-3}\sin\theta t$$

各质点最大动位移为

$$A_1=-0.075\,6\times10^{-3}\,\mathrm{m},A_2=-0.177\,1\times10^{-3}\,\mathrm{m},A_3=-0.517\,8\times10^{-3}\,\mathrm{m}$$

(6) 求结构最大动弯矩。

由于在例 10-13 中,已作出单位位移下的弯矩图,可由公式 $M=\overline{M}_1A_1+\overline{M}_2A_2+\overline{M}_3A_3$ 得到各截面的最大动弯矩。绘出动弯矩幅值图,如例图 10-13(e)所示。

10.3　习题及其解答

1. 练习题

10-1　确定如题图 10-1 所示各体系的振动自由度。各集中质量略去转动惯量,杆件质量除注明者外略去不计,杆件轴向变形忽略不计。

10-2　试建立如题图 10-2 所示体系的振动微分方程,不考虑阻尼影响。

10-3　试求如题图 10-3 所示体系的自振频率。略去杆的自重。

10-4　试求如题图 10-4 所示体系的自振频率。已知集中质量为 m,弹簧刚度系数 $k=\frac{4EI}{l^3}$,各杆质量忽略不计。

10-5　已知如题图 10-5 所示体系的自振频率 $\omega_a=\sqrt{\frac{45EI}{2ml^3}}$,试根据 ω_a 求出如题图 10-5(b)所示体系的自振频率 ω_b。已知 $EA=\frac{6EI}{l^2}$,杆件的质量忽略不计,各杆长度为 l。

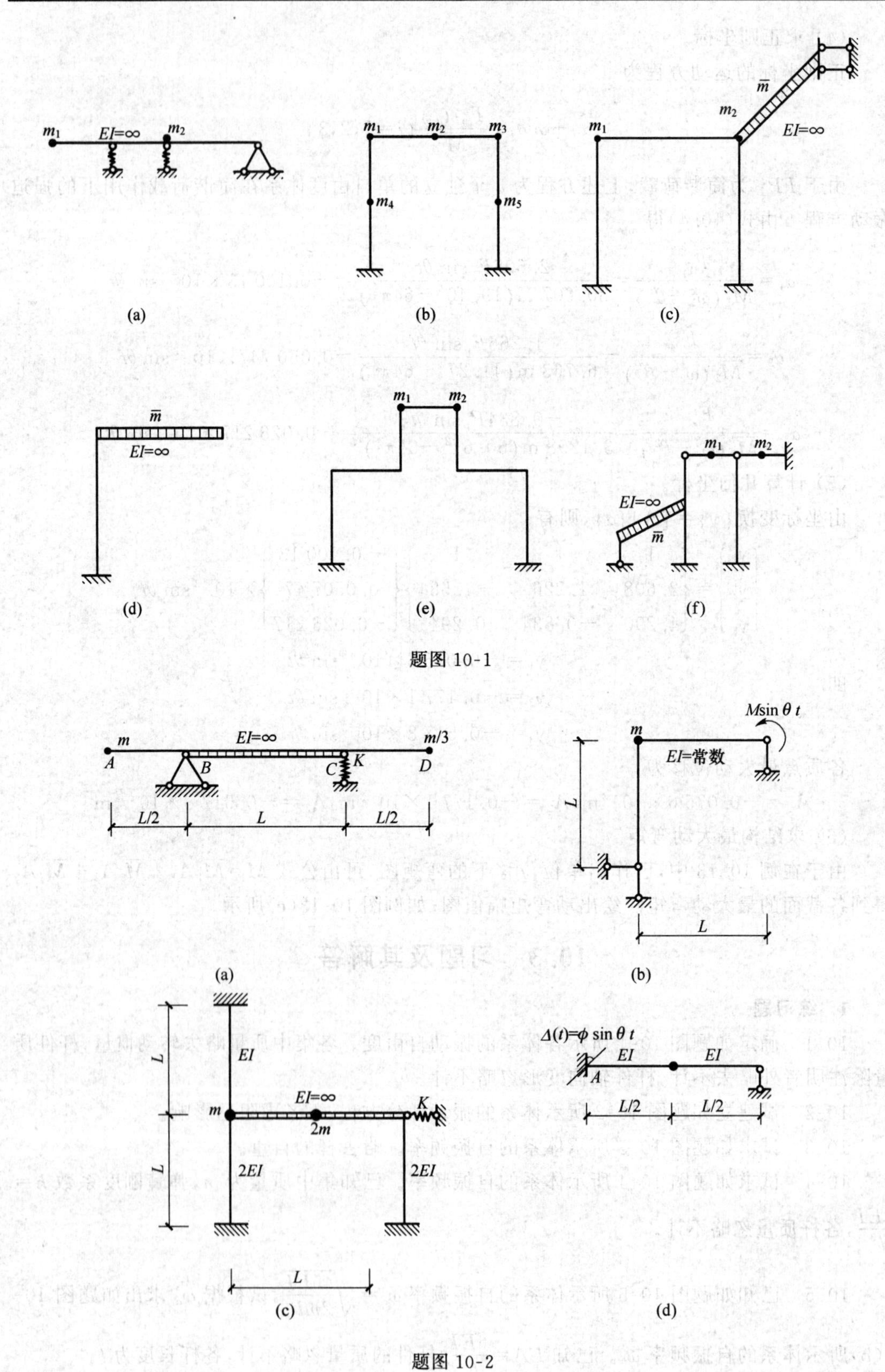

m1
EI=∞
m2
(a)
m1
m2
m3
m4
m5
(b)
m1
m̄
m2
EI=∞
(c)
m̄
EI=∞
(d)
m1
m2
(e)
m1
m2
EI=∞
m̄
(f)
m
EI=∞
m/3
A
B
C
K
D
L/2
L
L/2
(a)
Msin θ t
m
EI=常数
L
L
(b)
L
EI
EI=∞
m
2m
K
L
2EI
2EI
L
(c)
Δ(t)=φ sin θ t
EI
EI
A
L/2
L/2
(d)

题图 10-1

题图 10-2

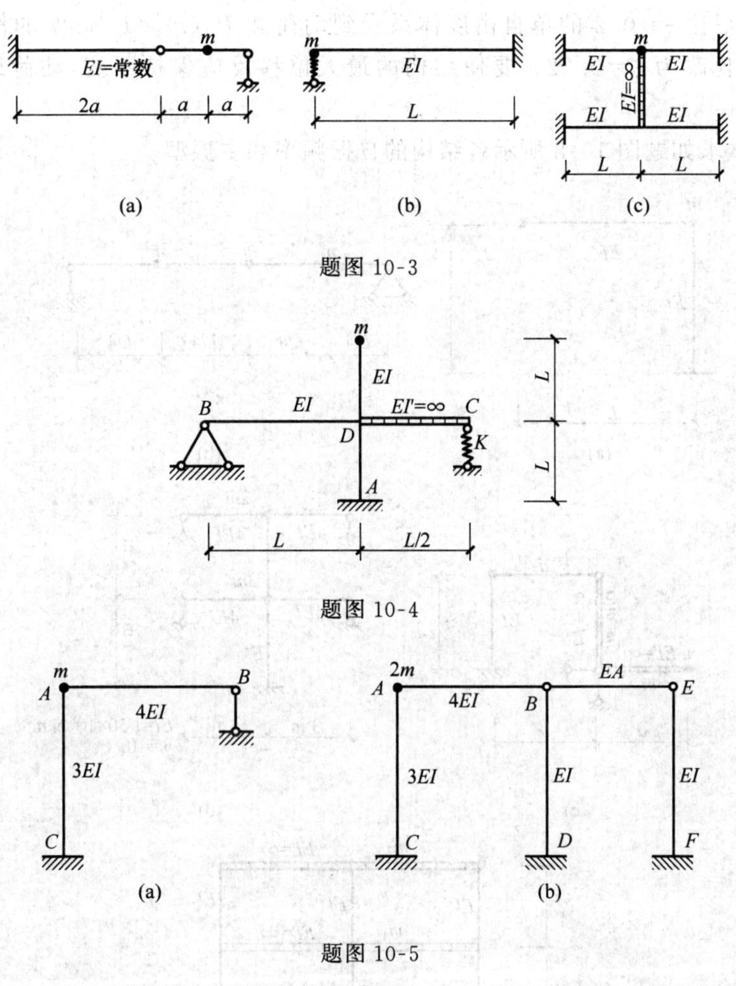

题图 10-3

题图 10-4

题图 10-5

10-6　试求如题图 10-6 所示体系的自振频率。梁 AC 的刚度为 EI，C 端有一个弹簧，刚度系数 $k=\dfrac{8EI}{3l^3}$，弹簧下端吊质量为 m。

10-7　在如题图 10-7 所示刚架中，横梁的刚度为无穷大，质量集中在横梁上，其重量为 $mg=200$ kN，柱刚度 $EI=5\times10^4$ kN·m²。若阻尼比 $\xi=0.05$，$y_0=10$ mm，$\dot{y}_0=0.1$ m/s，试求 $t=1$ 时的位移。

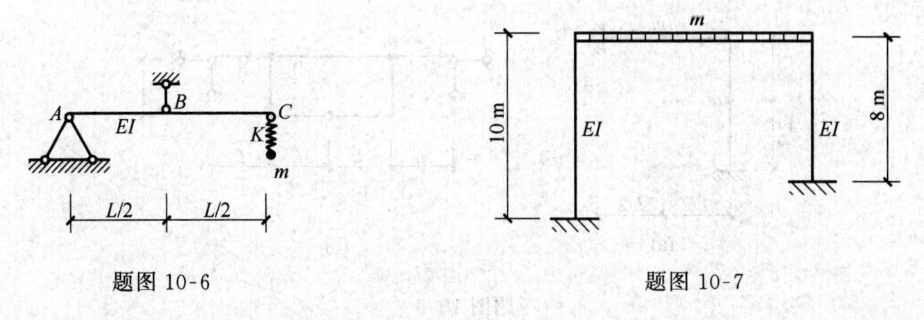

题图 10-6　　　　题图 10-7

10-8　测得某结构自由振动经过 10 个周期后，振幅降为原来的 15%。试求阻尼比和在简谐荷载作用下共振时的动力系数。

10-9　阻尼比 $\xi=0.2$ 的单自由度体系受到动荷载 $P_{\mathrm{P}}(t)=F_{\mathrm{P}}\sin\theta t$ 的作用，已知 $\theta=0.75\omega$，若阻尼比改为 $\xi=0.02$。要使结构的最大位移反应保持不变，动荷载幅值调整到多少？

10-10　试求如题图 10-8 所示各结构的自振频率和主振型。

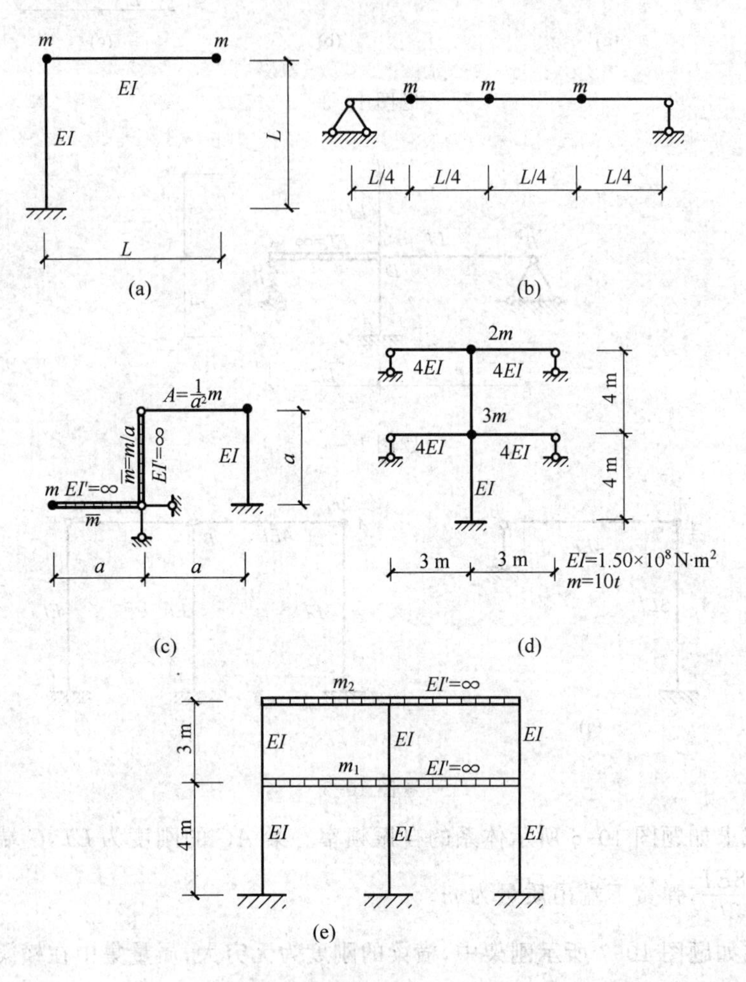

题图 10-8

10-11　利用对称性求如题图 10-9 所示结构的自振频率和振型。

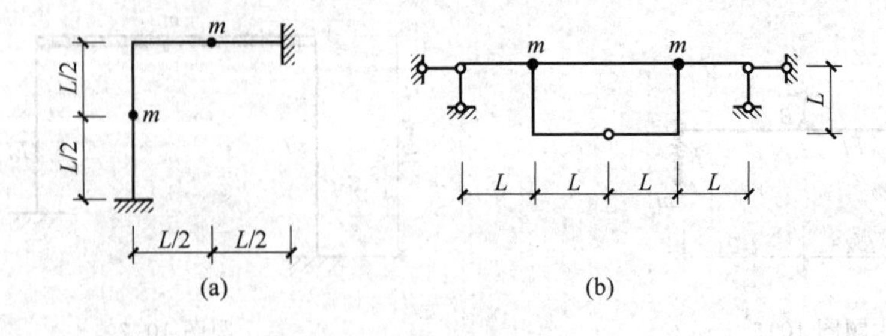

题图 10-9

10-12　在如题图 10-10 所示结构中，梁的 $E=210\ \mathrm{GPa}$，$I=1.6\times10^{-4}\ \mathrm{m}^4$，质量是 $G=$

20 kN,设动荷载幅值 $P=4.8$ kN,频率 $\theta=30$ /s。试求两质点的最大竖向位移。梁重忽略不计。

10-13　试求如题图 10-11 所示结构质点处最大竖向位移和最大水平位移,并绘出最大动弯矩图,已知 $EI=9\times10^6$ kN·m^2,$\theta=\sqrt{\dfrac{EI}{ml^3}}$,$l=$mm,动荷载幅值 $F_P=1$ kN,不计阻尼影响。

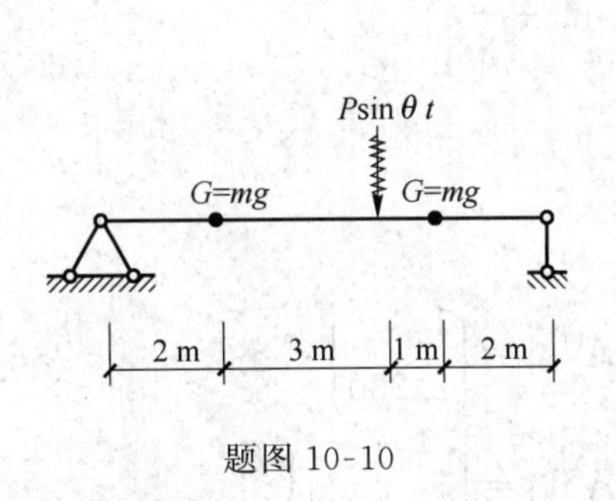

题图 10-10

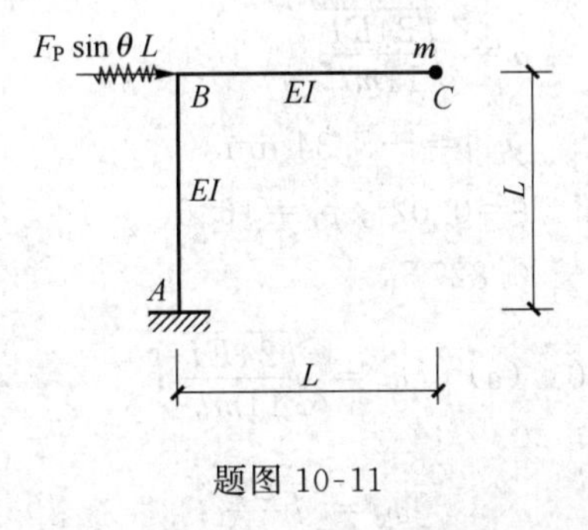

题图 10-11

10-14　如题图 10-12 所示两层框架结构,已知 $m_1=100t$,$m_2=120t$,柱的线刚度 $i_1=14$ MN·m,$i_2=20$ MN·m;动荷载幅值 $F_P=5$ kN,机器转速 $n=150$ 转/分。试求楼面处位移幅值。

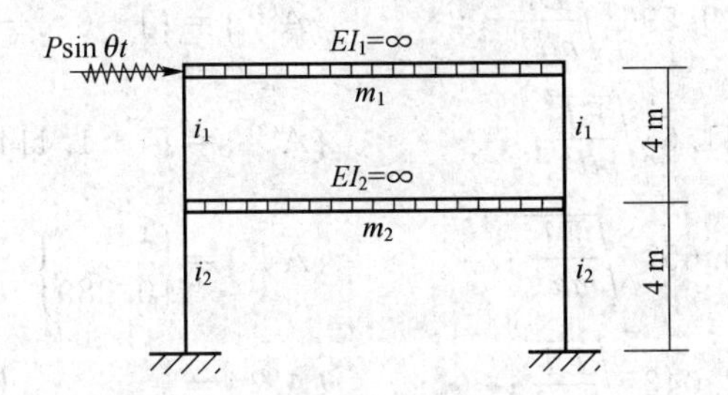

题图 10-12

10-15　试用振型分解法重做题 10-14。

2. 习题答案

10-1 (a)1; (b)4; (c)1; (d)2; (e)3

10-2　(a)$\ddot{y}+\dfrac{k}{m}y=0$

(b)$\ddot{y}+\dfrac{3EI}{2ml^3}y=\dfrac{M}{4ml}\sin\theta t$

(c)$\ddot{y}+(\dfrac{12EI}{ml^3}+\dfrac{k}{3m})y=0$

(d) $\ddot{y}+\dfrac{768EI}{7ml^3}y=\dfrac{144EI}{7ml^2}\varphi\sin\theta t$

10-3　(a) $\sqrt{\dfrac{6EI}{5a^3m}}$

(b)$\sqrt{\dfrac{3EI+kl^3}{ml^3}}$

(c) $\sqrt{\dfrac{48EI}{ml^3}}$

10-4 $\omega=\sqrt{\dfrac{24EI}{11ml^3}}$

10-5 $\omega=\sqrt{\dfrac{55EI}{4ml^3}}$

10-6 $\omega=\sqrt{\dfrac{24EI}{11ml^3}}$

10-7 $y_{t=1}=-5.34$ mm

10-8 $\xi=0.02$；$\mu_d=16.67$

10-9 $0.827F_P$

10-10 (a) $\omega_1=\sqrt{\dfrac{24EI}{11ml^3}}$； $\{A^{(1)}\}=\begin{Bmatrix}1\\2.230\end{Bmatrix}$

$\omega_2=\sqrt{\dfrac{EI}{ml^3}}$； $\{A^{(2)}\}=\begin{Bmatrix}1\\-0.879\end{Bmatrix}$

(b) $\omega_1=4.933\sqrt{\dfrac{EI}{ml^3}}$； $\{A^{(1)}\}=\{1\quad 1.414\quad 1\}^T$

$\omega_2=19.596\sqrt{\dfrac{EI}{ml^3}}$； $\{A^{(2)}\}=\{1\quad 0\quad -1\}^T$；

$\omega_3=41.6\sqrt{\dfrac{EI}{ml^3}}$； $\{A^{(3)}\}=\{1\quad 1.414\quad 1\}^T$

(c) $\omega_1=0.657\sqrt{\dfrac{EI}{ma^3}}$； $\{A^{(1)}\}=\begin{Bmatrix}1\\0.280\end{Bmatrix}$

$\omega_2=2.042\sqrt{\dfrac{EI}{ma^3}}$； $\{A^{(2)}\}=\begin{Bmatrix}1\\-5.947\end{Bmatrix}$

(d) $\omega_1=6.3111$ /s； $\{A^{(1)}\}=\begin{Bmatrix}1\\1.624\end{Bmatrix}$

$\omega_2=16.091$ 1/s； $\{A^{(2)}\}=\begin{Bmatrix}1\\-0.924\end{Bmatrix}$

(e) $\omega_1=27.83871$ /s； $\{A^{(1)}\}=\begin{Bmatrix}1\\1.2073\end{Bmatrix}$

$\omega_2=94.19491$/s； $\{A^{(2)}\}=\begin{Bmatrix}1\\-1.0354\end{Bmatrix}$

10-11 (a) $\omega_1=10.47\sqrt{\dfrac{EI}{ml^3}}$； $\{A^{(1)}\}=\begin{Bmatrix}1\\-1\end{Bmatrix}$

$\omega_2=13.86\sqrt{\dfrac{EI}{ml^3}}$； $\{A^{(2)}\}=\begin{Bmatrix}1\\1\end{Bmatrix}$

(b) $\omega_1=0.31\sqrt{\dfrac{EI}{ml^3}}$； $\{A^{(1)}\}=\begin{Bmatrix}1\\1\end{Bmatrix}$

$$\omega_2=2.58\sqrt{\frac{EI}{ml^3}};\qquad \{A^{(2)}\}=\begin{Bmatrix}1\\-1\end{Bmatrix}$$

10-12　$A_1=2.27$ mm；　$A_2=2.41$ mm

10-13　$\Delta_{CV}=0.174$ mm(↑)，$\Delta_{CH}=0.155$ mm(→)，　$M_{AB}=1.826$ kN·m

10-14　$A_1=0.206\times10^{-3}$ m；$A_2=0.202\times10^{-3}$ m

10-15　$A_1=0.206\times10^{-3}$ m；$A_2=0.202\times10^{-3}$ m

第 11 章　结构的极限荷载

11.1　基本内容及学习指导

11.1.1　基本概念

1. 弹性分析和塑性分析

(1) 弹性分析

弹性分析是把结构当作理想的弹性体来分析。认为结构的最大应力达到材料的极限应力时,结构将会破坏。

(2) 塑性分析

塑性分析考虑到材料的塑性性质,以结构进入塑性阶段并最终丧失承载能力达到极限状态时作为结构破坏标志。在塑性分析中,一般不考虑剪力或轴力的影响,仍应用小变形时的平截面假定。取理想弹塑性应力—应变图形,如图 11-1 所示。图 11-1 加载时,应力增加,材料是弹塑性阶段的,卸载时,应力减小,材料是弹性的。

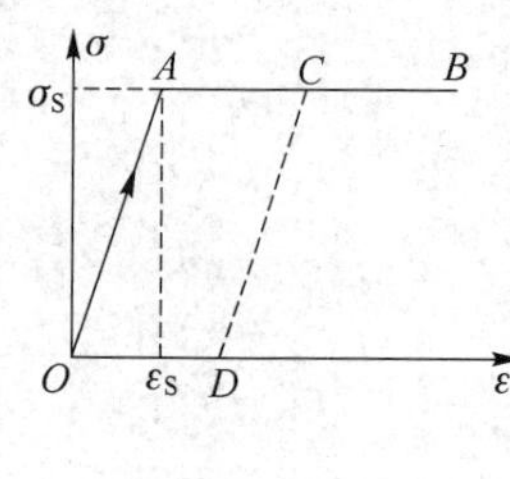

图 11-1

(3) 塑性分析与弹性分析的区别

弹性分析是以个别危险截面上的最大应力达到屈服极限来确定结构的承载能力,没有考虑材料的塑性,所以弹性分析不能正确反映整个结构的强度储备,是不够经济的。塑性分析充分地考虑了材料的塑性性质,以整个结构的承载能力耗尽时的荷载界限来计算结构所能承受荷载来计算。比弹性分析更能正确地反映结构的强度,更为经济。当然,塑性分析也存在局限性,它只反映了结构最后状态,而不能反应结构由弹性阶段到弹塑性阶段再到极限状态的过程。事实上,结构在设计荷载作用下,大多数仍处于弹性阶段,因此,弹性分析对于研究结构的实际工作状态及其性能是很重要的。所以,在结构的设计中,塑性计算和弹性计算是互相补充的。

(4) 适用范围

塑性分析方法比弹性分析方法简单,但是,只适用于延性较好的弹塑性材料。对于脆性材料和变形条件较严的结构不应采用塑性分析方法。

2. 屈服弯矩和极限弯矩

以具有双对称轴的矩形截面梁(如图 11-2(a)所示)为例,并承受位于竖向对称轴平面内竖向荷载作用。增加荷载,梁将逐渐由弹性阶段过度到塑性阶段。不论哪一阶段都可认为横截面仍保持为平面。当荷载增加到一定值时,暂不计剪应力影响,则截面最外上、下边缘处首先达到屈服极限 σ_S(如图 11-2(b)所示),对应于弹性阶段终点,相应于此时的弯矩称为屈服弯矩,以 M_S 计,按弹性阶段的应力计算公式可知

$$M_S=\sigma_S W \tag{11.1}$$

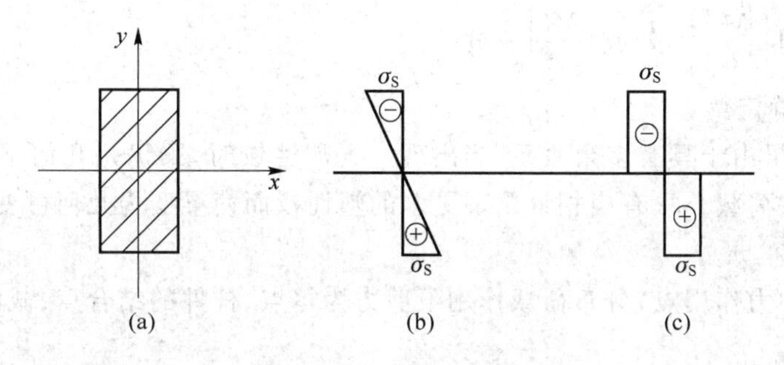

图 11-2

式中，σ_S 为材料的屈服极限；W 为抗弯截面系数。

继续增加荷载，当截面处于塑性流动阶段，整个截面应力达到屈服极限(如图 11-2(c)所示)，截面弯矩达到了它所能承担的极限值，称作极限弯矩。以 M_J 计，可由(如图 11-2(c)所示)正应力分布图形利用平衡条件求得，纯弯曲时截面极限弯矩 M_J 计算公式为

$$M_J=\sigma_S W_J \tag{11.2}$$

$$W_J=S_1+S_2 \tag{11.3}$$

式中，W_J 为塑性截面模量；S_1、S_2 为等截面轴的上下两截面面积对该轴的静距。

3. 截面形状系数

一般来说，比值

$$\alpha=\frac{M_J}{M_S}=\frac{W_J}{W_S} \tag{11.4}$$

与截面形状有关，称为截面形状系数。对于几种常用截面，α 值如下。

矩形：$\alpha=1.50$

圆形：$\alpha=1.70$

薄壁圆环形：$\alpha\approx1.27\sim1.4$(一般可取 1.3)

工字形：$\alpha\approx1.1\sim1.2$(一般可取 1.15)

一般而言，截面形状系数越小，材料塑性利用越充分。

4. 塑性铰

当结构达到极限状态，截面承受极限弯矩，不能再增大，但弯曲变形仍可任意增长，这就相当于在该截面处出现一个铰，称此铰为塑性铰。

塑性铰与普通铰的区别如下。

(1) 普通铰不能承受弯矩，而塑性铰能承受极限弯矩 M_J。

(2) 普通铰可以两个方向自由转动，即为双向铰，而塑性铰为单向铰，只能沿弯矩方向转动，弯矩减小时，材料则恢复弹性，塑性铰即告消失。

5. 破坏机构

当结构出现若干塑性铰而成为几何可变体系时，称为破坏机构。此时结构已丧失承载能力，即达到极限状态。

(1) 静定梁

出现一个塑性铰即成为破坏机构。对于等截面梁，塑性铰一定首先出现在弯矩绝对值最大的截面，即$|M|_{max}$处。对于变截面梁，塑性铰首先出现在所受弯矩与极限弯矩之比绝

对值最大截面，即$\left|\frac{M}{M_{J}}\right|_{\max}$处或$\left|\frac{M_{J}}{M}\right|_{\min}$处。

(2) 单跨超静定梁

单跨超静定梁由于具有多余联系，当出现一个塑性铰时，梁仍是几何不变的，并不会破坏，仍能承受更大荷载。只有当相继出现更多的塑性铰而使梁变为几何可变体系，才能形成破坏机构。

通常，在集中力作用点，分布荷载作用下剪力为零点、杆件的结合点、截面尺寸变化处都可能形成塑性铰。

(3) 连续梁

对等截面梁，当所有荷载方向均相同时，只在各跨独立的位置形成破坏机构。

(4) 刚架

刚架可能的破坏机构包括基本结构和组合结构。通常需先确定基本结构。这些基本结构适当组合，得到若干新的破坏机构，称为组合结构。

对任意给定刚架，其可能的基本结构的数目可按下式确定：

$$m=h-n \tag{11.5}$$

式中，h 为刚架可能出现塑性铰的总数，n 为刚架多余联系数。

常遇到的基本结构有梁机构、侧移机构、结点机构、山墙机构等。如图 11-3 所示。

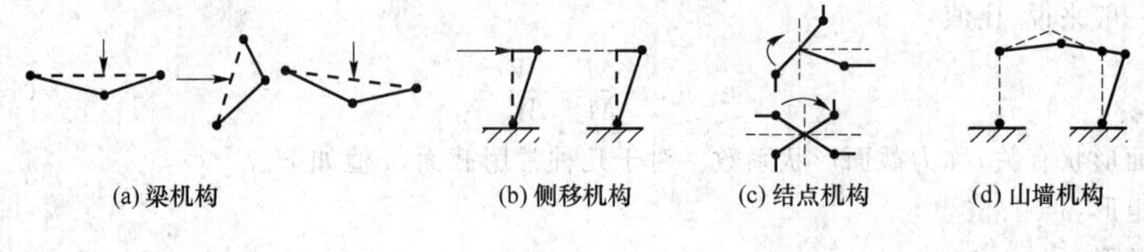

图 11-3

11.1.2 比例加载时有关极限荷载的几个定理

1. 比例加载

比例加载是指所有荷载在加载过程中始终保持固定比例关系，且不出现卸载现象。全部荷载可用一个公共比例参数 P 来表示。

2. 结构处于极限状态时应同时满足的条件

(1) 单向机构条件

在结构达到极限状态时，结构出现足够塑性铰而成为破坏机构。

(2) 内力局限条件

在极限状态中，任意截面的弯矩绝对值都不超过极限弯矩，即$|M|\leqslant M_{J}$。

(3) 平衡条件

在极限状态中，结构的整体或任意局部仍满足静力平衡条件。

3. 可接受荷载和可破坏荷载

(1) 可破坏荷载 P^{+}

把满足机构条件和平衡条件的荷载(不一定满足内力局限条件)称为可破坏荷载，用 P^{+} 表示。

(2) 可接受荷载 P^-

把满足内力局限条件和平衡条件的荷载(不一定满足机构条件)称为可接受荷载,用 P^- 表示。

由于极限状态时必须满足上述三个条件,故可知极限荷载既是可破坏荷载,又是可接受荷载。

4. 比例加载确定极限荷载的 3 个定理

(1) 极小定理:极限荷载是所有可破坏荷载中的最小者。

(2) 极大定理:极限荷载是所有可接受荷载中最大者。

(3) 唯一定理:极限荷载是唯一的,若某荷载既是可破坏荷载,又是可接受荷载,则可断定该荷载为极限荷载。

11.1.3　极限荷载分析方法

1. 静力法和机动法概念

(1) 静力法

当结构达到极限状态时,只需使破坏机构中各塑性铰处弯矩都等于极限弯矩,并据此按静力平衡条件做出弯矩图,即可确定该极限状态的极限荷载。这种利用静力平衡条件确定极限荷载的方法叫静力法。该法对超静定次数较高的刚架不适用。

(2) 机动法

当结构达到极限状态时,仍满足平衡条件,故可利用虚功原理(外力虚功等于内力虚功)来确定该极限状态的极限荷载,此法就是机动法。

2. 穷举法和试算法

当结构荷载情况较复杂,难于确定极限状态的机构形式时,根据比例加载三定理,可按穷举法和试算法确定极限荷载。

(1) 穷举法(机构法)

列出结构所有可能的各种破坏机构,由静力法或机构法求出各极限状态相应的极限荷载,其中最小者即为极限荷载。

(2) 试算法

任选一种破坏机构,由静力法或机动法求出相应的极限荷载,做出弯矩图,若满足内力局限条件,则该荷载即为极限荷载;若不满足,则另选一机构再行试算,直至满足。

3. 矩阵位移法(增量变刚度法)

此法适用电子计算机算法。此法要点是从弹性阶段开始,一步一步计算,每步增加一个塑性铰,而每当出现一个塑性铰就把该处改为铰接再进行下一步计算,并求出下一个塑性铰出现时荷载的增量值,这样直到成为机构,便可成为极限荷载。

11.2　典型例题分析

例 11-1　试求如例图 11-1(a)所示变截面梁的极限荷载。

解:

(1) 用穷举法求解

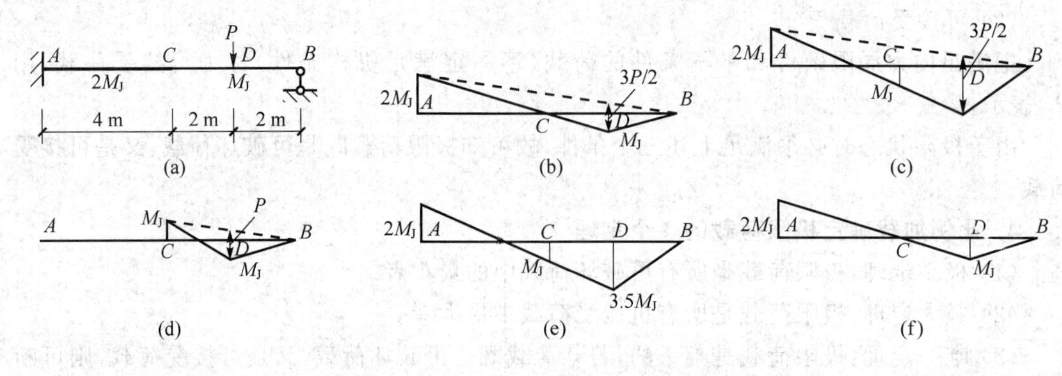

例图 11-1

共有 3 种可能的破坏机构，采用静力法求每一极限状态的极限荷载。

机构①：设 A、D 处出现塑性铰(如例图 11-1(b)所示)，由

$$\left(\frac{2\times 2M_J}{8}+M_J\right)=\frac{2P}{2}$$

即 $$P=M_J$$

机构②：设 A、C 出现塑性铰(如例图 11-1(c)所示)，由

$$M_J+\frac{1}{2}\times 2M_J=P$$

即 $$P=2M_J$$

机构③：设 C、D 出现塑性铰(如例图 11-1(a)所示)，由

$$M_J+\frac{M_J}{2}=\frac{4\times P}{4}$$

即 $$P=\frac{3}{2}M_J$$

选最小值得

$$P_J=M_J$$

即实际破坏机构是机构①。

(2) 用试算法求解

选机构②，可求其相应极限弯矩 $P=2M_J$(计算同上)，然后由塑性铰 A 处弯矩为 $2M_J$(上边受拉)，C 处弯矩为 M_J(下边受拉)，以无荷载处弯矩图为直线，铰处弯矩为零，便可画出其弯矩图，如例图 11-1(e)所示。可求得 $M_C=3.5M_J>M_J$。故此机构不是极限状态。

现另选机构①试算。可求其相应极限弯矩 $P=M_J$，然后同理可做出弯矩图，如例图 11-1(f)所示。所有截面的弯矩均未超过极限弯矩，故此机构为极限状态，因而极限荷载为$P=M_J$。

例 11-2 试求如例图 11-2(a)所示超静定梁的极限荷载。

解：

(1)写出该梁按弹性分析弯矩图，如例图 11-2(b)所示。

(2)用穷举法求解，共有两种可能的破坏机构，采用静力法求极限荷载。

机构①：设 A、$C_{左}$ 出现塑性铰，如例图 11-2(c)所示 ，由

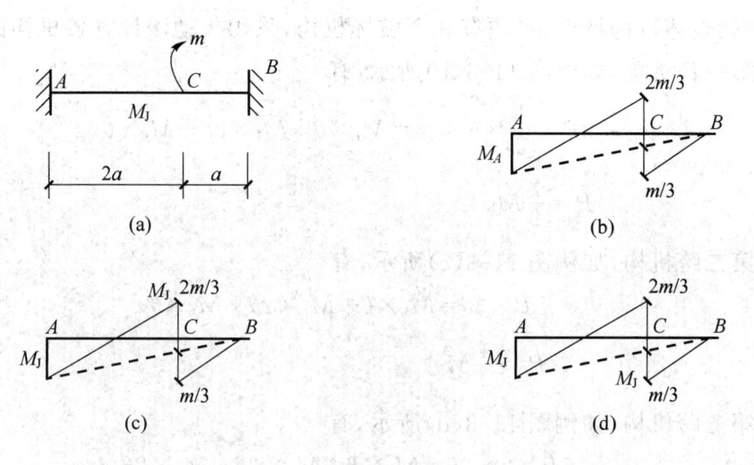

例图 11-2

$$M_J+\frac{1}{3}M_J=\frac{2}{3}m$$

即
$$m=2M_J$$

机构②：设 A、$C_{右}$ 出现塑性铰，如例图 11-2(d)所示，由

$$M_J-\frac{1}{3}M_J=\frac{1}{3}m$$

即
$$m=2M_J$$

由于两种状况所求极限荷载相同，故 $C_{左}$、$C_{右}$ 截面同时破坏，极限力偶为：$m_J=2M_J$。

例 11-3　求例 11-3 图(a)所示连续梁的极限荷载。

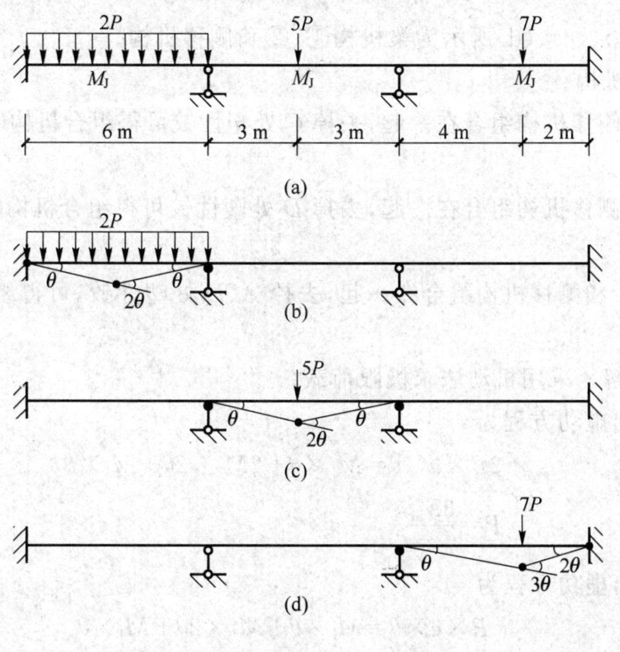

例图 11-3

解：

根据连续梁破坏机构特点，本题有 3 个破坏机构，采用机动法计算各机构的极限荷载。

机构①：第一跨机构，如例图 11-3(b)所示，有

$$2P\times\frac{1}{2}\times 6\times 3\theta=M_J\times\theta+M_J\times 2\theta+M_J\times\theta$$

$$P=\frac{2}{9}M_J$$

机构②：第二跨机构，如例图 11-3(c)所示，有

$$5P\times 3\theta=M_J\times\theta+M_J\times 2\theta+M_J\times\theta$$

$$P=\frac{4}{15}M_J$$

机构③：第三跨机构，如例图 11-3(d)所示，有

$$7P\times 2\times 2\theta=M_J\times\theta+M_J\times 3\theta+M_J\times 2\theta$$

$$P=\frac{3}{14}M_J$$

比较以上结果，可知第三跨首先破坏，故极限荷载为

$$P_J=\frac{3}{14}M_J$$

例 11-4 试求如例图 11-4(a)所示刚架结构的极限荷载。

解：

(1) 确定基本结构。

可能出现塑性铰为 A、B、C、D、E、F，即 $h=6$，超静定次数为 3，所以基本结构数为

$$m=h-n=6-3=3$$

如例图 11-4(b)、(c)、(d)所示为梁机构①、②和侧移机构。

(2) 确定组合机构。

把梁机构①和侧移机构组合在一起，去掉 C 处塑性铰可得组合机构①，如例图 11-4(e)所示。

把梁机构①和侧移机构组合在一起，去掉 D 处塑性铰可得组合机构②，如例图 11-4(f)所示。

把梁机构①、②和侧移机构组合在一起，去掉 A、D 处塑性铰，可得组合机构③，如例图 11-4(h)所示。

(3) 穷举法求解。采用机动法求极限荷载。

梁机构①：列出虚功方程为

$$2P\times a\times\theta=M_J\times\theta+2M_J\times 2\theta+M_J\times\theta$$

$$P=\frac{3M_J}{a}$$

梁机构②：列出虚功方程为

$$P\times a\times\theta=M_J\times\theta+M_J\times 2\theta+M_J\times\theta$$

$$P=\frac{4M_J}{a}$$

侧移机构：列出虚功方程为

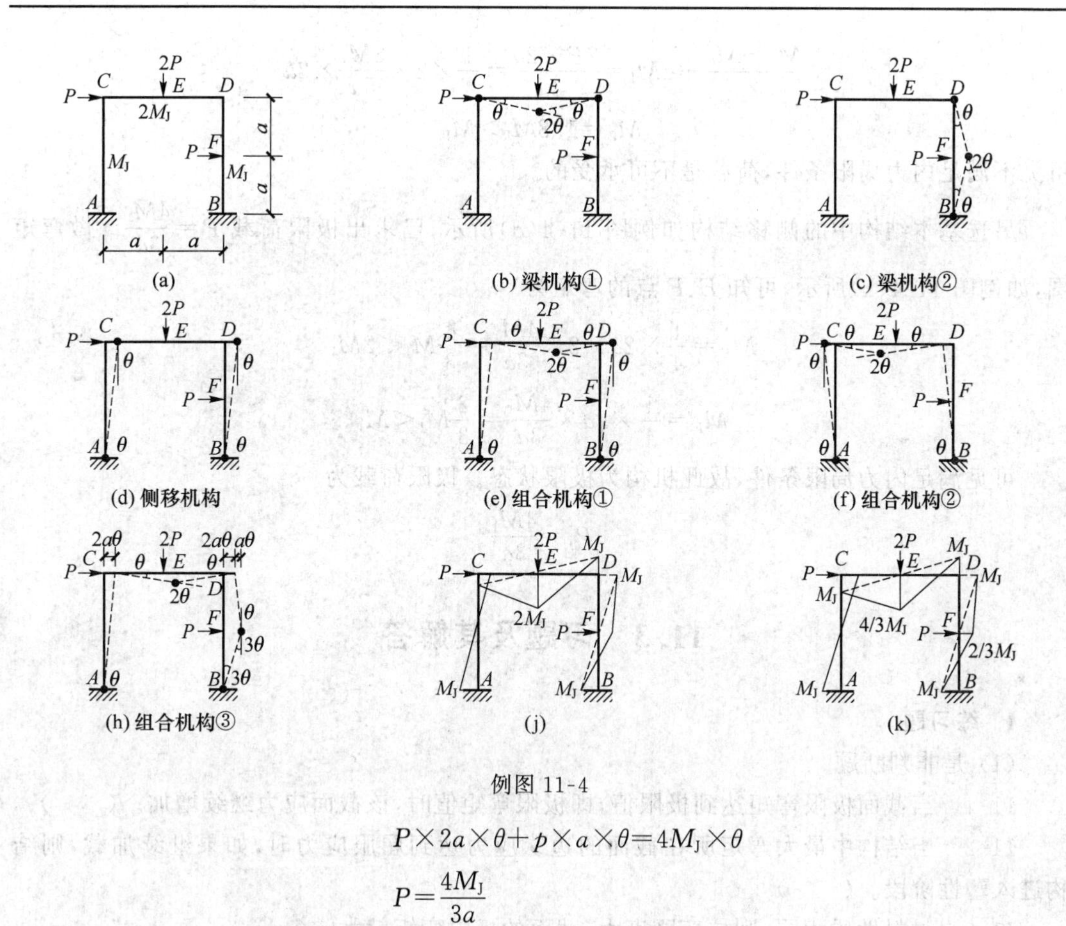

例图 11-4

$$P\times 2a\times\theta+p\times a\times\theta=4M_J\times\theta$$

$$P=\frac{4M_J}{3a}$$

组合机构①：列出虚功方程为

$$P\times 2a\times\theta+2p\times a\times\theta+p\times a\times\theta=M_J\times\theta+2M_J\times 2\theta+M_J\times\theta+M_J\times 2\theta$$

$$P=\frac{8M_J}{5a}$$

组合机构②：列出虚功方程为

$$-P\times 2a\times\theta+2p\times a\times\theta-p\times a\times\theta=M_J\times\theta+M_J\times 2\theta+2M_J\times\theta+M_J\times\theta$$

$$P=-\frac{8M_J}{a}$$

组合机构③：列出虚功方程为

$$P\times 2a\times\theta+2p\times a\times\theta+p\times a\times 3\theta=M_J\times\theta+2M_J\times 2\theta+M_J\times 3\theta+M_J\times 3\theta+M_J\times\theta$$

$$P=\frac{12M_J}{7a}$$

经比较，可知极限荷载为 $P_J=\dfrac{4M_J}{3a}$，即实际破坏机构为侧移机构。

(4) 试算法求解。

首先选组合机构①，如例图 11-4(e)所示，已求出极限荷载 $P=\dfrac{8M_J}{5a}$。做弯矩图，如例图 11-4(j)所示。设结点 C 处两杆端弯矩为 M_C(内侧受拉)，由横梁的弯矩图叠加法有

$$\frac{M_J - M_C}{2} + 2M_J = \frac{2P \times 2a}{4} = \frac{1}{4} \times 2 \times \frac{8M_J}{5a} \times 2a$$

$$M_C = 1.8M_J > M_J$$

可见不满足内力局限条件，荷载是不可承受的。

另选基本结构中的侧移结构如例图 11-4(d)所示，已求出极限荷载 $P = \frac{4M_J}{3a}$。做弯矩图，如例图 11-4(k)所示，可知 E、F 点的弯矩为

$$M_E = \frac{1}{4} \times 2a \times 2 \times \frac{4M_J}{3a} = \frac{4}{3}M_J < 2M_J$$

$$M_F = \frac{1}{4} \times 2a \times \frac{4M_J}{3a} = \frac{2}{3}M_J < M_J$$

可见满足内力局限条件，故此机构为极限状态。极限荷载为

$$P_J = \frac{4M_J}{3a}$$

11.3　习题及其解答

1. 练习题

(1) 是非判断题

11-1　当截面极限弯矩达到极限值，即极限弯矩值时，该截面应力继续增加。(　　)

11-2　当结构中最大弯矩所在截面的边缘应力达到屈服应力时，如果继续加载，则结构进入塑性阶段。(　　)

11-3　材料性质相同，则抗弯刚度大，截面的极限弯矩就大。(　　)

11-4　结构处于极限状态时，应同时满足机构条件、内力局限条件和平衡条件。(　　)

11-5　在求超静定结构的极限荷载时，需要考虑平衡条件。(　　)

11-6　塑性铰与普通铰的区别除塑性铰承担弯矩外，其余均相同。(　　)

(2) 计算题

11-7　求如题图 11-1 所示单跨超静定梁的极限荷载。

11-8　求如题图 11-2 所示刚架的极限荷载。

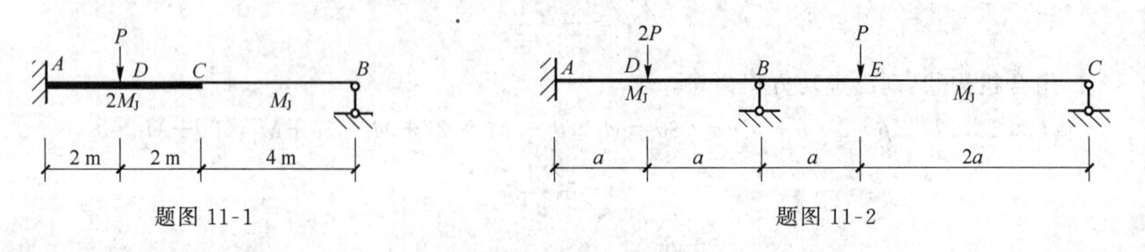

题图 11-1　　　　题图 11-2

11-9　求如题图 11-3 所示连续梁的极限荷载。

11-10　求如题图 11-4 所示两端固定梁在均布荷载作用下的极限荷载。已知极限弯矩为 M_u。

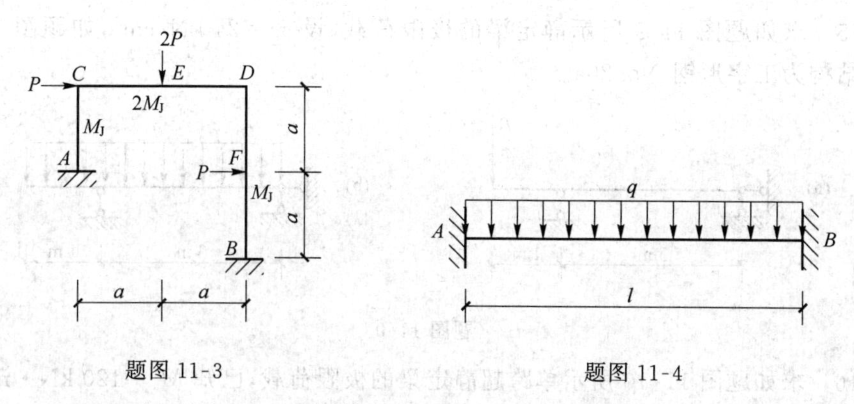

题图 11-3　　题图 11-4

11-11　求如题图 11-5 所示梁的极限荷载 P_u。

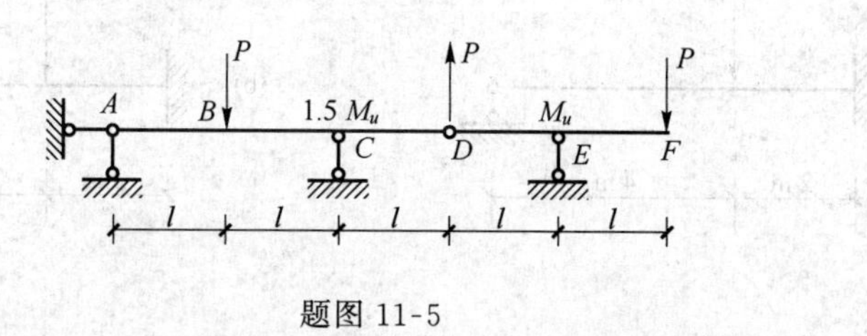

题图 11-5

11-12　试计算如题图 11-6 所示结构在给定荷载作用下达到极限状态时,其所需的截面极限弯矩的大小 M_u。

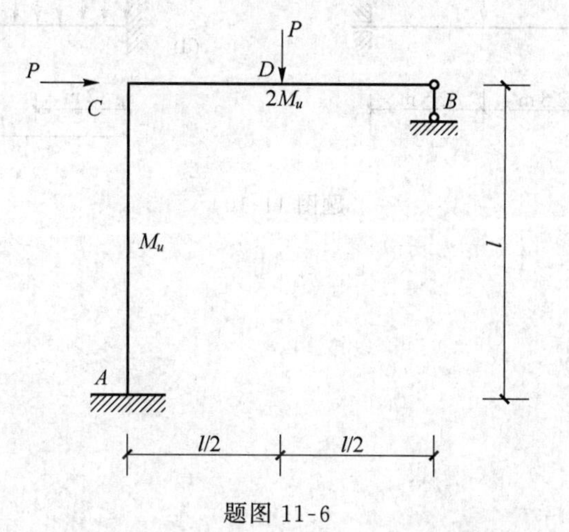

题图 11-6

11-13　求如题图 11-7 所示连续梁的极限荷载。已知截面的极限弯矩为 M_u 压杆的临界荷载。

11-14　已知如题图 11-8 所示梁的极限弯矩为 M_u,分别用机动法和静力法求梁的极限荷载 P_u。

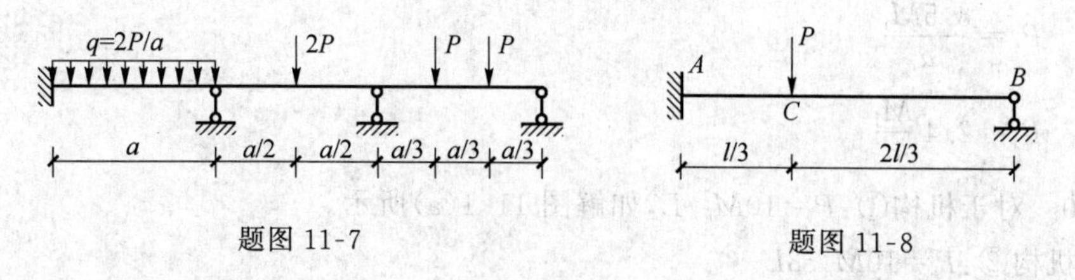

题图 11-7　　题图 11-8

11-15　求如题图 11-9 所示静定梁的极限荷载，设 $\sigma_s=24\ \mathrm{kN/cm^2}$，如题图 11-9(a)、(b)所示结构为工字形钢 No. 20a。

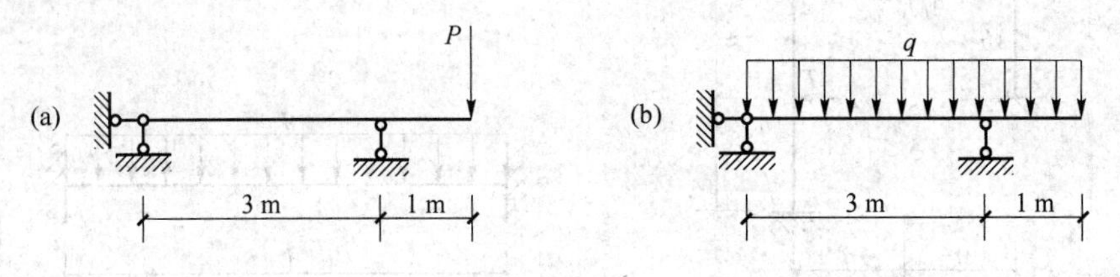

题图 11-9

11-16　求如题图 11-10 所示单跨超静定梁的极限荷载，已知 $M_u=120\ \mathrm{kN\cdot m}$。

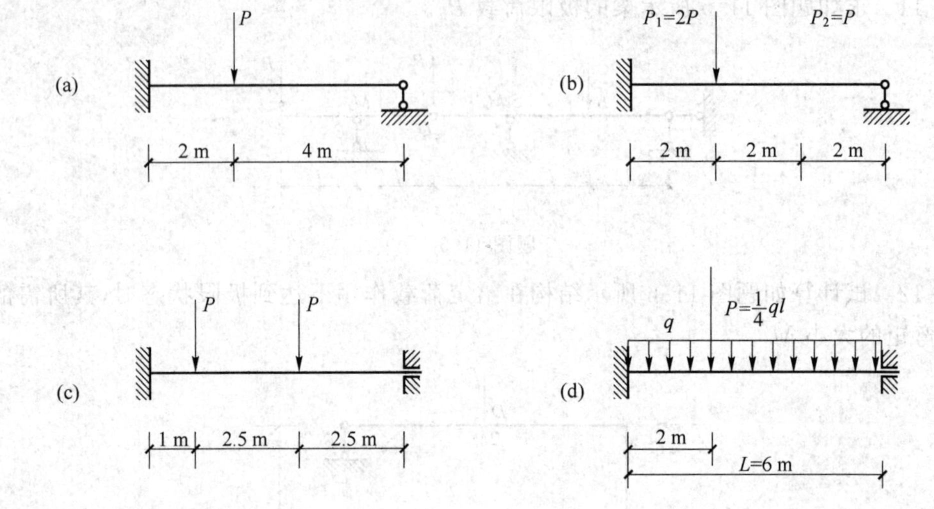

题图 11-10

2. 习题答案

(1) 是非判断题

11-1　×

11-2　×

11-3　×

11-4　√

11-5　√

11-6　√

(2) 计算题

11-7　$P_J=2M_J$

11-8　$P_J=\dfrac{3.5M_J}{a}$

11-9　$P_J=2.4\dfrac{M_J}{a}$

11-10　对于机构①：$P=10M_u/L$，如解图 11-1(a)所示。

对于机构②：$P=10M_u/3L$

对于机构③：$P=2M_u/L$

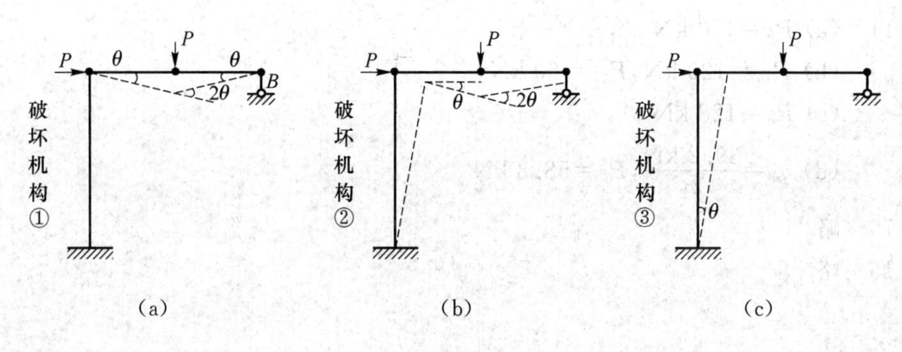

解图 11-1

由此得最终结果为

$$3M_u=\frac{Pl}{2}$$

11-11

机构①：如解图 11-2(a)所示。

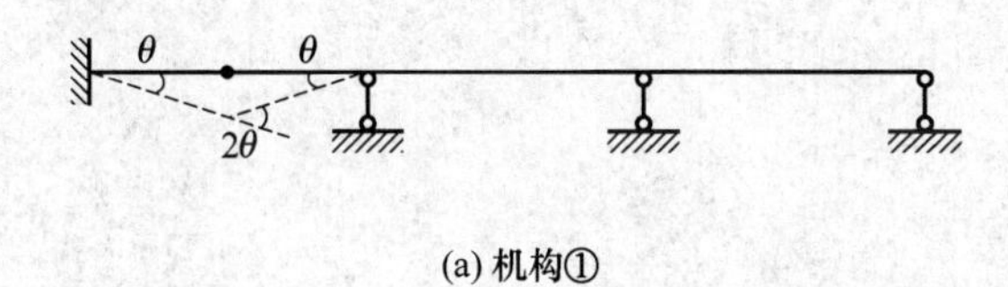

(a) 机构①

机构②：如解图 11-2(b)所示。

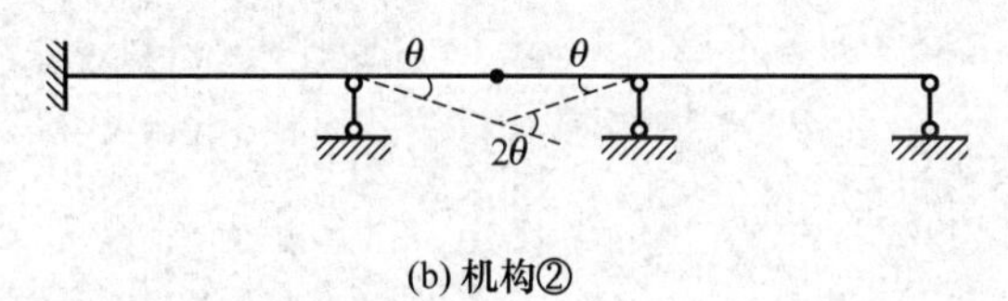

(b) 机构②

机构③：如解图 11-2(c)所示。

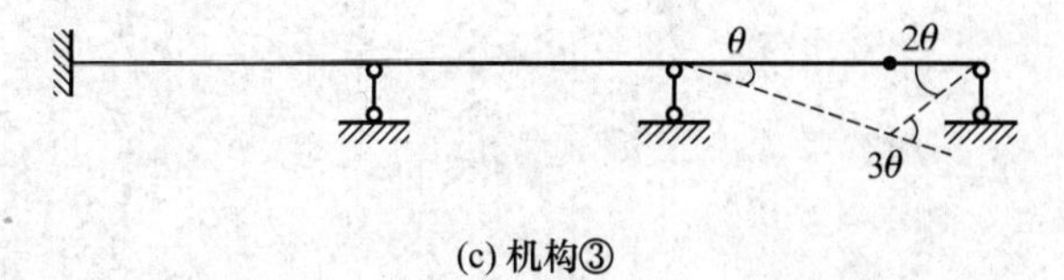

(c) 机构③

解图 11-2

由此得最终结果为 $P_u=\frac{4M_u}{a}$

11-12　$P_u=\frac{15M_u}{2l}$

11-13　(a) $P_u=65.4$ kN

(b) $q_u = 150$ kN/m

11-14　(a) $P_u = 150$ kN

(b) $P_{1u} = 120$ kN, $P_{2u} = 60$ kN

(c) $P_u = 128$ kN

(d) $q_u = \frac{39.2\ \text{kN}}{m}$, $P_u = 58.8$ kN

11-15　略

11-16　略

第12章　结构的稳定计算

12.1　基本内容及学习指导

12.1.1　基本概念

1. 结构的3种平衡状态

(1) 稳定平衡

处于平衡状态的结构，由于受微小干扰而偏离其平衡位置，在干扰消除后，仍能恢复至初始平衡位置，并保持其原有形式平衡，则称结构处于稳定的平衡状态。此时，势能有极小值。

(2) 不稳定平衡

撤除使结构偏离平衡位置的干扰后，若结构不能恢复到原来的位置，变形迅速增大，甚至破坏，则称该结构处于不平衡状态。此时，势能有极大值。

(3) 随遇平衡

随遇平衡又称中性平衡。结构由稳定平衡到不稳定平衡过渡的中间状态称为随遇平衡。此时，势能为常量。

2. 临界状态与临界荷载

当结构处于随遇状态时，也称为处于临界状态。此时对应的荷载称为临界荷载。临界荷载就是使结构原有平衡形式保持稳定的最大荷载，也是使结构产生新的平衡形式的最小荷载。

3. 结构失稳类型

(1) 第一类失稳

第一类失稳也称为支点失稳，指荷载达到临界值时，原有平衡形式成为不稳定的现象。理想受压直杆失稳定就属于此类失稳。

失稳的特征：内力和变形发生质的突变，原有的平衡形式成为不稳定的，同时出现新的、有质的区别的平衡形式。

(2) 第二类失稳(本章不做讨论)

第二类失稳也称极值失稳。当荷载增大到临界值时，变形按其原有形式迅速增长，结构丧失承载力。一般有缺欠的杆，如初始曲率 $e\neq 0$，在压、弯复合受力状态下失稳即属此类。

4. 稳定的自由度

结构失稳时，确定其变形形状所需独立坐标数目称为稳定的自由度。一般刚性压杆为有限的自由度，弹性压杆为无限的自由度。

5. 稳定问题计算概要

稳定计算的中心问题在于确定临界荷载。确定临界荷载的基本方法为静力法和能量法。此两种方法的共同点在于它们都是根据结构失稳时可具有原来的和新的两种平衡形式，即平衡二重性出发，通过寻求结构在新的形式下能维持平衡的荷载，从而确定临界荷载。所不同的是静力法用静力平衡条件，能量法则是用能量形式表达平衡条件。

本章仍服从小变形假设。

12.1.2　计算方法

本章仅介绍静力法和能量法两种基本法。另外还有位移法和矩阵位移法，请查阅相关参考书。

1. 静力法

(1) 有限自由度体系的临界荷载

当结构体系从基本平衡状态转变为新的平衡状态后，可列出与结构的自由度数 n 相应的 n 个独立的平衡方程，它们是含有 n 个位移参数的齐次线性方程组，在系数中包含荷载 P_{cr}。根据临界状态位移参数有非零解的静力特征，因此该方程组的系数行列式等于零。展开此行列式得到稳定的特征方程，特征方程的最小根就是最小临界荷载。

(2) 无限自由度的临界荷载

对失稳后的变形状态，可写出平衡微分方程，解此方程组得到失稳曲线的通解。由边界条件确定积分常数，可以得到以杆边界条件(位移和力)为未知量的齐次线性代数方程组。令方程组的系数行列式等于零即可得稳定方程，稳定方程最小根就是临界荷载。

2. 能量法

(1) 有限自由度体系的临界荷载

对于 n 个自由度的结构，可以用有限个独立系数 $a_1, a_2, \cdots, a_n$ 表示假设的失稳曲线，结构的势能为这 n 个独立参数的函数。

结构的势能 Π 等于结构的应变能 U 与外力势能 V 之和，即

$$\Pi = U + V = \frac{1}{2}\sum K\delta^2 - \sum P_i\Delta_i \tag{12.1}$$

式(12.1)中，K 为弹性约束的刚度系数；δ 为弹性约束方向发生位移；P_i 和 Δ_i 为外荷载和相应位移。

根据势能驻值原理，即结构势能函数的一阶变分为零，可以得到关于各独立参数 a_1，$a_2, \cdots, a_n$ 的线性方程组如下。

$$\left.\begin{aligned}\frac{\partial \Pi}{\partial a_1}=0\\ \frac{\partial \Pi}{\partial a_2}=0\\ \vdots\\ \frac{\partial \Pi}{\partial a_n}=0\end{aligned}\right\} \tag{12.2}$$

令式(12.2)方程组系数行列式为零，即可得稳定方程，从而求得临界荷载。

(2) 无限自由度体系的临界荷载

能量法用于无限的自由度结构的同时，采用建立在势能驻值原理基础上的近似方法——瑞雷-李兹法。

瑞雷-李兹法的要点是把无限自由度近似地化为有限的自由度来处理，假设的挠曲线为有限个已知函数的线性组合，其一般形式为

$$y = \sum_{i=1}^{n} a_i \phi_i(x) \tag{12.3}$$

式(12.3)中，a_i 为 $a_1, a_2, \cdots, a_n$ 的 n 个独立参数；$\phi_i(x)$为 x 的函数。应满足几何边界条件，并尽量满足力学边界条件。

当压力 P 沿杆作用于结构，势能为

$$\Pi = U + V = \frac{1}{2}\int \frac{\overline{M}}{EI}^2 \mathrm{d}x - P\Delta = \frac{1}{2}\int_0^l EI(y'')^2 \mathrm{d}x - \frac{1}{2}\int_0^l P(y')^2 \mathrm{d}x \tag{12.4}$$

当均布荷载 q 沿杆轴作用于结构，势能为

$$\Pi = U + V = \frac{1}{2}\int_0^l EI(y'')^2 \mathrm{d}x - \frac{1}{2}q\int_0^l (l-x)(y')^2 \mathrm{d}x \tag{12.5}$$

将式(12.4)或式(12.5)代入式(12.2)，即可建立稳定方程，并求得临界荷载。

(3) 能量法的特点

用能量法确定临界荷载是一种较为简便的方法，适用于较为复杂的情况。如果结构沿轴线方向为变载面，则微分方程具有变系数而不能积分为有限形式；或边界条件较为复杂，使稳定方程为高级行列式，不易展开或求解，都宜采用能量法。

用能量法求有限自由度的临界荷载时，所得的结果为精确解；用能量法求无限自由度结构的临界荷载时，所得的结果为近似解。

由于假设的弹性曲线相当于真实曲线中引入附加约束，所以，临界荷载的解较精确解大。

12.2　典型例题分析

例 12-1　试分别用静力法和能量法两种方法求如例图 12-1(a)所示结构的临界荷载。

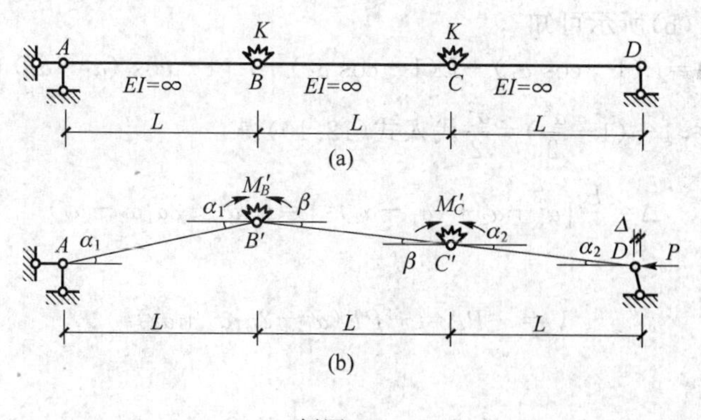

例图 12-1

解：

1. 静力法

取某一变形状态如例图 12-1(b)所示。由几何关系，在小变形前提下

$$\beta = \alpha_1 - \alpha_2$$

B 处相对转角为

$$\beta+\alpha_1=2\alpha_1-\alpha_2$$

C 处相对转角为

$$\alpha_2-\beta=2\alpha_2-\alpha_1$$

取 $C'D$ 段,由 $\sum M_{C'}=0$ 得

$$PL\alpha_2-(2\alpha_2-\alpha_1)k=0 \tag{12.6}$$

取 AB'段,由 $\sum M_{B'}=0$,注意到 A 支座水平反力仍为 P,得

$$PL\alpha_1-(2\alpha_1-\alpha_2)k=0 \tag{12.7}$$

整理式(12.6)、式(12.7)得

$$\left.\begin{aligned} k\alpha_1+(PL-2k)\alpha_2=0 \\ (PL-2k)\alpha_1+k\alpha_2=0 \end{aligned}\right\} \tag{12.8}$$

由 α_1、α_2 不全为零得

$$\begin{vmatrix} k & PL-2k \\ PL-2k & k \end{vmatrix}=0 \tag{12.9}$$

展开式(12.9)得特征方程为

$$P^2L^2-4kLP+3k^2=0 \tag{12.10}$$

解式(12.10)得

$$P=\frac{4kL\pm\sqrt{16K^2-12k^2L}}{2L^2}=\begin{cases}\dfrac{k}{L}\\ \dfrac{3k}{L}\end{cases}$$

取最小值为临界荷载,有

$$P_{\mathrm{cr}}=\frac{k}{L}$$

2. 能量法

由如例图 12-1(b)所示可知

$$\Delta=L(1-\cos\alpha_1)+L(1-\cos\alpha_2)+L[1-\cos(\alpha_1-\alpha_2)] \tag{12.11}$$

利用 $1-\cos\alpha\approx1-(1-\frac{\alpha^2}{2})=\frac{\alpha^2}{2}$代入式(12.10)得

$$\Delta=\frac{L}{2}[\alpha_1^2+\alpha_2^2+(\alpha_1-\alpha_2)^2]=L(\alpha_1^2-2\alpha_1\alpha_2+\alpha_2^2)$$

荷载势能为

$$V=-P\Delta=-PL(\alpha_1^2-2\alpha_1\alpha_2+\alpha_2^2)$$

弹簧变形能为

$$U=\frac{1}{2}K(2\alpha_1-\alpha_2)^2+\frac{1}{2}K(2\alpha_2-\alpha_1)^2$$

总势能为

$$\Pi=U+V=\frac{1}{2}k(2\alpha_1-\alpha_2)^2+\frac{1}{2}k(2\alpha_2-\alpha_1)^2-PL(\alpha_1^2-2\alpha_1\alpha_2+\alpha_2^2)$$

由势能驻值条件$\frac{\partial\Pi}{\partial\alpha_1}=0$、$\frac{\partial\Pi}{\partial\alpha_2}=0$ 可分别求得

$$\left.\begin{array}{l}(-2PL+5k)\alpha_1+(PL-4k)\alpha_2=0\\(PL-4k)\alpha_1+(-2PL+5k)\alpha_2=0\end{array}\right\} \tag{12.12}$$

如果式(12.12)成立,必有

$$D=\begin{vmatrix}-2PL+5k & PL-4k\\ PL-4k & -2PL+5k\end{vmatrix}=0$$

展开得

$$P^2L^2+kLP+3k^2=0$$

与静力法结果相同。

例 12-2　试用静力法求如例图 12-2(a)所示的结构稳定方程,EI 为常数。

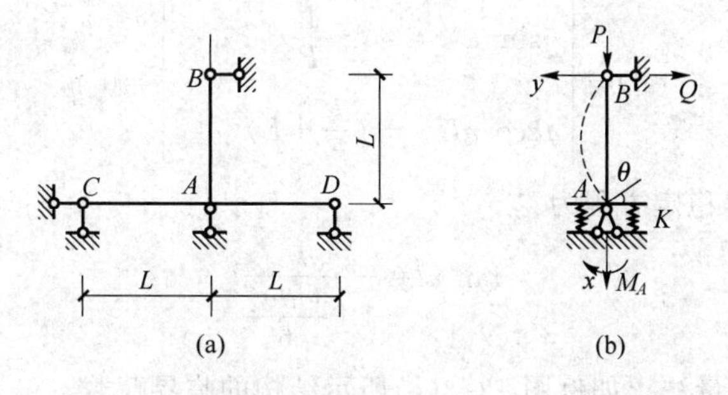

例图 12-2

解:

如例图 12-2(a)所示演变为如例图 12-2(b)所示带有弹性的约束直杆稳定问题。当 A 转角 $\theta=1$ 时,杆端弯距 $M_{AC}+M_{AD}=k$,显然 $k=\dfrac{6EI}{L}$。

AB 杆如例图 12-2(b)所示建立坐标系,杆任意截面弯矩表示为

$$M(x)=Py+Qx$$

由 $EIy''=-M(x)$ 可知

$$EIy''=-(Py+Qx)$$

$$y''+n^2y=-\frac{Qx}{EI}y'' \tag{12.13}$$

式(12.13)中

$$n^2=\frac{P}{EI} \tag{12.14}$$

方程(12.13)的解为

$$y=A\cos nx+B\sin nx-\frac{Qx}{P} \tag{12.15}$$

按边界条件 $x=0$,$y=0$ 得

$$A=0$$

因此

$$y=B\sin nx-\frac{Q}{P}x \tag{12.16}$$

$x=L$,$y=0$,由式(12.16)得

$$B\sin nL-\frac{QL}{P}=0 \tag{12.17}$$

$x=0,y'=\theta=\frac{QL}{k}$,即

$$Bn\cos nL-\frac{Q}{P}=\frac{QL}{k}$$

整理得

$$BnK\cos nL-\left(\frac{k}{P}+L\right)Q=0 \tag{12.18}$$

由式(12.17)、式(12.18),必有 $D=0$,即

$$D=\begin{vmatrix} \sin nL & -\frac{L}{P} \\ nk\cos nL & -(\frac{k}{P}+L) \end{vmatrix}=0$$

展开上式,整理得稳定方程为

$$\tan nl=\frac{nl}{1+\frac{(nl)^2}{6}}$$

例 12-3　试用能量法求如例图 12-3(a)所示结构的临界荷载。

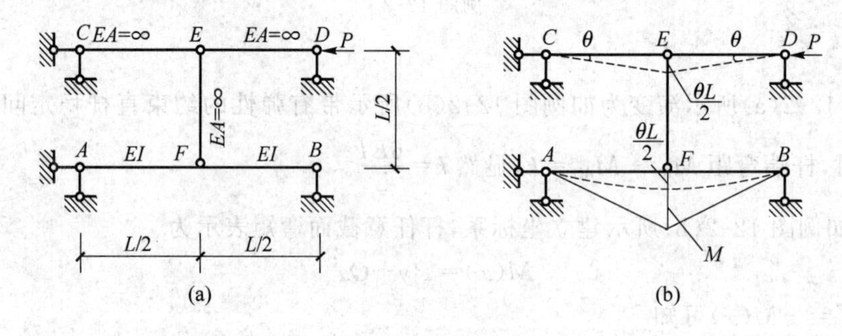

例图 12-3

解:

压杆失稳曲线如例图 12-3(b)所示。F 点的竖向位移为$\frac{\theta L}{2}$,由$\frac{\theta L}{2}=\frac{PL^3}{48EI}$可知

$$P=\frac{24EI\theta}{L^2}$$

故 F 点弯矩值为

$$M=\frac{PL}{4}=\frac{1}{4}\times\frac{24EI\theta}{L^2}\times L=\frac{6EI\theta}{L}$$

DE 间的水平位移为

$$\Delta_{DE}=\sqrt{\left(\frac{L}{2}\right)^2+\left(\frac{\theta L}{2}\right)^2}-\frac{L}{2}=\frac{L}{2}\sqrt{1+\theta^2}-\frac{L}{2}\approx\frac{L}{2}\left(1+\frac{\theta^2}{2}\right)-\frac{L}{2}=\frac{L\theta^2}{4}$$

(1) 结构总势能。

$$\Pi=U+V=2\times\frac{1}{2}\int_0^{\frac{L}{2}}\frac{M^2}{EI}\mathrm{d}x-2\times P\times\Delta_{DE}$$

$$=2\times\frac{1}{2}\times\frac{1}{EI}(\frac{1}{2}\times\frac{6EI\theta}{L}\times\frac{2}{3}\times\frac{6EI\theta}{L})-2P\times\frac{L\theta^2}{4}$$

$$=\frac{6EI}{L}\theta^2-\frac{1}{2}PL\theta^2$$

(2) 建立势能驻值条件。

$$\frac{\partial\Pi}{\partial\theta}=0$$

即

$$\left(PL-\frac{12EI}{L}\right)\theta=0$$

(3) 求临界荷载。

由于 $\theta\neq0$,故有

$$D=PL-\frac{12EI}{L}=0$$

求得

$$P_{\mathrm{cr}}=\frac{12EI}{L^2}$$

例 12-4　试用静力法和能量法求如例图 12-4(a)所示体系临界荷载。

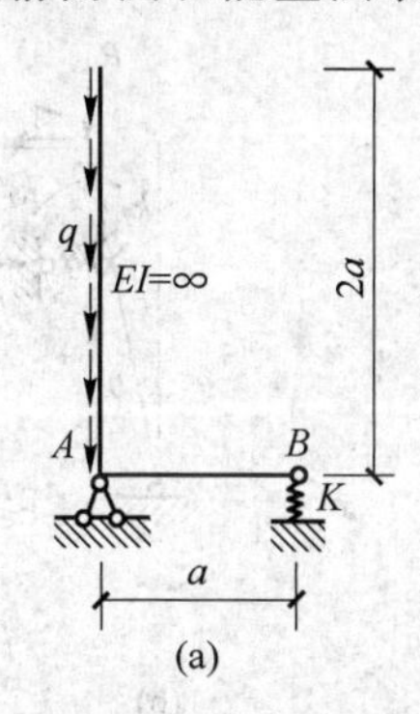

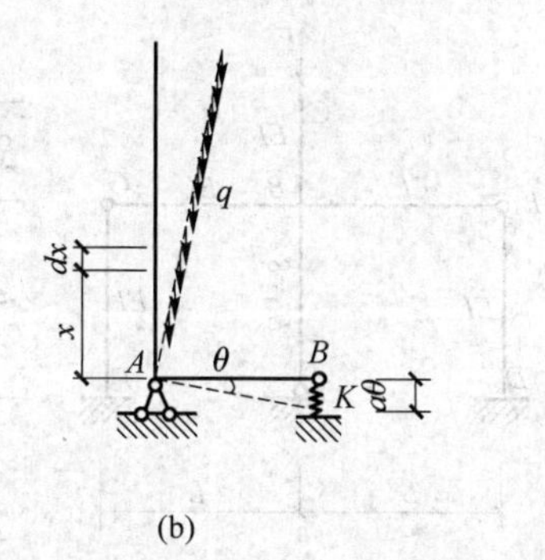

例图 12-4

解:

本题自由度为 1,失稳曲线如例图 12-4(b)所示。

1. 静力法

由平衡条件 $\sum M_A=0$ 得

$$\int_0^{2a}q\mathrm{d}x\cdot\theta x-ka\theta\times a=0$$

解得

$$q_{\mathrm{cr}}=\frac{k}{2}$$

2. 能量法

如例图 12-4(b)所示微段 $\mathrm{d}x$ 内荷载 $q\mathrm{d}x$ 发生的竖向位移为

$$d\delta = x(1-\cos\theta) \approx \frac{1}{2}\theta^2 x$$

总势能为

$$\begin{aligned}\Pi = U + V &= \frac{1}{2}k(a\theta)^2 - \int_0^{2a} q\mathrm{d}x\mathrm{d}\delta \\ &= \frac{1}{2}ka^2\theta^2 - \frac{q\theta}{2}\int_0^{2a} x\mathrm{d}x \\ &= \theta^2\left(\frac{1}{2}ka^2 - qa^2\right)\end{aligned}$$

由势能驻值条件$\frac{\partial \Pi}{\partial \theta}=0$得

$$2\theta\left(\frac{1}{2}ka^2 - qa^2\right) = 0$$

由于 $\theta \neq 0$,故

$$\frac{1}{2}ka^2 - qa^2 = 0$$

所以

$$q_{\mathrm{cr}} = \frac{k}{2}$$

例 12-5　试用静力法和能量法求例图 12-5(a) 所示结构的临界荷载 P_{cr}。

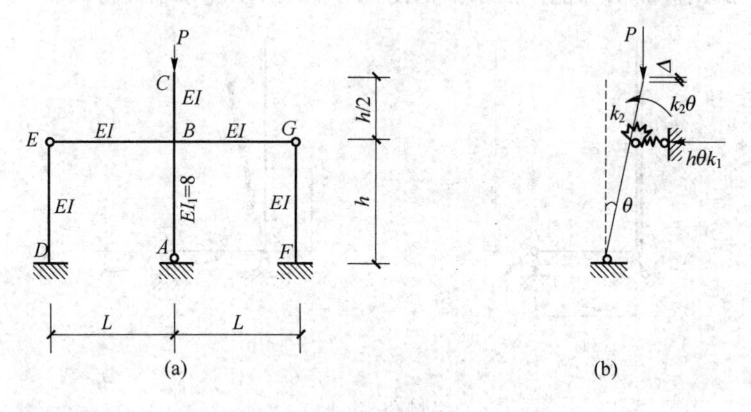

例图 12-5

解:

本题中心受压杆稳定问题转化为如例图 12-5(b)所示具有弹性支承的稳定问题,为单自由度体系。其中 k_1 为支点产生水平单位位移 $\Delta_1=1$ 时 DE、FG 杆上端剪力之和,显然 $k_1=\frac{6EI}{h^3}$。k_2 为刚结点 B 产生单位转角 $\Delta_2=1$ 时 BE、BG 杆杆端弯矩之和,显然 $k_2=\frac{6EI}{L}$。

1. 静力法

由 $\sum M_A=0$,如例图 12-5(b)所示,得

$$P \times \frac{3}{2} \times h\theta - h\theta k_1 h - k_2\theta = 0 \tag{12.19}$$

将 k_1、k_2 代入式(12.19),整理得

$$\left(P\times\frac{3}{2}\times h-\frac{6EI}{h}-\frac{6EI}{L}\right)\theta=0$$

由 $\theta\neq0$ 有

$$P\times\frac{3}{2}\times h-\frac{6EI}{h}-\frac{6EI}{L}=0$$

故

$$P_{\mathrm{cr}}=4EI\left(\frac{1}{h^2}+\frac{1}{hL}\right)$$

2. 能量法

$$\Delta=\frac{3h}{2}(1-\cos\theta)\approx\frac{3h}{2}\times\frac{\theta^2}{2}$$

$$U=\frac{1}{2}k_1(h\theta)^2+k_2\theta^2$$

$$V=-P\Delta=-P\times\frac{3h}{2}\times\frac{\theta^2}{2}$$

$$\Pi=U+V=\frac{1}{2}\times\frac{6EI}{h}\times\theta^2+\frac{1}{2}\times\frac{6EI}{L}\times\theta^2-P\times\frac{3h}{2}\times\frac{\theta^2}{2}$$

由驻值条件$\frac{\partial\Pi}{\partial\theta}=0$得

$$\left(\frac{1}{2}\times\frac{6EI}{h}+\frac{1}{2}\times\frac{6EI}{L}-P\times\frac{3h}{2}\times\frac{1}{2}\right)\times2\theta=0$$

故临界力

$$P_{\mathrm{cr}}=4EI\left(\frac{1}{h^2}+\frac{1}{hL}\right)$$

12.3　习题及其解答

1. 练习题

(1) 是非判断题

12-1　结构丧失稳定性是指分支点失稳和极值点失稳。(　　)

12-2　静力法与能量法建立稳定方程的依据相同。(　　)

12-3　能量法用于结构的失稳计算时,用计算有限自由度机构的极限荷载 P_{cr2} 代替原无限自由度机构的临界荷载 P_{cr1},则 $P_{\mathrm{cr1}}<P_{\mathrm{cr2}}$。(　　)

(2) 填空题

12-4　弹性压杆处于临界状态时具有平衡形式的二重性,即可以在(　　)形式下和(　　)形式下处于平衡。用静力法求解时,满足平衡方程的解有(　)。

(3) 计算题

12-5　试用静力法和能量法求如题图 12-1 所示结构临界荷载。

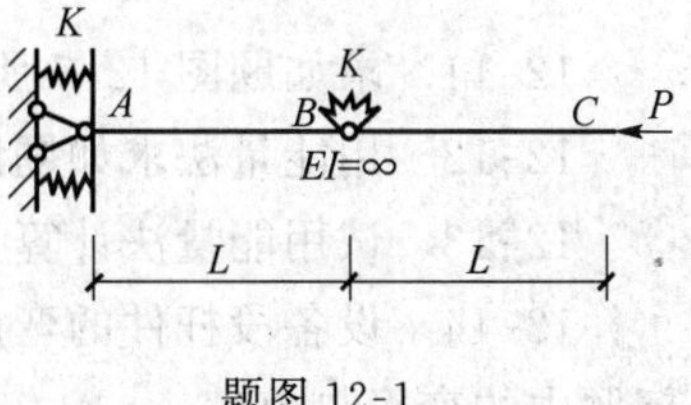

题图 12-1

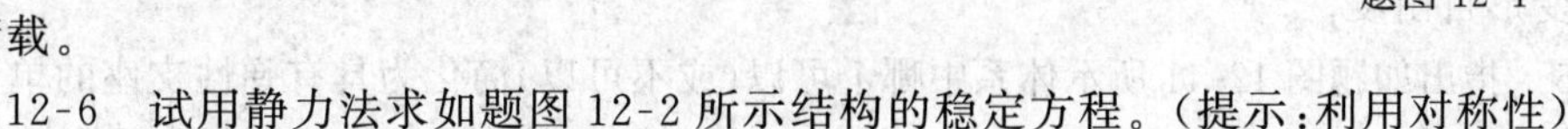

12-6　试用静力法求如题图 12-2 所示结构的稳定方程。(提示:利用对称性)

12-7　试用静力法和能量法求如题图 12-3 所示刚架临界荷载。

12-8　用能量法求如题图 12-4 所示结构荷载，假设失稳时弹性部分的曲线近似取为 $y=\frac{ax^2}{L^2}$。

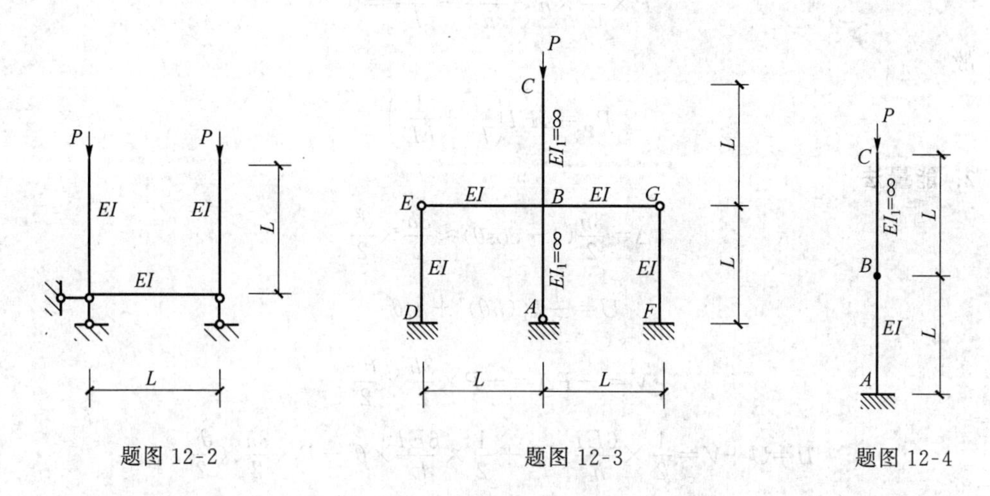

题图 12-2　　题图 12-3　　题图 12-4

12-9　如题图 12-5 所示体系在中性平衡状态下的变形曲线(图中虚线所示)为 $Y=A\cos nx+B\sin nx+\delta$，$k$ 为弹性支承转动刚度系数，则其边界条件为(a)__________；(b)__________；(c)__________。

12-10　试用静力法确定如题图 12-6(a)所示结构的临界荷载。弹簧刚度为 k。

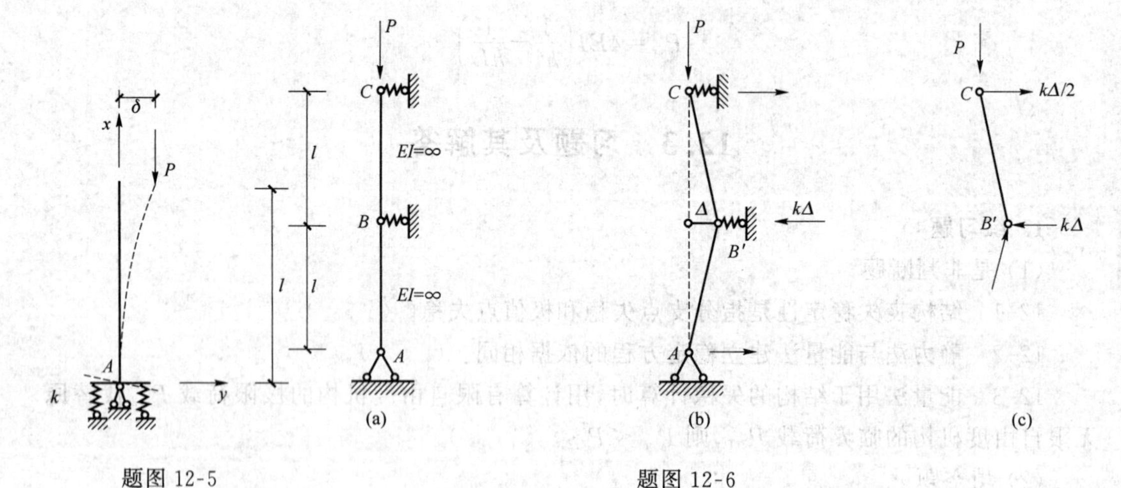

题图 12-5　　题图 12-6

12-11　求如题图 12-7 所示结构的临界荷载。

12-12　用能量法求如题图 12-8(b)所示结构的临界荷载。

12-13　试用能量法计算如题图 12-9 所示变截面压杆的临界荷载。

12-14　设各段杆件的弯曲刚度 $EI=\infty$，试确定如题图 12-10 所示体系在第一类稳定问题中的变形自由度。

12-15　指出如题图 12-11 所示体系中哪个可以(或不可以)简化为具有弹性支座的单个压杆来进行稳定计算，并画出可以简化为单个压杆时的计算简图，算出弹性支承的刚度系数。

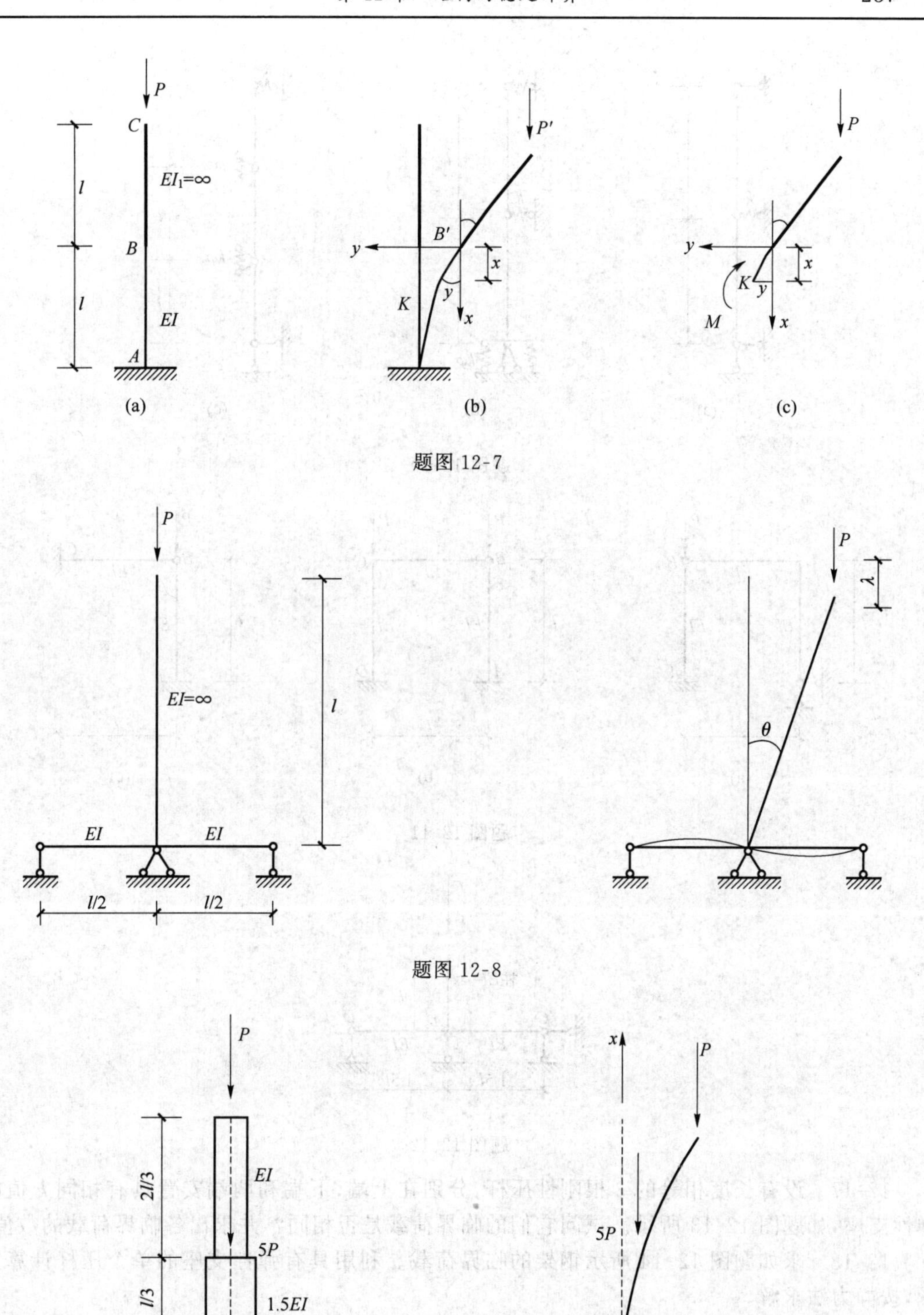

题图 12-9

12-16　分别用静力法和能量法求如题图 12-12 所示单自由度体系的临界荷载。

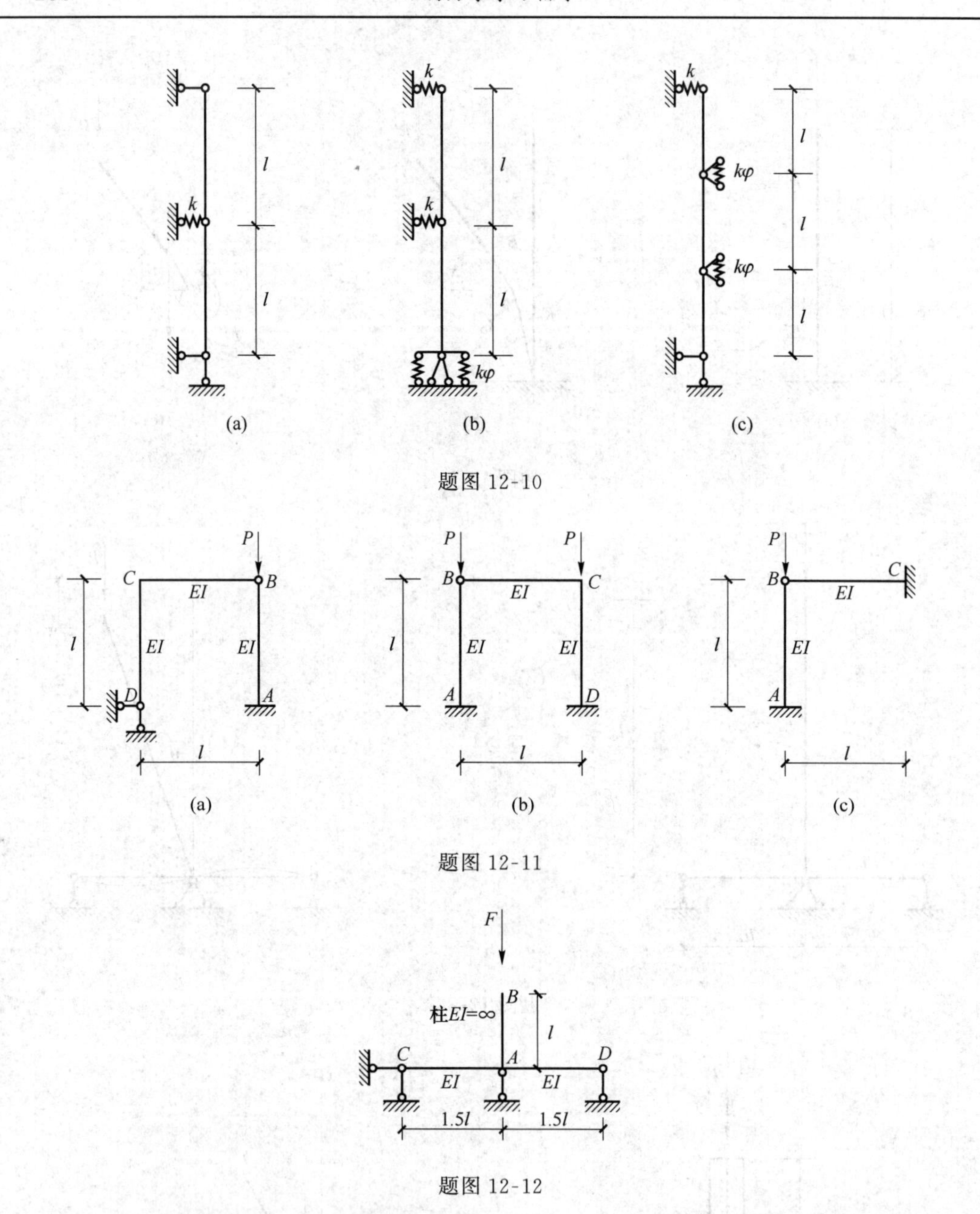

题图 12-10

题图 12-11

题图 12-12

12-17　设有长度相等的 3 根刚性压杆，分别在上端、下端和两端安置具有相同 k 值的弹性支座，如题图 12-13 所示。试问它们的临界荷载是否相同？并求出各临界荷载的数值。

12-18　求如题图 12-14 所示钢架的临界荷载。利用具有弹性支座的单个压杆计算简图，按静力法求解。

12-19　用静力法求如题图 12-15 所示钢架的临界荷载。

提示：

(a)比较两种失稳形式

① 有侧移失稳；

② 无侧移，简支柱 AB 单独失稳。

(b) 比较两种失稳形式

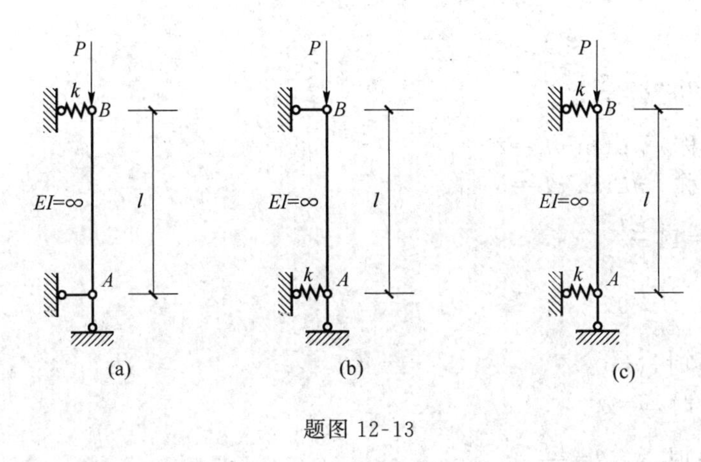

题图 12-13

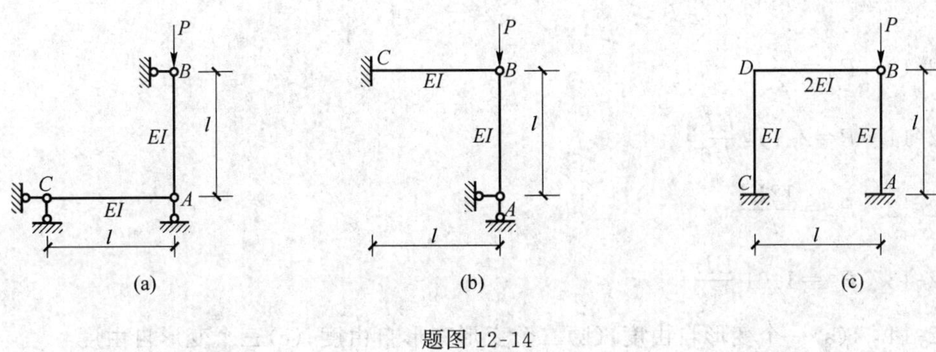

题图 12-14

① 反对称变形失稳；
② 正对称变形失稳。

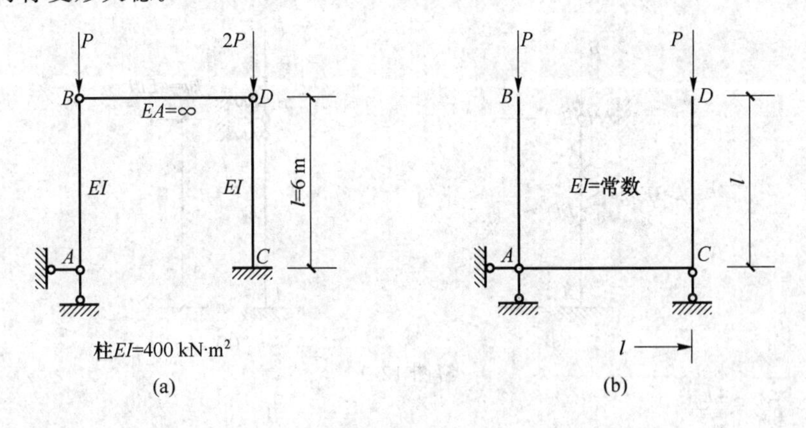

题图 12-15

2. 参考答案

(1) 是非判断题

12-1　√

12-2　×

12-3　√

(2) 填空题

12-4　直线，弯曲线，零解和非零解

(3) 计算题

12-5 $P_{cr}=0.382\frac{k}{L}$

12-6 正对称 $nL\tan nL=2$

反对称 $nL\tan nL=6$

12-7 $P_{cr}=14\frac{EI}{L^2}$

12-8 $P_{cr}=\frac{3EI}{4L^2}$

12-9 $x=0$ 时,$y=0$

$x=l$ 时,$y=\delta$

$x=0$ 时,$y=\theta=\frac{P\delta}{k}$

12-10 $P_{cr}=\frac{kl}{2}$

12-11 $P=2.104\frac{EI}{l^2}$

12-12 $P_{cr}=\frac{12EI}{l^2}$

12-13 $P_{cr}=1.01\frac{EI\pi^2}{4l^2}$

12-14 (a)一个变形自由度;(b)二个变形变形自由度;(c)三个变形自由度

12-15 (a)可以,如解图 12-1(a)所示为其计算简图;(b)不可以;(c)可以,如解图 12-1(b)所示为其计算简图。

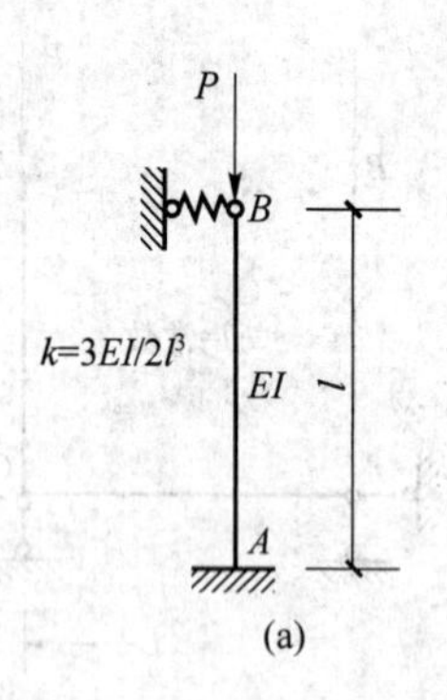

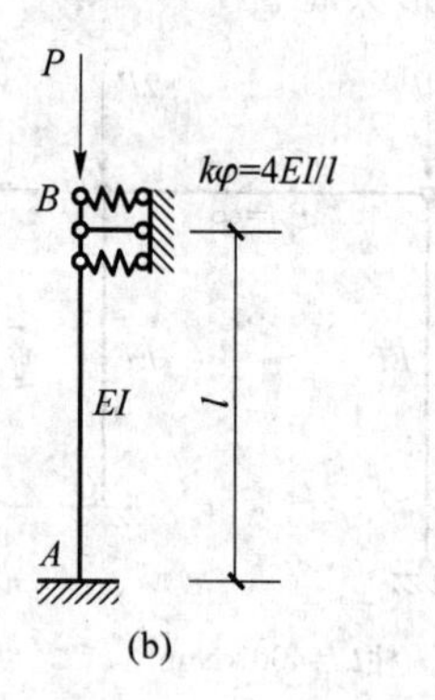

解图 12-1

12-16 $P_k=\frac{4EI}{l^2}$

12-17 (a) $P_k=9.733$ kN (b) $P_k=kl$

(c) $P_k=\frac{kl}{2}$

12-18 (a) $P_k=13.89EI/l^2$

(b) $P_k=14.66EI/l^2$

(c) $P_k=8.868EI/l^2$

12-19 (a) $P_k=9.733$ kN

(b) $P_k=1.159\,9EI/l^2$

参考文献

[1] 胡晓光.结构力学.北京:北京邮电大学出版社,2011.
[2] 胡晓光.结构力学.北京:清华大学出版社,2007.
[3] 龙驭球.结构力学教程.北京:高等教育出版社,2011.
[4] 曾又林.结构力学题解.武汉:华中科技大学出版社,2005.
[5] 赵更新.结构力学辅导.北京:中国水利水电出版社,2001.
[6] 雷钟和.结构力学学习指导.北京:高等教育出版社,2005.
[7] 胡晓光.结构力学学习指导.长春:吉林科学技术出版社,2005.
[8] 刘鸣.结构力学典型题解析及自测试题.西安:西北工业大学出版社,2003.